核设施退役仿真辐射安全与评估技术

刘永阔　晁　楠　陈志涛　著

中国原子能出版社

图书在版编目（CIP）数据

核设施退役仿真辐射安全与评估技术 / 刘永阔等著．—北京：中国原子能出版社，2022.12
（核安全与仿真科技丛书 / 刘永阔，晁楠，陈志涛著）

ISBN 978-7-5221-2399-8

Ⅰ.①核…　Ⅱ.①刘…　Ⅲ.①核设施-退役-辐射防护-计算机仿真　Ⅳ.①TL943②TL7

中国版本图书馆 CIP 数据核字（2022）第 236221 号

内容简介

本书内容共分为 7 章，介绍了核设施的类型和退役工程的概况，总结了主要涉核国家的核设施退役与仿真技术研究现状，围绕核设施退役仿真辐射安全评估与优化过程涉及的各项关键技术进行了系统地阐述。本书主要内容包括核设施退役源项及特性调查、退役信息数据库的结构设计、伽马辐射场计算与可视化技术、伽马辐射人体剂量计算与评估、核辐射环境下人员作业路径规划、多人协同作业任务分配与方案综合评价等内容，旨在形成一套较完善的核设施退役仿真辐射安全评估与优化方法。

本书可作为高等院校核工程与核技术、核能科学与工程、辐射防护等相关专业的教材，也可作为从事核设施退役、核应急等方面研究的科研人员、工程技术人员及高等院校其他相关专业的师生参考用书。

核设施退役仿真辐射安全与评估技术

出版发行　中国原子能出版社（北京市海淀区阜成路 43 号　100048）
策划编辑　付　真
责任编辑　付　真
装帧设计　崔　彤
责任校对　冯莲凤
责任印制　赵　明
印　　刷　北京中科印刷有限公司
经　　销　全国新华书店
开　　本　787 mm×1092 mm　1/16
印　　张　22
字　　数　543 千字
版　　次　2022 年 12 月第 1 版　2022 年 12 月第 1 次印刷
书　　号　ISBN 978-7-5221-2399-8　　**定　　价**　**88.00 元**

网址：http://www.aep.com.cn　　**E-mail：atomep123@126.com**
发行电话：010-68452845

前　言

核能作为一种清洁能源，具有能量密度高、低碳环保的特点，可大规模替代传统化石能源，与风、光、水等可再生清洁能源协同发展，是现代能源体系的重要组成部分。自核能得到应用以来，世界上有核国家建造了大量核设施。同其他非核设施一样，核设施也有其生命周期（设计、建造、运行、退役等），退役是核设施生命周期的最后一个阶段。由于在服役过程中，核设施本身或某些部位活化或受到过放射性核素的污染，导致其在退役时具有较强的放射性，这就需要对其进行妥善的处置与监管，以确保工作人员、公众和环境的安全。由于核辐射对人员健康有害，现实中很难通过实际场景进行实验或培训。因此，利用仿真技术进行危险环境下的分析工作逐渐成为一种更安全、高效和低成本的研究方式。本书参考了国内外核设施退役仿真的经验，并整合了课题组多年研究工作的成果，以计算机仿真技术为依托，对核设施退役过程中的辐射安全评估与优化技术进行了详细的论述。

本书阐述了核设施的类型和退役工程的概况，详细地介绍了主要涉核国家核设施退役与仿真技术研究现状，系统地阐述了核设施退役仿真辐射安全评估与优化过程涉及到的各项关键技术。围绕核设施退役源项及特性调查、退役信息数据库的结构设计、伽马辐射场计算与可视化技术、伽马辐射人体剂量计算与评估、核辐射环境下人员作业路径规划、多人协同作业任务分配与方案综合评价等方面进行了重点介绍。

本书由刘永阔、晁楠、陈志涛著。其中，第 1、2、4（部分）、5（部分）、7 章由刘永阔撰写，第 4（部分）、5（部分）、6 章由晁楠撰写，第 3、4（部分）章由陈志涛撰写，全书由刘永阔进行统稿。贾亚辉、王琳、郭晓俐参与了书稿的图表绘制及资料收集、校对等工作，在此表示感谢。同时，本书在撰写过程中参考了大量的国内外文献，在此向所引用书籍和论文的作者表示衷心的感谢。

由于作者水平有限，书中所存在的不足或不妥之处恳请读者给予批评和指正。

作　者

2022 年 5 月于哈尔滨工程大学

目　录

第1章　绪　论

自20世纪30年代末发现核裂变以来，核能技术得到了迅速而广泛的应用，世界上有核国家建造了大量核设施。对于核设施，国际原子能机构（IAEA）的定义：核设施是规模生产、加工、使用、贮存或处理处置放射性物质，需要做安全考虑的设施，包括其设备、建筑物和附属场地。《中华人民共和国放射性污染防治法》也对核设施作出了具体的定义：核设施是指核动力厂（核电厂、核热电厂、核供汽供热厂）和其他反应堆（研究堆、实验堆、临界装置等）；核燃料生产、加工、贮存和后处理设施；放射性废物的处理和处置设施等。

核设施同其他非核设施一样，都有其生命周期（设计、建造、运行、退役等）。退役是核设施生命周期的最后一个阶段，是其全生命周期管理中的一个重要环节。IAEA将核设施退役定义为解除一座核设施的部分或全部监管控制所采取的行政和技术活动。目前，世界上有几千座核设施亟待退役，包括反应堆设施、核燃料循环前段设施、核燃料循环后段设施、核技术应用研究设施等。核设施退役的原因，除了其使用寿命超过设计寿期外，还有可能是以下的原因：

（1）核设施已完成预定任务目标或任务目标发生改变；

（2）由于社会或政治的原因，核设施必须停止生产运行；例如，南斯拉夫所有核电厂运行至2000年全部关闭，此后不再建造核电厂；德国在2022年前关闭所有的核电厂等；

（3）因为安全原因，存在着重大安全隐患或发生了事故，难以补救或不值得补救。例如，苏联切尔诺贝利核电厂、美国三哩岛核电厂等；

（4）因为经济效益不好不值得维持，或没有资金维持运行；

（5）场地计划用于其他目的，必须关闭、拆除设施；

（6）工艺技术落后而被淘汰；

（7）现有生产设施不能满足要求，需要拆除改建等。

与非核设施退役相比，核设施退役具有以下特点：

（1）包容的放射性物质量大；

（2）退役过程未知因素较多，对环境影响和人员伤害风险要高于一般的设施，处理不当，容易对社会造成负面影响；

（3）退役期间要保证监督和防护措施正常运行；

（4）退役废物类型复杂，处理困难；

（5）退役资金、人力资源和技术设备需求量大。

核设施在服役过程中，设施本身或某些部位活化或受到过放射性核素的污染，例如，反应堆经过几十年营运后，不但产生的放射性废物需要处理与处置，反应堆本身也已成为一个巨大的放射源，如果不对其进行退役和妥善监管，会对周围环境和居民的安全构成潜在危害。因此，核设施退役的目标是在安全关闭的前提下，对系统、设备和建（构）筑物进行去污、拆除、拆毁以及对退役废物和场址环境进行全面治理，使其满足国家法规、标准规定的要求，达到无限制或有限制开放水平，最终达到保护公众安全和环境安全的目的。

1.1 核设施退役工程

1.1.1 核设施类型

核设施种类繁多，不同的核设施其规模大小、复杂程度、地址条件、运行状况都各有差异。就核设施数量而言，核燃料循环设施最多。所谓核燃料循环是指与核能生产有关的所有活动，如图 1.1 所示，包括铀或钍的采矿、选冶，加工和富集，核燃料制造，反应堆运行，核燃料后处理，退役和放射性废物管理等各种活动，以及与上述各种活动有关的任何研究与开发活动。以反应堆为中心，可将核燃料循环分为“前段”和“后段”。前者是指生产出适合于反应堆使用的燃料组件的过程，包括铀矿开采、水冶、铀精制、铀转化、铀浓缩和燃料元件制造等过程；后者是指从反应堆卸出的乏燃料处理的各种工艺过程和专业活动，包括乏燃料暂存、乏燃料后处理和放射性废物的处理与处置等过程。

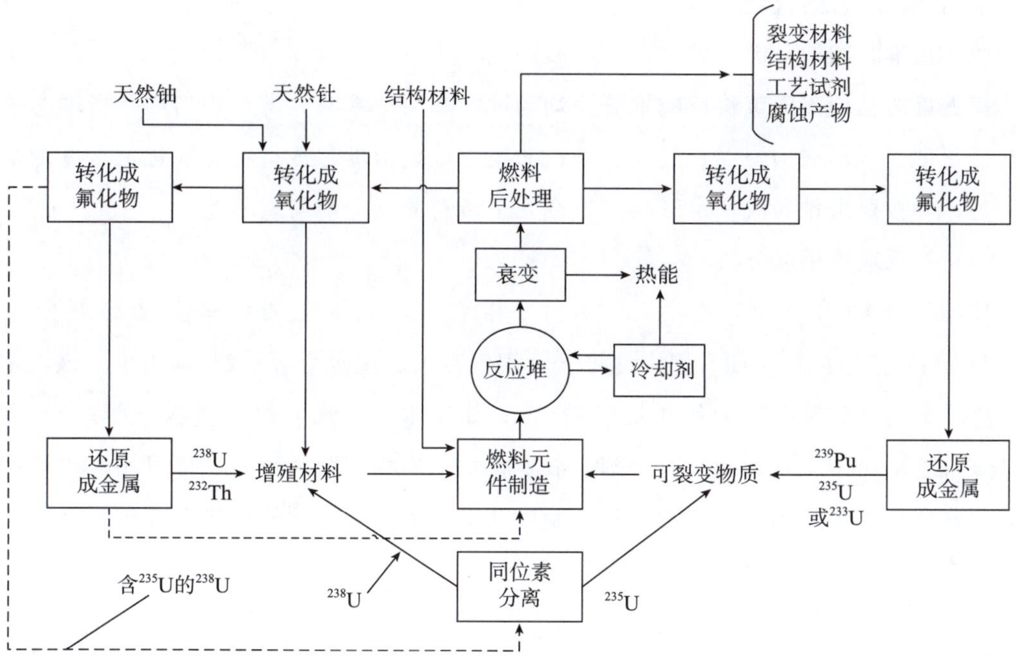

图 1.1 核燃料循环示意图

1.1.1.1 反应堆设施

(一) 反应堆分类

反应堆是一种能维持自持核裂变链式反应，可以人为控制反应快慢的装置。反应堆的种类较多，用途多样。可以按照堆内中子的能量、核燃料、慢化剂与冷却剂类型、堆芯结构形式以及它们的用途来分类。

(1) 按照引起裂变的中子能量分类

根据中子能量不同，可将反应堆分为快中子堆、中能中子堆和热中子堆。快中子堆是靠中子能量大于 0.1 MeV 的快中子来维持自持裂变反应的，简称快堆。这种堆因所用的冷却剂不同，又分为钠冷快堆和气冷快堆；中能中子堆是靠能量为几电子伏到 100 keV 的中子来维持自持链式裂变反应的；热中子堆是靠能量小于 1 eV 的热中子来维持自持裂变反应的。当今绝大部分反应堆都属于热中子反应堆。

(2) 按慢化剂和冷却剂分类

根据所用的冷却剂和慢化剂的不同，可将反应堆分为轻水堆、重水堆、石墨堆、气冷堆、液态金属冷却堆等。通常轻水堆又分为压水堆和沸水堆；重水堆又分为压力管式重水堆、压力器式重水堆、重水慢化轻水冷却堆等；石墨堆分为石墨水冷堆、石墨气冷堆；气冷堆分为天然铀石墨气冷堆、改进型气冷堆、高温气冷堆以及重水慢化气冷堆；

液态金属冷却堆有熔盐堆和钠冷快堆等。

（3）按堆芯结构分类

根据堆芯结构不同可将反应堆分为均匀堆、非均匀堆两大类。均匀堆是指堆芯核材料与慢化剂、冷却剂均匀混合的反应堆；非均匀堆是指堆芯核材料与慢化剂、冷却剂呈非均匀，并按要求排列成一定形状，当今几乎所有的反应堆均属于此类。

（4）按反应堆用途分类

按用途不同将反应堆分为3类：1）生产堆，该堆主要用来生产易裂变材料（如^{239}Pu）和其他材料，如石墨水冷堆、石墨气冷堆、重水堆等；2）动力堆，该堆主要用于生产动力（如发电、为船舶提供动力），如压水堆、沸水堆、重水堆等；3）实验堆，该堆主要用于中子物理、核物理、放射化学、生物、医学研究，也可用来生产同位素，或作反应堆燃料元件、结构材料考验以获得在辐照条件下的热物性和机械性能的数据，或试验某种反应堆设计中的可行性等。

（二）反应堆系统基本构成

反应堆结构复杂，系统较多，且不同类型反应堆的结构均有所不同。以压水堆为例，它主要由堆芯、堆内构件、压力容器及控制棒驱动机构等部件组成。一个典型的压水堆堆本体结构如图1.2所示。

堆芯是反应堆的心脏，是实现链式裂变反应的区域。它由核燃料组件、控制棒组件和启动中子源组件等组成。

核燃料组件是产生裂变并释放能量的重要部件。它由低富集度（一般为2%～4%的^{235}U）的UO_2组成。先将UO_2做成小的圆柱形芯块，装入锆合金壳内，然后将两端密封构成细长的燃料元件棒，再将元件棒按正方形或三角形的格栅形式布置，中间用几层弹簧定位架将元件棒夹紧，构成棒束型燃料组件。一个燃料组件包含200～300根元件棒。

控制棒组件是用来控制链式裂变反应的速率，从而实现反应堆启动、停堆、改变功率及事故情况下紧急停堆，是保证反应堆安全可靠运行的组件。它通常由铪或银-铟-镉等强吸收中子物质组成。将这些物质做成细棒状，外加不锈钢包壳，然后将若干根棒按一定形状连接成一束，组成棒束型控制组件，从顶部插入堆芯。此外，还通过改变溶于冷却剂中的硼酸浓度来补偿慢的反应性变化，这种方法称为化学补偿控制。

中子源组件作为反应堆点火之用，以缩短反应堆启动时间，并确保启动安全。

堆内构件的作用是使堆芯在压力容器内精确定位、对中并压紧，以防止运行过程中因流体流动的冲击而发生大的偏移；同时用来分隔流体，使冷却剂按一定方向流动，有

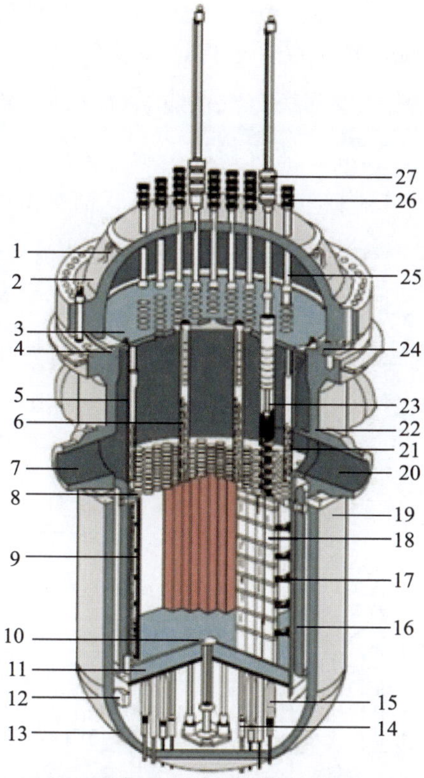

图 1.2 压水堆的本体结构

1—吊装耳环；2—压力壳顶盖；3—导向管支撑板；4—内部支撑凸缘；5—堆芯吊篮；6—上支撑柱；7—进口接管；8—堆芯上栅格板；9—围板；10—进出孔；11—堆芯下栅格；12—径向支承件；13—压力壳底封头；14—仪表引线管；15—堆芯支承柱；16—热屏蔽；17—围板；18—燃料组件；19—反应堆压力壳；20—出口接管；21—控制棒束；22—控制棒导向管；23—控制棒驱动杆；24 压紧弹簧；25 隔热套筒；26—仪表引线管进口；27—控制棒驱动机构

效带出热量。堆内构件由上部组件（又称压紧组件）和下部组件（又称吊篮组件）组成。堆内构件结构复杂，尺寸大，刚性差，加工精度要求高，工作条件苛刻。为了保证反应堆可靠运行，要求这些构件在高温高压水流冲击及强辐照条件下能抗腐蚀并保证尺寸稳定不变形。

压力容器是放置堆芯及堆内构件，防止放射性物质外逸的承压设备。在服役期内它的完整性对反应堆安全十分重要，一般要求在高硼水腐蚀和高能中子辐照条件下能使用30～60 a。由于压力容器体积和质量大，是反应堆的关键设备之一。

控制棒驱动机构的作用是使控制棒在正常运行时能上下缓慢移动，一般行程为10～19 mm/s，在紧急停堆或事故情况下能在 2 s 内全部插入堆芯，以保证反应堆安全。

反应堆冷却系统可以按照容量由2～4个相同的冷却环路组成。每一个环路有一个蒸汽发生器，1个或2个主冷却泵，并用主管道将这些设备与反应堆联接起来，构成密闭的回路。该系统称为一回路系统，也称核蒸汽供应系统。一回路系统安装在安全壳内。在发生管道破裂的情况下，安全壳能容纳所释放出来的全部蒸汽和裂变产物。

图1.3给出了压水堆核电厂流程示意图。既做慢化剂又做冷却剂的热水在15～16 MPa的高压下先经堆芯周围的环形空间向下流，然后再向上流过堆芯，温度升至320 ℃～330 ℃，然后流经蒸汽发生器时将热量传给二回路侧的水以产生蒸汽。借助主冷却剂泵回到反应堆。在蒸汽发生器二回路侧所产生的蒸汽进入汽轮机做功以驱动发电机，做功后的乏汽排入冷凝器内凝结成水，然后由给水泵送入加热器，加热后重新返回到蒸汽发生器的二次侧。

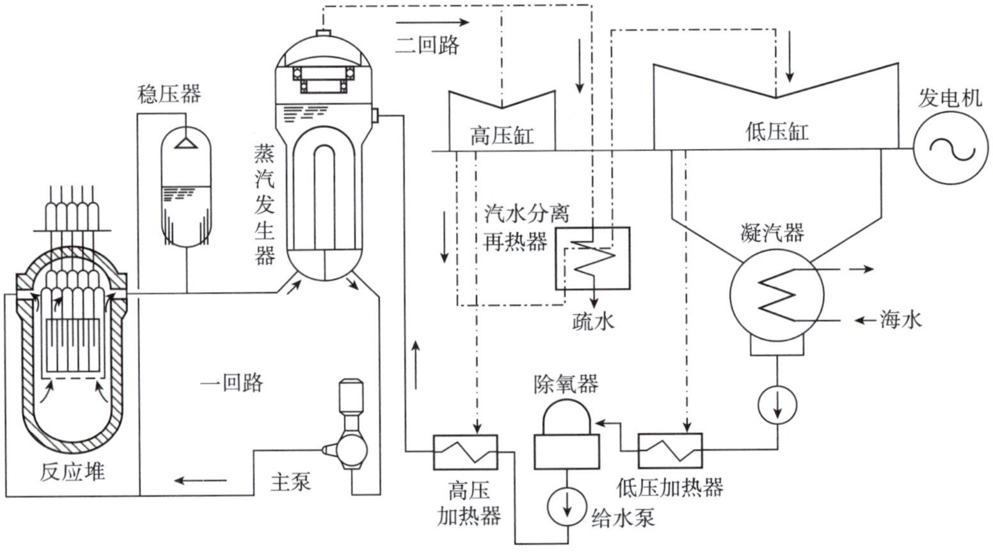

图1.3 压水堆核电厂流程示意图

反应堆设施除了上述反应堆系统组成外，还包括大量的辅助设施，如动力产生系统、废液处理系统、冷却剂净化系统、气体处理系统等。图1.4给出了压水堆核电厂厂房布置图。

（三）反应堆设施退役的特点

反应堆设施除了具有系统多，结构复杂的特点外，在其运行过程中产生了大量活化产物和大量裂变产物以及少量锕系元素。裂变产物和锕系元素主要包容在元件包壳内，活化产物主要存在于压力容器和堆内构件的金属材料中。由于绝大部分活化产物的半衰期较短，反应堆关闭之后，其辐射水平会较快地下降。因此，反应堆安全停运后，一般

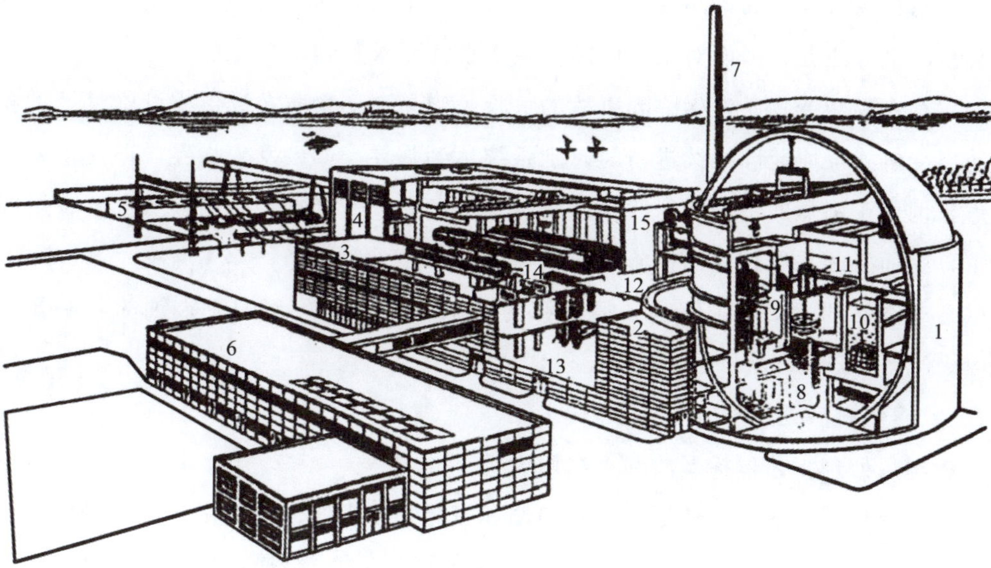

图 1.4 压水堆核电厂厂房布置图

1—反应堆厂房；2—反应堆辅助厂房；3—开关房；4—汽轮机房；5—循环泵房；6—办公楼；7—通风烟囱；8—反应堆；9—蒸汽发生器；10—燃料水池；11—换料机构；12—汽轮发电机组；13—给水加热器；14—给水箱；15—吸音装置

不立即进行去污、拆除，以降低其放射性水平。在退役过程中，一般采用先外围、后堆本体的策略，即先对其外围设备和辅助建筑物进行退役，以降低监视和维护费用，而堆本体可以封闭几十年后再进行退役。

在所有类型反应堆中，动力堆由于具有功率高、运行时间长、辐射水平高等特点，因而退役难度比其他反应堆要大得多。

1.1.1.2 后处理设施

（一）乏燃料后处理的重要性及特点

从反应堆中卸出的燃料称为乏燃料。乏燃料的组份主要是^{235}U（浓缩度约为0.8%），$^{238\sim242}$Pu、Np、Am、Cm 以及裂变产物。其中^{238}U、^{239}Pu、^{241}Pu 是核燃料，可以回收再作为反应堆燃料；同时也可提取某些裂变产物供科学研究或工业、农业、医学之用。这一主要以回收 U、Pu 为目的的过程称为乏燃料后处理。对核燃料循环来说，乏燃料后处理相当重要，对充分利用核燃料资源具有重要意义。

乏燃料后处理过程具有以下特点。

（1）乏燃料具有很强的放射性，因而必须采取特殊的厂房设计，使用能耐受强辐射的材料，对设备实行远距离操作和采取严格的安全防护措施。

（2）对提取或回收的产品纯度要求极高，产品中杂质的含量一般只允许有百万分之几，甚至十亿分之几，因而对杂质的净化系数往往要求达到 10^6～10^8。

（3）存在易裂变物质发生临界事故的危险。当易裂变物质在设备或设施某处的积累足以使裂变链式反应能够持续进行时，则系统达到临界。如果发生临界，即使不发生临界爆炸，但由于强烈的中子和射线，以及短寿命气体裂变产物产生的辐射危害也可能极其严重，因而必须采取相应的措施加以避免。

（4）对产品的收率要求很高，通常钚的收率要达到 99.5%以上，铀的收率要求高于 99.8%。

（二）乏燃料后处理工艺

乏燃料后处理工艺包括湿法和干法两大类。

干法主要包括干法化学还原、电解精制和氟化物挥发法。干法化学还原是将卸出的氧化物燃料使用碱金属或碱土金属（如锂、钙）化学还原成金属。还原反应发生在熔融卤化物盐中，还原生成的锂或钙的氧化物在熔融卤化物中是可溶解的，锂或钙用电解法回收循环利用；电解精制用于处理一体化快堆乏燃料，将经过剪切的金属燃料装入阳极篮并同阴极一起没入熔盐中，电解时铀和燃料中所有比铀活泼的组份都被氧化并溶入熔盐中，再沉积在阴极上，活泼的裂变产物在熔盐中积累，最后用沸石吸附并转化成废物形式，贵金属裂变产物和包壳材料则留在阴极篮中，熔融形成铁锆合金等金属废物形式；氟化物挥发法利用乏燃料组份的氟化物蒸汽压的差别来实现分离，这种方法已经经过中试规模的示范。

湿法工艺较多，目前普遍采用的普雷克斯（PUREX）流程，是一种成熟、可靠的技术。图 1.5 给出了乏燃料后处理厂工艺流程示意图。

乏燃料后处理过程一般包括 3 个基本阶段：（1）“冷却”；（2）首端处理；（3）化学分离。

（1）乏燃料元件的“冷却”

乏燃料元件从堆中卸出后，一般放在特制的水池中冷却一段时间，其作用主要包括以下几个方面。

1）使短半衰期的裂变产物衰变掉，降低乏燃料元件的总活度，从而减少后处理过程中操作的困难，降低防护要求和各种试剂的辐照损伤。

2）减少裂变物质的损失。^{239}Np 是 ^{239}Pu 的中间产物，^{239}Np 的半衰期为 2.33 d。因此辐照元件要有一定的冷却时间，才能使 ^{239}Np 完全衰变为 ^{239}Pu，以便减少贵重的核燃料 ^{239}Pu 的损失。

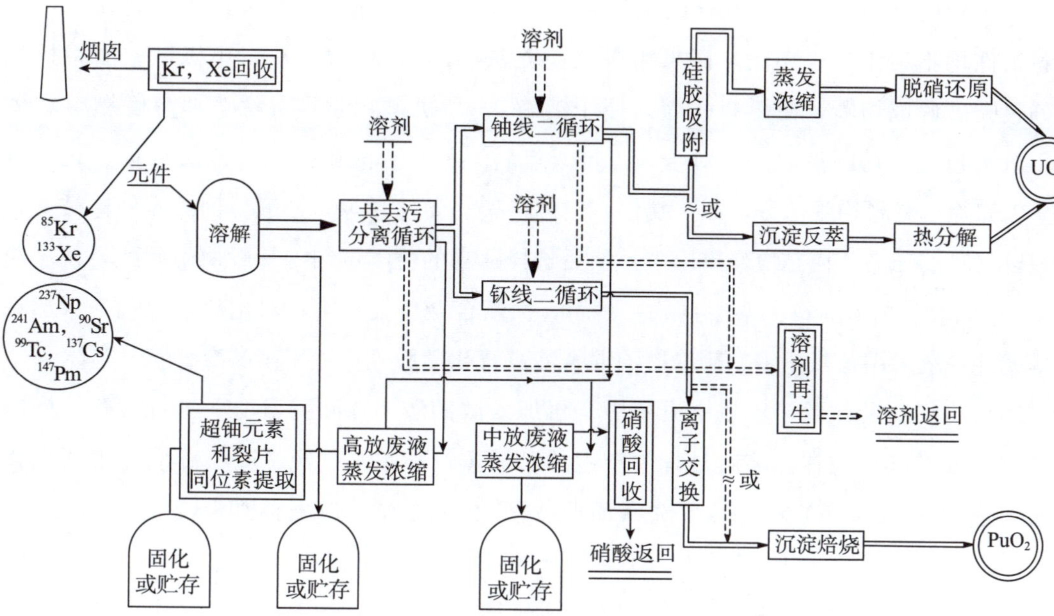

图 1.5 乏燃料后处理厂工艺流程示意图

3）保证具有强放射性的铀的重同位素衰变。在铀的同位素中，^{237}U 是一种重要的同位素，在乏燃料元件中的含量也不少。它的半衰期为 6.75 d，放射性很强，化学性质与^{235}U 及^{238}U 相同，因此在后处理过程中难以将其分离，这样就增加了铀产品的放射性活度，给其进一步加工造成困难。基于这些原因，需要对乏燃料元件冷却足够的时间，以便使^{237}U 衰变掉。

乏燃料元件冷却时间的确定需要考虑几个主要的核素，如^{239}Np、^{131}I 和^{237}U。为了使这几个主要核素衰变掉，通常需要大于 10 倍半衰期的冷却时间。对^{239}Np 而言，全部衰变成^{239}Pu 约需 30 d。因此，^{239}Np 的衰变决定乏燃料元件的最短冷却时间；^{131}I 的冷却时间约需要 90～120 d；由于铀产品对^{237}U 的含量要求严格，一般要求冷却时间为^{237}U 的 24 倍左右，即 160～180 d 左右。国外一些后处理厂的乏燃料最短冷却时间为 120～360 d 左右。

（2）乏燃料元件的首端处理

首端处理是指燃料组件的解体、包壳的脱除和燃料芯体的溶解，其目的是尽量去除燃料芯体以外的部分，使它们不进入化学分离流程，以免干扰流程运行，并且尽可能不进入高放废液，以免增加废液的体积。脱壳主要有 3 种方法。1）化学试剂溶解法，即溶解包壳而不溶解芯体。不锈钢包壳可用硫酸或王水，锆合金用氟化物（NH_4F＋NH_4NO_3），镁合金用硫酸，铝合金可使用氢氧化钠。化学脱壳法的缺点是设备要求使用价格昂贵的材料制造、铀和钚的损失较大，且会产生大量放射性废液，因此动力堆乏燃料组件均不用化学脱壳法，而采用机械脱壳法。2）机械脱壳法，用机械方法将核燃料外包壳破碎或切断，使燃料暴露，便于溶解。3）机械化学结合法，即溶解燃料芯体而不溶解包壳的切断浸取法。对于动力堆乏燃料元件，首先用机械切割法（锯、铣）分解，以卸除非燃料构件部分，如：端件、定位格架、元件盒等。分解得到的元件棒被剪切成短段（2～5 cm），使芯块暴露出来，然后选择适当的化学试剂（一般使用硝酸）使芯块（U、Np、Pu、Am、Cm 及裂变产物）溶解，而锆合金包壳不溶；对生产堆铝包壳天然铀金属元件一般采用氢氧化钠、硝酸钠的混合液进行化学脱壳，再用硝酸溶解燃料芯体。

随后将燃料芯体置于不锈钢设备中，再加入浓硝酸，在沸腾温度下进行溶解，同时用空气（或氧气）搅拌。溶解过程中产生的硝酸蒸汽和水蒸气经冷凝器冷凝，重新送回溶解器，将逸出的 NO 尾气用水洗涤回收。所释放的放射性气体如^{3}H、Kr、Xe、I_2、CO_2、NO_x 等送入气体处理系统。不溶性的裂变产物和包壳材料过滤除去。对溶解液进行调价（如钚呈四价，铀呈六价，钌、铈呈三价），供化学分离工序使用。图 1.6 给出了法国 UP3 后处理厂机械剪切首端装置示意图。

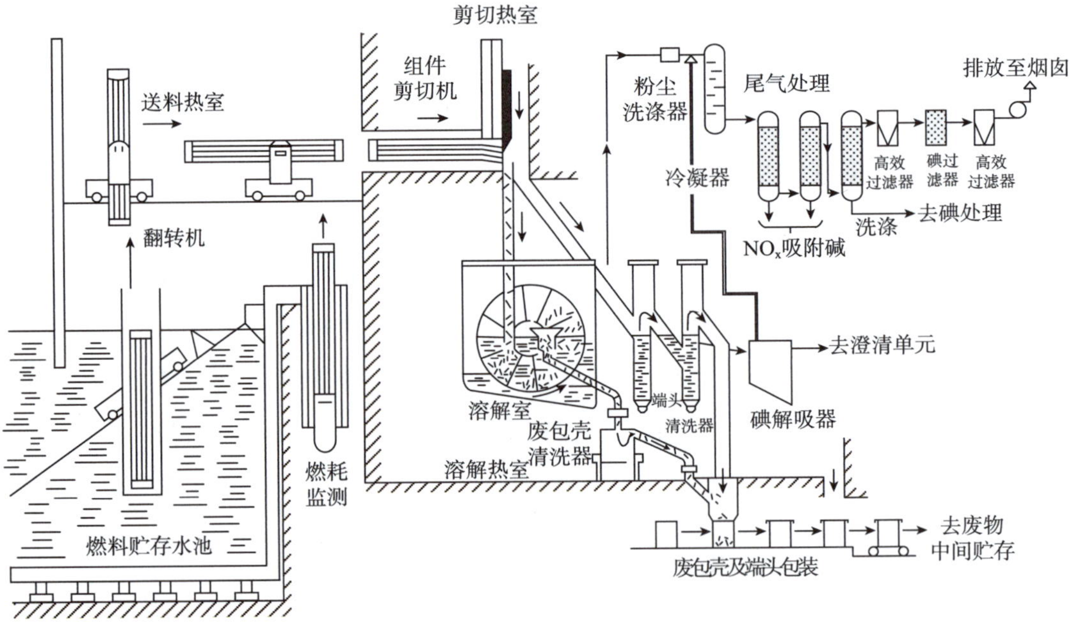

图 1.6　法国 UP3 后处理厂机械剪切首端装置示意图

（3）化学分离

化学分离是后处理的主要内容，其主要任务是将裂变产物从 U、Pu 清除出去，然后用溶剂萃取法将铀、钚分离，并分别以硝酸铀酰和硝酸钚溶液的形式提取出来。

化学分离的基本原理是以磷酸三丁酯为萃取剂，利用它选择性地萃取铀、钚的特性而达到纯化去污的目的，同时利用它对不同价态钚离子萃取性能的显著差异而实现铀、钚分离。

通常将铀、钚经过一次萃取—反萃取的过程称为一个循环，对于动力堆乏燃料，一般采用三循环流程，而对于生产堆乏燃料一般采用两循环流程就可以了。

在共去污循环，U（Ⅳ）、U（Ⅵ）、Pu（Ⅳ）和 Pu（Ⅵ）都可被萃取。Pu（Ⅲ）不被萃取，但在料液的强氧化条件下，Pu（Ⅲ）可被氧化为 Pu（Ⅳ）或 Pu（Ⅵ），从而可以保证 Pu 的回收。至于镎，可以将其调节为五价，实现与 U、Pu 的分离，也可以调为四价或六价，先与 U、Pu 共萃，随后再分离。在该循环中，大部分裂变产物和其他超钚元素都不被萃取，因此实现了同 U、Pu 的分离。

在铀、钚分离循环中，加入还原剂和稳定剂，把 Pu 还原为三价后，用 TBP 萃取实现二者分离。早期用氨基磺酸亚铁做还原剂，效果非常好，但其加入会使废物量增大，而且 SO_4^{2-} 的加入还会造成腐蚀问题，因此后来采用无盐试剂即用 U（Ⅳ）来使 Pu 还原。采用 U（Ⅳ）还原的优点是不引入外来杂质。另外，还可用电解还原方法使 Pu 还原。

实现 U、Pu 分离之后，将含 U 的料液和含 Pu 的料液分别送入铀纯化循环和钚纯化循环，使它们达到产品要求的纯度。

（三）后处理设施退役特点

乏燃料后处理工艺非常复杂，涉及很多厂房。如：乏燃料贮存设施、主工艺厂房、废物处理与整备厂房、废物贮存厂房、分析厂房以及其他辅助厂房（酸碱配制厂房、去离子水制备厂房等），也包含许多设备，如乏燃料贮存水池、乏燃料剪切设备、乏燃料溶解设备、萃取用的各种槽子和柱子、铀和钚净化设备、蒸发设备以及其他废液处理、整备设备等。这些设备大多数置于带有屏蔽的小室中，因而后处理设施退役任务相当艰巨。

对于乏燃料处理设施退役，它具有以下特点。

(1) 由于后处理设施处理的乏燃料具有很强的放射性，因而设施采取特殊的设计，使用了耐强辐射的材料，这样给退役带来了诸多不便和困难。

(2) 后处理设施退役还可能存在易裂变物质发生临界事故的风险。后处理设施的污染核素主要是裂变产物和锕系元素的 α、β、γ 辐射体，当易裂变物质在设备或设施某处的积累足以使裂变链式反应能够持续进行时，则系统达到临界。如果发生临界，即使不发生临界爆炸，但由于强烈的中子和射线，以及短寿命的气体裂变产物产生的辐射危害也可能极其严重，因而必须采取相应的措施加以避免。

在后处理设施中，残留的裂变产物和锕系元素中含有较多的半衰期较长或很长的放射性核素，因而，后处理设施尽管关闭了几十年，其辐照水平也不会明显降低。此外，由于后处理厂存在强腐蚀性化学物质，长期贮存会损坏设备，对后续退役不利，因而后处理设施应尽早退役。

1.1.1.3 其他核燃料循环设施

除了上述两类核设施，核燃料循环设施还包括铀矿冶炼设施、铀纯化和转化设施、铀富集设施、燃料元件制造设施等。

（1）铀矿冶炼设施

铀矿开采是生产铀的第一步，其任务是把工业品位的铀矿石开采出来。铀矿的开采有两种方法，即地下开采法（大多数国家采用）和露天开采法（少数国家采用）。一般情况下，铀矿品位较低，因而在铀矿开采过程中会产生大量矿石和尾矿。但废石场和尾矿的关闭不属于核设施退役范畴。

由于铀矿石的品位低，因此需要对其进行冶炼处理，其目的是将具有工业品位或经物理选矿的矿石（含铀量为0.05%～0.3%）加工富集成含铀量较高的中间产品即铀化学浓缩物。通常采用湿法化学处理，故称铀的水冶。铀水冶厂是开放性作业，有较多的泵、阀门、管道以及槽罐等设备和部件、对人体的主要危害来自铀金属的毒性。该类核设施尽管占地面积较大，但设备和设施的放射性水平很低，因而退役任务较为简单。

（2）铀纯化与转化设施

铀化学浓缩物中仍有大量杂质，如B、Cd、RE等，因此必须进行纯化制成铀氧化物（UO_2或UO_3），并将这些铀氧化物进一步转化成氟化物（UF_4和UF_6），以供下一步浓缩富集^{235}U使用，称为铀的纯化和转化。这类核设施与许多化工厂存在类似的地方，工艺生产过程在密闭系统内进行，涉及湿固体、溶液、溶剂和排气，设备部件受污染一般在其表面，有时也可能由于泄漏等原因造成外部污染，其污染核素主要是铀同位素及其子体，外辐射危害一般较小。对人体健康危害主要来自吸入或食入的铀金属的毒性和氟、氟化氢、酸、有机溶剂等化学危害物质。相对后处理设施而言，这类设施的退役要简单得多。

（3）铀富集设施

从矿石中提取的核纯级天然铀中^{235}U仅占0.71%，其余99.28%为^{238}U及微量的^{234}U。但世界上绝大多数核电厂都使用^{235}U含量为2%～5%的低浓铀作燃料，而一些研究堆和快堆则需要丰度较高的燃料，如游泳池式堆需要^{233}U丰度10%的燃料，快堆燃料含^{235}U达25%，高通量堆则需要90%以上的高浓铀。因此需要对^{235}U进行富集。富集方法主要有3种，即扩散法、离心法和激光法。这类核设施中有许多大型设备，因而在其退役过程中，拆除是一项较大的任务。在其退役过程中，需要注意核临界安全、去污、再循环和再利用和保安等问题。产生的废物主要为固体废物。

（4）燃料元件制造设施

除了采用流体燃料的均匀反应堆之外，绝大多数反应堆都采用燃料元件的结构形式，即将固体核燃料芯体装在密封的金属包壳内，制成燃料元件，再把若干根燃料元件组装成便于拆卸、运输及更换的燃料组件，核燃料元件制造工艺一般包括芯块制造、密封包装、组件装配和质量检验等过程。对于该类设施的退役，需要重点注意3个方面问题：一是α辐射的防护，二是UO_2和金属铀粉末以及硝酸铀酰溶液的化学毒害作用，三是临界安全问题。核燃料制造设施退役废物主要是退役设备、废过滤器、滤渣和碱渣。

1.1.2 核设施的安全关闭

核设施全寿期可划分为设计、建造、运行、安全关闭、退役（包括去污、拆除、退役废物处理与处置等）5个阶段。在其生命周期内，自始至终存在与退役有关的活动。图1.7给出了核设施生命周期内有关退役的活动。

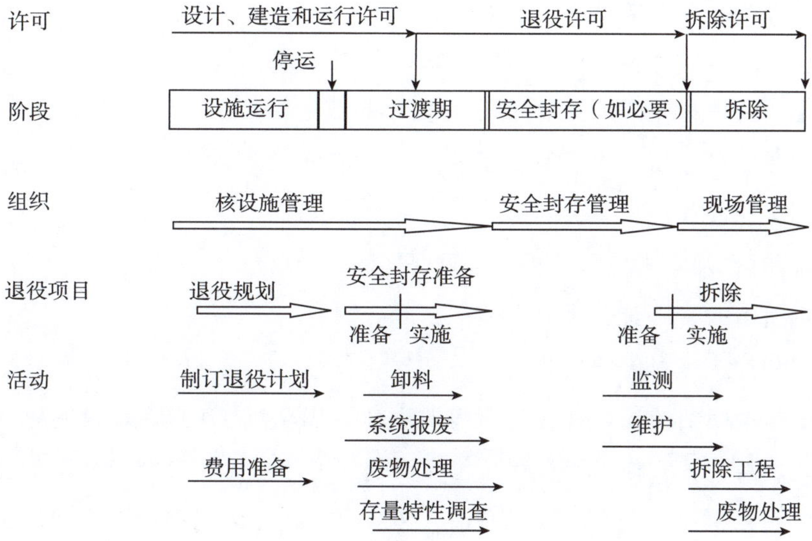

图1.7 核设施生命周期内有关退役活动

在核设施生命周期中，核设施安全关闭对后续退役产生重要的影响。据报道，世界上的一些老核设施，由于当时的认识和客观情况未及时实施安全关闭，造成最终停闭数年后系统内还残留物料。同时，因各种原因缺少维护，系统已不能运行，造成放射性扩散，为退役带来很大困难，最终造成放射性废物大量增加。为此，世界各国对核设施安全关闭非常重视。

所谓核设施安全关闭（有时也称为核设施退役的“过渡期”）是指采取行政和技术活动，使设施从运行状态逐渐过渡到一种安全、稳定直至退役状态的过程。这个过程一般在核设施运行结束前若干年就已经开始，直至实施退役时结束。

核设施安全关闭的目的是便于退役工作的开展，防止放射性扩散，尽可能减少废物量。具体包括以下几个方面：

（1）完善安全关闭和退役计划，包括确定终态描述和定义所需的条件；

（2）开展已经确定可以消除和减少危险的活动；

（3）完成符合安全关闭的必要活动；

（4）尽可能有效利用运行时的专业知识、人员和与降低危险相关的操作系统和程序；

（5）所有相关组织之间建立有效的联系；

（6）减少监护、维护和其他过渡期活动的费用；

（7）确定所有物项和废物的处理、贮存、整备、运输和处置要求等。

安全关闭工作内容主要包括：

（1）从设施内转运乏燃料和其他易裂变/能产生裂变物质的材料；

（2）固定、处理和/或移走潜在的不稳定材料或废物；

（3）清理对放射性和化学废物的盘存量有潜在重要影响的，且将来不再运行的系统、生产线和其他设备；

（4）设置和/或确定避免污染扩散的重要屏障；

（5）确定适当的实体安全保卫措施；

（6）处理和处置有害化学品等。

核设施安全关闭期较长，有时甚至需要数年。以法国 UP1 后处理厂为例，在安全关闭期，对乏燃料接收、临时贮存和去包壳设施（冷却水池、机械切割设备室）以及设计用来分离锕系元素和裂变产物及提取铀、钚的化学处理设施进行了清理。从建筑物中移出 1 250 t 设备，清洗 550 m^3 的储罐，导出冷却池中 3 500 m^3 冷却水，并对产生的废物进行了妥善的处理、整备和处置。1992 年开始着手进行可行性研究。1993 年中期到 1994 年中期收集设备数据，为 1994 年和 1995 年进行初步设计打好基础。与此同时完成了去污技术的研究开发工作。1996—1997 年完成试剂开发和实际去污操作的准备工作。保证了后处理设施安全、稳定过渡到退役状态。

1.1.3 核设施退役工程概述

核设施退役工程是一个复杂的系统工程，涉及政治、经济、技术、环境、社会、公众等众多因素。由于核设施种类繁多，采取的退役策略和采用的退役技术会有一定的不同，且持续的时间也会有很大的差别，对于大型核设施（如反应堆设施、后处理设施等），一般需要几十年至上百年的时间，并分若干个阶段进行。因此，在核设施退役过程中，必须综合考虑各种影响因素，使核设施退役最优化，达到保护人类健康和环境安全的目的。一般来说，核设施退役工程按照时间可以划分为 3 个阶段，即退役准备阶段、实施阶段和验收阶段。

1.1.3.1 退役准备

一般来说，核设施实施退役前均需要开展大量的准备工作。不同核设施所需的准备工作有所不同。对于放射性存量少，退役的安全风险小，退役任务相对简单的核设施，退役准备工作相对简单，而反应堆和核燃料后处理等大型设施的退役，其准备工作不可忽视，且需要较长时间。一般认为，退役准备工作包括：确定退役目标和策略，制订退役计划，进行初步源项调查和场址特性鉴定，编制文件，申请退役许可，建立组织机构，培训人员和筹措经费等。

一个国家将采用怎样的退役政策，以及对某一个具体项目采用哪一种退役方案和时间表，取决于多种因素的综合考虑。如核电发展规划废物处置政策、核电装置的地点、规模、堆型和运行史、厂址是否有其他反应堆、厂房和厂址腾出后的可能用途等。推迟拆除以待放射性衰减到可接受水平比立即拆除可降低辐射防护费用，但增加了此期间的监护封存费用。就辐射安全而言，需要对工作人员和公众的辐射风险进行分析。退役是否尽快并且不停顿地做到厂址安全清理干净，或做到某一程度为止不再继续做，或准备过一段时间再继续做，都是可选择的方案。

早在 20 世纪 80 年代初，国际原子能机构曾把退役分为一级退役（封存监护）、二级退役（有限制开放）和三级退役（无限制开放）3 个等级。其实这 3 个阶段是国际原子能机构针对核反应堆退役而提出的要求，并不是普遍要求，随着退役技术的发展和人们对退役认识的提高，三级退役概念已逐渐弃之不用。针对核设施的特点，对其退役可靠性的总体考虑，国际原子能机构将核设施退役分为 3 种策略：立即拆除；延缓拆除；埋葬处置。

立即拆除是国际原子能机构优选的一种方案。它通常是指在核设施关停后，立即（一般在5年之内）拆除含有放射性污染物的设施、设备和部件或对其进行去污，使之达到允许设施解控以供非限制使用或限制使用的水平。也就是说，在核设施关停后，迅速完成退役项目，并将所有放射性物质从有关设施移至另一新的或现有经批准的设施，对其进行处理与整备，然后对其进行长期贮存或处置。经过退役的场址内存在的是非放射性设施。

立即拆除退役策略的优点主要包括以下5点：

① 可利用最熟悉工厂特性的有经验技术人员；

② 不用担心结构部件、生物屏蔽和包容构筑物的完整性会在几十年的漫长时间内失效；

③ 充分利用现有的工艺辅助系统；

④ 可以在较短的时间内将核设施退役，尽快地开放或再使用场址；

⑤ 可节约由于价格上涨带来的额外成本。

延缓拆除是指核设施的主工艺厂房（如反应堆本体、核燃料后处理主厂房）在安全保障条件下安全封存，让放射性核素进行衰变，然后再对其进行最终拆除，使其达到允许设施解控以供有限制或非限制使用的水平。在安全封存期间，可以对其他无关厂房和辅助设施继续进行退役，开展部分清除工作，如燃料的清除、系统中的放射性液体废物的排出、小型部件的处理等。按延缓的时间来划分，延缓拆除分为3种：小于15 a、大于15 a而小于40 a、大于40 a。对于大型核设施而言，延缓拆除可能是整体退役的策略也可能是退役分期工作的一部分。

与立即拆除策略相反，延迟拆除策略具有以下优点：

① 由于经过长时间的贮存，一些短寿命核素基本上衰变掉，因而可以降低核设施的放射性水平；

② 降低操作人员在源项调查、去污、拆除等过程中的受照剂量；

③ 可以降低需要处置的放射性废物数量；

④ 可以降低放射性废物运输过程中公众的受照剂量；

⑤ 有充分的时间为退役筹资；

⑥ 可以利用安全封存这段时间进行退役技术的开发以及废物处理、整备、贮存和处置设施的建设。

该策略的缺点如下：

① 由于设施长期处于封存状态，建（构）筑物结构强度和系统包容性能会逐步降

低，监控仪表功能下降或失效，辅助系统和支持系统能力减弱或失效；

② 熟悉核设施系统的人员由于退休、死亡或离开等原因流失；

③ 资料档案可能丢失；

④ 处置费用可能会因物价上涨或受通货膨胀的影响而提高；

⑤ 需要长期监督、维护、检测和保安，必须有足够的经费保证。

埋葬处置是把核设施整体或主要部分处置在现有的位置或核设施边界范围的地下，让其包容的放射性核素水平衰变到清洁解控或审管部门批准的解控水平。实际上，埋葬处置相当于放射性废物近地表处置，因此经过埋葬处置后，该场址成为实际上的近地表处置场。基于此，被埋葬处置的放射性材料、设备和设施应满足近地表处置的要求。在实施埋葬处置前，需要对放射性水平较高的设施、设备和材料进行去污，以降低其放射性水平。另外，对于含有长寿命放射性核素和 α 核素且浓度较高的设备、材料不宜采取埋葬的方式进行处置，需要将其转移出来，另作处理、贮存和处置。埋葬处置策略具有以下优点。

① 降低退役成本。这是因为可以降低核设施退役过程中的去污和拆除工作量，同时也减少废物场外运输和处置的工作量；

② 由于工作人员拆除的工作量大幅度降低，因而可以降低其受照剂量。

但是，该策略也存在明显的缺点，如：

① 由于存在较多的长寿命放射性核素，可能需要长期维护和监测；

② 由于核设施变成了放射性废物处置场，公众接受和申请许可的难度较大；

③ 退役核设施场地无限制开放或转为其他用途几乎不可能；

④ 增加对后代的负担。

埋葬处置一般是在核设施发生重大事故，立即拆除或延缓拆除已不可能的情况下，为了保护工作人员和公众健康以及环境而采用的策略。例如，切尔诺贝利核电厂爆炸后就是采用该策略对反应堆设施进行埋葬处置。目前，采用该策略的国家已很少。以美国为例，最早也对反应堆设施采用过埋葬处置的策略，其主要原因是早期退役的都是一些试验堆，经过部分拆除后，内存放射性的量不大。但是，考虑到埋葬处置的安全性，现在已经基本废弃这一策略，而是转向于立即拆除或延缓拆除策略。

1.1.3.2 退役工程实施

退役工程的实施是退役工程的主体，是核设施实施单位按照审管机构批准的退役方案进行的具体作业，主要包括退役核设施特性与放射性源项调查、去污、拆除与拆毁及废物管理等活动。退役工程实施是整个退役工程过程中的技术集中点，使用何种物理、化学或生物方法去除或降低设备的放射性污染，如何对核设施进行切割拆除，以及在拆除过程中采取哪些辐射防护手段，如何处置退役废物等，究其根本，都是为了尽可能降低人员和环境遭受的放射性危害。

1）特性与源项调查

核设施特性及源项调查即通过测量或取样分析等手段，收集核设施相关资料信息，为核设施退役提供各种目的的服务，它贯穿于整个核设施退役过程。在核设施退役工程中，对设施的建（构）筑物、设备、管网系统、控制系统等的实体状况以及设施和周围环境中的放射性活度的总量、类型和存在方式等进行正确估算是至关重要的，这将直接影响整个退役工作的开展。在核设施退役的各个阶段中，特性与源项调查按其目的不同可分为安全特性调查、初始场址特性调查、退役过程中特性调查及废物处理处置特性调查。这些特性调查工作对确保核设施退役工作的安全顺利开展，明确在去污拆除等作业中屏蔽或远距离操作设备的选取及工作人员辐射防护的要求提供依据和技术支持。

在进行核设施特性与源项调查时，应查清设施的单个部件的详细放射性存量、核素类型、特定核素的含量、物理化学形态和分布状况。如果残留的放射性活度主要是由短寿命核素组成，应考虑在退役实施前将放射性衰变至可接受的水平，以减少退役工作人员的职业照射以及退役废物的放射性活度。如果设施中残留的放射性主要是由较长寿命的核素组成，尤其是由超铀元素组成，短时间内放射性存量不可能明显减少时，在实施退役时应选取适宜的去污方法对设施进行去污。

2）去污

核设施退役工程中的去污是用物理、化学或生物方法去除或降低放射性污染的过程，其目的是降低辐射场和放射性水平，以便于后续退役活动，使退役工作人员和公众受到的辐射照射降至最低，同时减少后续退役活动产生的放射性和废物量、有利于回收利用废旧设备、简化废物管理等。在选择具体去污工艺时，应进行必要的代价—利益分析，以确定所选的去污工艺是否适用。

3）拆除

核设施退役工程大多涉及建（构）筑物混凝土结构的拆毁和金属设备、部件和管道的切割，例如反应堆压力容器、压力容器内部构件、箱体和管道等部件的解体与切割。在进行拆除拆毁活动之前，需制订详细的作业方案，方案至少应包括拆除和拆毁活动中的辐射防护与安全措施、拆除和拆毁的方法、工作器具的选择、拆除作业的具体步骤和二次废物处理等内容。

拆除方法可以是手动的，也可以是远距离自动拆除。当放射性活度较高时，应首先考虑采用远距离操作。例如切割反应堆压力容器和其内部构件时，除了要有适当的辐射屏蔽措施外，应尽可能采用远距离切割。在选择具体拆除和拆毁方法时，应按照作业场所的辐射水平及拆除和拆毁方法的适用性对多个拆除和拆毁方法进行比较。

4）废物管理

退役废物管理是核设施退役的一个重要组成部分。核设施退役必须高度重视退役废物的最小化和废物优化管理。核设施退役单位应设置废物管理岗位，负责制定退役废物的转运、处理、整备、贮存、运输和处置的程序和方法。在核设施退役单位制定退役计划时，就需要根据估算的废物量和废物类型，制定相应的废物管理策略，以保证退役过程中废物的产生、整备和处置等废物管理活动符合废物最小化和相应的接收准则。在退役开始前，应制定废物最小化大纲，大纲中需明确规定退役过程中产生的各类放射性、非放射性和其他有害废物的处理、整备、贮存和处置计划及相应程序，包括针对不同形态的退役废物采用的去污、处理和整备工艺方法，如废液蒸发浓缩和水泥固化、固体废物的压实和水泥固定等。

1.1.3.3 退役工程验收

在退役项目结束时，将根据主管部门批准的退役计划对退役工程进行验收。根据退役场址的化学剂量终态监测报告，与监管部门规定的场址开放标准进行比较，得出结论，并编制项目最终退役报告。工程验收的程序按主管部门会同监管部门共同制定的规定进行。

1.2 核设施在运与退役现状

1.2.1 核能发展的几个阶段

自 1951 年 12 月美国实验增殖堆 1 号（EBR-1）首次利用核能发电，1954 年 6 月苏联第一座核电厂首次向电网送电，核电到现在已有半个多世纪的发展历史，大致经过了验证示范、高速发展和滞缓发展三个阶段。现在处于复苏之前的过渡阶段。

1.2.1.1 验证示范阶段

1942 年 12 月美国在芝加哥大学建成世界上第一座核反应堆，证明了实现受控核裂变链式反应的可能性。但当时正处于第二次世界大战期间，核能主要为军用服务。美国、前苏联、英国和法国，配合原子弹的发展，先后建成了一批钚生产堆，随后开发了潜艇推进动力堆。

从 20 世纪 50 年代初开始，美、苏、英、法等国把核能部分转向民用，利用已有的军用核技术，开发建造以发电为目的的反应堆，从而进入核电验证示范阶段。美国在潜艇动力堆的技术基础上，于 1957 年 12 月建成希平港压水堆核电厂，于 1960 年 7 月建成德累斯顿沸水堆核电厂，为轻水堆核电的发展开辟了道路。英国于 1956 年 10 月建成卡尔德霍尔（Calder Hall A）产钚、发电两用的石墨气冷堆核电厂。前苏联于 1954 年建成奥布宁斯克压力管式石墨水冷堆核电厂后，于 1964 年建成新沃罗涅日压水堆核电厂。加拿大于 1962 年建成 NPD 天然铀重水堆核电厂。这些核电厂显示出比较成熟的技术和低廉的发电成本，为核电商用推广打下了基础。

1.2.1.2 高速发展阶段

20 世纪 60 年代末 70 年代初，各工业发达国家的经济处于上升时期，电力需求以十年翻一番的速度迅速增长。各国出于对化石燃料资源供应的担心，寄希望于核电。美、苏、英、法等国都制订了庞大的核电发展计划。后起的联邦德国和日本，也挤进了发展核电的行列。一些发展中国家，如印度、阿根廷、巴西等，则以购买成套设备的方式开始进行核电厂建设。

美国轻水堆核电的经济性得到验证之后，首先形成核电厂建设的第一个高潮，1967 年核电厂订货达到 25.6 GW；从 1969 年开始，美国核电总装机容量超过英国，居世界第一位，1973 年美国核电总装机容量占世界的 2/3。1973 年第一次石油危机后，为摆脱对中东石油的依赖，形成第二个核电厂建设高潮。1973、1974 两年，共订货 66.9 GW，核电设备制造能力达到每年 25～30 GW。美国还通过出口轻水堆技术和开放分离功市场，使轻水堆成为世界核电厂建设的主导堆型。

在核电大发展的形势下，美、英、法、联邦德国等国还积极开发了快中子增殖堆和高温气冷堆，建成一批实验堆和原型堆。

1.2.1.3 滞缓发展阶段

1979 年世界发生第二次石油危机。在这以后，各国经济发展速度迅速减缓，加上大规模的节能措施和产业结构调整，电力需求增长率大幅度下降。1980 年仅增长 1.7%，1982 年下降 2.3%。许多新的核电厂建设项目被停止或推迟，订货合同被取消。例如 1983 年以前美国共取消了 108 台核电机组以及几十台火电机组的合同。

1979 年 3 月美国发生了三哩岛核电厂事故，1986 年 4 月前苏联发生切尔诺贝利核电厂事故，对世界核电的发展产生重大影响，公众接受问题成为核电发展的障碍之一，有一些国家如瑞士、意大利、奥地利等已暂时停止发展核电。

为保证核电的安全性，美国在三哩岛事故后所采取的提高安全性的措施，使核电厂建设工期拖长，投资增加，核电厂的经济竞争力下降，特别是投资风险的不确定性阻滞了核电的继续发展。

从20世纪80年代末到90年代初开始，核工业发达国家积极为核电的复苏而努力，着手制订以更安全、更经济为目标的设计标准规范。美国率先制订了先进轻水堆的电力公司要求文件（URD），同时理顺核电厂安全审批程序。西欧国家制订了欧洲的电力公司要求文件（EUR），日本、韩国也在制订类似的文件（分别为JURD和KURD）。这些文件的基本思想和原则都是一致的。各核电设备供应厂商按URD的要求进行了更安全、更经济轻水堆型的开发研究，美国通用电气公司同日本东芝公司、日立公司联合开发了改良型沸水堆ABWR，美国ABB-CE开发了改良型压水堆系统80+，美国西屋公司开发了非能动安全型压水堆AP600，法国法马通公司和德国西门子公司联合开发了改良型欧洲压水堆EPR等，与此同时，一些发展中国家也继续坚持发展核电。20世纪80年代初期，中国政府制订了发展核电的技术路线和技术政策，决定发展压水堆核电厂，在90年代初建成3台机组。中国还帮助巴基斯坦建造300 MW的恰希马压水堆核电厂。此外，印度、巴西、伊朗等国也在建设核电厂。1998年底在建的36台核电机组中大部分属于发展中国家。

进入21世纪以后，随着世界能源日趋紧张、温室气体减排压力增加，加上核电在安全性和经济性上取得进步，核电再度受到青睐，多国开始重新积极制定新的核电发展规划。其间，日本福岛核泄漏事故虽然迫使各国重新评估核电事故影响，调整核电发展规划，但并未从根本上改变核电大国发展核电的态势，只是对核电机组的设计和运行安全提出了更加严格的要求。核电作为一种经济、稳定、可持续的能源，其复苏发展的趋势并没有改变：2012年2月至3月间，美国相继批准建设4台AP1000机组；2013年3月，英国、法国、西班牙等12个国家联合签署部长级联合宣言，将继续维持；俄罗斯、印度等发展中大国也都积极增加核电。除这些传统大国外，出于对生态和世界能源供应等的考虑，越来越多的国家正考虑或启动建造核电站计划。

1.2.2 核设施在运与退役状况概述

一般来说，早期核电机组的设计使用寿命为30年，新型核电机组的设计使用寿命为40～60年，在服役期满后，一些核电机组还可以通过延寿继续运行。当核电机组达到使用寿命时，需要对其进行去污、拆卸和移除，辐射场地在经过净化过后才可以重新使用。发达国家的核电机组大部分集中建设于20世纪70、80年代，这批机组已经服役了30多年，达到了设计使用寿命。我国第一座民用核电厂秦山一期于1991年投运，设计使用寿命为30年，目前即将达到服役年限；同期运行的大亚湾核电厂设计使用寿命为40年，运行时间已超过设计使用寿命的一半。虽然通过延寿的方式，中国这两座最早建造的核电厂能够延长退役10～20年，但这同样预示着中国核电厂即将陆续进入退役期，退役准备工作必须提上日程。

核设施退役大致可分为以下3个阶段。

第一阶段，20世纪80年代至90年代，小型研究堆、原型堆等核设施开始退役。

第二阶段，20世纪90年代至20世纪末，美国希平港堆、日本动力示范堆、德国Niderachbach（KKN）等核电厂退役，一些示范性或中间后处理厂开始退役。

第三阶段，21世纪以来，许多大型核设施进入退役阶段。

根据世界核工业现状报告，截至2021年7月1日，全球共有196座已关闭的反应堆，总容量为90.4 GW。其中117座位于欧洲，46座位于北美洲，33座位于亚洲。已关闭的反应堆中大部分（154座）使用了三种技术：压水反应堆（61座）、沸水反应堆（53座）和气冷反应堆（40座）。其中气冷反应堆大多数（29个）在英国。

展望未来，这一数量将继续增加：假设平均寿命为40年，到2030年将再关闭180座反应堆（1981年至1990年间并网的反应堆）；到2060年将关闭另外的132座；这甚至不包括在1981年之前开始运行的99座反应堆、另外26座长期停运的反应堆和截至2021年年中在建的53座反应堆。随着大量早期民用核电反应堆陆续结束运行，全球核电机组预计在未来15～20年内迎来历史上第一轮退役高潮。

1.2.2.1　欧洲

（1）法国

法国核能约占国内总发电量的四分之三，是全球核能发电比例最高的国家。法国国内有20个核电厂的58座反应堆正在运行，9座反应堆已经关闭。其中对布吉、希农和圣洛朗核电厂的6座正在进行退役工作的反应堆，法国电力公司（EDF）采取了部分拆除，并推迟50年进行最终拆除和拆毁的方案。

（2）英国

英国目前已有29座反应堆开始退役，其中25座反应堆是早期的镁诺克斯型反应堆，采用石墨作慢化剂。首批退役的核设施中包括伯克利核电厂，运行27年后于1989年因经济原因而关闭，于1992年完成了核燃料卸除工作。之后，对冷却池进行了排干、清洗和填埋，发电机厂房已被拆解。反应堆厂房正处于长期安全监管封存期，最终也将被拆除，厂址将被平整、环境美化。

英国其他反应堆的退役也采用了同样的模式。

（3）德国

德国的第一座商用核反应堆贡德雷明根-A 1983 年开始退役工作，采用水下切割技术，1990 年拆除了大部分污染部件。该项目表明，退役工作可安全而经济地进行而无须长期推迟，并可对大部分金属进行再循环。

受日本福岛核事故的影响，被暂时关闭的 6 座建于 1980 年之前的核电厂和建于 1984 年的克吕梅尔核电厂被永久性关停。并在之后公布新能源计划的同时，宣布在 2022 年前关闭国内所有核电厂，其中绝大多数将在关闭后 15 年内被拆除。届时，德国国内将没有在运核电站，德国将成为首个彻底放弃核电这一能源方式的经济大国。

（4）西班牙

西班牙的范德洛斯-1 反应堆是一座石墨气冷堆，在运行 18 年后于 1990 年关闭。2003 年，完成了该堆退役和拆除项目的第二阶段，从而该厂址的大部分区域获准解控。在安全监管封存 30 年后，当放射性水平减少了 95%时，核电厂的剩余部分将会被清除。

截至 2020 年 3 月，西班牙共有 7 座在运核电机组，其核发电量超过全国总发电量的 20%。由于核电厂服役年限即将到期，西班牙政府已与俄罗斯展开核电厂退役合作，规划在 2025 年至 2035 年关闭全部核电厂。范德洛斯Ⅰ核电厂于 1998 年起正式进入退役拆除，2003 年结束退役，是西班牙退役的第一座核电厂，也是世界上第一批退役的高功率商业核设施。目前，西班牙运行时间最长的圣玛丽亚德加罗纳核电厂正在进行退役。

（5）比利时

比利时的核电厂建设始于 20 世纪 60 年代，承担了国家约 60%的电力供给。截至 2020 年 3 月，比利时在运核反应堆数目为 7 座，核电占总发电量的 40%。其中许多核电厂都已服役超过 40 年，近年来故障频发，其中蒂昂热 2 号和杜尔 3 号核反应堆外壳更是因检测出大量裂纹而频繁停机。比利时政府规划在 2025 年前逐步放弃核电，取而代之大规模发展风电。多伊尔 3 号和蒂昂热 2 号机组预计将分别于 2022 年和 2023 年关闭，多伊尔 4 号和蒂昂热 3 号机组将于 2025 年关闭。

（6）俄罗斯

俄罗斯目前有 8 座民用反应堆正在退役，其中 3 座早期的轻水冷却石墨慢化反应堆，MelekessVK-50 原型沸水堆和位于新沃罗涅日 2 座较大的 VVER-440 原型反应堆，于 1981 年至 1990 年期间，关闭了大多数机组并卸除了核燃料，现在它们正等待拆除，拆除工作将从新沃罗涅日开始。另外，比利比诺 1 号机组和彼得格勒 1 号机组分别于 2018 年和 2019 年关闭并启动退役工作。

比利比诺 1 号机组于 2018 年 3 月断开与电网的连接，随后开展了堆芯卸料并将乏燃料放入贮存水池的工作，并于 2018 年 12 月关闭。预计该核电厂 2 号至 4 号机组将于 2022 年前退役。1 号机组是俄首台启动退役工作的 EGP-6 型反应堆。

俄罗斯列宁格勒核电厂是世界上第一座采用 RBMK-1000 型反应堆的核电厂（铀—石墨压力管式热中子核反应堆）。1973 年第一座发电机组建成，当年 12 月 23 日投入试运行。RBMK-1000 的设计寿命最初为 30 年，但在大规模商业化之后，列宁格勒核电厂 4 个机组的使用寿命都又延长了 15 年。1 号机组于 2019 年 12 月 21 日晚上 11：30 永久停运。

1.2.2.2 美洲

（1）美国

美国是世界上最早开发核能的国家，核能开发与核设施退役经验丰富。自 1960 年起，美国已经淘汰了 70 多个试验、示范和动力反应堆。1989 年，沃恩堡商业核反应堆退役，这是美国退役的第一个大型反应堆。此后有 14 座大于 100 MWe 的核电厂关闭和退役，包括兰乔山高压水堆（1989 年关闭，2009 年拆除）、扬基·罗压水堆（1991 年关闭，2006 年拆除）、缅因州洋基压水堆（1996 年关闭，2004 年拆除）和康涅狄格洋基压水堆（1996 年关闭，2006 年拆除）。此外，美国在核武器的研发和生产过程中还建造了 2 万多个核设施，其中有 1 万多个过剩，现有 500 多个已经退役。

美国运行着世界上最大数量的核反应堆，在 26 个州共有 96 台机组运行，提供全国 19%的电力。然而最近几年电力市场持续下降的价格使美国核电厂承担着经济压力，许多核电厂面临提前退役的命运，自 2013 年以来已有 9 个核反应堆退役，且更多的核反应堆计划在 2025 年前关闭。美国能源信息管理局在其 2019 能源展望年报中指出，到 2050 年将有 22 GW（当前核能装机容量的 22%）的反应堆退役，这将预见到 2050 年美国核能占比从当前的 19%降至 12%。

（2）加拿大

到 2015 年为止，加拿大一共有 4 座运营的核电站，共 19 座商业核反应堆，发电量占加拿大总发电量的 16.6%。其中安大略省有 18 座核反应堆，发电量占 60%。此外，还有 7 座小的核反应堆，作为研究使用。加拿大的核反应堆是本土设计的加压重水堆，称为坎杜（CANDU）堆，已出口到印度、巴基斯坦、阿根廷、韩国、罗马尼亚和中国。

位于加拿大安大略省布鲁斯郡的布鲁斯核电厂有8台机组，是全球输出功率最高的在运营核电厂，总输出功率净/毛值为6 786/7 226 MW，反应堆为坎杜型重水堆。其1号机组于1977年9月投入商业运行，最晚的8号机组于1987年5月投入商业运行。

皮克灵核电厂位于安大略省东部，共有6座核反应堆，1号机组于1971年投入使用。在2012年，安省发电公司决定把皮克灵的6个核反应堆于2020年永久关闭。在2016年，政府决定推迟关闭到2024年。

（3）巴西

巴西目前有安哥拉核电厂1、2号两台核电机组在运，核电约占全国总发电量的3%，另有1台安哥拉核电厂3号机组在建。1、2号机组均采用压水堆技术，分别于1985年和2000年投入商运，净功率分别为626 MWe和1 270 MWe。巴西计划2030年建成4台新核电机组，并在此后建造更多的核电机组。

1.2.2.3 亚洲

（1）中国

中国的核工业创建于1955年，构建了以“两弹一艇”为代表的军工体系。自1985年起，对原子能工业进行了关、停、并、转等产业结构调整，构建了以核电为中心的国民经济服务体系。1991年，秦山核电一期并网发电，中国大陆的核电体系开始快速发展。截至2020年末，中国共有16座核电厂投入运行，运行核电机组达49台，总装机容量达51 027.16 MWe，全年发电量占全国发电量的4.94%。

中国大陆第一座核电厂——秦山一期核电厂于1991年12月15日零时15分首次实现并网发电，设计使用寿命为30年。中国大陆第一座大型商用核电厂——大亚湾核电站，其1号机组于1994年2月投入商运，设计使用寿命为40年。虽然通过延寿的方式，中国这两座最早建造的核电厂能够延长10～20年退役，但这同样预示着中国核电厂即将陆续进入退役期，退役准备工作必须提上日程。

中国核设施退役尚处于初级阶段，早期退役的多为核原料生产的军工设备。例如，核工业北京化工冶金研究院750厂，该厂是镭及镭制品生产厂，于1998年实施退役工程，2005年结束退役；核工业221厂，于1987年启动核设施退役工程，1993年结束退役，该厂开启了中国大型核基地的全面退役。目前，中国退役的反应堆均为研究所的小型试验、示范反应堆，在商业反应堆退役的组织管理、监管督查、工艺技术和设备研发上依旧缺乏经验。

（2）日本

日本是亚洲最早建造核电厂的国家。截至 2011 年 3 月 11 日，日本共有 54 座核电厂，核电已经占全国发电量的 30%。日本第一座核电厂是 1965 年运行发电的东海核电，现已退役拆解。1981 年，日本动力示范堆 JPDR 进入退役拆除阶段。在 JPDR 拆除期间，日本原子能研究所收集了大量数据，用于将来的商业核电厂拆除，同时根据退役经验，开发了用于计划退役活动和模拟远程拆除的程序 JAERI。

2003 年，日本“普贤”核电厂中止运行，2008 年退役申请被批准，将于 2029 年左右彻底完成废弃作业。“普贤”核电厂是压力管式重水堆，始建于 1970 年，1978 年 7 月 29 日并网投运。1997 年 4 月中，“普贤”反应堆发生氚泄漏，30 小时后运营方动燃集团才宣布事故新闻。而有关部门在接下来的调查中，发现“普贤”堆已经有过 11 起类似事件。2002 年 4 月 8 日，“普贤”堆压力管道因缺陷喷出约 200 立方米蒸汽，反应堆紧急关闭——这才是导致“普贤”堆进入永久关停的直接原因；而在接下来的拆除作业中，又发现墙体 34 个约束点中有 25 个强度不足。

福岛核事故后，日本核电受到重创，目前仅有 9 座核电厂通过新安全标准而获得重启，另外有 19 座宣布退役。获批重启的 9 座反应堆全部集中在日本的西部区域，且都为压水堆（福岛第一核电厂为沸水堆）。与福岛核电厂同为沸水堆类型的柏崎刈羽核电厂 6、7 号机组和东海第二核电厂虽已通过新安全标准审查，但由于福岛核事故的阴影，并不容易得到当地居民和自治体的同意，重启工作困难重重。

2016 年，日本政府正式决定退役“文殊”堆。2018 年 8 月，日本原子能研究开发机构启动了快中子增殖原型反应堆“文殊”的乏燃料取出作业，预计 2022 年完成“燃料贮藏设备”和反应堆内共 530 根乏燃料的取出，2047 年完成反应堆报废。日本核矿藏严重匮乏，“文殊”堆作为日本第一座快中子增殖堆，承载了日本实现核燃料自给自足的期望。但被寄予厚望的“文殊”堆却一直事故连连。“文殊”堆在 1994 年首次达到临界状态，但次年就发生了钠冷却剂大规模泄漏事故。2010 年发生反应堆内装置坠落事故。2012 年又被发现大量设备未经检查。“文殊”堆实际上从 2013 年 5 月开始就被勒令禁止运行，累计实际运行时间只有 250 天。

2020 年，日本核监督机构批准了福井县两座核反应堆的退役申请，因为运营商关西电力无力承担核电厂安全升级的高昂费用。关西电力公司将花费 1 187 亿日元（约合 109 亿美元）拆除大井核电厂的 1 号和 2 号机组，预计工作将在 2049 年 3 月前完成。

日本大部分核电厂已快到达 40 年的寿期，如果不能延寿，将面临退役。此外没有达到寿期的核电厂也因满足新安全标准的高昂成本问题以及重启的不确定性而选择退役。

（3）韩国

韩国是世界上核电厂密度最高的国家，10 万 km^2 的国土上运行着 25 座核电机组，核能提供了韩国 35%的电力供给。韩国第一座研究堆 KRR-1 已经退役，是韩国完成的第一个退役项目。2017 年，韩国古里核电厂 1 号机组达到使用寿命，进入退役流程。预计至 2051 年，古里核电厂还将有 5 个机组永久关闭。

2008 年，韩国政府拟规划在 2030 年前再建 10 个核电厂，但文在寅出任总统后，韩国政府在能源政策上出现大转向，2017 年，暂停了新古里 5 号和新古里 6 号的建设工作，此外还表示，新政府将终止所有建设新核电厂的计划，也不再批准延期运行现有核电厂。

2020 年 4 月，韩国产业通商资源部表示，将于 2021 年下半年开工建设核电厂拆除研究所，其有望成为退役核电产业的核心机构。

1.3 核设施退役安全

核设施的重要特点之一是具有放射性，保证工作人员、公众与环境的安全是制约整个核设施退役作业活动的关键。核设施退役不同于核设施运行，核设施运行过程中产生的放射性物质一般被封闭或包容在封闭的设备和管道中，而在退役时，放射性物质由于核设施的包容与封闭系统受到破坏而被释放出来，因此，核设施退役过程中的核与辐射安全问题是不能忽略的，保证核设施退役作业活动的核与辐射安全不仅是一项技术工作，更是一项社会责任。一旦发生事故，不仅会影响退役工程的进度和经费预算，还可能造成工作人员和公众遭受到过量的辐照，甚至造成人员伤亡和危害生态环境。

核设施退役的最终目标是使核设施和（或）厂址获得有限制或无限制开放和使用。为达到这种目标，退役作业应减少退役后设施和厂址占用者的辐射剂量至审管机构认可的管理目标值。鉴于核设施的复杂程度各异，经审管机构批准，核设施可立即实施拆卸或延迟拆卸的退役策略。

无论采取哪种核设施退役策略，退役安全目标都是应确保工作人员、公众的安全及环境安全，免受或减少来自退役各阶段中产生的放射性或非放射性有害物质的危害，同时又不给后代留下不适当的负担，包括额外的健康、安全风险以及财政需求。

核设施退役过程中的某些特定活动，例如去污、设备的拆卸、解体和搬运、个别安全系统的拆卸等，都具有产生新危害的可能性。因此，退役过程中某些特定活动涉及的安全问题的妥善处理是退役安全目标的一个重要组成部分。

退役过程中的每项实践活动，必须符合辐射防护三原则。

（1）正当性原则：只有当某种实践带来的利益足以弥补该实践引起的辐射危害时，才能实施这种实践。

（2）最优化原则：考虑了社会和经济因素后，任何不可避免的照射应保持在可合理达到的尽量低水平，即 ALARA 原则。

（3）剂量限值：辐射造成的剂量不超过国家审管部门规定的限值。

核设施退役放射性水平和剂量管理限值是退役安全目标的具体表现，退役活动必须满足相应限制要求。

1.4 核设施退役仿真技术

人类认识世界有三种方法：理论、实验和仿真。其中，理论和实验属于传统科学方法，而仿真将实验与理论联系起来，它们在人类认识世界和改造世界的过程中扮演着重要角色。人类的科研模式不断丰富和完善，以数据和仿真模拟的科研模式正在兴起，并在各种科研领域中发挥着重要作用，这种新兴的科研模式正在并已经催生了很多重大科技突破，也成为发达国家保持与提升国家竞争力的关键手段。

在核能领域，仿真作为一种重要的技术手段，正发挥着越来越重要的作用。如今，随着核电的快速发展和更高的核电安全标准，模拟仿真技术在先进反应堆的设计、核电厂的延寿和退役、工作人员的培训与制定辐射防护策略等过程中得以广泛应用，并体现出无可匹敌的优势。

在 20 世纪 90 年代，欧美发达国家就对仿真技术在核设施退役中的应用展开了研究。进入 21 世纪以来，随着计算机技术、虚拟现实技术、可视化技术等技术的迅猛发展，核能仿真技术的相关研究内容得到了丰富，更多新的解决思路不断出现，也大大地促进了核设施退役仿真技术的发展，这对提高核退役的安全性具有重要作用，例如掌握核设施退役状态、培训作业人员、优化退役工作方案、降低作业人员不安全行为、消除恐惧心理等。

在退役工程实施阶段，退役工作方案面临的根本挑战就是如何合理降低人员及环境受到的潜在放射性危害，使退役过程符合辐射防护标准。尽管广泛开展的辐射防护最优化现场管理与实践有效地提高了辐射防护安全水平，但仍存在一些问题，即工作人员在执行带辐射任务之前无法得到有效的培训，而且工作方案无法在具体执行之前得到确实的评估与优化。仿真技术在核领域的应用，为这一问题提供了新的解决思路。

针对核设施的维修和退役等过程，制定工作方案是必须的。核辐射环境下各个过程的工作方案的制定主要是依靠专业人员的经验，这难以对退役工作方案进行定量的评估和优化。同时，工作人员的执行能力也是对工作方案正常进行的重要保障。在虚拟核设施环境中，无论核设施是处于在役运行、维修检查、退役拆除，还是应急响应状态，高真实感的辐射场景三维呈现都能够更加真实地模拟人员作业环境，充分考虑环境的各种局限对工作开展产生的问题，并且可以针对同一个任务进行多次重复训练，从而提前熟悉退役环境，实现人员对环境的精准定位，提高工作人员熟练度，减少所受潜在的辐射危害，降低工作成本。对整个工作方案而言，通过三维仿真技术，可以提前对工作方案进行模拟执行，从模拟执行过程中验证当前方案的可行性，评估人员在工作时是否符合辐射安全标准，发现当前方案的缺点和不足，从而及时进行优化。

1.4.1 退役仿真技术研究现状

在最近的几十年内，国内外科研机构都投入了大量的人力、物力和财力，研发核设施退役仿真相关技术，积累了丰富的理论和实践经验，有力地推动了核设施退役仿真技术的发展。以欧盟、美、日、韩为代表的发达国家核能开发与应用最早，并在各种类型核设施退役方面积累了大量的经验，且计算机技术较为发达，很早就已经将虚拟仿真技术应用到了核电领域。

1.4.1.1 国外

（1）比利时

为了辅助核设施的退役工作，20 世纪 90 年代，比利时 SCK·CEN 开发了辐射防护最优化仿真工具 VISIPLAN（如图 1.8 所示）。VISIPLAN 被广泛地应用于核辐射相关领域，例如：辐射相关工作前期的辐射防护优化；针对蒸汽发生器拆除工程，评价辐射对工人、公众和环境的影响，分析不同切割距离对工作人员的影响和工作时间对累积剂量的影响；根据设施的几何模型、辐射源的分布和屏蔽防护，对剂量分布进行预测；针对核设施退役工程，可以用于几何建模，源强评估，剂量评价，路径仿真和任务规划；针对核电厂退役熔化去污技术产生的污染废物对工人、公众、环境造成的影响进行评价，减少放射性废物和退役成本。

(a)

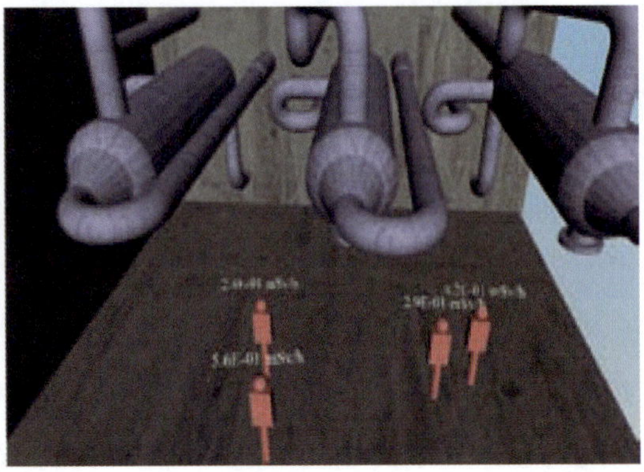

(b)

图 1.8　比利时杜尔核电厂（a）与 VISIPLAN 3D ALARA 规划工具（b）

（2）法国

为了评估核设施退役过程中的辐射剂量，2002 年，法国原子能委员会（CEA）开展了 CHAVIR 研究项目，CEA-LIST 团队设计和开发了基于虚拟引擎的 CHAVIR 仿真系统和 ALARA 分析工具，并于 2005 至 2007 年间，在退役工作中对其进行了测试与完善，实现了虚拟场景中场景编辑、源项以及屏蔽设置和辐射剂量率计算。2009 年，为了减少维护、停运和拆卸操作的辐射剂量，基于虚拟现实技术开发了 NARVEOS 剂量计算软件，如图 1.9 所示。

(a)

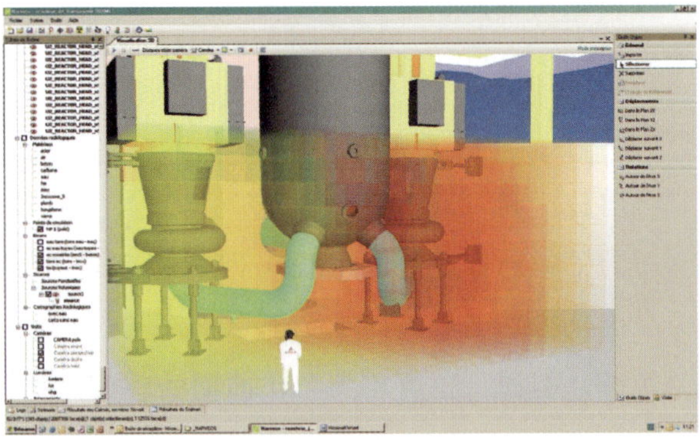

(b)

图 1.9　法国布吉核电厂（a）与 NARVEOS 仿真工具（b）

（3）巴西

巴西核工程研究所虽然没有针对核设施退役仿真进行研究，但是其他涉核虚拟仿真的研究成果较多，且对核设施退役仿真技术研究具有很大的参考价值。例如，针对安格拉核电厂，核工程研究所开展了核电厂虚拟仿真方面研究，并基于 Unreal 引擎开发了核电厂控制室、放射性废物处理厂、核应急和核安保的虚拟仿真系统。虚拟环境可以提高效率，降低成本，采用3D沉浸模式和多人模式用于一般培训、传达危险，以及培训辐射紧急情况时的程序。2007年，建立了全景核电站控制室仿真机，在这个虚拟环境中实现污染区域的人员疏散和撤离。2008年，考虑了人体工程学和人体因素的要求，建立了与核电厂同等比例的虚拟控制台，用于操作人员培训和工作程序设计。2009年，设计了基于网络通讯的离线、在线辐射监测和辐射场计算方法。2011年，开发了一种基于神经网络的智能系统，在测量点间插入剂量率值，用于计算核辐射剂量率分布。2013年，建立虚拟模型和人体动力学评价模型，对操作员的操作时间评价方法进行研究。利用虚拟现实技术，开发了核电厂人员受照剂量评估工具，用于支持对核电厂人员的培训，优化工作任务，以减少工作人员的受照剂量。2014年，实现了虚拟放射性废物处置厂仿真［如图1.10（a）］，用于模拟放射性废物搬迁、布置和人员培训。2017年，利用Unity和3Ds Max建立核废料厂仿真平台［如图1.10（b）］，用户可以通过外部设备在虚拟场景中进行工作。

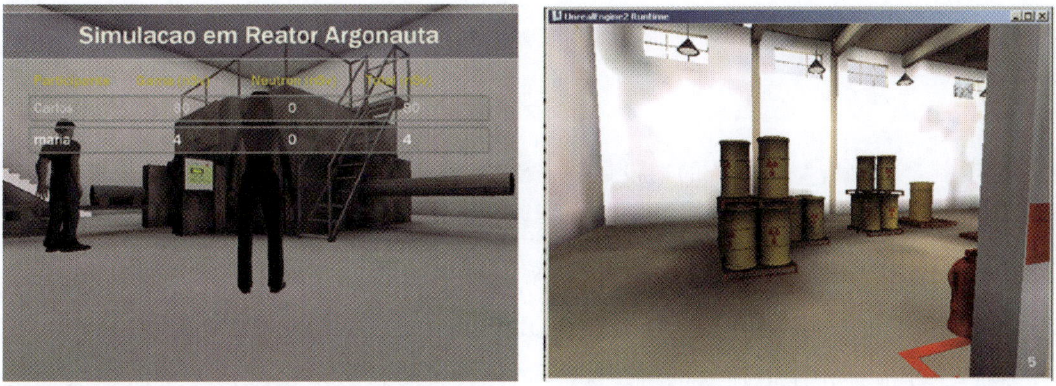

(a) (b)

图1.10 仿真场景图

（4）韩国

针对KRR-1退役项目与古里商业堆退役项目，韩国原子能院进行了大量的退役仿真技术研究。2006年，为了评价KRR-1反应堆的退役方案并模拟反应堆的部件拆除，开发了数字化实物模型系统（DMU）（如图1.11）；2007年，为了评估退役成本，设计了退役成本估算基本框架；2008年，为了评估核反应堆退役安全，提出了危害、风险和操作规程的定性识别与分析方法；2012年，为了维护和拆除核设施，提出了核退役安全结构、系统和部件寿命的估计算法。2014年，根据核电厂设施的物理特点，提出了切割技术评价方法，并建立了基于虚拟现实的培训系统。2016年，为了安全评估退役过程，对降低核退役过程危害的方法进行了研究；为了提高核退役工作人员的工作技能，进行了核退役过程中人因事故的风险评估；为了在核电厂拆卸过程中评估辐射剂量，开发了基于数字制造平台的拆卸模拟系统。2017 年，为了对退役作业进行评价，开发了切割仿真程序；2019 年，为了协助核退役参与方从总体上达成共识，提出了基于评估矩阵的核设施退役过程风险评估的优化方法。

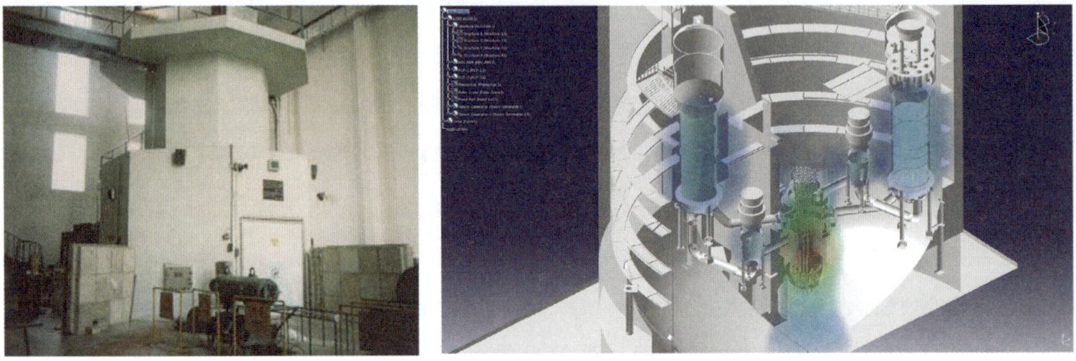

(a) (b)

图 1.11 韩国 KRR-1 反应堆（a）与拆卸模拟系统（b）

（5）日本

为了制定“普贤”核电厂的退役计划，2004 年，日本核燃料循环开发署与 Halden 反应堆工程中心联合开发了退役工程支持系统 DEXUS，该系统可用于量化放射性废物、可视化放射性清单、模拟拆除计划、评估辐射环境中的工作量并优化退役计划。VR-dose 是 DEXUS 的主要模块（如图 1.12），用于呈现虚拟核设施场景、提供退役相关工具、编辑工作情景和评估辐射剂量。2005 年，为了降低核电厂维修人员的辐照剂量，日本日立能源与工业研究实验室开发了辐射场计算和可视化系统，该系统采用点核方法，能够实现辐射场分布快速计算和可视化；2015 年，Halden 反应堆工程中心对 VR-dose 进行整合，开发了集工作场景编辑、辐射可视化和剂量评估等功能于一体的退役计划工具 HVRC VRdose Planner，并根据核设施退役经验对虚拟现实、三维仿真、先进用户界面、移动可穿戴设备及核设施退役应急技术进行了总结。

（6）西班牙

针对科夫伦特斯核电厂换料问题，2004 年，西班牙瓦伦西亚理工大学利用虚拟现实技术，开发了一套辐射防护交互式计算仿真系统 CIPRES（如图 1.13），用于记录反应堆换料过程中每个点的剂量率数据库；2007 年，为了进行岗位培训和剂量评估，对该系统进行了升级，使其能够模拟核电厂的换料过程，计算换料过程中的剂量分布，并分析换料的操作步骤。

(a) (b)

图 1.12 日本“普贤”核电厂（a）与 VRdose 仿真评估系统（b）

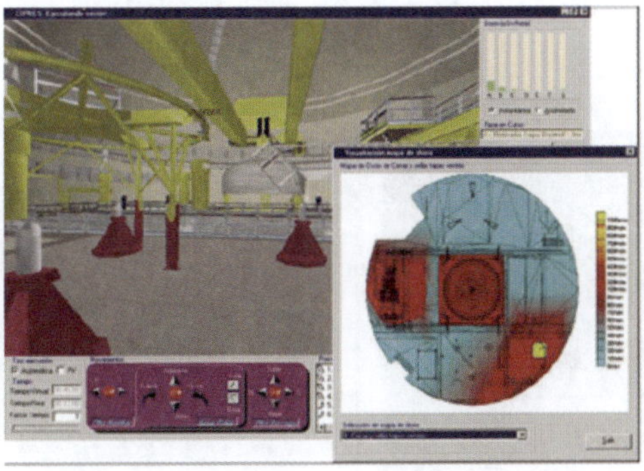

图 1.13 CIPRES 生成的瞬时剂量图

（7）美国

美国核退役仿真的经验千差万别，其中大部分核电厂退役采用核监管委员会制定的 Decon 程序。1996 年，为了量化核武器拆卸过程中人体的辐照剂量，美国桑迪亚国家实验室开发了辐射环境建模系统 REMS。2010 年，为了对核电工作人员进行核电厂运行和紧急情况培训，美国伊利诺伊大学针对特定核事故情景与应急案例，通过修改 Unreal 游戏引擎的功能，开发了核电厂仿真建模与培训系统（如图 1.14）。

1.4.1.2 中国

中国核动力研究设计院的一座原型堆和一座实验堆于 20 世纪 80 年代末进入退役阶段。为了辅助反应堆退役工作，2013 年，中国核动力研究设计院设计了退役仿真系统的总体结构，提出了大型三维场景数据处理、辐射数据虚拟可视化、作业人员受照剂量计算、退役切割和拆除工艺的模拟以及碰撞检测等关键技术；2018 年，二次开发 DEL-

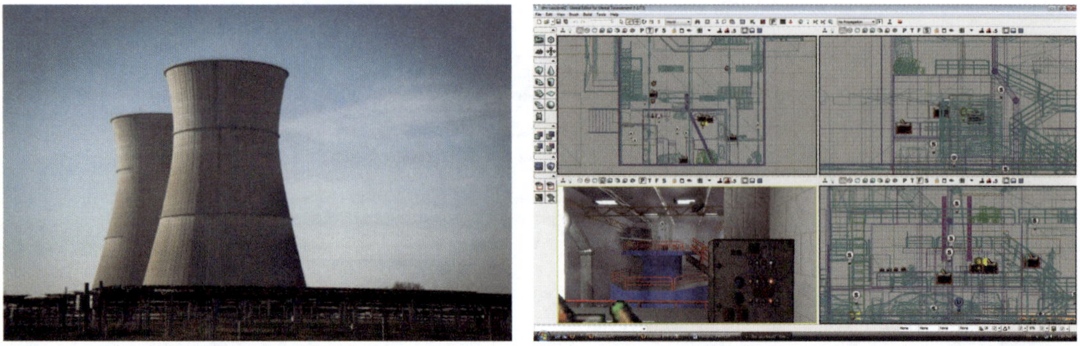

(a)　　(b)

图 1.14　美国兰乔山高核电厂（a）与 Unreal Ⅲ 编辑器中的铀氢锆反应堆（b）

MIA 软件，实现了堆舱辐射场可视化和人体受照辐射剂量模拟计算，并基于 VIRTOOLS 虚拟引擎，在 DELMIA 平台上开发了反应堆退役三维仿真原型系统，实现了三维辐射场的实时计算和基于行走路径的人员受照剂量评估。

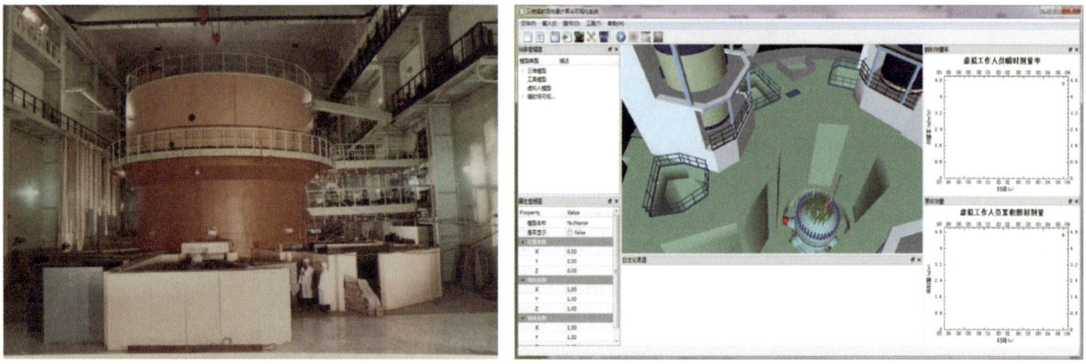

(a)　　(b)

图 1.15　101 重水反应堆（a）与 PKShield 仿真软件（b）

101 重水反应堆（HWRR）是中国的第一座反应堆［如图 1.15（a）］，已于 2007 年关停，目前正处于退役阶段。针对 HWRR 及其他核设施的退役问题，哈尔滨工程大学核科学与技术学院进行了大量虚拟仿真技术研究：2011 年，提出了核设施退役虚拟仿真系统框架；2012 年，为了给退役最优方案的分析和制定提供数据支持，开发了核设施维修设计数据库及分析系统；2014 年，为了优化退役方案，开发了核设施退役数据库信息管理系统；2015 年，为了进行快速的辐射剂量率分布计算，开发了三维空间剂量率分布点核积分计算程序 PKShield［如图 1.15（b）］，并针对退役过程中辐照路径规划问题，提出了核辐射环境中最小辐照路径搜索方法；2016 年，为评估工作人员受照剂量，提出有限监测点代替组织器官的作业人员受照剂量评估方法；2018 年，针对核设施退役中不规则几何形状的切割操作，提出了自适应点核剂量评估方法；2019 年，为实现核设施三维场景的快速建模、核辐射场分布的快速计算及可视化、人体剂量评估和作业方案预演，开发了针对核设施退役人员的辐射剂量评估系统。

针对某反应堆的退役需求，2007 年，中国工程物理研究院计算机应用研究所采用虚拟现实技术，对退役场景构造、虚拟作业、虚拟去污、虚拟拆除和虚拟剂量显示等关键技术进行了研究，并设计了反应堆退役模拟系统。

针对核设施退役作业场景，2015 年，南华大学核科学技术学院采用蒙特卡罗数值模拟方法，实现了辐射场的计算与核设施场景的耦合可视化；2016 年，基于 Unity 3D 开发了核设施厂区三维漫游与仿真系统和核设施管理与可视化系统；2017 年，针对核退役拆除路径寻优问题，对最优化拆除路径进行了研究。

针对中国聚变反应堆 EAST［如图 1.16（a）］，核能安全所凤麟核（FDS）团队进行了大量的辐射安全仿真技术研究。2010 年，为了快速地计算出三维空间内的剂量率分布，提供三维剂量场的可视化，FDS 开发了辐射虚拟仿真系统 RVIS［如图 1.16（b）］；2013 年，为了实现人体受照剂量的精确评估，基于辐射虚拟人 Rad-HUMAN 模型，开发了一种人体外照射剂量精确评估方法；2014 年，对作业方案规划、作业过程模拟和评价、个人与集体剂量管理和控制等功能进行集成，建立了核与辐射安全集成仿真系统 RVIS2.0；2015 年，为了提高剂量评估效率，提出了基于并行技术的外照射实时剂量评估方法；2016 年，为了实现大规模虚拟场景实时交互渲染，基于八叉树算法，提出了大规模辐射场景快速构建与优化管理方法；2019 年，为了给核能系统的安全设计、安全评价、事故预警、应急演练、应急决策、环境影响评价和社会风险评价等提供研究手段和工具平台，研发了数字社会环境下的虚拟核电站综合仿真系统 Virtual 4DS，该仿真系统以数字反应堆为核心，开发了自动精确建模、多物理场耦合仿真、多维信息可视化和虚拟仿真以及核大数据等关键技术。

针对辐射场剂量计算，2012 年，华北电力大学基于 QAD-CG，通过多程序耦合开发了辐射场可视化平台剂量分布程序，并于 2013 年开发了核电站换料维修仿真系统，实现了厂房的展示、路径规划、虚拟人维修仿真以及维修评估。

核能曾经是中国台湾地区的主要电力来源，从 1978 年台湾电力公司建设金山-1 核电厂开始，接连在台北县石门、万里、贡寮和屏东县恒春建设了 4 座核电厂，其中石门 1 号机组是第一个进入退役阶段的核电反应堆［如图 1.17（a）］。目前中国台湾地区已有 3 座核电厂退役，而第一座研究堆 TRR 也于 1988 年关闭。为了保证研究堆拆除的安

(a)

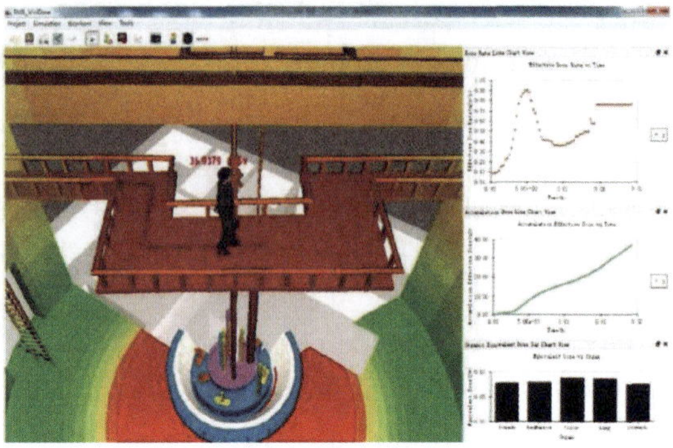

(b)

图 1.16　中国聚变反应堆（a）与辐射虚拟仿真系统（b）

全和效率，2005 年，台湾核能研究所（INER）开发了综合退役信息管理系统 IDIMS［如图 1.17（b）］，用于记录退役项目期间所有活动的数据，该系统将为该地区核电厂的退役项目提供知识库和设计基础。INER 的退役管理系统由退役信息管理系统 DIMS 和退役知识管理系统 DKMS 构成。DIMS 用于记录退役项目期间的所有活动，获取、分类、存储、转化与传播核退役知识，可以提高拆除任务的质量，并有助于存储所有退役项目的经验数据。DKMS 具有学习机制，主要目标为进一步管理退役决策和知识，为下一代工作人员提供核退役知识。

(a)

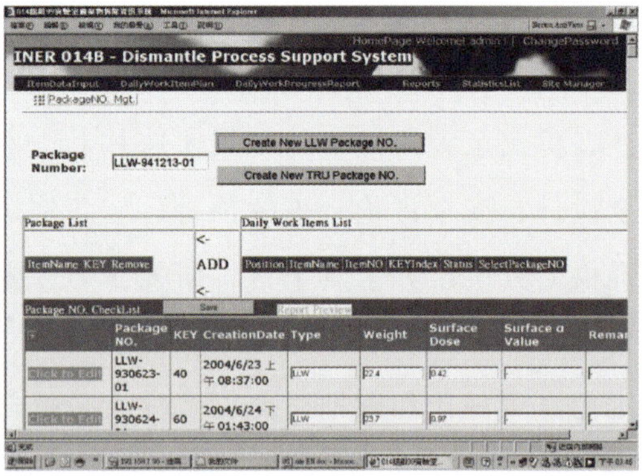

(b)

图 1.17　中国台湾地区石门核电厂（a）与综合退役信息管理系统（b）

根据以上情况可以看出，核设施退役政策在有核国家的核能开发与核设施部署上属于战略性策略，受到各国政府与普通民众的高度重视。而利用虚拟现实技术进行的核退役仿真研究也是各国科研人员的研究重点。通过对国内外核设施退役仿真状况的调研，可以发现核设施退役仿真的研究热点有如下几项：1）核设施辐射环境的建模；2）切割、拆除、解体工作的模拟；3）拆除、切割工具的评估与优化；4）核退役工程中辐射和非辐射风险的评估；5）核辐射仿真，即辐射场的计算和可视化；6）人体受照剂量评估；7）辐射路径优化；8）远程操作装置的模拟和评价；9）人员培训。

1.4.2 以辐射安全为核心的退役仿真关键技术

无论采取哪种核设施退役策略，退役安全目标都应是确保工作人员、公众的安全及环境安全，免受或减少来自退役各阶段中产生的放射性或非放射性有害物质的危害，同时又不给后代留下不适当的负担，包括额外的健康、安全风险以及财政需求。核设施退役之所以不同于常规设施的退役，归根结底是因为核设施退役过程中可能对人员和环境带来放射性危害。因此，不同的退役策略和手段，始终是以合理降低辐射水平为出发点的。因此，本书中涉及的核设施退役仿真技术以辐射安全作为核心，内容包括源项及特性调查、退役数据库的结构设计、伽马辐射场计算与可视化、人体剂量评估、核辐射环境下人员作业路径规划、多人协同作业任务分配与方案综合评价。各部分的关系如图1.18所示，源项及特性调查贯穿退役全过程，而各个部分的工作数据都需要存储到退役数据库当中，退役数据库又为各个步骤的工作提供数据依据；对于建立好的核设施退役仿真环境，首先可以根据源项及屏蔽信息，进行γ辐射场的计算与可视化，它是后续剂量评估等工作的基础；掌握了辐射场信息后，才可以进行人员剂量评估工作，进一步对人员作业路径进行规划；在前述基础上，最后进行多人协同作业任务分配与方案的综合评价，保障退役过程的辐射安全。

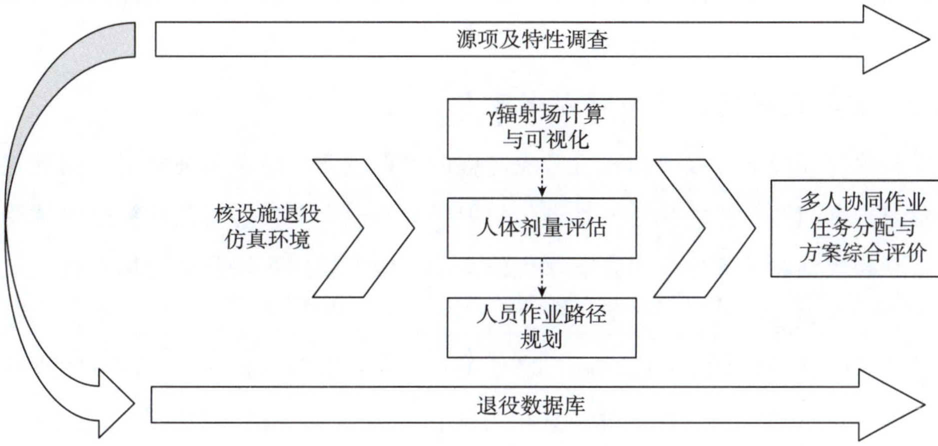

图 1.18 退役仿真关键技术主要内容及各部分关系

1.4.2.1 源项及特性调查

核设施退役中设施的放射性源项和特性调查是整个退役活动中的关键任务之一，贯穿退役的全过程，是实现安全退役的保障。退役前期准备阶段，要确定退役策略和目标，需要通过场址特性调查，收集足够的信息，做好安全评价，评估设施的安全状况，掌握放射性盘存量和放射性污染分布；在退役过程中，需要对去污效果进行评价，控制流出物的排放，对废物进行分类、处理和处置，确定是否可以豁免或实行再循环再利用；退役终结时，对场址进行验收，确定场址达到有限制开放使用还是无限制开放使用的标准，从而进一步进行环境和场址的收尾工作。

初期调查的结果直接影响到退役方案的选择；退役过程中的调查关系到退役活动中工作人员的辐射安全、废物最小化及环境辐射安全；终态调查结果是判断退役活动是否结束的重要数据，周边环境的辐射特性调查则是对退役过程中是否有放射性物质向环境超标排放的判断依据。

1.4.2.2 退役信息数据库的结构设计

核设施在其退役及安全评价研究中，涉及数量巨大的数据收集、处理、分析及应用工作，这些都增加了退役的技术难度。在退役工程实施过程中，如果能够对退役设备结构与状态、辐射剂量数据、放射性源项数据及退役人员作业活动等信息进行有效管理，将能很好地辅助核设施退役工程的实施，减少退役人员在退役工程中的工作量和工作时间，降低退役过程的放射性危害，进而减少退役投资。因此，有必要开发针对核设施退役的数据库及其管理系统，收集对退役活动安全高效进行有影响的信息数据，掌握放射性物质盘存量和污染分布情况，保障核设施的安全退役，并为后续其他核设施的退役提供实践经验。

1.4.2.3 伽马辐射场计算与可视化技术

核设施退役环境下对人员和环境造成危害的辐射主要来源于伽马辐射，因此这个过程中的辐射安全问题首要关注的就是伽马辐射场分布。伽马辐射场的计算是人体受照剂量评估、路径规划、任务分配和方案评价的基础，辐射场的可视化则为用户提供了关于辐射场信息的直观感受。

辐射环境建模是辐射计算的基础，场景中对源项和屏蔽的描述是否准确将直接影响最终的辐射计算结果。核设施退役场景中可能存在大量复杂源项和屏蔽，且由于切割、拆除等操作导致核设施结构发生变化，给辐射环境建模带来困难。本书主要介绍的建模方法有组合几何方法、程式化建模方法、体素化建模方法以及基于计算机辅助设计的建模方法。

当放射源项和屏蔽的信息已经掌握时，常用蒙特卡罗方法、离散纵标法或点核方法等计算辐射场分布。每种方法都有各自的优缺点，不同情况下的方法适用性亦有区别。而在实际工程中，放射源情况可能不明，可以基于神经网络等方法，通过辐射检测系统获得的有限个监测点数据对辐射场进行重构。

三维辐射场剂量可视化是利用计算机图形图像处理技术将数据以图形的形式显示出来，能辅助人员预知核辐射在环境内的分布，帮助作业人员规避辐射剂量高的区域和控制个人受照剂量。主要有以下几个步骤：获取三维空间体数据；数据的精炼与处理；可视化映射；图像转换；图像变换与显示。

1.4.2.4 伽马辐射人体剂量计算与评估

当工作人员在核设施退役现场进行作业时，退役辐射场中无处不在的 α 粒子，β 粒子，γ 光子和中子会与人体产生某种特有的生物效应，其中，最主要考虑的是 γ 光子。这种效应的程度主要取决于人体组织所吸收的辐射能量，当掌握了辐射场的信息之后，人体受照剂量可以通过辐射场数据与特定的剂量转换因子计算得到，从而判断工作人员受照剂量是否低于规定值，满足辐射防护标准，达到辐射安全的目的。

为了评估人体受照剂量，仿真虚拟环境中同样需要对人体建立模型。人体外照射模型的发展从最初的简单数学模型，发展到三维体素模型，再到 21 世纪的曲面模型，研究中所建立的人体模型越来越精细和灵活，从而得到更准确的剂量评估结果。针对内照射，国际放射防护委员会推荐了人体内照射剂量估算生物动力学模型，该模型包括呼吸道模型和胃肠道模型。为了基于人体模型进行器官级的剂量计算，可以在不同器官上设置监测点，结合具体器官的吸收剂量转换因子，从而计算得到特定器官的平均吸收剂量率。为了使人体各部位受照剂量的分布更加直观，基于虚拟人的体素模型，研究设计和实现了虚拟人受照剂量可视化方法。

1.4.2.5 核辐射环境下人员作业路径规划方法

为了减少电离辐射对人体的辐射照射，达到辐射防护的目的，可采取一些合适的辐射防护措施。一般情况下，外照射防护的基本方法是缩短工作人员在辐射区的停留时间（时间防护），增大与放射源的距离（距离防护）以及在放射源和人体之间设置屏蔽（屏蔽防护）来减少受照剂量。对内照射的防护措施是阻止或减少放射性核素进入体内，或加快促进人体内的放射性核素的排出。

对核辐射环境下工作人员的作业路径进行规划，实质上就是在特定的环境基础上，寻求一条最优工作路径，在保证完成工作任务的前提下，综合利用时间防护、距离防护和屏蔽防护来使得工作过程中人员接受的辐射照射尽量低，从而满足辐射防护的要求。

为了达到最好的路径规划效果，在不同的核设施虚拟仿真环境下，需要对各种路径规划算法进行对比，选取其中效果最好的，即工作人员按照该算法规划的路径进行作业受到的辐射照射剂量最小。典型的路径规划算法有 Dijsktra 算法、A^* 算法、RRT^* 算法等。在复杂核辐射环境下，单一算法可能只在某一活动区域达到最优，而总体效果并不出众，这时候可以采用组合优化方法，保证最终路径在整个核设施场景中是最优的。

1.4.2.6 多人协同作业任务分配与方案综合评价

退役全过程中，需要根据不同任务的特点选取合适人员实施作业，科学合理配备人员，保证任务可靠完成。在此前提下，还需要规划使得多名工作人员以较小的辐照代价、在较短的时间内到达各自的任务目标点，彼此配合完成任务，满足人员辐射防护最优化。对总体工作方案，需要建立科学完善的评价指标体系，依托高效合理的算法评价多个施工方案的相对优劣，降低方案选取的盲目性，为方案的科学化制定与决策提供参考依据，从而最大化提高协同作业的效率和安全性，缩短工期，降低退役代价。

针对多人协同作业任务分配问题，需要分析核设施退役施工过程中的作业特点及需求，讨论任务分配指标体系的选取标准，建立相应数学模型并求解，结合实例对任务分配方法的合理性、准确性进行分析和讨论。

方案综合评价是指对具有多属性体系结构的对象系统做出全局性、整体性的评价，即对评价对象全体，根据所给条件，采用一定的方法为每个评价对象赋予一个评价值，再据此进行择优或排序。目前比较常见的综合评价方法大致可分为：定性评价方法、定量评价方法、基于统计分析的评价方法、基于目标规划模型的评价方法以及多方法融合的评价方法。针对核设施场景特点的整体方案综合评价，建立评价数学模型。并对模型进行求解，并验证评价方法的科学性。

参考文献

[1] 王俊峰．核设施退役工程［M］．北京：中国原子能出版社，2013.

[2] 陆燕．世界核电站退役概况［J］．中国核工业，2017（10）：18-20.

[3] 王欣，王苏礼．世界核电延寿及退役市场初步研究［J］．南华大学学报（社会科学版），2015（02）：12-17.

[4] 王丽新．世界核电发展史简介［J］．科技创新与应用，2012（15）：122-122.

[5] 赵宏，伍浩松．欧委会批准比利时核电支持计划 [J]. 国外核新闻，2017 (4)：9-9.

[6] IAEA. Nuclear technology Review：2020 Update [R]. IAEA，2020.

[7] 汪兆富．日本核电站的发展历程 [J]. 国防科技工业，2011，4：22-23.

[8] 谷存礼，吴庆玉．国营 750 厂核设施退役实践 [C]. 2005 放射性废物处理处置技术经验交流会，中国核学会，2005：1-2.

[9] 李玉成，陈正秋．二二一厂核退役成功实践 [C]. 中国核学会，2004：1-2.

[10] Seo H W，Sohn W，Jo K H. Proposal for the spent nuclear fuel management plan from the decommissioning of Kori site NPPs [J]. Annals of Nuclear Energy，2018，120 (oct)：749-762.

[11] 马前卒工作室．请菩萨容易送菩萨难—日本"文殊"核反应堆的悲剧史 [EB/OL]. 2018-09-05/2021-04-23. https：//user. guancha. cn/main/content？ id=37117.

[12] 环津京网．韩国明年开建核电站拆除研究所，将耗资 18.7 亿元 [EB/OL]. 2020-04-21/2021-04-23. https：//baijiahao. baidu. com/s？ id=1664559090487063315&wfr=spider&for=pc.

[13] 中国国家标准化管理委员会．GB/T 19597-2004，核设施退役安全要求 [S]. 北京：中国标准出版社，2004.

[14] 杨子辉．大规模辐射场景三维实时仿真关键技术研究 [D]. 中国科学技术大学，2016.

[15] 王精业，徐豪华．仿真科学与技术的学科发展现状与学科理论体系 [J]. 科技导报，2007，25 (12)：5-11.

[16] 吴婷．基于计算机仿真模拟实验的应用分析 [J]. 电子技术与软件工程，2013 (19)：208.

[17] IEEE B E. IEEE standard for modeling and simulation (M&S) high level architecture (HLA) -framework and rules-redline [J]. IEEE，2010：1-378.

[18] Vermeersch，F. ALARA pre-job studies using the VISIPLAN 3D ALARA planning tool [J]. Radiation Protection Dosirrtetry，2005，115 (1-4)：294-297.

[19] Hornáek M，Neccas V. Assessment of the radiation impact of steam generator dismantling on the workers，public and environment [J]. Progress in Nuclear Energy，2016，91：345-354.

[20] Hornacek M，Necas V. Calculation of external exposure during dismantling and segmentation of steam generator [J]. IAPGOŚ，2014，4 (4)：3-10.

[21] Vermeersch F, Bosstraeten C V. Development of the VISIPLAN ALARA planning tool [C]. Proceeding of the International Conference on Topical issues in Nuclear Radiation and Radioactive Waste Safety, Vienna Austria, 1998: 141-146.

[22] Vermeersch F. Dose assessment and dose optimisation in decommissioning using the VISIPLAN 3D ALARA planning tool [C]. Radiation protection and decommissioning ABR/BVS, Brussels, 2003: 1-7.

[23] Simonis A, Poskas P, Sirvydas A, et al. Modeling of the Radiation Doses during Dismantling of RBMK-1500 Reactor Pressurized Tanks from Emergency Core Cooling System [J]. Science and Technology and Nuclear Installations, 2013, (3): 195-203.

[24] Slimák A, Nečas V. Melting of contaminated metallic materials in the process of the decommissioning of nuclear power plants [J]. Progress in Nuclear Energy, 2016, 92: 29-39.

Thevenon J B, Tirel O, Lopez L, et al. CHAVIR: virtual reality simulation for interventions in nuclear installations [C]. ANS NPIC&HMIT 2006 ALBUQUERQUE, 2006: 1-9.

[25] Arnauld Leservot, Laurent Chodorge. CHAVIR: a virtual site simulation environment [C]. Versailles France: ENC 2005, 2005: 38-38.

[26] Dixon J, Markidis S, Luo C, Reynolds J. Rizwan-uddin. Three dimensional, virtual, game-like environments for education and training [C]. Trans. ANS 97, 2007: 915-917.

[27] Aghina M A C, Mól A C A, Almeida A A H, et al. Full scope simulator of a nuclear power plant control room using virtual reality 3D stereo techniques for operators training [C]. International Nuclear Atlantic Conference, 2007, 39: 1-6.

[28] Aghina M A C, Mól A C A, Jorge C A F, et al. Non-conventional interfaces for human-system interaction in nuclear plants′ virtual simulations [J]. Progress in Nuclear Energy, 2012, 59: 33-43.

[29] Aghina M A C, Mól A C A, Jorge C A F, et al. Virtual control desks for nuclear power plant simulation: improving operator training [J]. IEEE Computer Graphics Apply, 2008, 28: 6-9.

[30] Gatto L B S, Mól A C A, Santos I J A L D, et al. Virtual simulation of a nuclear

power plant's control room as a tool for ergonomic evaluation [J]. Progress in Nuclear Energy, 2013, 64: 8-15.

[31] Mól A C A, Aghina M A C, Jorge C A F, et al. Nuclear plant' s virtual simulation for on-line radioactive environment monitoring and dose assessment for personnel [J]. Annals of Nuclear Energy, 2009, 36 (11): 1747-1752.

[32] Mól A C A, Pereira C M N A, Freitas V G G, et al. Radiation dose rate map interpolation in nuclear plants using neural networks and virtual reality techniques [J]. Annals of Nuclear Energy, 2011, 38 (2): 705-712.

[33] Freitas V G G, Mol A C A, Shirru R. Virtual reality for operational procedures in radioactive waste deposits [J]. Progress in Nuclear Energy, 2014, 71: 225-231.

[34] Kim S K, Park H S, Lee K W, et al. Development of a digital mock-up system for selecting a decommissioning scenario [J]. Annals of Nuclear Energy, 2006, 33 (14): 1227-1235.

[35] Jeong K S, Lee D G, Jung C H, et al. Structures and elements for the decommissioning cost estimations of nuclear research reactors [J]. Annals of Nuclear Energy, 2007, 34 (4): 326-332.

[36] Park H S, Kim S K, Lee K W, et al. Visualization of a dismantling environment for an evaluation of a worker' s dose during the decommissioning of KRR-1&2 [J]. Annals of Nuclear Energy, 2008, 35 (6): 1117-1124.

[37] Jeong K S, Lim H K. Factor analysis on hazards for safety assessment in decommissioning workplace of nuclear facilities using a semantic differential method [J]. Annals of Nuclear Energy, 2009, 36 (10): 1639-1647.

[38] Jeong K S, Lee K W, Lim H K. Risk assessment on hazards for decommissioning safety of a nuclear facility [J]. Annals of Nuclear Energy, 2010, 37 (12): 1751-1762.

[39] Jeong K S, Lee K W, Jeong S Y, et al. Estimation on probability of radiological hazards for nuclear facilities decommissioning based on fuzzy and event tree method [J]. Annals of Nuclear Energy, 2011, 38 (11): 2606-2611.

[40] Jeong K S, Lee K W, Moon J K, et al. Life time estimation of SSCs for decommissioning safety of nuclear facilities [J]. Annals of Nuclear Energy, 2012, 46 (46): 244-247.

[41] Jeong K S, Choi B S, Moon J, et al. An evaluation of the dismantling technologies for decommissioning of nuclear power plants [J]. Annals of Nuclear Energy, 2014, 69: 62-64.

[42] Jeong K S, Choi B S, Moon J K, et al. An evaluation on the cutting technologies for decommissioning of the large cylinder parts in the major components of NPPs [J]. Annals of Nuclear Energy, 2014, 71: 340-342.

[43] Jeong K S, Choi B S, Moon J K, et al. The scenario-based system of workers training to prevent accidents during decommissioning of nuclear facilities [J]. Annals of Nuclear Energy, 2014, 71 (10): 475-479.

[44] Jeong K S, Choi B S, Moon J K, et al. Real-time assessment of exposure dose to workers in radiological environments during decommissioning of nuclear facilities [J]. Annals of Nuclear Energy, 2014, 73 (1): 441-445.

[45] Jeong K S, Choi B S, Moon J K, et al. An evaluation on the cutting technologies for decommissioning of the tube bundles in the RPV of NPPs [J]. Annals of Nuclear Energy, 2015, 83 (22): 342-345.

[46] Jeong K S, Choi B S, Moon J K, et al. Risk assessment on abnormal accidents from human errors during decommissioning of nuclear facilities [J]. Annals of Nuclear Energy, 2016, 87: 1-6.

[47] Jeong K S, Choi B S, Moon J K, et al. An approach to the semi-quantitative assessment model on human errors for decommissioning of nuclear facilities [J]. International Journal of Electrical Power & Energy Systems, 2015, 73 (3): 782-786.

[48] Jeong K S, Choi B S, Moon J K, et al. An evaluation on the scenarios of work trajectory during installation of dismantling equipment for decommissioning of nuclear facilities [J]. Annals of Nuclear Energy, 2016, 91: 25-35.

[49] Jeong K S, Choi B S, Moon J K, et al. An estimation to measure and to evaluate the work times following the trajectory of workers during decommissioning of nuclear facilities [J]. Annals of Nuclear Energy, 2016, 94: 10-15.

[50] Park J, Kim C H, Jeong K M, et al. Evaluation methodology of a manipulator actuator for the dismantling process during nuclear decommissioning [J]. Annals of Nuclear Energy, 2016, 91: 22-24.

[51] Lee J, Kim G H, Kim I, et al. Establishment of the framework to visualize the space dose rates on the dismantling simulation system based on a digital manufacturing platform [J]. Annals of Nuclear Energy, 2016, 95: 161-167.

[52] Iguchi Y, Kanehira Y, Tachibana M, et al. Development of decommissioning engineering support system (DEXUS) of the Fugen nuclear power station [J]. Journal of Nuclear ence & Technology, 2004, 41 (3): 367-375.

[53] Terje J, Edvardsen S T, Meyer G, et al. The VRdose software system: user manual, report and design documentation for R5 [R]. Japan Nuclear Cycle Development Institution, 2004: 56-64.

[54] Ohga Y, Fukuda M, Shibata K, et al. A system for the calculation and visualisation of radiation field for maintenance support in nuclear power plants [J]. Radiation Protection Dosimetry, 2005, 116: 592-596.

[55] Bratteli J. HVRC VRdose planner user guide [R]. Institute for Energy Technology Halden Virtual Reality Centre, 2015: 1-64.

[56] Szöke, István, Louka M N, et al. Comprehensive support for nuclear decommissioning based on 3D simulation and advanced user interface technologies [J]. Journal of Nuclear Science and Technology, 2015, 52 (3): 371-387.

[57] RoDenas J, Zarza I, Burgos M C, et al. Developing a virtual reality application for training nuclear power plant operators: setting up a database containing dose rates in the refuelling plant [J]. Radiation Protection Dosimetry, 2004, 111 (2): 173-180.

[58] Ródenas J, Gallardo S, Ballester S. Application of the Monte Carlo method to the analysis of measurement geometries for the calibration of a HP Ge detector in an environmental radioactivity laboratory [J]. Nuclear Instruments & Methods in Physics Research B, 2007, 263 (1): 144-148.

[59] Doubleday E C. A decommissioning wrap up [C]. Radwate Solutions. IAEA PRIS, 2007, March-April: 1-5.

[60] Breazeal N L, Davis K R, Watson R A, et al. Simulation-based computation of dose to humans in radiological environments [R]. Sandia National Laboratories, 1996: 1-25.

[61] Kriz Z, Prochaska R, Morrow C A, et al. Unreal III based 3-D virtual models for

training at nuclear power plants [C]. Nuclear & Renewable Energy Conference. IEEE, 2010: 1-5.

[62] 刘永叶，安凯媛，王亮，等．国内核设施退役实践的经验教训 [C]. 中国化学会，中国核学会，2014: 1-3.

[63] 戴波，张永领，周斌，等．反应堆退役仿真技术研究方案 [J]. 核动力工程，2013，34 (3): 168-171.

[64] 张开运，秦利华，胡诗远，等．堆舱辐射场可视化与人体受照辐射剂量模拟计算研究及实现 [J]. 核动力工程，2018，39 (1): 132-135.

[65] 张永领，胡一非，刘猛，等．反应堆退役三维辐射场实时计算及可视化 [J]. 辐射防护，2018 (1): 19-25.

[66] 刘中坤，彭敏俊，朱海山，等．核设施退役虚拟仿真系统框架研究 [J]. 原子能科学技术，2011，45 (9): 1080-1086.

[67] 周海涛．核设施维修的辐射防护最优化分析 [D]. 哈尔滨工程大学，2012: 4-5.

[68] 刘永阔，宋怡，吴小天，等．核设施退役信息数据库的结构与功能设计 [J]. 原子能科学技术，2014，48 (7): 1256-1263.

[69] 袁成前，刘永阔，段智勇，等．核设施退役三维辐射场剂量计算与可视化仿真 [C]．核反应堆系统设计技术重点实验室 2015 年学术年会，成都，中国，2015: 7-12.

[70] Liu Y K, Li M K, Xie C L, et al. Minimum dose method for walking-path planning of nuclear facilities [J]. Annals of Nuclear Energy, 2015, 83: 161-171.

[71] 王双宇．核设施虚拟辐射场中个人受照剂量评估方法研究 [D]. 哈尔滨工程大学，2016: 59-60.

[72] Chao N, Liu Y K, Xia H, et al. Adaptive point kernel dose assessment method for cutting operation of irregular geometries in nuclear facility decommissioning [J]. Radiation Physics and Chemistry, 2018, 150: 125-136.

[73] 晁楠．基于虚拟现实的核设施退役辐射剂量评估方法研究 [D]. 哈尔滨工程大学，2019: 107-120.

[74] 郑澎，何铁宁，黄利斌，等．基于虚拟现实的反应堆退役模拟研究 [J]. 计算机工程，2007，33 (1): 219-221.

[75] 罗文，宋英明，罗文，等．核设施退役作业场景动态三维辐射场模拟计算与可视化 [J]. 科学技术与工程，2015，15 (1): 232-236.

[76] 阮锐，赵立宏，邓骞，等．基于 Unity3D 的核设施厂区三维漫游与仿真系统设计

[J]. 现代机械，2016（1）：40-43.
[77] 阮锐. 基于 Unity3D 的核设施管理与可视化系统 [D]. 南华大学，2016：42-44.
[78] 宋英明，梁烨，叶凯萱，等. 核设施退役过程中的辐射场重构与拆除路径优化 [J]. 核技术，2017，40（5）：50-56.
[79] 汤正道. 基于虚拟现实的剂量评估系统设计与应用研究 [D]. 中国科学院研究生院，2010：32-41.
[80] 李廷，尚雷明，何桃，等. 基于体素模型的外照射剂量精确评估方法研究 [J]. 原子能科学技术，2013，2：526-530.
[81] 何桃. 核与辐射安全集成仿真方法与技术研究 [D]. 中国科学技术大学，2014：74-78.
[82] 王静. 基于并行技术的外照射剂量实时精确评估方法研究 [D]. 中国科学技术大学，2015：55-56.
[83] 杨子辉. 大规模辐射场景三维实时仿真关键技术研究 [D]. 中国科学技术大学，2016：69-71.
[84] Wu Y C. Development and application of virtual nuclear power plant in digital society environment [J]. International Journal of Energy Research，2019（43）：1521-1533.
[85] 万海霞. 辐射场可视化平台剂量分布快速计算程序开发 [D]. 华北电力大学，2012：17-30.
[86] 李淼. 核电站换料维修仿真系统的研究与实现 [D]. 华北电力大学，2013：9-20.
[87] 王勇. 台湾核电产业发展的现状、特征及走势 [J]. 台湾研究，2012（005）：30-35.
[88] Chou I H，Fan C F. Developing integrated decommissioning information management system（IDIMS）of nuclear facilities [J]. Journal of Nuclear Science and Technology，2006，43（5）：596-604.
[89] Mycle Schneider，Antony Froggatt，et al，. World Nuclear Industry Status Report 2021 [R]. Paris，2021.

第2章　源项及特性调查

核设施退役特性调查是利用测量或取样或分析，收集所需要的资料（如设备表面的污染物类型和数量、放射性核素的总存量、建筑物的状态等），以支持制订退役方案，估算退役费用、进度和废物量，制定退役工作方案，以及做好辐射防护和应急准备。

核设施退役的特性调查贯穿退役的全过程，是实现安全退役的保障。退役前期准备阶段，要确定退役策略和目标，需要通过场址特性调查，收集足够的信息，做好安全评价，评估设施的安全状况，掌握放射性盘存量和放射性污染分布；在退役过程中，需要对去污效果进行评价，控制流出物的排放，对废物进行分类、处理和处置，确定是否可以豁免或实行再循环/再利用；退役终结时，对场址进行验收，确定场址达到有限制开放使用还是无限制开放使用的标准，从而进一步进行环境和场址的收尾工作。

特性调查对核设施成功进行退役非常必要。主要表现在以下几个方面：

1）调查放射性总存量及污染状况，为确定退役策略和制订退役计划服务；

2）为风险评估和经费预算提供必要信息；

3）有利于优化选择去污、切割、拆除技术及核辐射防护措施；

4）有助于对废物进行恰当分类，预估废物量；

5）有利于评价去污效率和废物最小化效果；

6）鉴别各种物料，以便确定物料正确去向；

7）确定放射性废物活度浓度，控制流出物排放和固体废物合理处置，初步估计对环境的影响；

8）防止工作人员免受过量照射，并记录工作人员受照情况，做到有档案可查；

9）使清洁解控物料可安全再循环/再利用；

10）监测清污效果和场址污染残留物，使场址可安全地有限制或无限制开放使用；

11）使非放射性毒物和危险废物得到安全控制。

2.1　源项及特性调查分类

核设施退役的特性调查一般包括放射性源项调查和核设施实体状况调查两个方面。它可以按以下阶段进行划分：

1）可行性研究阶段；

2）初步设计阶段；

3）详细设计（工作包设计）阶段；

4）退役实施阶段；

5）退役终态验收阶段。

核设施的特性调查是一个动态的、不断深化的过程。

1）可行性研究阶段

该阶段的主要任务是确定退役的目标和策略、退役阶段的划分、退役总体方案的选择，进行技术、安全、经济分析比较，提出经费估算和初步进度安排。

在该阶段，放射性源项调查的目的是获得退役项目的基础数据，为选择和确定退役策略提供依据。通过对历史资料的分析、计算和辅以必要的源项测量，重点估算设施防护核材料和放射性的存量及其在厂房内的分布情况，以及估算主要系统、设备、管网、设备室、热室、控制区墙面和地面以及建（构）筑物及其周围土壤的污染情况；实体状况调查内容主要是对核设施中主要工艺系统和辅助系统（包括自控仪表、水、暖、风、气、电、支承结构）以及建（构）筑物的完好性进行评估，能否满足预计退役期间对其能力、性能等的要求，特别是安全性能和可操作性的要求。

2）初步设计阶段

初步设计阶段的目标是对本阶段的退役工作提出详细、具体的退役计划和方案，包括退役步骤、程序、技术实施方案、主要设备与材料、所需的人力资源、经费概算和进度安排。

在此阶段，特性调查在调查范围和调查深度上有了进一步的扩大和提高。对于放射性源项调查而言，调查的对象为整个核设施，且更多的是采用实地测量与必要的计算来获取准确度较高、定量或半定量的数据，以满足初步设计要求的深度。具体来讲，对不同辐射水平的区域，可分别用人工直接取样或测量或遥控设备远距离取样或测量来获得可靠的核材料、放射性核素和污染水平的信息；对实体状况调查而言，本阶段要求对设计所涉及的全部系统的完好性做出定量的结论（特别是那些对防止放射性物质逸出的包容系统、防止射线泄漏的辐射屏蔽系统以及安全重要系统和设备的支承结构）。如不能满足要求，应在设计中考虑采取适当措施予以弥补或加固，必要时增设临时装置。

3）详细设计（工作包设计）阶段

详细设计（工作包设计）阶段的主要任务是在初步设计方案的基础上，为退役的每项作业提供详细、明确的操作程序、方法、操作用设备和工器具以及材料和试剂、技术要求、验收准则和方法、资源（人、财、物）配置、人员和专用设备和工具进出的路径、临时装置的设置、作业中监测和监视系统的设置、操作人员工作时间限制等。对大型核设施而言，由于每个工作包涉及的范围较小，它的设计是给具体参与退役操作的工作人员使用的，因此，需要掌握作业范围内的每个设备、管道管段、区域（特别是热点区域）的情况，提出定量的数据。

本阶段的放射性源项调查方法是按规定的方法、程序，用合适的仪表、设备实地测量或取样测定。在此基础上绘制放射性分布样图，为设计作业提供可靠的依据。

本阶段实体状况调查主要是针对安全重要系统和物项，确保作业过程中不发生事故，不危及工作人员和环境。该阶段的调查尽可能对所涉及系统的每个部位的细节进行直接或间接的观察或调查。

4）退役实施阶段

退役实施阶段的任务是按照设计的技术和进展要求对设施实施退役，并达到所规定的目标和指标。尽管不同设施在不同阶段或步骤都有不同的工作内容，但一般包括去污、拆除（包括拆卸、解体、分割、切割等）、废物管理（包括分类、搬运、处理、整备、贮存、运输和处置，以及再循环、再利用）和环境整治。

在该阶段，随着退役工作的进展，设施的放射性源项和实体状况在不断地变化。为了保证工作人员和环境的安全，要求对退役对象自始至终进行放射性/实体监测/调查、对设计方案进行调整和补充并对作业结果进行评估和总结，其中大部分工作都要在现场实地进行。

这个阶段的放射性源项调查工作主要是对现场的各项作业进行监测和调查，并将所得的数据和信息形成书面文件，妥善保存。这些记录和资料不仅对现场的退役作业有重要作用，而且为以后编制退役终态报告、改进退役设计、丰富退役数据库内容和总结退役经验提供非常有价值的信息。

5）退役终态验收阶段

退役终态验收的任务是向主管部门提交退役终态报告，用可信的数据来证明已按国家要求和规定的目标完成退役工作，即核设施的系统、装置或厂房是否已拆除或拆毁、保留的部分是否已达到规定的无限制使用或有限制使用水平、退役废物是否都按规定的要求进行了贮存、处置或再循环、再利用、场地土壤的剩余放射性水平是否达到规定的有条件开放或无条件开放的水平。

此阶段的特性调查主要是放射性源项调查，其主要工作是对留在现场的废物和建（构）筑物以及场址的环境介质（空气、地表水、地下水和土壤）进行详细的监测，给出留在现场的放射性核素及其活度浓度和总活度，以便主管部门和审管部门对退役是否完成做出判断。

2.2 特性调查方法

2.2.1 特性调查程序

一般来说，核设施退役特性调查包括确定调查目标，查阅各种历史资料，编制取样测量和分析计划，现场取样和测量，评审、分析和审核数据，编制调查报告等程序，如图 2.1 所示。

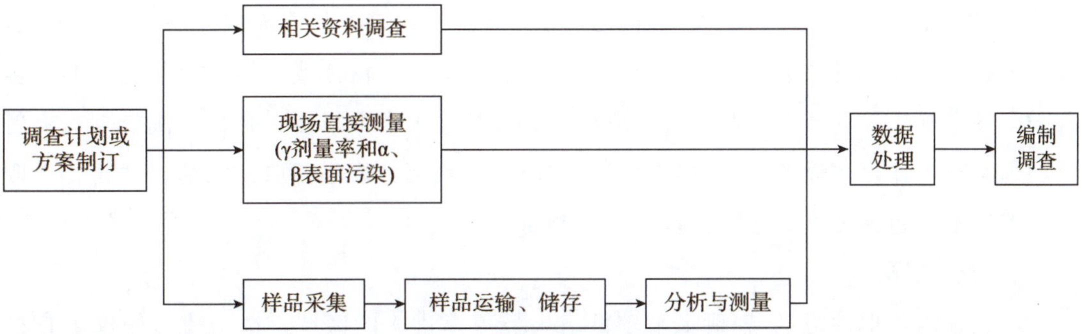

图 2.1 实施特性调查的基本程序

1）查阅历史资料，如各种设计资料、改造资料和竣工资料，以及运行记录、事故/事件报告，监测报告等；

2）确定特性调查目标。由于在不同阶段的特性调查目标不同，因而在各阶段调查过程中需要确定不同的调查目标；

3）编制取样和分析计划，如所需的样品类型或测量手段、所需仪器仪表的灵敏度、样品的大小、样品/测量的数量、样品/测量的位置、数据整理以及编制报告和质量保证等；

4）进行取样和测量；

5）评审、分析和审核数据，如数据的实用性、样品的适用性、取样的安全性、工艺的代表性、质量控制等。

2.2.2 特性调查方法

2.2.2.1 放射性源项调查方法

放射性源项调查是对放射性存量、污染核素、污染分布、废物积存情况、废物类型、废物数量和放射性水平进行调查。调查的方法有很多，归纳起来主要有3种：现场调查、文档调查、计算。

（1）现场调查

现场调查的内容包括剂量率测量、放射性测量、同位素成分测量等。一般情况下，现场放射性现状调查方法，包括取样法和直/吊测法。

1）取样法

如果样品是在场址内一个取样地点收集的，并且随后在实验室对其放射性核素含量进行分析，这种方法叫作取样法。取样法主要目的是通过取样分析，评估整体部件的放射性水平。由于该方法需要假设该部位的污染分布是均匀的，因而缺乏一定的准确性，或者只能代表该点的放射性水平。由于样品可能是固体、液体或气体，因此需要准备多种类型的取样工具和技术。其中液体取样工具包括注射器取样器、泵、蒸汽或空气喷射器、远距离操作潜水设备、称重瓶等。固体取样器包括：岩心钻取、刮削、磨料、铲取等。气体取样包括抽气、过滤测量、吸收测量等。

2）直/吊测法

对设施内放射性污染/辐射水平较低、人员可以进入的区域，选用适当的仪表直接测量欲测部位/设备的放射性污染/剂量水平；对放射性污染/剂量水平较高、人员不能进入的区域（如后处理厂设备室、热室等），可选用适当的仪表进行吊测，即将测量仪表的探测器从检查孔吊入设备室/热室内，测量不同深度处的剂量率。直/吊测法可容易鉴别放射体，并通过能谱及其强度确定所含的核素及其活度浓度。对不均匀沾污的测量，直/吊测法可能是最好的方法，但是仅仅利用直/吊测法不能鉴定纯 α 和纯 β 放射体，还需要通过对典型样品的放化分析，确定出 α/β 对 γ 放射体的比值来估算。α/β 对 γ 放射体的比值可以用于 γ 放射体的直/吊测，从而推断出 α 和 β 活度值。

一般来说，如果污染是均匀的话，取样法是最好的方法。如果污染是非均匀的，而且存在局部热点，那么直/吊测法可能是最好的方法。但是在一些高放射性场所进行直/吊测就必须通过远程操控进行测量。

对于历史遗留的地下放射性废物库（坑），由于丢失原始记录和原先都是直接把废物抛入其中，因而仅从库顶盖处很难测出其中废物的放射性源项，可以在库壁不同方向上设定若干点，用钻孔工具在库壁上钻取不贯穿的小洞，然后插入仪器探头进行测量，获得库内废物的大体源项信息。

（2）文档调查

文档调查主要包括收集核设施的各种历史资料，如：

1）核设施建设图片、图纸和反映设施竣工状态的附加文件、大修改建（如果进行过的话）的变更图片、图纸和其他附加文件；

2）核设施的运行日志、事件或事故记录；

3）核设施所有建筑物的情况，包括对原有结构的改变，吊车是否存在，防护屏蔽和安全系统的情况；

4）核设施的运行过程中残留在场址的危险的、放射性的和有毒有害物质的位置、类型、浓度和数量；

5）关于可能影响决定哪种退役方案适合于场址特定情景的资料；

6）水、气和空气等受压系统的情况。

在核设施特性调查中除了核设施已有的各种档案资料、记录和收集了解情况的资料外，对现场进行直接测量和取样分析是必要的，目的是获得存留在建（构）筑物、系统、设备和废物内与表面放射性核素种类及其数量的完整信息，确定各类表面、物项等是否受到污染、污染类型及分布情况，主要提供的资料包括：

1）放射性残存量，对污染水平做出估计；

2）放射性污染分布，绘制出放射性污染分布图；

3）掌握放射性核素的种类和数量，有的要求同位素组成，如掌握^{235}U、^{239}Pu和^{233}U等易裂变物质的数量和存在位置，因为易裂变物质在慢化剂和适当几何条件下，可能会引发临界事故。

（3）计算

通过物理计算、物料平衡和放射性平衡计算以及从剂量水平反推计算，可以得到核材料和放射性的存量及其分布的基本数据。因此原有的设计和施工资料、运行和检修资料以及事故处理和停运卸料的资料是十分宝贵的，它们是计算的依据。另外，可以根据运行的工艺参数、放射性流体和颗粒物在设备或管道中的滞留量、主要核素在表面的吸附量以及事故情况和事故处理的结果来估算存量、辐射场强度和表面污染水平。

2.2.2.2 安全特性调查方法

核设施停运后，进入退役阶段，核设施整体的特征性能、内部环境都作为特性调查工作的重点项目，因为这些调查数据可能会决定退役策略的选择，或者对退役过程的实施有很大的作用。

考虑到核设施运行多年，而且设施可能会实施长期封存的策略，因而设施的安全系数是必然要解决的一个问题，即辅助设施的运行寿命或主要部件（如厂房结构或堆芯承重结构）的最大寿期。这也是决定退役策略的依据。特性调查可以通过观察法、腐蚀速度的计算法、建筑物灰化测量技术等进行，通常包括以下两大类。

（1）表面观察法

表面观察法主要应用于厂房设备布置情况、杂物堆积情况和关键部位的锈蚀腐蚀情况等。这种方法只能对表面状况进行调查分析，人员可以直接进入现场作业和记录；对于一些狭窄部位和放射性水平高、不允许人员进入的场所，可采用一些先进的探测观察设备进行调查。

对于设施设备腐蚀速率的评估可能单凭表面观察是达不到要求的，只能通过现场介质和物料取样，通过实验分析方能做出最终的评估。

（2）建筑专业测量技术

一些核设施的退役周期可能长达几十年甚至上百年，要保证其退役安全，必须对构筑物或者承重结构进行寿命评估，这也是退役前期的一项重要项目。国内外常采用一些专业的建筑物材料测量技术，对混凝土构筑物的内部变化情况进行测量评估。

2.3 源项调查技术

根据进行分析的场所，核设施退役源项调查方法一般可分为 2 类。

1）现场测量

现场测量主要是根据核设施的运行史及现状，根据源项调查目的和目标，对现场表面污染分布、剂量率水平及污染热点进行直接测量，对不同区域放射性气溶胶浓度取样检测。该技术的特点是非破坏性和快速，且不会产生二次污染物（如取样工具、样品容器等）。一般情况下，核设施内的表面污染分布、剂量率水平及污染热点通过现场测量可直接给出结果，因此该测量技术成为国内外核设施退役放射性测量技术发展方向之一。

2）实验室测量

实验室测量主要用于退役核设施现场直接取样，在实验室中进行工业规模（如 200 L 废物桶或其他包装件）或实验室规模（空气、土壤、混凝土、金属碎屑等样品）的分析测量。同时也对样品的放射性核素和同位素组成及比活度进行分析、测量，根据分析结果确定部分废物（例如金属、水泥固化体）的废物种类和等级。

表 2.1 给出了一些核设施退役特性调查技术及其适用性。

表 2.1　核设施退役特性调查技术及其适用性

测量技术	适用性		
	现场	现场设施	实验室
无源			
α 普查测量	S		S
β 普查测量	S		
同位素总 γ	S，B	B	B
中子	B	B	
可擦拭的 α	S		S
可擦拭的 β	S		S
可擦拭的化学物		S	S
剂量率	S，B	R	
α 能谱测定法			S
β 能谱测定法			S
液体闪烁			S，B
挥发性有机物	B		
汞	B		
气相色谱	B		
有源			
X-实时射线照相法		B	
X-数字射线照相法		B	
X-计算机层析照相法		B	
γ-X 射线荧光分析	S		
n-无源/有源中子	B	B	
n-成像无源/有源中子		B	
n-锎移动器		B	
n-捕获 γ 室		B	

注：S—表面污染；B—总体污染；X（X 射线）、γ（γ 射线）及 n（中子），表示有源技术中使用的辐射类型。

从测量技术来说，源项调查技术又可以分为无源测量和有源测量两类。

无源测量技术可以在不改变材料或样品本身的前提下给出其污染水平等特性。例如，现场表面污染的 α/β 测量、样品中的总 α/β 测量、α 和 β 能谱测量、γ 剂量率测量、γ 核素活度的就地能谱测量、中子测量、吸收剂量率测量、液体闪烁测量等。

有源测量技术是指被测量材料受到某种离子束（一般为一束射线）辐照，然后测量变化了的射线束或二次效应引起的其他一些辐射。有源测量技术包括那些使用 X 射线、γ 射线和中子射线进行测量的辐照技术。例如，X 射线荧光分析技术、实时 X 射线照相（RTR）技术、计算机 X 射线层析照相（CT）技术、断层 γ 扫描测量分析（SGS）技术、中子活化测量技术、中子信号成像技术等。

在实际调查过程中，往往将现场测量与实验室测量结合起来，以达到较好的测量效果。例如，对于核设施内放射性残存量，则必须通过现场测量的污染面积和污染程度与剂量率水平及实验室对样品的分析结果，经过数据分析处理和统计才能初步得出。

2.3.1 现场测量技术

2.3.1.1 现场剂量率测量

现场剂量率测量的主要任务是选用适当的仪器和测量方法，测定区域内不同部位的剂量率水平，然后做出剂量率分布图，并标示出热点位置。为退役工艺设计、制定辐射防护方案和确定退役人员，允许的工作时间提供依据。

在进行剂量率测量时，应按照普查方案的要求及布点规则进行。对于设备、管道及地面等而言，通常测量距被测物表面 10 cm 处剂量率，空间测量距地面 100 cm 处的剂量率。由于普查现场的辐射场极易变化，因而外照射辐射水平可能迅速增至预计外的严重水平，在此情况下，工作场所应设置警报系统，或者工作人员佩带具有报警功能的个人剂量计。

（1）现场 X 射线、γ 射线外照射测量

X 射线、γ 射线外照射测量通常是使用可携式吸收剂量（率）或照射量（率）测量仪直接测量，用以描述 X、γ 辐射场的物理量——吸收剂量（率）或照射量（率）。

（2）现场 γ 热点测量

对于现场 γ 热点测量，过去通常采用扫描式普查给出 γ 剂量率的热点位置。随着辐射监测仪表的快速发展，目前应用 γ 相机直接测量 γ 热点，并且在测量可视图片上 γ 热点位置以不同的色环表示污染程度，同时给出探测器位置的剂量率，使放射性污染变成了“可见”。图 2.2 为 γ 相机及其给出的桶装废物 γ 射线热点情况。

图 2.2 γ相机测量桶装废物热点情况

2.3.1.2 α、β表面污染测量

对退役设施进行表面污染测量时，通常对厂房房间地面每平方米测量 4 个点、墙面每平方米测量 1 个点，通风柜内、外部表面每平方米测量 5 个点，对工艺设备表面测量 4～5 个点，对管道每米测量 2 个点，对楼梯每个台阶测量 1 个点。对外环境表面污染按距离厂房远近分别布点测量：厂房 10 m 范围内按 2 m×2 m 进行网格布点，每个网格内测量 1 个点；厂房 10 m 范围外至本底处按 5 m×5 m 进行网格布点，每个网格内测量 1 个点。

表面污染测量分两种情况：直接测量和间接测量。直接测量就是将仪表探头置于污染表面上（探头与被测表面的距离约 5 mm）进行计数测量，测量结果是被测表面的固定污染水平和松散污染水平的总和；间接测量（擦拭法）是用酒精浸渍过的滤膜（或棉球）在被测表面上均匀平擦三遍（中等力度，横擦一遍，竖擦一遍，再横擦一遍），擦拭面积（皮肤和工作服取 100 cm^2、设备取 300 cm^2、地面取 1 000 cm^2）视情况而定，擦拭效率一般取 10%（可通过试验确定），然后用仪表测量滤膜（或棉球）。其测量结果表示被测表面的松散污染水平。在有 β、γ 场存在的情况下，测量 β 表面污染时，应注意屏蔽 γ 射线，扣除辐射场本底的贡献。特殊情况下，可采用将被测表面转移至无辐射场的地方进行监测（被测物体积、质量较小，方便搬运），如被测表面为地面，也可采用擦拭法进行间接测量。

不同的测量方法适用于不同的测量对象。设施房间地面、墙面和屋顶可用直接测量；工艺设备外表面、通风柜内外部表面、料液罐等设备表面、通排风管道表面（含室外管道）、杂物表面及有 γ 辐射场干扰时使用间接测量。

（1）α、β 表面污染直接测量

α、β 表面污染直接测量一般按下列程序进行。

1）仪器检验

① 检查仪表的电池和高压是否处于良好状态。

② 用一个合适的检验源校验仪器是否正常。校验频度：经常用的仪器每日校验一次，其他的仪器每次使用前校验。仪器对检验源的读数变化超过±20%时必须重新校准。

③ 必须经常检查仪器本底计数率。

2）测量步骤

测量时必须遵守所用测量仪器的有关操作规程和要求。

① 进行测量前必须测定被测场所的本底计数率。

② 测量期间的几何条件应该与仪器校准时所采用的几何条件尽可能保持一致；为此可采用可移动的定位架。（测量 α 表面污染时要求探头离物体表面 0.5 cm 以下；测量 β 表面污染时要求探头离物体表面 1.0 cm 以下。）

③ 为了准确的测量，探测器在三倍响应时间（95%的指示值）内必须保持固定（仪表测量时移动的速度要小于 15 cm/s）。

④ 必须采用和待测放射性核素相应的仪器效率值。

3）计算

被检查表面的固定和非固定污染，即单位面积的 α 或 β 放射性活度 A，以贝克/平方厘米（Bq/cm^2）表示。As 与测量的计数率的关系如式（2-1）所示：

$$As=(n-n_b)/(\varepsilon_s \cdot \varepsilon_i \cdot \omega)=(n-n_b)/(R_i \cdot \omega) \tag{2-1}$$

式中：n ——测得的总计数率，s^{-1}；

n_b—— 本底计数率，s^{-1}；

ε_s—— 污染源的效率；

ε_i—— 对 α 或 β 辐射的仪器效率；

ω ——测量仪器灵敏窗的面积，cm^2；

R_i ——表面活度响应，($s^{-1} \cdot Bq^{-1} \cdot cm^2$)。

在缺少 ε_s 的更确切数值时，应该采用下述保守但合理的 ε_s 值：

对于 $E_{\beta max} \geqslant 0.4$ MeV 的 β 发射体：$\varepsilon_s \leqslant 0.5$；

对于 0.15 MeV $< E_{\beta\max} \leqslant 0.4$ MeV 的 β 发射体和 α 发射体：$\varepsilon_s=0.5$。

（2）表面污染的间接测量

1）采样

① 表面污染的测定和估计可借助于一个或多个干的或湿的擦拭样品进行；

② 必须擦拭 100 cm^2 的被测面积；

③ 应选择适合于待检查表面的擦拭材料（对于平滑表面用滤纸，对于粗糙表面用棉纺织品）；

④ 用润湿剂润湿擦拭材料时，该润湿剂不应从材料中渗出；

⑤ 擦拭样品的总面积必须小于或等于探头的灵敏面积；

⑥ 采样后，必须避免擦拭样品由于干燥而使放射性物质损失。

2）测量程序

按直接测量的测量程序进行。

3）被擦拭表面单位面积非固定污染的 α 或 β 放射性活度用 A_{sr} 表示，其单位为 Bq/cm^2。

A_{sr} 与测量的计数率的关系为：

$$A_{sr}=(n-n_b)/(\varepsilon_s\cdot\varepsilon_i\times F\cdot s) \tag{2-2}$$

式中：s——擦拭面积，cm^2；

F——去除因子。

如果去除因子 F 不是由实验测定，那么必须采用保守值，令 $F=0.1$。

1998 年年底，美国能源部萨凡纳河场址一座燃料制造设施曾用 IonSens 监控器测量难以接近的管道表面的 α 污染。美国洛斯阿拉莫斯国家实验室已经开发了基于远程 α 探测器（LRAD）技术的探测器。LRAD 技术通过测量 α 粒子在气体介质中产生的粒子来测量 α 污染，而不是通过测量 α 粒子。LRAD 技术的优点是：与常规探测器不同，基于 LARD 的仪器不需要接近 α 源就能进行灵敏测量。

2.3.2 实验室测量技术

在核设施退役中，实验室测量主要针对设施内样品和环境样品进行测量。

设施内样品测量主要目的是调查清楚设施内污染核素、污染程度及放射性残存量和厂房内不同区域的放射性气溶胶浓度。

环境样品测量主要是调查退役设施在运行和监护期流出物对周围环境造成的污染区域及污染水平，为退役中环境保护措施和放射性污染清理方案的设计提供数据支持。

实验室测量主要包括样品采集、样品处理、样品源制备、样品源测量等过程，同时监测装置的校准、测量数据的处理等也是必不可少的。显然，以上过程均会影响测量结果，最后结果中的总不确定度是由各过程不确定度的累积效应所致。

样品的分析测量过程是获得精密性好、准确度高的测量结果最为关键的过程，而在样品的分析测量过程中首先应考虑采取何种分析测量方法。

2.3.2.1 样品的采集

（1）采样原则

采集代表性样品与分析方法同等重要，必须给予足够的重视。

从采样点的布置到样品分析前全过程都必须在严格的质量控制措施下进行。

要根据源项调查方案和现场具体情况，确定采样容器、设备、方法、方案、采样点的布置和采样量。采样量除保证分析测定用量外，应留有足够的余量，以备复查。

采样器必须符合国家技术标准的规定。使用前必须检查，以保证采样器和样品容器的洁净，防止交叉污染。采样装置应根据使用的实际条件、放射性核素的收集效率等进行刻度和标定实验，实验结果应有编制文件或标定证书。

（2）样品采集及制样

样品采集必须满足监测目的，采集的样品也必须具有代表性。大型核设施的特性调查要对设施内部的各种物态或特殊部位进行彻底的调查，因此，取样方法可能是有针对地对特定部位的调查，为放射性安全包容和防护做好充分的准备。同时样品采集还须考虑进行测定的核素种类、辐射类型、物理特性，以及测量数据的有效性、技术上的可行性、经济上的合理性等因素。

1）气态样品的采集

气态样品的采集有 3 种渠道：一是特定区域的空气采样，如设施厂房内进行退役活动的气溶胶和空气杂质情况；二是管道或烟囱中气态排出流内的放射性气溶胶采样，其监测目的是确定排出流中 α 或 β 放射性的活度。根据 ISO 2889《气载放射性物质取样的一般原理》规定，应采取等速取样的方法，使采集样品中的气溶胶粒度分布与排出流中的气溶胶粒度分布相一致，这就要求取样流量与排气流量相对应，以使采集的样品具有代表性；三是环境大气采样，其目的是进行环境空气中放射性本底调查，也可以用来估算核设施周围居民经吸入空气所致的剂量。这类空气样品的采集位置可考虑厂区内部放射性浓度最高的 3 个区域或核设施周围 30 km 内人口密集度最大的 3 个区域或年主导风向 10 km、20 km、30 km 3 个区域，年主导风向为海洋区域，则另外考虑。

2）液态样品的采集

核设施退役中液态样品的采集根据其监测目的可分为 3 类：一是用于源项调查目的的采样，如退役前对设施内暂存废液的取样；二是用于工艺目的的采样，如采集清洗去污废液样进行分析测量，以确定去污效果，并及时调整去污方法；三是核设施退役中液态排出流的采样，其目的是控制排出流中放射性排放浓度与总量，保证环境不受污染。

3）固体样品的采集

对于退役核设施内的工艺系统、固体废物、墙面（或地面）等采集固体样品前必须对采样对象进行表面污染、γ剂量率的调查，再根据系统的分布、固体废物的材质及体积、墙面（或地面）尺寸确定取样点的位置。

取样前必须根据取样对象的特性制定取样方案和防护措施方案，选择合适的取样工具和装样容器，保证取样的代表性，确保取样过程中的人员安全。

4）样品的处理及制样

对于液态样品，不管是特定区域采集的样品、排出流样品，还是环境样品，其样品处理的目的是使待测核素先转变为溶液体系，破坏有机物，缩小样品体积或减少质量。制样方法因放射性浓度高低而异。处理的一般原则是不使待测核素损失，可有效地除去有机物及其他干扰物；不使干扰核素或其他杂质进入体系，使待测核素转变为离子态而进入溶液。

对于放射性气溶胶样品，可采用直接测量法、假符合法或衰变法，或先将气溶胶样品炭化，再将灰化物均匀铺样测量。

对于放射性气体，如用吸附法采样，则可先气洗，再冷凝成液样，然后按液态样品的方法进行再处理和制样。

固体样品的处理应根据样品的材质和选取的测量方法进行。

生物样品一般采用干灰化法进行前处理。一般来说各核素的回收率将随灰化时间的延长、灰化温度的升高而降低，故须考虑合适的灰化条件。并根据各种文献报道及实验经验分别对所关心核素进行灰化回收率粗略补偿。

2.3.2.2 样品的物理测量

（1）样品总α、总β放射性测量

1）样品总α放射性测量

① 薄样法

样品盘内烘干的样品厚度一般小于1 mg/cm^3，此时仪器的探测效率可近似认为与薄α辐射源直接刻度的探测效率相等（忽略样品的自吸收），但这种方法的结果偏低（10%左右）。

② 中层法

被测样品在样品盘内的质量厚度不可忽略，但又未达到最大饱和层厚度。

③ 饱和层法（厚样法）

饱和层法是指样品盘中被测样品厚度必须等于或大于α粒子在样品中的最大饱和层

厚度。最大饱和层的物理意义是在样品的最底层所射出的 α 粒子，垂直穿透样品层及其表面后，其剩余能量刚刚能触发仪器且被仪器记录下来的那一层样品的厚度。

④ 比较法

将放射性比活度已知的固体粉末，按不同厚度在样品盘内铺成一系列厚度不等的标准样品源，测出每个标准样品源相应的 α 计数率，然后以 α 计数率为纵坐标，标准样品源厚度为横坐标作图，得出样品厚度与计数率的关系曲线。

在测未知样品时，只要知道样品盘内的样品厚度，对照厚度与计数率关系曲线，查出相应的 α 计数率，计算出样品的 α 放射性比活度。

2）样品总 β 放射性测量

具体测量总 β 放射性时，通常是将样品均匀铺于样品盘内，厚度在 10～50 mg/cm^2 之间，一般以 20 mg/cm^2 为宜。如果样品层过厚，低能 β 损失过大，会带来较大的测量误差。

根据仪器的 β 本底计数率、仪器对 β 粒子的探测效率和被测样品的 β 计数率、样品盘内被测样品的质量即可计算出样品总 β 放射性。

（2）γ 能谱测量与分析

目前，γ 谱仪常用来进行核素识别、核素的定量分析。

用于环境样品的 γ 射线能量和强度分析的谱仪，一般要求具有低本底的特征。

对于样品中 γ 谱的分析，主要是确定被测样品中 γ 放射性活度及样品中含有哪些 γ 核素，因此只需分析其全能峰或双逃逸峰就可达到目的。各 γ 核素的全能峰或双逃逸峰所对应的能谱是各不相同的，可通过事先利用已知核素和活度的标准源作出的能量刻度曲线求出相应 γ 射线的能量，找出样品中含有哪些 γ 核素；同时，通过测定峰的面积并根据效率刻度曲线求出该 γ 核素的活度。通过样品中某一核素的 γ 谱与该核素在已知相对活度的标准混合源中的能谱相比较，可以得到该核素的相对活度。标准源中未含有的 γ 放射性核素成分的识别，可以通过查找其特征 γ 射线能谱来完成。

（3）液体闪烁测量技术及其应用

液体闪烁谱仪或液体闪烁计数器通常由探测器、电子学测量与控制单元两部分构成。待测样品同作为探测介质的闪烁液溶液混在一起，液体闪烁计数几乎没有样品的自吸收，且具有 4π 立体角的测量条件，是测量低能 β 放射性核素 ^{3}H 和 ^{14}C 的最有效方法。

样品中 β 放射性核素的测量原理是：液体样（或将气体样转变为液体样）中的 β 粒子通过闪烁液时，其辐射能消耗于溶剂分子的电离和激发。溶剂分子激发后回到基态时释放出能量传给闪烁体，闪烁体分子从激发态回到基态时多余的能量以光子形式放出，每种闪烁体都有各自的发射光谱和波长，随后被样品瓶外光电倍增管的光阴极所探测。先测量闪烁液的本底计数率，再将所取水样加入闪烁液中测量计数率，计算出液体中放射性的含量。

液体闪烁计数也可用于 α 放射性核素的测定，并且给出接近于100％的计数效率。

2.4 放射性残留量估算

放射性残留量的估算是一项技术要求高、工作量大的工作。退役活动开始前，准确估算核设施中放射性残留量是很重要的，因为它能直接影响整个退役过程，其中包括退役活动进程的策划和在阶段之间符合要求的时间间隔的确定等。另外，在执行退役计划时，放射性残留量的准确估算能保证核设施安全、经济、及时地退役，并且可以帮助计划者准确而有效地实施各种决策，如去污、屏蔽、遥控操作、运输和处置，以及工作人员的受照量等。

以反应堆退役为例，退役核设施的放射性残留量可以分为两类：1）在反应堆部件及邻近结构中，某些元素因中子活化而产生的放射性；2）沉积在各种系统的内外表面上的放射性污染物质。

如果残留的放射性物质主要是由短寿命核素组成，那么就可以通过自然衰变，使放射性核素在足够长的时间里进行衰变，放射性残存量便会有效地减少，这将有利于减少工作人员的职业照射和废物中的放射性物质含量，从而使需要处置的放射性废物量减少。如果残留放射性物质含有大量长寿命放射性核素（特别是超铀元素），那么通过延缓拆除不会使残存量的放射性活度显著减少。但是，如果设施长期封存的完整性不允许这些长寿命放射性核素自然衰变，就可以考虑立即拆除的退役策略。

2.4.1 放射性物料估算方法及流程

放射性源项估算主要用于锕系核素、裂变产物核素及活化产物核素，计算内容可以涵盖放射性核素的数量、活度、衰变热、中子强度、光子强度以及衰变特性等，计算对象可以是乏燃料、受辐照结构材料以及液态的慢化剂和冷却剂等。由于世界范围内80％以上的放射性废物都来自核电反应堆的运行，所以针对反应堆的计算是放射性源项计算工作的一项主要内容。放射性源项估算工作基于初始源项调查，需要收集生成以下基本数据。

1）功率运行史（也就是时间—功率历史）。

2）设备的平均中子注量率（针对活化计算）。

3）核燃料特性（如：燃料几何尺寸、富集度、燃耗水平等）。

4）受辐照设备的几何尺寸与质量。

5）相关材料的化学成分（包括杂质和痕量元素）。

6）衰变数据及截面数据。

7）最终停堆后的衰变时间。

而通常在估算一些大型核设施放射性残存量时都会考虑到其内部放射性核素的种类，根据这些放射性核素种类，也可推断出一部分数据。

（1）反应堆

根据退役核设施的不同类型，所关心的放射性核素将有很大的区别。在反应堆退役中，前 50～100 a 关心的主要核素是^{60}Co，^{60}Co 可发射高能 γ 射线，此后，其他的放射性核素如^{63}Ni 和^{108}Ag，就变成主要核素了。表 2.2 列出了反应堆在退役期间可能存在的主要放射性核素，作为退役前期放射性残存量估算参考，并为制订剂量防护措施提供依据。

表 2.2　反应堆退役期间可能存在的主要放射性

核素	半衰期/a	主要衰变方式	γ 射线能/MeV	可能产生同位素的原材料
^{3}H	12.3	β^-	—	C、O、S
^{14}C	5 730	β^-	—	G、M、S
^{22}Na	2.6	β^+、EC	0.51、1.28	O
^{36}Cl	3.1×10^5	β^-、EC	—	C
^{39}Ar	269	β^-	—	C
^{41}Ca	1×10^5	EC	—	C
^{45}Ca	0.4	β^-	—	C
^{49}V	0.9	EC	—	S
^{54}Mn	0.9	EC、γ	0.83	A、M、S
^{55}Fe	2.7	EC	—	C、M、O、S
^{57}Co	0.7	EC、γ	0.12、0.14	S
^{60}Co	5.3	β^-、γ	1.2、1.3	C、M、O、S、Z
^{59}Ni	7.5×10^4	EC	—	C、M、O、S、Z
^{63}Ni	100	β^-	—	C、M、O、S
^{65}Zn	0.7	β^+、EC、γ	0.51、1.12	A

续表

核素	半衰期/a	主要衰变方式	γ射线能/MeV	可能产生同位素的原材料
^{93}Zr	1.5×10^6	β^-	—	O、Z
^{91}Nb	2×10^4	β^-、γ	0.70、0.87	M、O、S、Z
^{93}Mo	3.5×10^3	EC、γ	0.3	M
^{108}Ag	130	EC、γ	0.4、0.6、0.7	M、O、S
^{110}Ag	0.7	β^-、γ	0.6、0.9	M、O、S
^{133}Ba	10.7	EC、γ	0.08、0.36	C
^{151}Sm	93	β^-、γ	0.02	C
^{152}Eu	13.4	EC、β^-、γ	0.1	C、G
^{154}Eu	8.2	β^-、γ	0.1、1.3	C、G

注：C—混凝土；G—石墨；O—其他材料；A—铝；Z—锆合金；S—不锈钢；M—低碳钢；EC—电子捕集器。

（2）核燃料循环工艺

核燃料循环工艺退役期间，值得关注的核素主要为铀、超铀元素和一些裂变产物子体。其中，铀和超铀元素是重点关注的核素。表2.3列出了核燃料循环工艺厂房退役期间可能存在的主要放射性核素。

表2.3 核燃料循环工艺退役期间可能存在的主要放射性核素

核素	半衰期/a	主要衰变方式	γ射线能量/MeV	工厂类型
^{232}U	72	α、γ	0.06、1.3	1
^{233}U	1.6×10^5	α、γ	0.04、1.0	1
^{234}U	2.4×10^5	α、γ	0.05、0.1	1
^{235}U	7×10^8	α、γ	0.2	3
^{237}U	0.02	β、γ	0.2	2
^{238}U	4×10^7	α、γ	0.05	2、3
^{237}Np	2.1×10^6	α、γ	0.02、0.08	2、3
^{238}Pu	87.7	α、γ	0.04、1.1	2、3
^{239}Pu	2.4×10^4	α、γ	0.05	2、3
^{240}Pu	6 537	α、γ	0.04、0.9	2、3
^{241}Pu	14.7	α、β^-、γ	0.03.0.15	2、3
^{242}Pu	3.8×10^5	α、γ	0.04	2、3
^{241}Am	432	α、γ	0.05、0.8	2、3
^{243}Am	7 380	α、γ	0.07、0.6	2、3
^{90}Sr	29	β^-	0.04	—

续表

核素	半衰期/a	主要衰变方式	γ射线能量/MeV	工厂类型
^{106}Ru	1	β^-	0.05、0.8	—
^{134}Cs	2	β^-、γ	0.8	—
^{137}Cs	30	β^-、γ	0.7	—
^{144}Ce	0.7	β^-、γ	0.1	—

注：1—加工 Th—^{233}U 燃料厂；2—加 Pu-U 燃料厂；3—加工浓缩铀燃料厂

均匀的堆芯区和活化设备中的材料浓度（同位素成份）可以用 ORIGEN 程序来计算，但 ORIGEN2 程序功能更强，它不仅具有不同堆型的截面数据库（以前靠 ENDF/B 程序计算），还有衰变数据库和不同类型的 18 群光子数据库，使其功能更加完善、计算更加方便准确，因而在国际上得到了广泛应用，并得到国际认证。堆芯内及堆芯周围装置中的中子注量率分布计算用于确定装置中重要放射性核素的活化率，这些核素的装量一般采用 ORIGEN 程序来计算，以解决活化及衰变等方面的问题。由于 ORIGEN 程序是按点堆动力学模型设计的，所以进行相关设备的活化计算时，首先应知道该设备的重量，按点堆动力学的要求，该设备应是质量均匀（均匀密度）的质点，但实际设备可能形状各异，因此应采取一些相应技巧。例如，对某些大设备进行计算时，需要将设备分成几个部分来计算。如果某一设备比较长，其沿轴向的中子注量率可能变化比较大，则应将其轴向分成几段来计算，以取得理想的计算分析结果。

功率运行史是计算锕系核素及裂变产物的放射性装量所必需的。计算乏燃料及堆芯区结构材料的放射性装量不需要计算中子注量率；计算裂变产物的放射性装量时会用到衰变数据和裂变产物产额数据，衰变及截面数据是计算放射性装量及中子活化所必需的数据。为了准确地计算相关设施的放射性装量，就需要详细了解设施中材料的组成（包括痕量元素和杂质），计算中子注量率时也需要了解材料的组成（主要成份）。进行放射性装量计算时，放射性强度与时间的相关性采用的是功率运行史（可以是功率—时间关系，也可以是燃耗—时间关系）。程序中会自动把功率数据转换成中子注量率值，因此不需要输入中子注量率数据，但在计算堆内构件的放射性装量时必须用其他程序计算的中子注量率结果作为 ORIGEN2 的输入数据。

一般可以通过退役期间的采样分析、运行期间的样品分析来获取核燃料和构件材料中各种元素的有关信息。如果没有这些材料信息，则只能从材料手册中查找。某些核素由于其半衰期、截面或丰度的原因而被抽取分析，如^{60}Co、^{63}Ni 等。在实际计算时，没有经过样品分析及材料中的痕量元素分析的数据文件，一般采用使各种元素的含量为最大值来保守计算。

综上所述，准确估算放射性源项应详细模拟反应堆的初始工况和运行工况。反应堆的初始工况包括：设备（计算目标）的重量及几何尺寸、材料组成（包括杂质及微量元素）等。反应堆的运行工况包括：堆运行功率的时间相关性、各种停堆工况等。除了详细了解反应堆的设计资料及历史资料外，最好还能对堆内的一些重要部件进行正规的采样，用来分析各种材料中各种核素的放射性特性（比活度），然后与计算分析结果进行比较，以验证并校正计算分析结果的准确性。

中子活化计算中采用多能群并能解决二维复杂几何结构的 MCNP 程序来计算中子注量率。由 MCNP 程序计算出的中子注量率值是通过准确模拟反应堆的结构及特性而计算出的满功率情况下的额定值，要取得中子注量率与时间的相关性，还需要把 MCNP 程序的计算分析结果与动力堆的实际功率运行史相结合，从而得到相对真实的中子注量率史。ORIGEN2 程序中提供了每种核素的衰变数据库、截面数据库及裂变产物产额数据库，为计算锕系核素、裂变产物及活化产物提供了有利条件。

各种不同类型退役反应堆的设计与验证都要求采用各种错综复杂的辐射传输方法，一系列涉及连接各个程序/方法的计算路线已经确定，已经开发用来提供切实有效的设计验证工具。这些方法及计算路线已经得到了使用机构及工作人员的认可，准备用来在与计划相关的基础上协调方法、数据及计算路线。

中子注量率分布计算采用蒙特卡罗方法，MCNP 程序是一个大型多功能蒙特卡罗中子—光子输运程序。可用于计算中子、光子或中子光子耦合输运问题，也可计算临界系统（包括次临界及超临界）的本征值问题。MCNP 可以处理任意三维几何结构的问题，可以较灵活地描述各种复杂的几何结构，包括多级嵌套栅阵结构。

2.4.2 计算方法

通常，对于放射性残存量的计算可采用 3 种方式。

（1）利用表面污染测量仪直接测量得到 α 或 β 污染测量数据和放化分析数据，结合特征参数调查数据进行计算。

（2）利用照射量率与活度之间的计算公式进行理论计算，该计算方法适用于简单几何条件的计算，当设备污染均匀分布并不考虑溶液和设备室壁的吸收时可将测量对象考虑是在点源、面源、线源的辐射场中，利用点源、线源、面源辐射场内照射量率计算公式，算出设备室内的活度。

（3）利用蒙特卡罗方法进行计算，这主要是因为现场实际工况往往不能满足利用照射量率活度计算公式进行理论计算的要求。此计算需要一些假设条件。

1）假设室内的核素主要是^{137}Cs。

2）假设设备内的溶液体积占设备体积的80%。

3）设备材料为不锈钢，壁厚10 mm。

4）核素在现场均匀分布；不考虑反散射和韧致辐射。

可以用该方法进行中子注量率分布计算，MCNP可以处理任意三维几何结构的问题，可以较灵活的描述各种复杂的几何结构，包括多级嵌套栅阵结构。

核设施退役剂量普查方法的研究经过了很多发展阶段，起初是最原始的探测技术，目前，发展为很多形式的技术，在解决剂量人员的安全和提高工作效率上取得了很多突破性的进展。开发的自动化技术和便携式探测技术在特殊的退役核设施中都得到广泛应用。

核设施特性调查的一个主要目的是提供放射性残存量（包括核素种类和活度）。

退役项目中，对核设施进行放射性物质类型和数量的准确估算是很重要的，因为它直接影响整个退役方式，包括退役活动开始时间的选择和在阶段退役之间符合要求的时间间隔的确定。另外，在执行退役计划时，这种估算是很关键的，以确保设施安全、经济、及时地退役。

核设施内放射性残存量必须通过现场测量污染面积和污染程度、污染核素及实验室对样品的分析结果经过数据分析处理和废物量统计才能初步得出。

不同类型的核设施，其放射性残存量的估算方法存在一定的差异。反应堆的放射性活度存量根据其辐射特性，可以利用活化计算法和对整个设施测量后的外推法计算得出。一般来说，存量中占很大比例的活度主要集中在相对少量的物料中，如靠近堆芯的设备反应堆的活度估计在10^{17}～10^{18} Bq之间，在30～100 a后，仅有一些长寿命同位素的活度仍会很高，剩余总的活度将在10^{14}～10^{15} Bq之间，而且绝大多数都属于低能放射体。对于除反应堆以外的其他核设施，放射性活度存量是可以通过对设施沾污最严重的部分进行测量所得到的沾污值外推得到，或通过进出该设施的放射性物质或核材料的物料平衡得出。

2.4.2.1 反应堆放射性活度估算

（1）中子活化计算法

在反应堆设施中，靠近堆芯处的材料都会被中子活化，因而可对这种材料的感生残余活度进行计算。计算时需要中子通量及其能谱、停堆和关闭时间、元件辐照史、相应中子能谱的中子截面、元件的材料组成等数据，通过这些数据可以估算出任何长寿命核素的活度值。

在热中子反应堆内，感生放射性核素主要通过热中子的（n，γ）反应产生。元素中的某个稳定核素在热中子辐照下，通过（n，γ）反应产生的感生放射性核素的活度由下式确定：

$$Q_{(T)} = \frac{0.6023\Phi \sum PM}{A}\left(1 - e^{\frac{-0.693}{T_{1/2}}T}\right) \tag{2-3}$$

式中：$Q_{(T)}$——感生放射性核素的活度，Bq；

Φ——靶体内平均热中子通量密度，n/（$cm^2 \cdot s$）；

$\sum$——靶核的热中子（n，γ）反应截面，cm^{-2}；

P——靶核的同位素丰度；

M——靶体质量，g；

A——靶核的原子量；

T——辐照时间，s；

$T_{1/2}$——感生放射性核素半衰期，s。

当 T 远大于 $T_{1/2}$ 时，感生放射性核素的活度达到饱和值，即：

$$Q_{(T)} = \frac{0.6023\Phi \sum PM}{A} \tag{2-4}$$

活化计算法还用于反应堆内部构件计算，包括压力容器、生物混凝土屏蔽的钢筋和冷却液中夹带的腐蚀产物。钢铁的成分可通过钢铁规格和痕量元素测量得出。

（2）退役压水堆核设施放射性总活度的估算

由于我国目前运行的核电厂绝大部分为压水堆核设施，所以下面仅给出退役压水堆核设施放射性总活度的估算。

依据现有的临近退役阶段压水堆核设施的放射性总活度数据统计资料，以及计算核设施放射性总活度的若干原则与方法，参考国内外核设施相关退役计算的已有先进方法及经验，估算退役压水堆核设施放射性总活度。计算公式如下：

$$A = 6.899 \times 10^{-7} P^3 - 7.415 \times 10^{-5} P^2 + 0.086P - 2.377 \tag{2-5}$$

式中：A——退役核设施放射性总活度，10^{14} Bq；

P——核设施满功率，MW。

例如，美国希平港核设施满功率为 92.5 MW，退役时总活度资料值为 5.55×10^{14} Bq，由式（2-5）得到的计算值为 5.49×10^{14} Bq；斯洛伐克博胡尼斯核设施满功率为 150 MW，退役时总活度资料值为 11.2×10^{14} Bq，由式（2-5）得到的计算值为 11.18×10^{14} Bq；芬兰洛维萨核设施满功率为 465 MW，退役时总活度资料值为 9.1×10^{15} Bq，由式（2-5）得到的计算值为 9.1 $\times10^{15}$ Bq；法国一满功率为 1 300 MW 的核设施，退役时总活度资料值为 15 $\times10^{16}$ Bq，由式（2-5）得到的计算值为 15 $\times10^{16}$ Bq。

2.4.2.2 通过现场源项调查数据计算总活度

在进行核设施特性调查中，需通过现场测量和取样测量确定放射性污染分布，绘制出放射性污染分布图，掌握放射性核素的种类和数量及同位素组成。一般情况下可以利用以下方法估算放射性物料的残存量。

（1）通过表面污染分布计算

利用现场源项调查获得的设备、地面等表面污染水平、污染分布及污染核素类型来计算污染源总活度，见式（2-6）。

$$A=\sum_{i=3}^{n}x_iS \tag{2-6}$$

式中：A——放射性表面污染总活度，Bq；

x_i——第 i（i=1，2，3，4，…，n）种放射性核素表面污染水平，Bq/cm^2；

S——第 i（i=1，2，3，4，…，n）种放射性核素表面污染为 x_i 的污染面积，cm^2。

当污染表面为弱固定污染或强固定污染时，计算结果误差较大，式（2-6）不适用。

（2）通过废物质量、比活度计算

通过现场调查，估计废物体积，根据废物材质，估算废物质量。按照废物的表面污染水平、表面 γ 剂量率，确定有代表性的取样位置和取样量，并通过实验室测量样品中的放射性核素和比活度来计算污染源总活度，见式（2-7）。

$$A=\sum_{i=3}^{n}x_im \tag{2-7}$$

式中：A——放射性废物总活度，Bq；

x_i——第 i（i=1，2，3，4，…，n）种放射性核素比活度浓度，Bq/kg 或 Bq/L；

m（或 V）——放射性废物质量，kg（或体积，L）。

当放射性废物为含有放射性物质的废气时，x_i 单位为 Bq/m^3，气体体积单位为 m^3。

（3）通过辐射源在空气中已知距离处的照射量率计算

照射量率是用来表示 β-γ 辐射体的放射性物质在发生核衰变时产生的 X 射线或 γ 射线在空气中单位时间内产生电离能力大小的辐射量。辐射源在空气中某点的照射量率大小，取决于光子能量、源的活度、源的形状以及与源的距离。如果空气中某点与源的距离一定，且源的活度也相同，那么点源在空气中的照射量率就唯一地取决于辐射源本身的性质。在已知距离、照射量率时，通过点源活度、距离及照射率之间的关系即可计算出点源放射性活度。

对于有一定大小和形状且不能视为点源的任何一个辐射源，都可以分割成许多个小块辐射源，以至每一小块辐射源都可以被视为点源。所以该辐射源在某点的照射量率为许多个点源在该点上造成的照射量率的简单叠加，在已知距离、照射量率时，通过点源放射性活度、距离及照射率之间的关系，用数学积分的方法计算出非点源放射性活度。

乏燃料后处理厂中放射性辐射源内含有的放射性核素成份较为复杂，而属于β-γ辐射体的放射性核素却较为单一，绝大部分为^{137}Cs，对于这种辐射源带入^{137}Cs的相关参数即可估算出β-γ辐射源的总活度。对于污染源中有多个γ核素或周围存在的其他污染源对被测对象的γ辐射不能被忽略时，以下计算方法不宜采用。

1）点源

在放射性测量中，如果辐射场中某点（照射量率测量点）与辐射源的距离，远远大于辐射源的几何尺寸（大于5倍以上），即可把辐射源看成点状的，且称其为点状源，简称点源，辐射源的总活度视为集中于中心点上。例如，核设施检修、退役拆除下来的阀门、阀芯等体积较小的放射性废物可视为点源，如图2.3（a）所示。其照射量率计算如下：

$$\dot{X}=\frac{\Gamma A}{r^{2}} \tag{2-8}$$

式中：$\dot{X}$——测量点的照射量率，$\mathrm{C\,kg^{-1}\,s^{-1}}$；

r——测量点或计算点距辐射源中心的距离，m；

Γ——γ放射性核素的照射量率常数，$\mathrm{C\,m^{2}\,kg^{-1}\,Bq^{-1}\,s^{-1}}$；

A——辐射源（或辐射源）总活度，Bq。

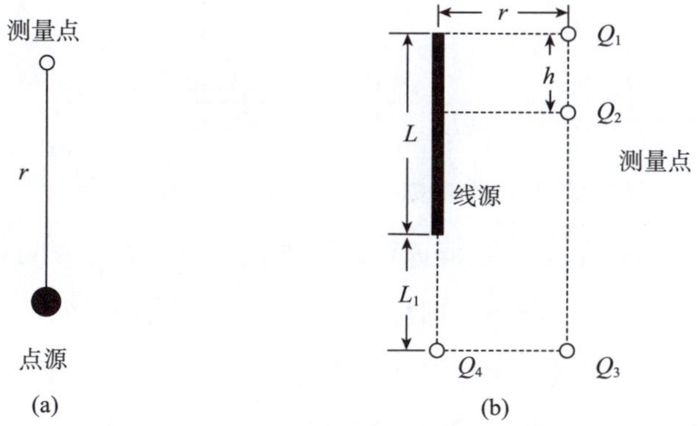

图2.3　点源和线源照射量率计算示意图

2）线状源

在三维坐标里，放射源的一维尺寸，远远大于另外两维尺寸时，此放射源称为线源。如萃取柱、柱塞泵、仪表杆、管道等。如果圆柱容器的高远远大于圆柱体的半径时，也可以将圆柱体辐射源视为线源。

假定线状源长为 L，活度为 A 时，如图 2.3（b）所示 Q_1、Q_2、Q_3、Q_4 点的照射量率计算如下：

Q_1 点，过线源端点的垂直距离上的一点：

$$\dot{X}_1 = \frac{A\Gamma}{Lr}\mathrm{tg}^{-1}\frac{L}{r} \tag{2-9}$$

式中：$\dot{X}_1$——Q_1 点的照射量率，$\mathrm{Ckg^{-1}s^{-1}}$；

A——线源的总活度，Bq；

r——测量点距线源轴线端点的距离，m；

L——线源的总长度，m。

Q_2 点，与线源的垂直距离为 r，距离端点为 h 的一点，且 $h<L$：

$$\dot{X}_2 = \frac{A\Gamma}{Lr}\left[\mathrm{tg}^{-1}\frac{h}{r} + \mathrm{tg}^{-1}\frac{(L-h)}{r}\right] \tag{2-10}$$

Q_3 点，与线源的垂直距离为 r，其在线源轴上的投影与线源近端的距离为 L_1：

$$\dot{X}_3 = \frac{A\Gamma}{Lr}\left[\mathrm{tg}^{-1}\left(\frac{L+L_1}{r}\right) - \mathrm{tg}^{-1}\frac{L_1}{r}\right] \tag{2-11}$$

Q_4 点，线源轴上一个点，不计自吸收，则：

$$\dot{X}_4 = \frac{A\Gamma}{(L_1+L/2)^2-(L/2)^2} \tag{2-12}$$

计自吸收，则：

$$\dot{X}_4 = \frac{A\Gamma}{(L_1+L/2)^2}\cdot\frac{1-e^{-\mu L}}{\mu L} \tag{2-13}$$

式中，μ 为源物质对 γ 射线的线减弱系数，$\mathrm{m^{-1}}$。

对于 Q_4 点，当 $l \geqslant 5$ L 时，线源即可视为点源，计算过程就可以简化。

对于球面源、球体源、圆盘源、圆柱状面源、无限大体积源、半无限大体积源及有限厚平板源等，其均可以将其视为有多个小点源组成，在测得各种形状辐射源已知一点处的照射率值后，利用该种形状辐射源与照射量率之间的关系，也可以推算出辐射源放射性总活度。

2.5 核设施源项和特性调查方案

核设施退役中设施的放射性源项和特性调查是整个退役活动中的关键任务之一。初期调查的结果直接影响到退役方案的选择；退役过程中的调查关系到退役活动中工作人员的辐射安全、废物最小化及环境辐射安全；终态调查结果是判断退役活动是否结束的重要数据，周边环境的辐射特性调查则是对退役过程中是否有放射性物质向环境超标排放的判断依据。因此，核设施退役中制订科学的测量方案是核设施安全退役的保证。

2.5.1 源项和特性调查方案的主要内容

特性调查是制订退役方案、估算退役费用、进度和废物量，及做好辐射防护和应急准备至关重要的依据。因此，特性调查方案必须包含以下几个方面。

（1）核设施历史资料和现状

通过设计资料和运行记录查阅、现场查看及对熟悉设施的人员咨询，对整个设施的功能、工艺流程及设备布置、厂房结构（含厂房现状）、辅助系统的布置及现状、产品种类等资料进行收集，对整个设施进行简要的概述，为调查方案的制订提供参考。

（2）调查目的

开展前期放射性源项和特性调查的主要目的是调查清楚退役设施现状以及设施内放射性残存量，查明放射性污染分布，绘制出放射性污染分布图；掌握污染放射性核素种类和数量（污染核素、污染程度、污染物总量、污染物状态），对放射性水平作出评估；通过源项调查为确定退役策略、制订退役方案和计划、优先退役技术、预估退役费用和受照剂量、确定废物处理处置方案、编写可行性研究报告、编写安全分析报告和环境影响评价书等提供依据。

（3）依据和引用的法规标准

在掌握了设施概况、明确了调查目的后，开展源项和特性调查的依据主要为退役设计所需源项技术要求及与该设施退役（主要为与该设施源项调查相关）国家相关的法规、标准。

（4）调查前的准备工作

源项和特性调查前的准备工作主要围绕人、机（调查仪器、取样工具等）、料、法、环几个方面制定。

源项和特性调查方案应明确提出，开展调查前必须对参与人员进行设施概况、放射性源项调查业务技能、劳动安全、辐射防护及保密培训和考核。

源项和特性调查中使用的仪器、设备需在方案中给出相应的标定、检查要求或结果，保证所使用的仪器、设备均为有效，获得的数据是可靠的或可追溯的。调查中所需的材料要列出清单，仪器要给出相应的技术指标。

源项和特性调查方案及各种记录表格、调查工作程序和相关的操作规程、调查中的质保大纲和质量控制程序、工业和辐射安全制度是保证源项和特性调查顺利开展的主要资料，必须在编写调查方案中体现和落实。

调查所采取的方法必须结合设施的工艺系统及现状选择。不同类型的核设施污染核素不同，采用的测量仪器及方法也有一定的差别。

（5）调查内容

源项和调查内容主要包括：运行史调查、设施工艺系统及工艺房间特征参数调查、源项调查。

运行史调查以收集设施运行时的历史记录，查清设施的废物来源、热点产生原因以及生产和事故状况为主。

设施工艺系统及工艺房间特征参数调查以设施、工艺系统（设备、管道、容器等）、杂物及现存放射性废物等进行详细的特征参数调查（含影像资料）和统计。

源项调查包括调查区域、调查项目和调查方法。其中，调查方法是指完成调查项目所采取的调查手段，源项调查区域通常包含设施内和设施外及 5 km 范围内的敏感区域。调查项目包括本底水平调查、设施内外 α、β 表面污染测量、γ 剂量（率）测量（即被调查区域或距设备、废物等表面 1 m 处空间）、气溶胶取样测量、现存废物的表面（通常指 10 cm 处）剂量率及污染测量（核素种类、比活度）、环境测量及放射性采样及废物量估算等。另外设施内化学物、有毒有害物质的调查统计也是现场调查中的一个主要内容。

（6）质量保证

为了确保源项和特性调查的质量和进度，其方案必须有相关的质量保证大纲做保证，明确调查组织机构、职责及单位间的接口，制定数据和样品管理程序、不符合项处理程序等质量管理程序和文件。

（7）进度计划

在编写源项和特性调查方案时，根据设施现状、调查区域大小、调查内容、样品测量方法以及工程需要等因素制订切实可行的进度计划。

2.5.2 现场测量技术选择

在进行源项和特性调查时，调查内容和仪表需根据设施的污染核素选择。例如有些实验室可能只有一种单一核素污染，而反应堆或后处理厂污染核素较复杂，因此其调查内容应有所不同。由于污染核素的不同，可测量的射线或粒子能量也会有较大差别，仪表必须以有效测量主要污染核素为原则进行选择。

设施内外放射性污染程度不同、人员进入现场难度不同．因此测量技术和方法应有所差别。通常针对设施内高污染区域选择远距离测量，并不宜进行网格布点式测量。对于γ剂量率较小的区域应该结合现场几何形状布点测量。外环境调查面积一般较大、辐射水平低，因此在设施厂房周围 10 m 范围内测量点应较密，10 m 范围外至本底处可以根据污染程度和趋势将测量点的间隔距离增大，并且以流出物流出口周围和上主导风向及液体流出物流域为主，并且环境普查要求选用本底低、灵敏度高的测量仪表。

2.5.3 特性调查活动中的注意事项

在设计方案，最终确定放射性源项调查方法时，必须针对具体采样对象，使用合理的采样工器具，根据构件几何参数、运行史和积存量估算的要求，确定采样区域，选择采样点，进行样品采集，以确保采样的代表性。具体采样操作如下。

1）对于受污染的设备、容器、工艺管线，按照污染分布进行表面擦拭采样或切割采样。

2）对厂房（或水池等）地面、墙壁污染面采样时，根据其污染水平和厂房几何形状对厂房内污染表面划分测量区域，测量区域内划分测量网格并以特定的采样方式（梅花、蛇形、星形等）进行刮削或研磨采样。厂房内热点部位应单独采样。

3）外周围环境放射性样品的采集，按照环境污染监测方法进行。

4）对于散存废物，结合废物类型的实际情况和放射性污染水平普查结果，采用统计学的方法进行抽样采集。

5）对外围污染土壤，依据污染土壤的实际情况和放射性污染水平普查结果界定表面污染区域并进行表面样品的采集；必要时进行深层采样。

6）样品在包装中要选择可靠的装样容器，防止发生其他核素对样品的污染。

7）样品运输、暂存中，要防止样品撒落和交叉污染，并防止污染其他区域。

2.6　终态放射性特性调查报告大纲

退役终态放射性特性调查要先制定质量保证大纲，按法规标准和审管要求完成全部监测活动。质量保证大纲的目的是保证采样、分析、监测、文件编制、说明和数据的使用不会导致厂址的开放对公众健康产生不可接受的风险。质量保证大纲包括的重要方面有人员资质、仪器、调查方法、文件编制。

质量保证大纲应明确规定进行放射性监测的人员的最低资质。监测过程中应选择合适的仪器，一旦仪器选定，应编制详细的操作、检查、标定、贮存和搬动程序。调查方法包括审查调查程序。合适的和准确的文件编制是审管机关进行审查的主要基础，文件应包括厂址的精确地图、材料的历史和与厂址无限开放有关的重要事件。

文件应当包括剂量率测量、表面污染测量或其他仪器测量或分析结果的记录。

1）要开放的部件、材料物项或要开放的厂址。

2）行政管理细节包括开放的日期、位置和范围。

3）测量或采样的位置。

4）材料或采样的来源。

5）测量与采样收集的日期。

6）剂量率、表面污染和体积活度的直接测量结果。

7）实验室测量特定核素的比活度和放射性水平（用 Bq/g 和 Bq/cm^2 表示）的测量结果。

8）在所要求的确认范围内的误差。

9）调查者、采样者和分析者的姓名。

10）分析数据（各种核素分项，附加说明）。

11）仪器规格书和标定数据。

12）探测限值。

13）验证监测结果的人员姓名。

参考文献

[1] 王俊峰．核设施退役工程［M］．中国原子能出版社，2013.

[2] 罗土庚，张振涛，张华．核设施与辐射设施的退役［M］．北京：中国环境科学出版社，2010.
[3] 肖雪夫．贯穿核设施退役始终的重要工作之一——特性调查［C］．21 世纪初辐射防护论坛第三次会议暨 21 世纪初核安全论坛第一次会议论文集．北戴河：中国核学会，2004：65-68.
[4] 美国能源部．核设施退役手册（1994）［M］．王世盛，薛维明，陈德生，等译．核科学技术情报研究所，1996.
[5] Hutter A. et al. Innovative Characterization Technologies in Support of DOE/EM D&D Activities［C］. American Nuclear Society，Reno，Nevada，4-8 August 2002.
[6] Rawool-Sullivan，M. W. Alpha Contamination Monitoring for Decontamination and Decommissioning［R］. LALP-94-145，Los Alamos National Laboratory，NM，USA，December，1994.
[7] Macarthur D，Rawool-Sullivan M，Dockray T . Monitoring pipes for residual alpha contamination［R］. Office of Scientific & Technical Information Technical Reports，1996.
[8] 邢宏传，周荣生，徐济鋆．退役核设施放射性存留量估算方法研究［J］．核动力工程，2005，26（6）：544-547，571.
[9] 孙东辉．核设施退役中的源项调查［C］，NCES’02 年会论文集，乌鲁木齐，2002.
[10] 谷存礼．核设施退役中的源项及源项调查［C］，核设施退役技术经验交流会论文集，湖南省张家界，2001.

第3章　退役信息数据库的结构设计

目前，全世界有很多核设施已经达到其运行寿命，它们或即将拆除，或已经拆除，此间绝大多数国家将退役工作的重点放在了最优化退役工艺方法，但对退役工程来说，合理安排作业人员、工作区安全性预先评估、事先模拟操作等方面对于工程的进度同样起着至关重要的作用。核设施在其退役及安全评价研究中，涉及数量巨大的数据收集、处理、分析及应用工作，这些都增加了退役的技术难度。因此，有必要开发针对核设施退役的数据库及其管理系统，在退役工程实施过程中，使用该系统对退役设备结构、辐射剂量数据、放射性源项数据及退役人员作业活动等信息进行管理，以便更好地辅助核设施退役工程的实施，方便退役信息的管理，从而减少退役人员在退役工程中的工作量和工作时间，进而减少退役投资。

3.1　数据库系统设计研究

3.1.1　系统需求分析

3.1.1.1　业务组织

退役工程的顺利进行除了要求很多前期准备外，还需要建立强有力的组织机构，将工程按职责进行分工，以保证从监督到实施再到验收的高效性与安全性。退役组织机构的部署包括：技术管理、计划合同、综合管理、质量管理、物资管理、现场管理等。如图3.1所示，退役组织机构基本分为保障部、实施部、安全部、废物管理部，退役工程中的每一项任务都需要严格的计划和人员的参与，在对退役对象进行退役之前首先需要安全部门对对象和对象所在区域进行辐射监测和调查，并且保障监测数据质量符合一定标准，安全评估后，通过保障部门进行人力资源计划，具体的退役活动由实施部门执行，对于退役活动产生的废物，由废物管理部门进行分类贮存、后处理。

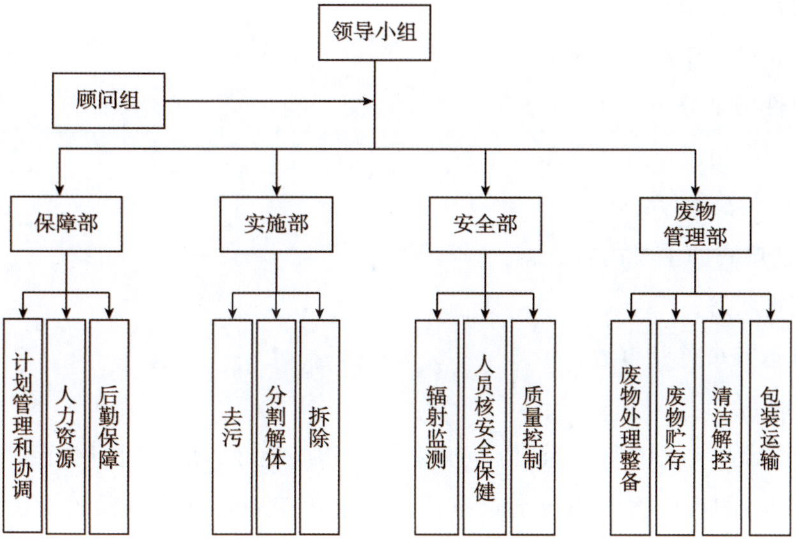

图 3.1 退役工程组织机构分工图

3.1.1.2 业务流程

退役工程的主要工作流程见表 3.1 所示。

表 3.1 退役工程各工作阶段及工作详情

工作阶段	工作详情
退役前期准备	职责分工和许可申请 放射性源项调查及场址特性调查 建立组织机构和人员培训
工程实施	去污 切割解体拆除 废物管理
退役安全	退役过程监测 人员辐射防护
退役收尾	场址清污环境整治 竣工验收

退役工程初始，在安全关闭反应堆后首先要对场区进行源项调查和场址特性调查，对场区内物品进行测量，按照不超过控制水平的污染物与超过控制水平物件分类、整备和标识。收集对退役活动安全高效进行有影响的信息数据，掌握放射性物质盘存量和污染分布情况，该过程的高效完成是实现安全退役的保障。

放射性源项调查要求弄清：

a）退役活动边界；

b）放射性盘存量；

c）污染放射性核素种类及数量；

d）放射性污染分布；

e）废物积存情况，废物类型、数量、放射性水平，废物处理、整备、包装条件；

f）建筑物污染水平。

场址特性调查的主要内容有：

a）建筑物状态；

b）设施运行事件及事故；

c）设备情况。

源项调查后，实施阶段对标识的污染物件、污染地面、墙面进行去污，监测去污过程剂量。去污后的污染物件测量剂量率，如仍未达管理目标值，需再次去污并跟踪监测。如再次去污后剂量率仍无法达到管理目标值，则被测对象整体作放射性废物处理。对污染的地面和墙面进行铲除，直到表面污染满足要求，取样测量重点污染房间的空气气溶胶浓度。

对退役活动产生的废物按照物理特性初步分类、整备，分类后的废物经过去污、拆卸、熔炼等操作后若达到解控水平，解控废物，或按照一定规定处置废物。

由上述退役业务流程描述可以看出在退役实施过程中，辐射监测和废物产生贯穿整个退役过程，并且影响着退役工作计划的安排，为了尽量减少工作人员在工作区内受照剂量和活动产生的废物，需要评估工作区剂量水平，这就需要知道工作区内设施情况、源项分布，由此来对工作区的剂量水平进行评估。对于完成的工作需要记录人员受照情况，废物产生量，工作持续时间等情况。由此可见，无论是前期准备调查，项目实施，还是项目收尾总结都需要不同的数据信息进行辅助，同时也会产生一些新的数据，而这些数据都应该以一定的标准和格式记录下来并管理，图 3.2 描述了退役各个阶段将会产生的数据。

3.1.2 系统设计方法概述

3.1.2.1 面向对象系统分析方法

进行了系统业务调查以后，按照面向对象的思想来分析问题。它以对象为基础、以事件或信息来驱动对象执行处理。在面向对象开发的设计中，面向对象的建模以面向对象开发者的观点创建所需要的系统。从问题的一部分出发构建程序，以数据为中心，使用类操作，是一种由下而上的设计方法。

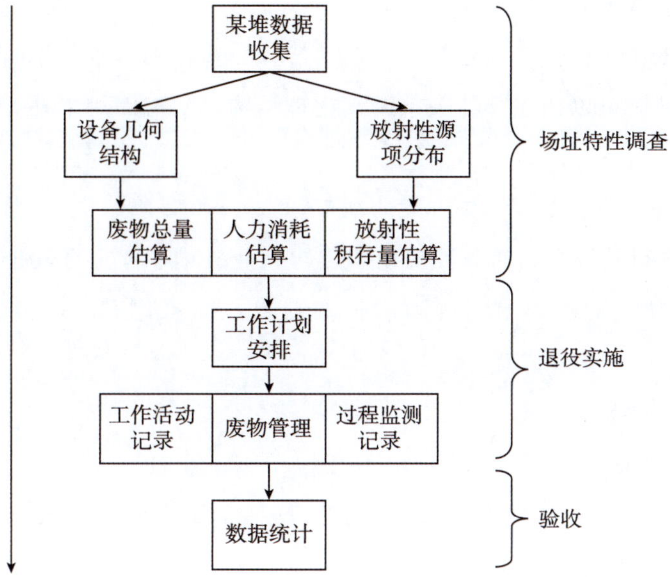

图 3.2　退役各阶段产生数据类型图

面向对象分析的基本步骤如下：

1）获取需求内容陈述；

2）建立系统的对象模型；

3）建立对象的动态模型；

4）建立系统功能建模。

20 世纪 90 年代，各种主要的建模技术被整合在一起，创建了一种通用建模符号，即统一建模语言（UML），现在 UML 语言已经成为工业标准的对象建模语言。

UML 是一个视图集，由许多子模型视图组成，用于帮助描述及设计软件系统。UML 对于不同的使用对象或者被建模对象以及不同的研发过程往往呈现出不同的侧面，但实质是一样的。UML 着重于建立一种标准的建模语言，而非建模过程，以用例图为驱动，以体系结构为中心，通常可将 UML 的模型分为静态结构、动态行为、实现构造、模型组织和扩展机制等部分。它从不同的视角为系统建模形成不同的视图，以视图来表达系统的某一特征子集。UML 中主要的视图有用例图、类图、对象图、组件图、部署图，用来描述系统的静态结构，称为静态视图；另外还有时序图、协作图、状态图、活动图用来描述系统的动态特征，称为动态视图。UML 的应用领域非常广泛，几乎可以对任何有静态结构和动态行为的系统建模，而且支持面向对象的分析与设计，对从需求分析开始的软件开发全过程给予支持。

用例图表示用户的需求，描述用户或系统外部角色所需要的系统功能；类图表示信息类之间的关系，数据处理概要过程；对象是类的特例，时序图表示对象间交互关系；活动图用来描述工作流程，表示参与系统活动过程；协作图，等价于时序图，描述对象间协作关系；组件图可以描述部件关系及其物理结构；状态图用来补充类图，表示对象可能状态变化；部署图，用来表示系统软硬件配置情况。UML 只为问题领域建模，不定义用户接口、界面和数据等解决方案的细节。

使用 UML 进行系统分析首先要对组织机构、业务内容、业务功能进行调研，然后分析问题域，理解所属领域的问题和用户的需求，抽象化需求，具体所要做的工作如下：

a）界定系统范围；

b）确定系统环境；

c）分析有关参与者，也就是会使用该系统的人、组织或其他系统；

d）分析数据处理过程，确定系统功能；

e）分析数据要求。

3.1.2.2 数据库设计步骤

数据库设计是退役信息管理系统设计的重要组成部分。合理的数据库表结构，能够提高系统的性能，甚至在系统的模块设计中也能够起到协助作用，数据库的设计还关系到整个系统性能、升级和移植的问题。

数据库系统设计过程包括：需求分析、概念结构设计、逻辑结构设计、物理结构设计、应用系统实施及运行维护，这些过程在数据库运行测试中会反复经历，优化数据库系统满足用户要求。在这个过程中解决什么信息是需要的，不同部分是怎样联系的，应用程序如何与数据通信和整个系统是如何实现或运作的。

数据库设计方法中首先要对用户需求数据进行分析，让系统了解需要什么数据及怎么处置这些数据。接下来是概念结构设计，这个阶段帮助建立数据库的概念数据模型，建模方法主要有两种：实体—联系建模（E-R）、面向对象方法（以类或对象表示数据及其数据关系）。采用 E-R 模型图描述所建立的概念模型，这种方法采用简单的图形来表达数据结构，直接明了，易于设计及分析。E-R 图表示的概念模型是用户数据要求的形式化，但它不为任何一种数据库管理系统所支持，因此需要逻辑结构设计将概念数据模型转换成计算机上可存储的数据模型。物理结构设计则是根据所设计的数据模型，确定其物理存储结构，存储介质分配，数据块大小，存储路径等内容。在初步建立好数据库后，就是开发连接数据库的应用系统，及在应用系统的运行维护的过程中，对数据库及应用系统的反复改进优化。

实体—联系方法是描述数据概念结构模型的有效方法，提供了表示实体类型、属性和联系的方法，以用于描述现实世界。一个实体具有相同的特性，由实体名和属性名集合来抽象同类实体，实体特性由属性来刻画，实体间的联系或属性间的联系由关系连线来表示。一般情况下，E-R 方法建模的基本步骤如下：

1）首先要确定实体集合；

2）选择实体包含的属性；

3）确定实体集间的联系；

4）确定实体关键字；

5）确定联系的类型。

3.1.3 系统总体设计

系统开发采用 C/S（Client/Server）三层结构，第一层为数据层，第二层为应用层，第三层为表现层。系统总体结构模型如图 3.3 所示。

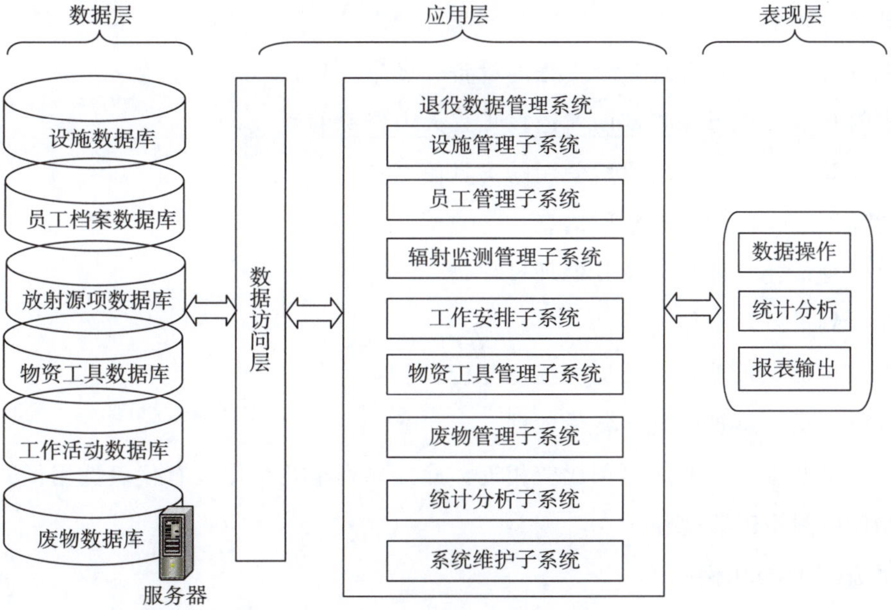

图 3.3 系统总体结构图

数据层用来完成数据的存储和管理，分析退役各过程产生的数据，可将系统数据层划分为设施数据库、员工档案数据库、物资工具数据库、放射性源项数据库、废物数据库及工作活动数据库。系统应用层面根据退役业务组织分工及业务流程中所涉及的要素将系统主要分为 8 个子系统，它们分别是：设施管理、员工管理、辐射监测管理、工作安排、物资工具管理、废物管理、统计分析及系统维护子系统。表现层提供了系统可视化接口，主要完成应用系统与用户以及应用系统与数据库管理系统的交互，实现对不同来源、不同格式数据的操作及质量控制。

3.1.4 系统详细设计

3.1.4.1 系统功能用例分析

UML 用例图是一种非常好的系统需求分析工具，用例图的最主要功能就是用来表达系统的功能和需求。用例图从业务角度上体现谁来使用系统、用户希望系统提供什么样的服务，以及用户需要为系统提供的服务。为细化系统的功能需求，这里将希望系统实现的功能从使用者的角度以例图的形式表达出来。用例图包含 6 个元素，分别是：参与者、用例、关联关系、包含关系、扩展关系以及泛化关系。其中参与者是系统外部的一个实体，它以某种方式参与用例的执行过程。由之前业务组织机构的划分及其职能可为系统的主要参与对象确定以下几种身份：设施管理员、人事管理员、工具库管理员、废物管理员、辐射监测员、统计分析员、系统管理员。

设施管理员：调查管理整个工程的设备、设施信息；

人事管理员：执行保障部门对退役工程人力资源的管理；

工具库管理员：管理退役所使用的工具信息；

辐射监测员：监测管理辐射信息；

废物管理员：管理废物及其处理过程；

作业计划员：计划作业活动；

统计分析员：负责各类数据的统计分析；

系统管理员：维护系统，备份数据。

其中，某些参与者的用例图比较相近，此处只列举几个比较有代表性用例图来说明使用 UML 用例图建模过程。

1. 设施管理员用例图

图 3.4 用例分析了设施管理员的功能需求，主要内容如下。

新增：将设施的放射性信息，位置信息和历史运行记录等信息录入到系统中，并为新增的设施进行分类，便于查询和管理。

查询：设施数据需按照设施类别、系统类别及状态等进行分类，根据设施类别、设施名称、设施编号等进行查询，便于快速查看设施信息。

分类设置：由于设施数据需要分类，在录入时为避免分类出错，类别在一定设定范围内可选，该范围在系统中可设置。如系统分类有重水系统、一回路系统、氦气系统等，设施性质分类有管道、部件、设备等，设备状态分类有已拆除、已去污等，污染情况分类有污染类、非污染、活化类等。对于有从属关系的类型，设置需要体现其从属关系。

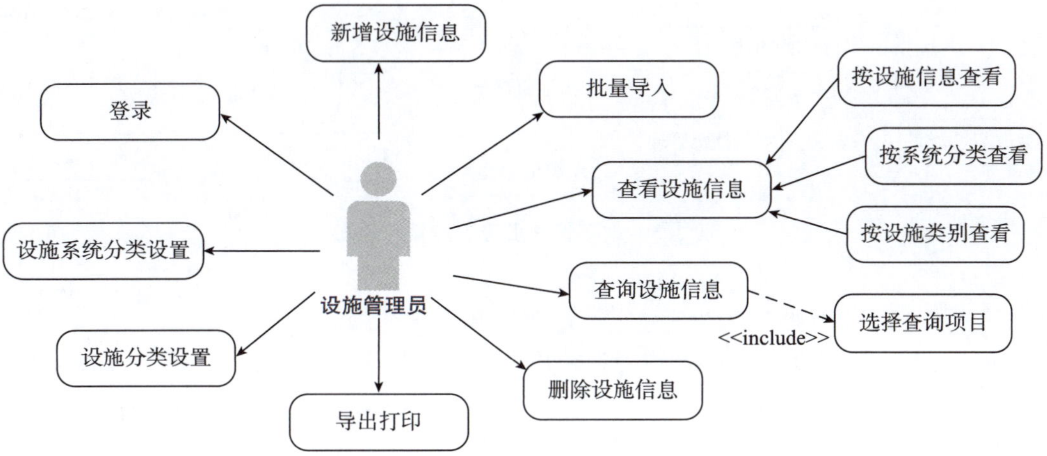

图 3.4　设施管理员管理数据用例图

2. 人事管理员用例图

图 3.5 用例分析了人事管理员的功能需求，主要内容如下。

添加员工信息：人事管理员在登录系统后，可以通过填写人员基本信息表将个人信息录入系统后保存。

修改员工信息：如果人员基本信息发生变动，人事管理员可以通过查询、修改个人信息后保存。

查询员工信息：管理员可以通过输入员工编号查询员工信息。查看各部门员工个人信息、工作记录信息及个人剂量信息。

剂量档案管理：管理员通过输入员工编号，修改员工剂量档案中存储的数据。

组织机构设置：管理员需要通过输入组织机构名称和选择机构从属部门，将部门信息及部门间的关系存储在系统数据库内。

组织机构信息修改：当机构部门信息发生变动调整时，管理员在系统中修改部门信息。

3. 废物管理员用例图

图 3.6 用例分析了废物管理员的功能需求，主要内容如下。

废物入库：退役产生的废物种类繁多，存在不同物理形态、不同放射性活度，废物的性质不同对废物的处理运输都有着很大的影响，废物入库时管理员需按不同废物性质

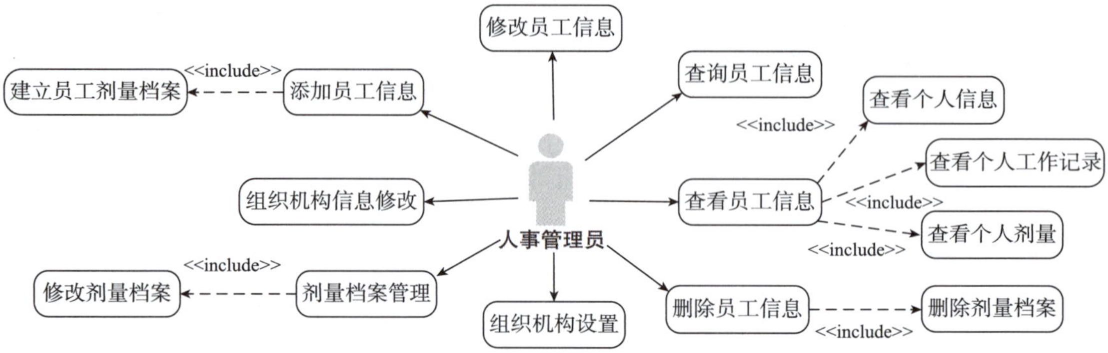

图 3.5　人事管理员管理数据用例图

分类存储废物，并选择未满的废物容器装盛废物。

废物运输：废物出库运输，作为运输出发点必须标记一些信息如所含主要放射性元素、物理形态、物料比放射性、重量、表面辐射剂量率等，管理员需将出库废物的运输信息按一定要求填写，生成废物运输表单。

废物解控：管理员根据废物解控原则选择未被解控的废物，测量废物表面剂量率和比活度等辐射数据是否达到解控标准，对达到解控标准的废物进行解控，并生成废物解控单。

废物盘点：管理员可以盘点废物库存，按类别进行废物统计，将实际盘存废物量录入系统，系统会自动将其与数据库内的库存量进行校核。

废物容器管理：废物容器是废物的载体，不同的废物需要的废物容器也有所不同，管理员需要维护废物容器物理属性，并且标记装有废物和已装满的容器。

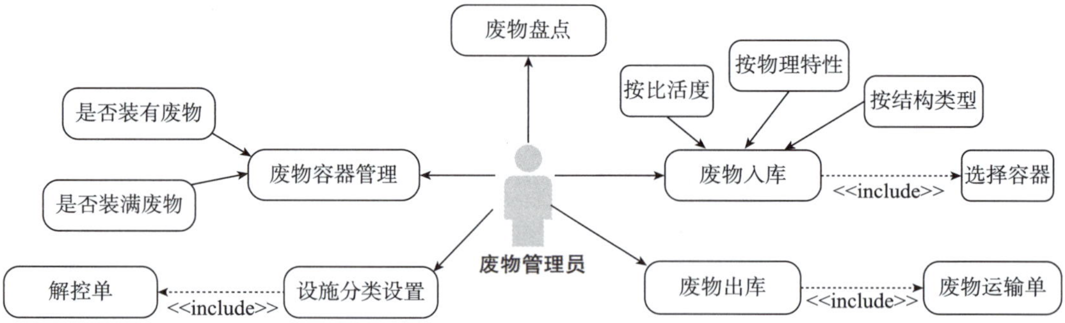

图 3.6　废物管理员维护数据用例图

4. 辐射监测员用例图

图 3.7 用例分析了辐射监测员的功能需求，主要内容如下。

个人剂量监测管理：辐射监测员登录后可以通过系统记录某时刻个人外照射或内照

射剂量，选择员工信息表中已经存在的员工为监测记录对象，将被监测人员编号、监测时间、监测工具、监测值等信息存入该员工个人剂量档案中。并且可以在日常管理中，进行修改、删除等操作。

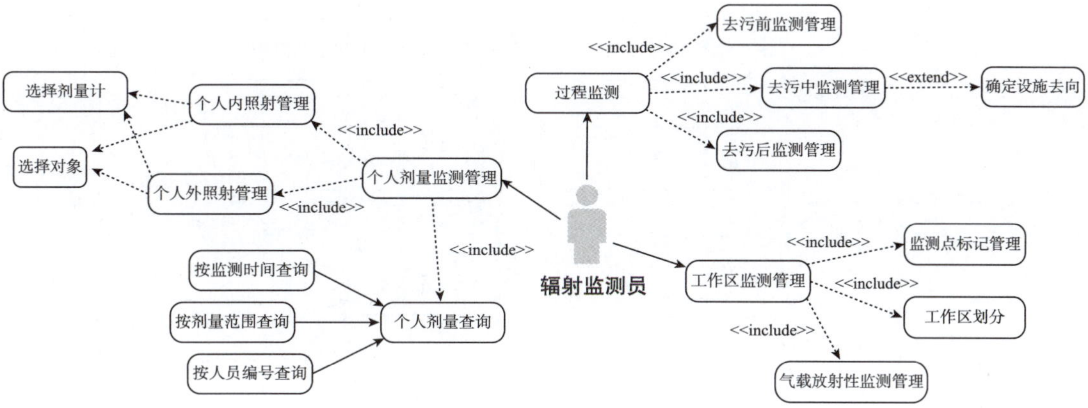

图 3.7　辐射监测用例图

工作区监测管理：辐射监测员通过该功能对工作区域进行源项调查和剂量水平测量。管理员需要首先划分工作区域，设置工作区信息，包括区域代码、区域名称、位置、地图等，并在工作区地图上标注监测点。对已划分的工作区，要求可列出各退役阶段工作区内源项清单及气载放射性水平，用气载放射性测值评价工作区剂量水平。

过程监测：管理员按照一定的格式记录退役过程去污前、去污中、去污后进行辐射监测的数据，包括监测设备的名称、编号、部位、污染场所，本底等信息。

5. 工作计划员用例图

图 3.8 用例分析了工作计划人员的功能需求，主要内容如下。

新建任务管理：工作计划人员登录系统安排计划工作，首先需要新建任务，设置新任务编号，记录任务开始时间、任务内容及工作地点等信息。

选择任务参与者：选择新任务，根据经验或者任务人力估算选择参加作业任务的员工，确定参加任务人数人选，并且为不同的员工安排不同的工作任务，生成作业派遣单。

选择任务参与工具：新任务人选确定后，为不同的员工在工具库信息表中选择工具，生成工具领用单。

总结任务管理：在新任务被操作完成后，计划员在系统中记录工作结束时间、工作完成情况、废物产生量及人员受辐射情况等信息，生成作业完成单保存在数据库中。

作业查询：工作计划员可以通过该功能查询历史作业，包括任务编号、内容、参与人、选用工具及废物产生情况等数据，为以后作业安排提供人力物力计划经验。

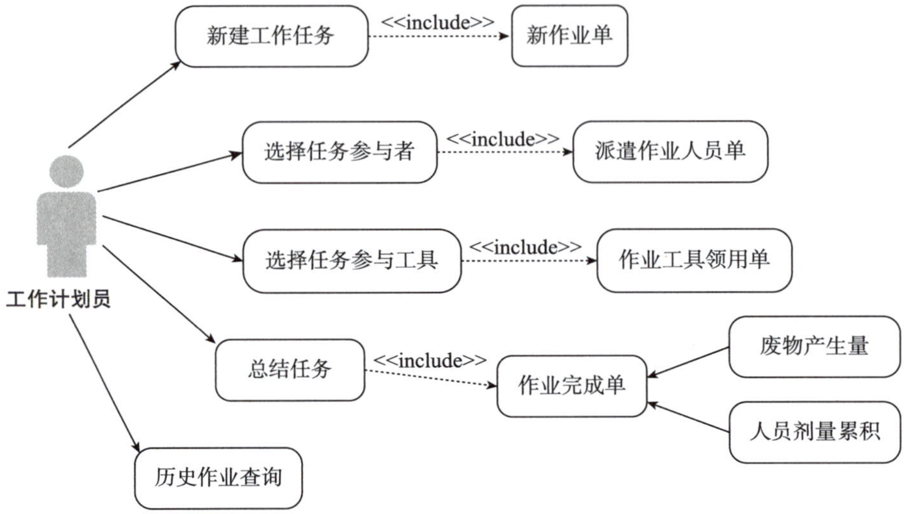

图 3.8　作业管理用例图

3.1.4.2　系统状态图分析

UML 对系统动态建模的视图之一是状态图，状态图建立系统对象实体的生命周期模型来描述对象实体变化的动态行为，说明实体状态的变化。系统涉及的实体较多，相对来说，退役废物及退役作业的状态变化对于退役工程的进度影响较大，以退役废物实体和作业实体的状态图为例，介绍实体在退役工程中动态变化情况。

根据废物处理流程创建的废物状态图，如图 3.9 所示。当有新废物产生时，首先要按照废物分类标准对废物进行分类，将废物分为放射性废物、建（构）筑物、金属类、极低放废物类；其中建（构）筑类和金属类进一步被去污，达到解控水平后解控；放射性废物进行辐射特性证实，若监测值低于目标管理值，则再进行过程测量，否则进行去污后对其辐射特性进行测量直到达到目标管理值；过程测量后的废物，考察其监测值是否符合控制值以下，若符合控制值就解控，若不符则暂时存放，要出库处理时，对其进行整体测量后包装，运往处理地点。

根据退役作业计划流程创建的作业状态图，如图 3.10 所示。对于退役作业来说，当有新的作业需要实施时，作业安排人员就会创建一个新的作业，新创建的作业只有作业内容，没有参与人和工具，因此需要选择参与人和工具。当作业被执行完成后，对其所产生的影响，需要被系统记录在案，生成作业日志。

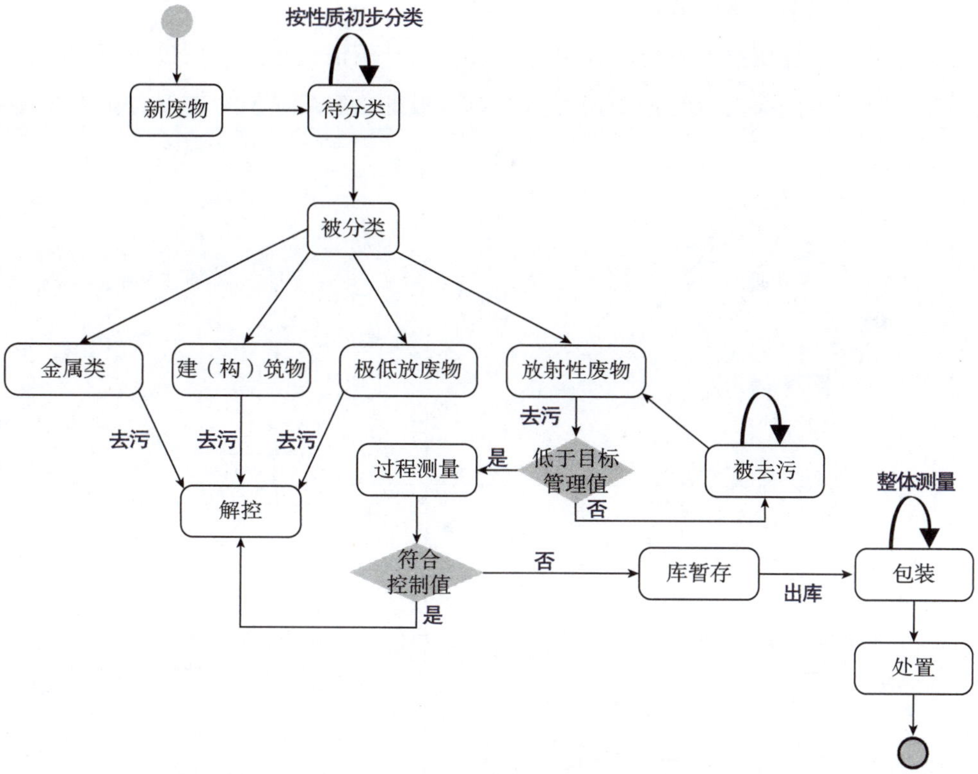

图 3.9 废物状态图

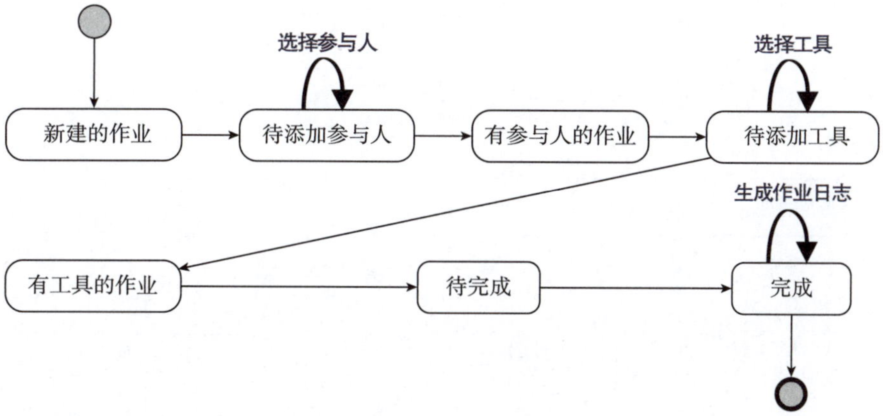

图 3.10 作业状态图

3.1.4.3 系统活动图分析

利用 UML 活动图描述系统参与者如何操作数据，核设施退役系统所涉及的具体活动较多，但要实现的主要功能是对数据的维护，图 3.11 是以参与者对数据实现基本操作活动图为例来说明其系统数据操作活动情况。

员工通过登录界面验证身份，如果是合法用户，验证通过后，可以进行查询、新增数据功能选择，若选择新增数据则通过系统填写数据内容后显示，若要查询数据则选择查询项后显示，对于显示的信息，用户可以进行删除、修改、导出功能，完成后保存信息，最后退出系统。

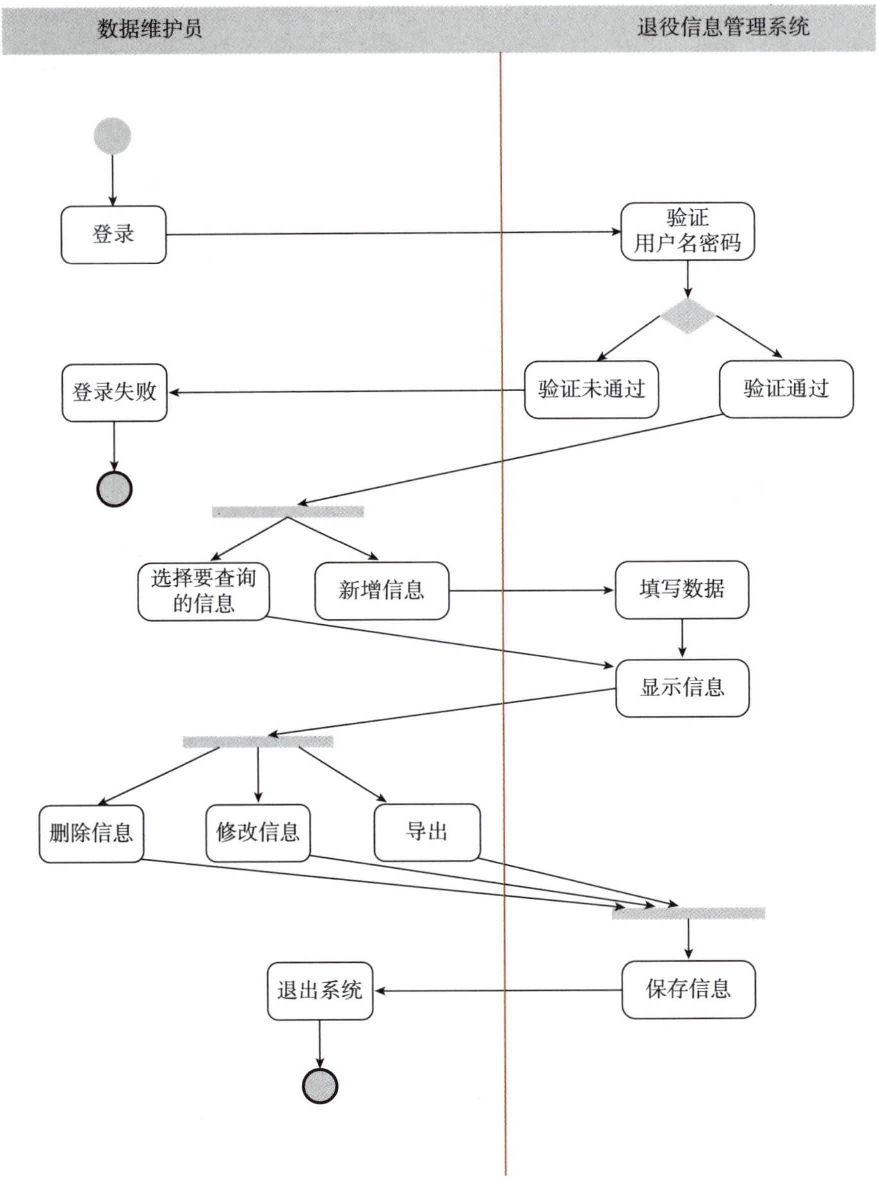

图 3.11　数据维护人员基本活动图

3.1.4.4 系统功能模块划分

核设施退役信息管理系统可划分为 9 个模块，基本功能的具体划分情况如图 3.12 所示。

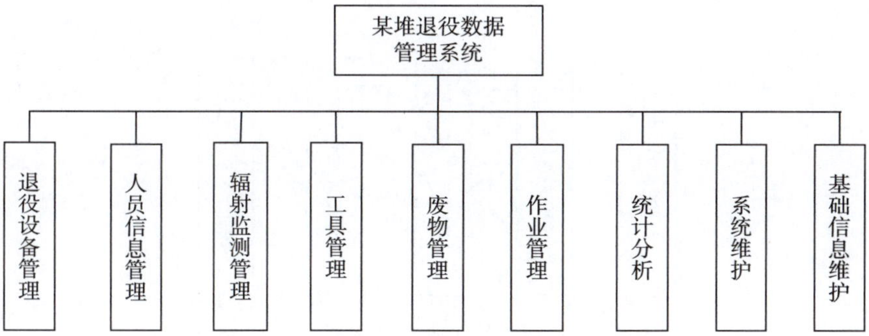

图 3.12 退役信息管理系统基本功能图

1. 设备信息管理模块

如图 3.13 所示的“退役设备管理”模块用于设备管理相关操作，设备数据维护人员可以通过该模块将厂区内设备的位置、辐射情况、结构、大小尺寸等信息存入数据库，并对应唯一编号。在存储的过程中根据设施的资料或场址调查获得的信息，将各个设备单元初步分类，将系统部件按泵、管系、设备等分类，如果确定设施的受污染状态可进一步将设施分为污染类、活化类及非污染类。

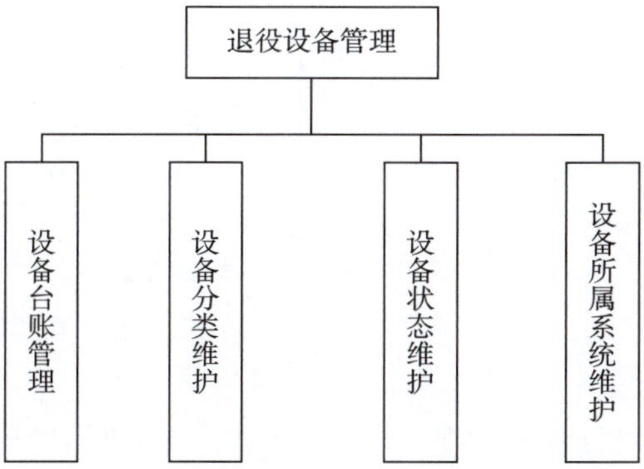

图 3.13 设备管理功能模块图

2. 员工信息管理模块

如图 3.14 所示的“员工信息管理”模块主要用来实现对员工个人基本信息和剂量档案信息（包括累积剂量、剂量约束值、超剂量情况等）以及组织机构信息的维护。人事管理员在登录后可以对数据库中存储的员工基本信息和剂量档案信息进行增加、删除、修改等基本操作，以及设置员工工种和组织机构，实现将员工按工种和部门分类管理。

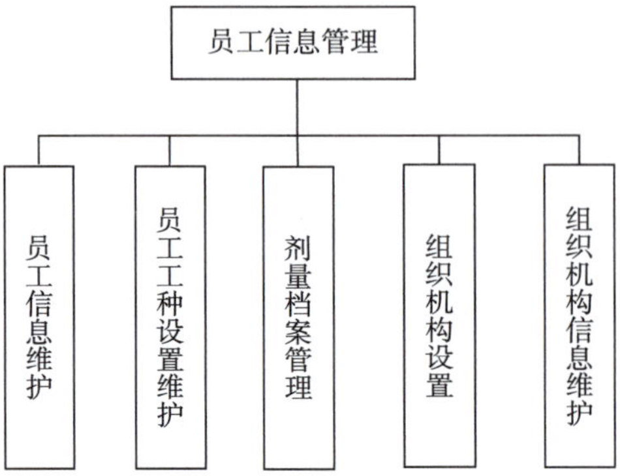

图 3.14　员工管理功能模块图

3. 工具信息管理模块

如图 3.15 所示的“工具管理”模块主要用来实现工具库管人员管理工具基本信息，并查询领用工具日志，还可以查询保修期快到期限的工具，查询结果可导出打印。

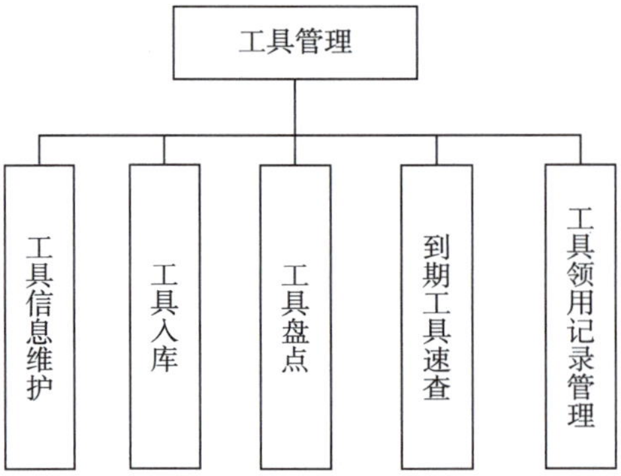

图 3.15　工具管理功能模块图

4. 辐射监测管理模块

如图 3.16 所示的“辐射监测管理”模块主要用来实现辐射监测人员对工作区现场监测和员工剂量监测数据的维护。辐射监测数据管理人员可以通过系统为厂区划分工作区，设置工作区编号，并且将工作区的大小、位置及工作区地图等数据存入工作区数据库，并且可对其进行修改、删除及按工作区名称查询等操作。实现在工作区图纸上标记监测点位置，记录不同去污阶段工作区内辐射源项情况及生成该区空气辐射监测日志。工作区辐射监测所采集的样品，可以为其建立样品库，保证所采集的样品可追溯。为保证员工辐射安全，维护管理员工内外照射测量相关数据，可查询个人剂量和统计集体剂量。

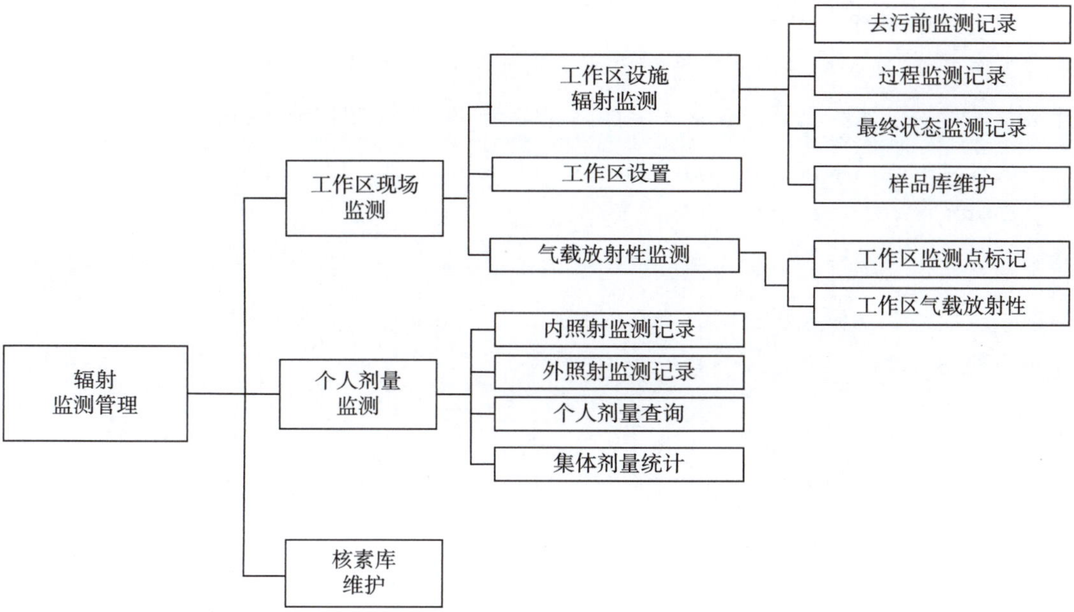

图 3.16 辐射监测功能模块图

5. 核废物管理模块

如图 3.17 所示的“废物管理”模块用来实现维护废物信息和废物容器信息。核废物管理人员可以通过系统首先为新废物按其物理特性及放射性进行分类，再将废物的来源、数量、重量、放射性核素含量、放射性水平及表面剂量率等信息存入数据库内，并为其选择废物容器，在日常管理中可对废物表进行查询、删除、修改等操作。对于达到解控标准的废物，进行解控登记，解控废物。装有废物的废物容器需要贴有放射性警告标签，标签上须注明内装物、贝克数、物理状态、比放射性、运输指数（以 0.01 mSv/h 为单位表示的距任何易接近的包装物表面 0.91 m 处的最高辐射剂量率，并保留一位小数），为此在废物装箱后，需将标签上需要的内容存入相关数据库，并且可修改、删除、查询。

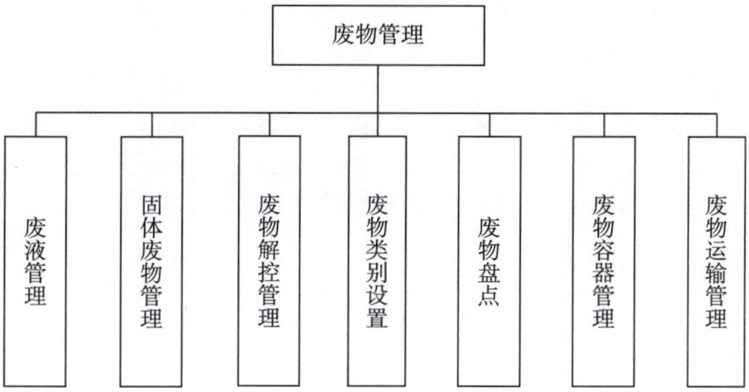

图 3.17 废物管理功能模块图

6. 工作管理模块

如图 3.18 所示的“作业管理”模块用来实现作业计划人员计划工作内容，安排工作人选，挑选工作工具，记录工作完成情况及人员所受辐照情况。作业计划人员可以通过系统计划和总结单次工作任务。开始安排拆除工作前，记录工作开始时间及工作内容，并且为所要完成的工作选择所需要的员工，选择完参加任务的员工后在工具表中为员工选择所需要的工具。工作完成后记录工作结束时间、工作结果和工作人员所受剂量情况，生成包含工作起止时间、工作内容、员工累积剂量以及所产生的废物等信息的单次工作详情记录表，并保存到数据库中。

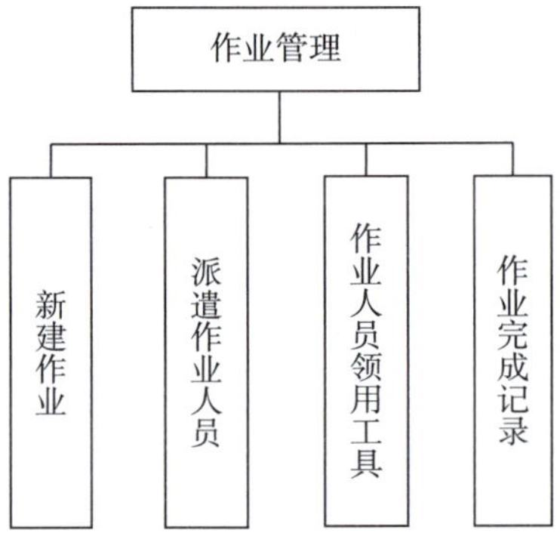

图 3.18　作业管理功能模块图

7. 统计分析模块

如图 3.19 所示，统计分析员通过系统以图表的形式统计设备、废物、集体剂量和源项数据。

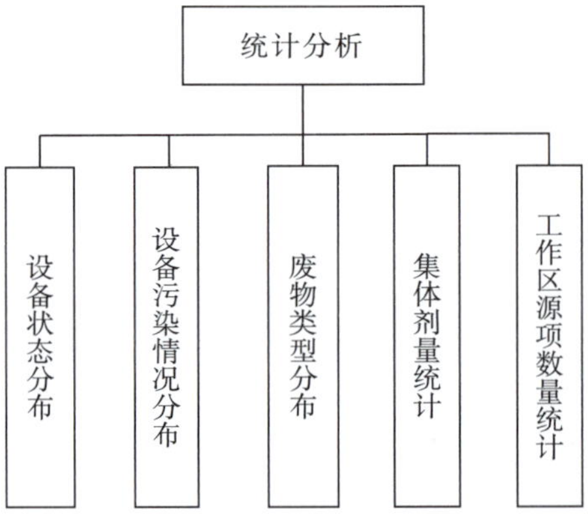

图 3.19　统计分析图

8. 系统维护管理模块

如图 3.20 所示的“系统维护”模块用来为不同的用户设定不同的使用权限及修改用户密码，并记录操作系统使用记录，将系统数据库进行备份。

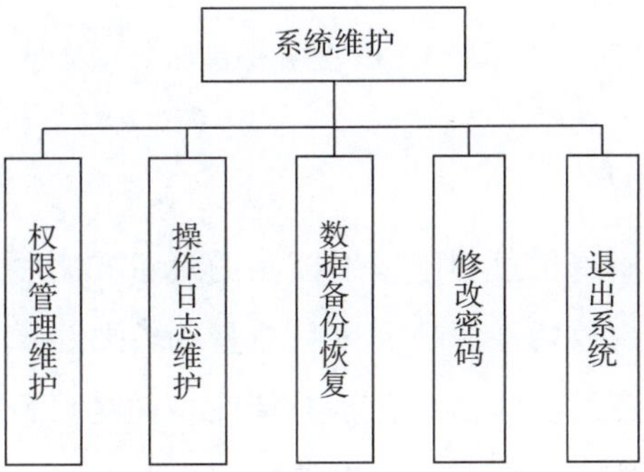

图 3.20　系统维护功能模块图

3.2　退役数据库结构研究

数据库设计是退役数据管理系统设计的重要组成部分。合理的数据库表结构，能够提高系统的性能，甚至对系统的模块设计也能够起到协助作用。在系统的数据库设计中，首先需要收集并分析系统数据需求，以实体联系模型为工具建立数据概念模型，将所设计的概念模型进一步转换为某一数据库管理软件可支持的物理结构模型，并且在系统开发测试的过程中反复优化数据库结构。

3.2.1　数据库概念结构设计

数据是系统加工处理的对象，要设计好一个软件系统，要仔细分析数据，弄清数据的内容和特点。通过调查相关文献，如图 3.21 将退役过程中产生的数据主要分为七大类：设备信息、人员信息、废物信息、放射源项信息、工作区信息、工具信息、作业活动信息。由于退役数据种类多，涉及相关属性多样，通过考虑退役业务中数据的产生或使用场景，客户处理数据时可能关注的数据属性，根据退役领域问题分析数据需求，将其抽象为信息结构，建立数据库概念模型。本系统将用实体属性图（E-R 图）来描述数据概念模型，组织主要的数据形成实体、属性，确定实体间的联系，为数据物理结构设计打下基础。

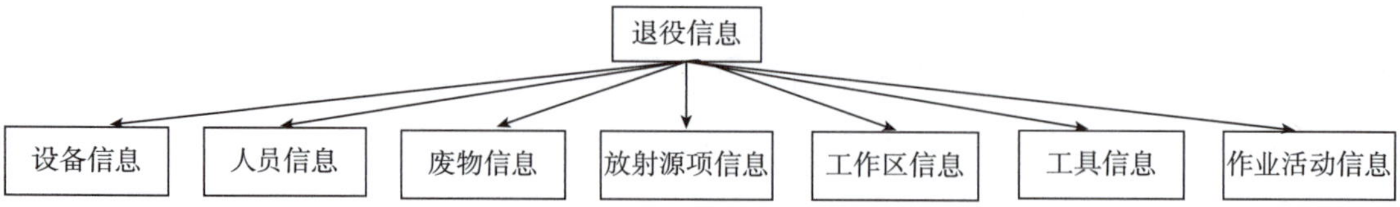

图 3.21　数据分类图

3.2.1.1　设备数据模型

制定退役计划时，由于退役过程中辐射监测的对象和废物产生的来源都是场区内的设施设备，因此估算场区内放射性源项和废物总量的首要步骤都是盘查场区内的所有设施包括系统、构筑物、设备的实体信息和辐射特性，并且按设施的结构，辐射特性进行分类，详细列出设施系统的实体情况和辐射特性。由此可见，开发退役数据库，首先需要为对象建立包含结构特性和辐射特性的设备详表。在源项调查及场址特性调查时就应该对厂内设备逐个调查，设备清单内容除了要包含设备类型、重量、体积等实体信息外，还要包括设备存放位置、设备运行故障史、设备当下所处的状态（如待去污、已去污、已拆除等），一部分受放射性污染的元件或结构还需要记录其放射性特性（如仪器测量所得的表面辐射剂量，采样分析得到的核素种类含量百分比，计算所得总活度等）。设备实体联系图如图 3.22 所示。

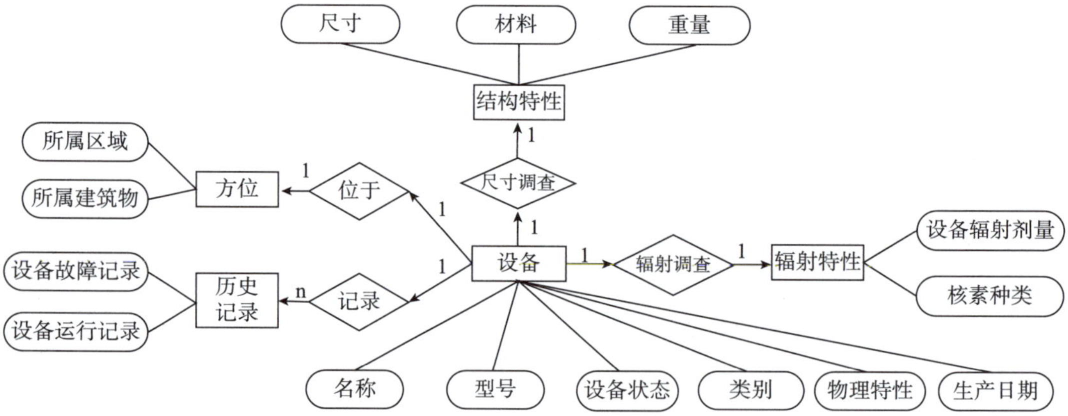

图 3.22　设备 E-R 图

3.2.1.2　员工数据模型

员工信息用于管理参加退役员工的相关信息，对于退役人员，主要需要考虑个人基本信息，包括员工编号、姓名、性别、出生日期、工种、部门等所能表明个人身份背景的信息。另外，对于参与退役作业的员工，建立个人剂量数据库是保障人身安全不可缺少的部分。累积个人剂量数据是研究辐射对人体危害以及制定修改防护措施的重要参考值，本书中此处也用累积个人剂量值来评价工作人员所受辐射情况。所以，个人剂量信息需要包括员工当前累积剂量。当个人累积剂量超过剂量限值时起到警示作用，还需要制定个人剂量的约束值和参考水平。

再者，员工进行退役作业，为保证作业操作记录的可追溯性，可以为其建立作业日志，记录员工单次参与拆除或去污作业的相关内容，包括作业任务中该员工的任务分工、受照剂量、所选择的工具和任务内容的记录，员工实体—联系图如图 3.23 所示。

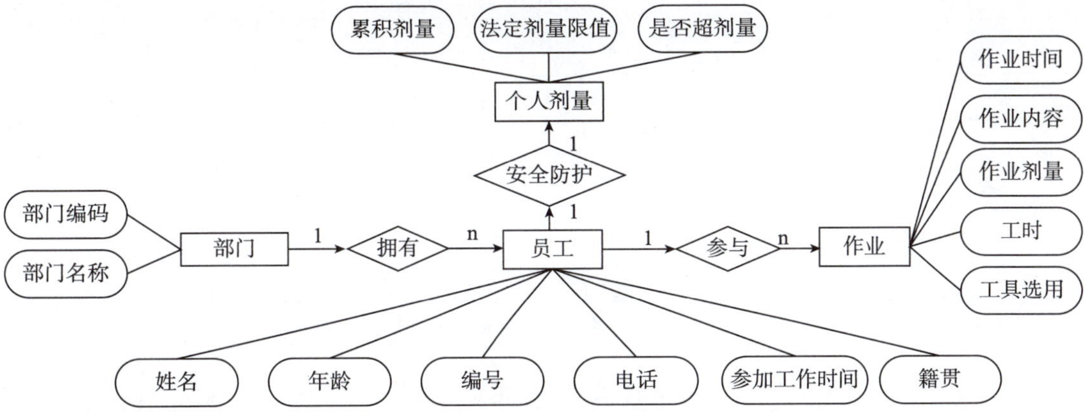

图 3.23 员工 E-R 图

3.2.1.3 废物数据模型

核设施退役所产生的废物绝大部分是放射性固体废物，废物数量和体积庞大，组份复杂，且污染较牢固，不易去除，活化产物难以分离与去除，这些都使得退役废物管理难度加大。放射性废物如何处置首先需要考虑国际国家法规，其次是适用性和经济性。废物中存在的放射性物质类型和比活度是选择处置方法时应考虑的重要因素，包装后的废物还要考虑包装后尺寸和包装表面剂量水平等。

退役过程中，废物一旦产生，首先按事先设计的分类管理目标值进行分类，我国所应用的核废物分类方法是放射性废物分类标准（GB 9133—1995）。将废物先按物理状态分为：气载废物、液体废物和固体废物；再按比活度分为：高放、中放、低放、豁免废物；固体废物按半衰期长短分为四类，将 α 废物单列出来。反应堆退役所产生的废物大多数是属于中、低放废物或极低放废物，极低放废物比活度（活度浓度）的限值高出免管废物 1～2 个数量级。在制定核设施退役废物处理计划时，为了方便估算需要处理的废物总体积，还可将固体废物分为：可压缩固体和不可压缩固体。表 3.2、表 3.3、表 3.4 分别列出了气态、液态、固态废物分类标准。

表 3.2 气载放射性废物分类表

名称	气载放射性废物浓度 Av/ (Bq/m^3)		
类别	低放	中放	—
限值	排放限值<Av≤4×10^7	Av>4×10^7	—

排放限值：申管部门规定的限值和要求。如 DAC 公众：公众导出空气浓度，年摄入量限值除以参考人一年吸入空气量 100 000 m^3。

表 3.3 液体放射性废物分类表

名称	液体放射性废物浓度 Av/ (Bq/L)			
类别	—	低放	中放	—
限值	—	排放限值<Av≤4×10^6	4×10^6<Av≤4×10^{10}	Av>4×10^{10}

排放限值：申管部门规定的限值和要求。如 DIC 公众：公众导出食入浓度，年摄入量限值除以参考人一年食入水量 800 kg。

表 3.4 固体放射性废物分类表

名称	固体放射性废物比活度 Am/ (Bq/kg)		
类别	低放	中放	高放
$T_{½}$≤60 d	解控水平<Am≤4×10^6	Am>4×10^6	—
60 d<$T_{½}$≤5 a	解控水平<Am≤4×10^6	Am>4×10^6	—
5 a<$T_{½}$≤30 a	解控水平<Am≤4×10^6	4×10^6<Am≤4×10^{11}	Am>7×10^{11}
$T_{½}$>30 a	解控水平<Am≤4×10^6	Am>4×10^6	Am>4×10^{10}
α 废物	单个货包 α 核素 Am>4×10^6，平均每个货包 Am>4×10^5		

退役中产生的废物经过去污、清污、熔炼等措施，低于或达到解除审管控制的活度浓度限值时，即可解控废物。现在清洁解控水平国际上尚无统一规定，中国制定了一些相应的原则和标准，比如豁免管理原则 GB 13367—1992、钢和铝的清洁解控水平 GB 17567—1998，但还没有形成完整的体系。

退役现场的所有活动都有产生放射性废物的可能，表 3.5 列出了各个阶段的活动所产生的放射性废物情况，可以看出不同阶段所产生的放射性废物有很大差别。

根据废物的来源、性质对废物进行分类、解控或整备后还需要对废物进行包装。美国运输部在管理放射性物质的包装和运输时，每件运输废物都需要按照运输危险物质典型格式测定完成运输文件登记才能被运往处理地，该运输文件包括了发货人、总活度、重量、运输指数和运输指数限值等内容，这里的运输指数指的是以 0.01 mSv/h 为单位表示的距任何易接近的包装物质表面 0.91 m 处的最高辐射剂量率，保留一位小数。

表 3.5 放射性废物来源

退役活动		产生的废物种类		备注
		一次废物	二次废物	
放射性特性调查		废弃样品等	放射性污染杂物、废工作服等	退役活动中都会产生气体放射性废物
去污	干法去污	放射性沾染的土、灰尘和建构筑物	放射性污染杂物、废工作服等	
	湿法去污	放射性废液废物、湿固体废物等	放射性污染杂物、废工作服等	
拆除	拆卸	放射性金属废物、放射性非金属废物等	放射性污染杂物、废工作服等	
	拆毁	建构筑物垃圾	液体放射性废物、放射性污染杂物、废工作服等	
废物处理、整备		处理、整备产生的废物产品		

综上所述，建立废物数据库所需要关注的问题：

a) 废物分类与跟踪；

b) 设计退役废物分类管理的目标值；

c) 废物包装体内放射性核素及其活度；

d) 废物的来源、数量、类别、特征等；

e) 废物容器参数选择；

f) 废物清洁解控的标准；

g) 运输工艺所要求的参数。

废物实体联系图如图 3.24 所示。

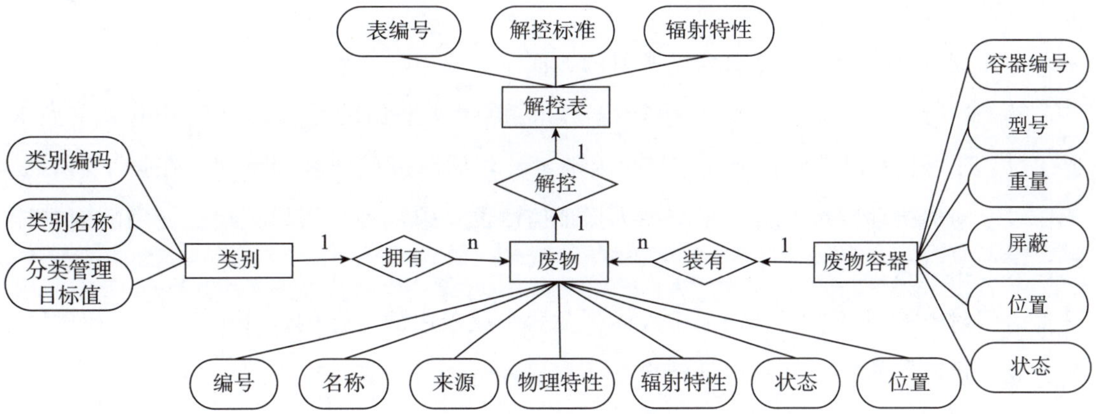

图 3.24 废物 E-R 图

3.2.1.4 辐射监测数据模型

对于退役工程的厂区辐射监测包括过程监测、保健物理监测和环境监测，由退役安全管理部门组织执行，系统设计中将这部分工作按监测对象主要分了两个板块：保健物理监测，工作区现场监测。图 3.25 以灵感图的方式列出了退役辐射监测的主要职责内容。

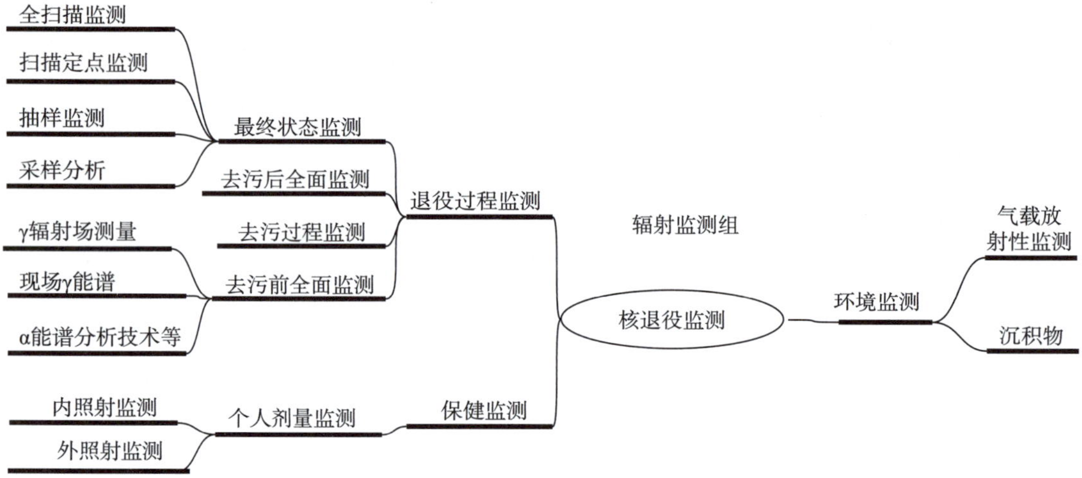

图 3.25 辐射监测灵感图

1. 保健物理监测

保健物理监测即个人剂量监测，是定期对员工进行内外照射测量，其记录结果可用于评价工作区的辐射安全情况及改善人员安排和操作计划，保证在实际工作中将现场人员所受剂量减少到最小，遵从国家辐射防护规定。除了个人剂量之外，集体剂量在安全实施退役活动中也起着重要作用，退役计划中应预计各种退役活动引起的集体剂量，其值应该符合合理可行尽量低的原则。

个人剂量监测分为外照射和内照射两方面。

员工进行退役作业时，外照射个人剂量监测主要采用的是袖珍直读式电离室型 X 射线、γ 射线个人剂量计和荧光玻璃个人剂量计，同时佩戴两种剂量计，在强 γ 辐射场工作时，附加指环剂量计，该系统中为保证监测的可追溯性，需要记录所使用的剂量计和该次记录时间。

内照射个人剂量监测可以采用人体计数器和尿液中放射性核素分析方法。内照射待积有效剂量可以使用相关的剂量转换系数与摄入量进行估算。

关于剂量监测的数据库建立，需要考虑以下几点内容：

a）员工内外照射记录格式；

b）核素样品库的建立；

c）员工剂量约束值的设置。

员工剂量监测实体联系图如图 3.26 所示。

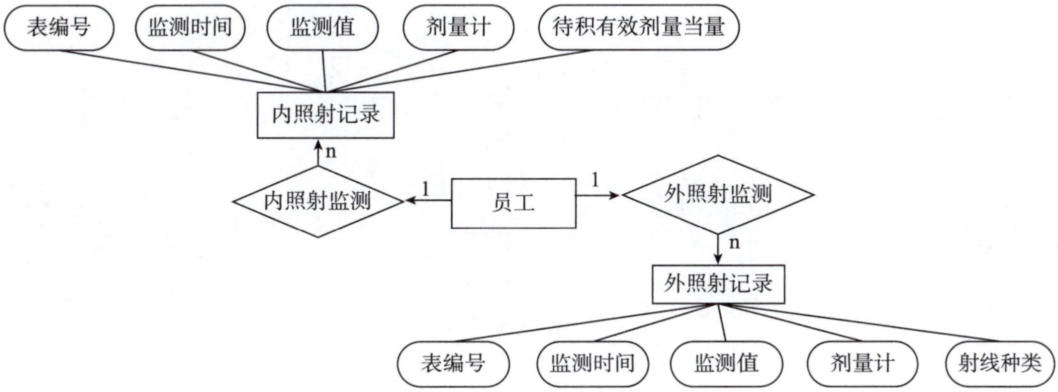

图 3.26　个人剂量监测 E-R 图

2. 工作区现场监测

对于工作区现场的辐射监测，需要对工作区内设施（包括设备、厂房场所、运输工具、墙面等）实施去污前的全面监测、过程监测、去污后监测以及最终状态监测，另外还需要对工作区中气载放射性进行监测。

去污前全面监测实际上也就是源项调查，目的是估算放射性源项存量。常采用便携式仪器现场直接测量和取样回实验室分析相结合的方式。对于辐射场很复杂的情况，仅依靠测量表面沾污和取样分析已经不能满足测量要求，需要多种测量技术、分析方法有效结合进行辐射场调查。去污中的过程监测主要涉及污染对象、所处工作区、监测工具、监测参数等，确保污染对象在去污后达到控制限值以下，同时按照设备污染情况确定是否可回收利用或按废物处理。实施去污后的全面监测目的是对过程监测的检验和认可，也是对去污过程监测的补充，需要对去污后的对象、工作区等进行全扫描监测，为接受验收监测创造条件。

有关辐射监测这部分数据库的建立需要考虑以下几点：

a）监测方法的确定；

b）监测仪表的选择；

c）监测记录格式和表格内容；

d）采样收集，建立样品库。

退役工程质量优劣的评价主要依据是辐射监测记录，需要监测记录的内容包括监测对象的名称、编号、对象尺寸、所属工作区、本底范围、测量值范围、监测方式及测点位置等。优质的监测记录应该具有完整而规范的数据信息。在退役辐射防护中，原始本底数据作为判断监测对象去污程度和分类的依据必须要记录，本底测量值短时间内会在一定范围内变化，因此可以记录该涨落范围。放射性源项实体联系图如图 3.27 所示。

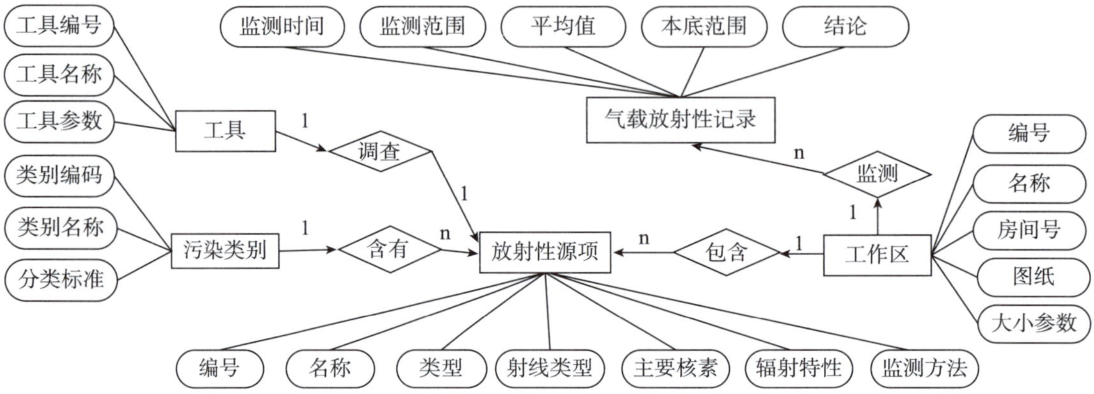

图 3.27　放射性源项 E-R 图

3.2.1.5　工具数据模型

退役辐射监测仪器仪表工具的选择贯穿退役工程的始末，从源项调查、过程测量、人员保健再到终态验收，都离不开仪器仪表的使用。监测工具是否能合理选择严重影响着退役的进度及安全问题。对于不同的对象，不同的使用环境，选择的监测工具也有所不同，适当的检测工具应该满足要求的量程、准确度、精密度、灵敏度，且经过标定。除了考虑工具的指标是否适合使用情景，对于使用过的工具，能够做到追溯，对于安全使用退役工具也有重要作用。

表 3.6 列举了部分退役辐射监测常用的仪器设备，由表可以看出不同监测工具的使用指标和测量对象不同。

表 3.6　常用工具参数表

名称	型号	主要指标	生产厂商
α、β 表面污染监测仪	FJ-2206	50 cm^2，0～10 kcps 率表	262 厂
大面积 β 地面监测仪	ZF-1	1 400 cm^2	中辐院
低本底 α、β 测量仪	FJ-2600	ϕ100 mm 本底 α<0.4 cpm，β<4 cpm	262 厂
可携式 γ 谱仪	NDSIX	NaI（TI）ϕ75×75 mm ^{137}Cs 7.8%	美国 NO 公司

退役工具实体—联系图如图 3.28 所示。

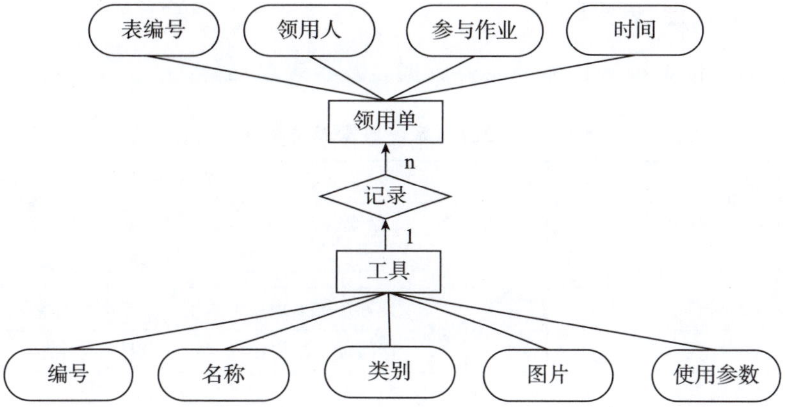

图 3.28 工具 E-R 图

3.2.1.6 作业数据模型

为了积累退役实践经验，有必要追溯退役各计划作业完成情况，记录每项去污或拆除活动的作业对象、作业环境和具体人力物力安排，以及作业完成所产生的废物、人员作业受辐照的情况。退役作业活动实体联系图如图 3.29 所示。

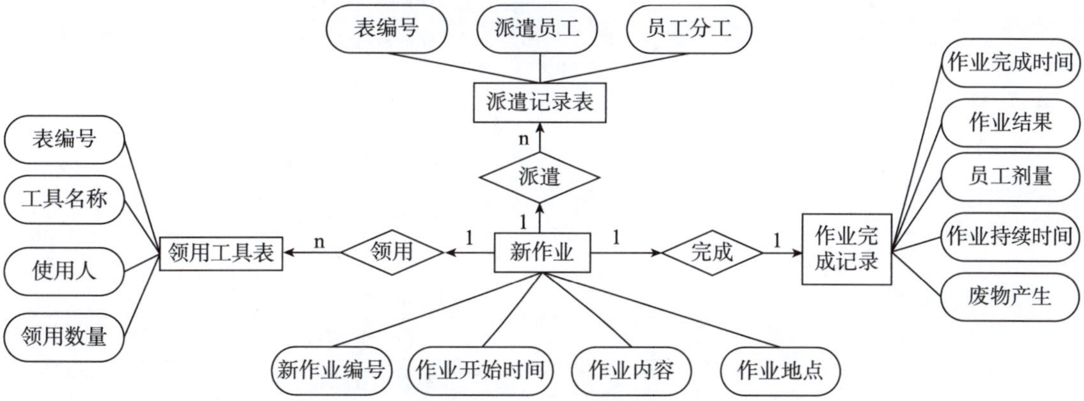

图 3.29 作业 E-R 图

3.2.2 数据库物理结构设计

该部分的设计目的是确定数据库的物理结构，为各实体属性分配存储空间。选择适当的数据库软件确定合理的存储结构、索引方法、存储分配等，在分配数据字段存储空间的时候使得数据冗余尽量小，提高存储效率。本书所选择的数据库软件为在管理大量数据方面有优势的关系型数据库管理系统 SQL Sever 2005。

3.2.2.1 退役数据表清单

表 3.7 列出了该系统数据库的主要数据表及各表单功能。

表 3.7 系统数据表清单

表单名称	表单功能
设备基本信息表	存储设备基本信息（设备编号、名称等）
设备类别表	设置设备类别（管系、阀门、泵等）
系统类别表	设置系统类别（重水系统、二次水系统等）
设备结构表	存储设备结构信息（尺寸、材料、重量等）
设备位置表	存储设备位置信息
设备状态维护表	设置设备状态分类
设备辐射信息表	存储设备辐射情况（表面沾污，所含核素等）
设备运行故障表	存储设备运行历史及故障事件
职员基本信息表	存储职员基本信息
职员工种表	设置工种，存储各工种信息
个人剂量表	设置工种剂量约束值及超剂量报警阈值
组织机构编码表	对各部门进行编码，存储部门信息
固体废物表	存储固体废物信息
液体废物表	存储液体废物信息
废物解控表	存储固体废物解控信息
废物包装表	存储设备包装时整体测量的信息记录
废物容器表	存储用于存放废物的废物容器信息
工具信息表	存储工具库内工具的信息
工具入库表	大量工具入库时，存储工具入库记录
工作区信息表	存储工作区位置大小等信息
源项调查表	存储源项调查中源项信息
过程监测表	过程监测时，存储过程监测信息
最终状态监测表	去污后，最终状态监测信息储存
样品表	采样监测设施时，存储收集的样品信息
工作区空气吸收剂量表	存储工作区气载放射性监测信息
职工内照射表	存储员工内照射监测信息
职工外照射表	存储员工外照射监测信息
核素信息表	存储内照射计算所需核素信息
新建作业表	新建作业时，存储所设置的新作业内容
派遣人员记录表	存储员工参与作业任务详情

续表

表单名称	表单功能
工具领用表	存储作业人员领用工具的记录信息
作业工具表	存储新作业中使用工具信息
作业详情表	作业完成后，存储作业完成情况信息

图 3.30 是用 Microsoft Visio 软件对 SQL Sever 2005 中退役数据库反向工程生成的 E-R 图。该图描述了系统数据库中按照概念模型中主要实体及其属性所设计的数据表，并根据各属性特性及实体间的关系设置主外键，用于约束表间关系。限于篇幅，该图并未列出所有数据表，仅以主要数据表来说明系统数据库设计情况。

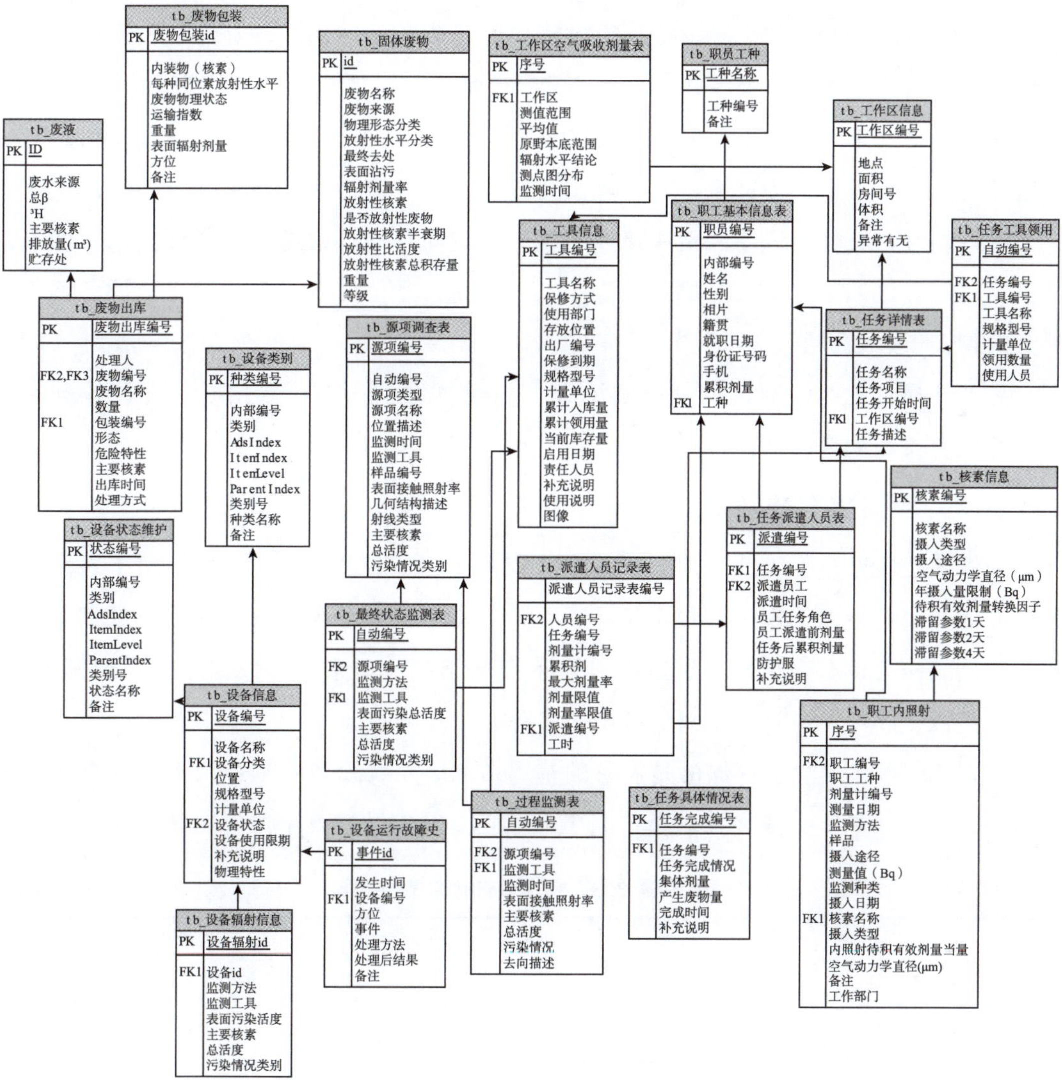

图 3.30 系统数据 E-R 图

为说明表间主、外键关系，以“tb _ 设备信息”表设置表间关系方法为例予以说明。在数据库中，每一个被录入系统的实体数据都为其设定唯一的编号，例如设备编号、职员编号等。设备编号及设备的基本信息属性贮存在“tb _ 设备信息”表中，为了区分不同的设备，将“设备编号”标识为唯一区分字段，即主键，强制设备实体的完整性，在 E-R 图中该主键以 PK 标识。当添加新数据时，系统会自动检测新数据的主键值是否与已有数据的主键值重复，若有重复将提示违反主键规则错误，终止添加。

在数据概念模型中，数据实体间存在一对一，或一对多的关系，如一台设备可以有多行运行故障记录，在概念模型中表现为一对多关系，为了约束这种关系，数据表中的主键还用于与其他表形成外键关联。例如“tb _ 设备尺寸信息表”“tb _ 设备辐射信息表”“tb _ 设备位置表”“tb _ 设备运行故障史”等表辅助“tb _ 设备信息”表储存设备其他属性，引用关键字“设备编号”，标识为外键，与“tb _ 设备信息”表形成外键关系，强制外键约束，在 E-R 图中该外键以 FK 标识。主键被引用的“tb _ 设备信息”表在这种约束条件下被称为父表，其他表则为子表。在外键约束下，只有当主父表中存在某一设备编号，其他子表才能引用该设备编号，进而存储该设备其他属性值，否则系统将提示违反外键约束规则。若删除父表中某一设备，系统将自动删除引用该设备编号为外键的相关子表数据。

另外，通过主、外键设置可以减少数据的重复性，在更新数据时，维护数据完整性，约束有关系的表间数据。

3.2.2.2 数据库表单设计

为管理退役数据，本系统建立了几十张表用于存放各数据字段，由于整个系统所涉及的实体和属性较多，限于篇幅不做一一详述，本节以部分模块调用的主要数据表的数据库存储结构为例，介绍该系统数据表物理存储结构。本系统的数据库命名规则如下：表名都是以“tb _ ”开头，后面配以中文名称。

（1）tb _ 设备信息表存储的是设备的基本信息。系统设备管理模块可以根据用户需要新增、修改、删除和查询存储在该表中的数据。其表结构及字段说明如表 3.8 所示。

表 3.8　tb _ 设备信息表

字段	字段类型	备注
设备编号	nvarchar (20)	主键，不允许为空
设备名称	nvarchar (50)	不允许为空
物理特性	nvarchar (20)	不允许为空
设备分类	nvarchar (20)	不允许为空

续表

字段	字段类型	备注
生产厂商	nvarchar (20)	允许为空
设备品牌	nvarchar (20)	允许为空
生产日期	datetime	允许为空
规格型号	nvarchar (20)	允许为空
计量单位	nvarchar (10)	允许为空
启用日期	datetime	允许为空
所属系统	nvarchar (20)	允许为空
设备使用限期	datetime	允许为空
补充说明	ntext	允许为空

(2) 设备辐射信息表存储的是设备的辐射特性信息，其表结构及字段说明如表 3.9 所示。

表 3.9 tb _ 设备辐射信息表

字段	字段类型	备注
设备辐射 id	nvarchar (20)	主键，不允许为空
设备编号	nvarchar (20)	不允许为空
监测方法	nvarchar (20)	允许为空
监测工具	nvarchar (50)	允许为空
表面污染活度	decimal (18，2)	允许为空
主要核素	nvarchar (50)	允许为空
总活度	decimal (18，2)	允许为空
污染情况类别	nvarchar (20)	允许为空

(3) 设备运行故障史表存储的是设备运行期间发生故障记录，其表结构及字段说明如表 3.10 所示。

表 3.10 tb _ 设备运行故障史表

字段	字段类型	备注
事件 id	nvarchar (20)	主键，不允许为空
设备编号	nvarchar (20)	不允许为空
发生时间	datetime	允许为空
方位	nvarchar (50)	允许为空
事件	ntext	允许为空
处理方法	ntext	允许为空
处理后结果	ntext	允许为空

续表

字段	字段类型	备注
备注	ntext	允许为空

(4) 员工内照射表存储的是保健物理监测中对员工进行内照射监测所涉及的信息，其表结构及字段说明如表 3.11 所示。

表 3.11　tb _ 员工内照射表

字段	字段类型	备注
序号	nvarchar (20)	主键，不允许为空
职员编号	nvarchar (20)	不允许为空
职员工种	datetime	允许为空
工作部门	nvarchar (20)	允许为空
剂量计编号	nvarchar (50)	允许为空
测量日期	datetime	允许为空
监测方法	ntext	允许为空
样品	ntext	允许为空
摄入途径	ntext	允许为空
测量值 (Bq)	decimal (18，2)	允许为空
监测种类	nvarchar (20)	允许为空
摄入日期	datetime	允许为空
核素名称	nvarchar (50)	允许为空
摄入类型	nvarchar (20)	允许为空
内照射待机有效剂量	decimal (18，2)	允许为空
空气动力学直径 (μm)	decimal (18，2)	允许为空
备注	ntext	允许为空

(5) 工作区环境空气吸收剂量表用于存储工作区在某时间对环境空气吸收剂量监测所涉及的信息，其表结构及字段说明如表 3.12 所示。

表 3.12　tb _ 工作区空气吸收剂量表

字段	字段类型	备注
序号	nvarchar (20)	主键，不允许为空
工作区	nvarchar (20)	不允许为空
测值范围	nvarchar (20)	允许为空
平均值	decimal (18，2)	允许为空
原野本底范围	nvarchar (20)	允许为空
测点图分布	image	允许为空

续表

字段	字段类型	备注
监测时间	datetime	允许为空
监测工具	nvarchar (20)	允许为空
辐射水平结论	ntext	允许为空
处理后结果	ntext	允许为空
备注	ntext	允许为空

(6) 源项调查表存储的是去污前对工作区源项监测所涉及的信息，其表结构及字段说明如表 3.13 所示。

表 3.13　tb _ 源项调查表

字段	字段类型	备注
自动编号	int	主键，不允许为空
源项编号	nvarchar (20)	不允许为空
源项类型	nvarchar (20)	允许为空
源项名称	nvarchar (20)	允许为空
工作区	nvarchar (50)	允许为空
位置描述	ntext	允许为空
监测工具	nvarchar (20)	允许为空
样品编号	nvarchar (20)	允许为空
表面接触照射率	decimal (18，2)	允许为空
几何结构描述	ntext	允许为空
射线类型	nvarchar (20)	允许为空
主要核素	ntext	允许为空
总活度	decimal (18，2)	允许为空
污染情况类别	nvarchar (20)	允许为空

(7) 固体废物表用于存储固体废物来源、类别、辐射水平等信息，其表结构及字段说明如表 3.14 所示。

表 3.14　tb _ 固体废物信息表

字段	字段类型	备注
Id	nvarchar (20)	主键，不允许为空
废物名称	nvarchar (20)	不允许为空
废物来源	nvarchar (50)	允许为空
物理形态	nvarchar (20)	允许为空
放射性水平分类	nvarchar (20)	允许为空

续表

字段	字段类型	备注
装箱编号	nvarchar (20)	允许为空
最终去处	ntext	允许为空
表面沾污	nvarchar (20)	允许为空
辐射剂量率	decimal (18，2)	允许为空
放射性核素	nvarchar (50)	允许为空
是否放射性废物	nvarchar (10)	允许为空
放射性核素半衰期	nvarchar (20)	允许为空
放射性比活度	decimal (18，2)	允许为空
放射性核素总积存量	nvarchar (20)	允许为空
重量	nvarchar (20)	允许为空
等级	nvarchar (20)	允许为空

（8）任务完成情况表用于存储在任务完成后对任务的总结记录信息，其表结构及字段说明如表 3.15 所示。

表 3.15　tb _ 任务完成情况表

字段	字段类型	备注
任务完成编号	nvarchar (20)	主键，不允许为空
任务编号	nvarchar (20)	不允许为空
任务完成情况	ntext	允许为空
集体剂量	decimal (18，2)	允许为空
产生废物量	ntext	允许为空
完成时间	nvarchar (50)	允许为空
补充说明	ntext	允许为空

3.3　某重水堆退役数据管理系统

3.3.1　背景需求

某重水研究堆堆芯设计为压力管式结构，重水作为慢化剂和冷却剂，石墨作反射层，由反应堆本体、一次水系统（又称重水系统）、二次水系统、屏冷系统、重水净化系统、控制保护系统、氦气系统、供电系统、辐射监测系统、热工监测系统、通风系统、真空系统以及废水贮存系统等组成。服役近三十年后，该重水研究堆完成了它的历史使命，光荣退役。该堆运行时间长，运行期间经历了数次技术改造，系统和设备变动较大，且其应用范围广，生产过多种核素，以至于相对一般的商用核反应堆而言，场址残留核素种类复杂。因此，该堆的退役是一项艰巨、复杂的工程，关系着场址内及周边生态环境是否能恢复，并将为其他核设施退役提供宝贵经验。制定周密的退役计划，是确保退役辐射安全，环境恢复的保证。该堆退役过程中的人员作业情况、厂内设施状态、区域污染情况、拆除工作辐射数据以及产生的三废量等都是一些重要的数据，收集管理并分析这些数据，积累技术资料，能够帮助决策者更好地制定退役工作方案和优化退役过程，方便退役信息的管理，从而降低退役过程中的放射性危害，进而减少退役投资。

3.3.2　系统概述

本系统采用多文档窗体 MDI 程序结构，程序中的登录，设备信息管理、辐射监测管理、废物管理、作业管理以及权限管理等都对应着一个子窗体。所开发的系统可实现的主要功能如下所示。

1. 实现数据库数据的录入、删除、修改、查询、导出、打印等基本操作。

2. 实现设备编码并可对设备的具体位置、状态、辐射水平以及员工的个人资料（如工种类别）等信息进行数据管理，同时可设置各组织部门信息。

3. 划分工作区，管理工作区图纸、大小、位置等属性；以工作区为单位，管理工作区的放射源项信息，包括设备、墙面、地板等；可管理工作区内气载放射性监测信息，并实现在工作区图纸上标注放射性监测点并保存。

4. 实现对员工内外照射情况的记录和存档；制定不同类别员工个人剂量的约束值和参考水平；多项目查询历史剂量记录；统计不同范围员工的集体剂量。

5. 按《国家废物管理条例》对新废物进行分类存储和解控、运输登记。

6. 维护退役工具各项参数，管理工具领用记录和盘点工具库。

7. 实现对退役作业的事先安排，包括作业内容、作业人员、工具选用等作业项目的设置，并可在作业后记录完成情况。

8. 在统计窗体中按照用户需要生成统计图形，且可选择不同的图形种类。

3.3.3　主窗体实现

系统主窗体主要由应用菜单及导航菜单两部分组成。如图 3.31 所示，应用菜单上层次清晰的显示各功能菜单项，包括设备管理、员工管理、辐射监测、物资工具管理、核废物管理、作业管理、统计分析、基础信息维护、系统维护等功能。应用菜单为下拉式结构，各下拉菜单中功能选项在窗体左边的导航菜单中也可以显示。导航菜单的设计可使得各子功能选项的显示更直观，用户操作更快捷。

图 3.31 某重水堆退役数据管理系统主窗体

3.3.4 窗体实现

3.3.4.1 设备管理模块

选择【设备管理】|【设备台账管理】菜单命令，进入设备数据维护窗体，如图3.32所示，该窗体的主要功能是对设备各项信息的浏览和维护。在该窗体中，表格用于显示“tb_设备基本信息表”中的数据，若单击某一行设备信息，则表格下方的“设备基本信息”“设备辐射状态信息”“尺寸参数”“位置信息”“运行故障史”框体中将列出数据库中该设备相关表中属性数据。设备基本信息框体中，“设备分类”“物理特性”“所属系统”“购置部门”“设备状态”等文本框的可选项均包含在下拉列表中，用户可根据具体情况进行选择，如“设备分类”下拉列表中可选项包含管道、泵、阀等，“所属系统”下拉列表中包含重水系统、二次水系统、电气系统等，“设备状态”下拉列表

中包含已去污、未去污、运行、故障、已拆除、已移除等，下拉列表中的内容是由用户通过窗体设置或者通过遍历数据库中已存在项自动生成的。

用户可以在该界面上方便地完成设备的新增、删除、修改等操作。若用户需要新增设备可以点击工具栏的【新添】按钮，填写表格下方的设备各项属性，填写完成后点击【保存】按钮即可保存新增信息。若要删除某一设备信息，在表格中单击选中，然后点击删除即可。若要修改信息，先在表格选中所要修改的那条信息，所选中的信息将显示在下面的详细项目中，修改项目后保存。

为方便查看和提高界面的友好度，系统将该重水堆各系统和设备类别以树形图的形式在窗体左边栏显示，设备状态在点击【选择状态】按钮后弹出的窗口中进行选择，用户可通过设备类别和状态在表格中查看各类设备信息。点击查询按钮，系统将弹出查询项目选择窗体，供用户选择查询项目及项目内容。表单中显示的查看或查询结果，点击导出按钮，表格数据将被导出到 Excel 中，方便多图形化统计和打印数据。

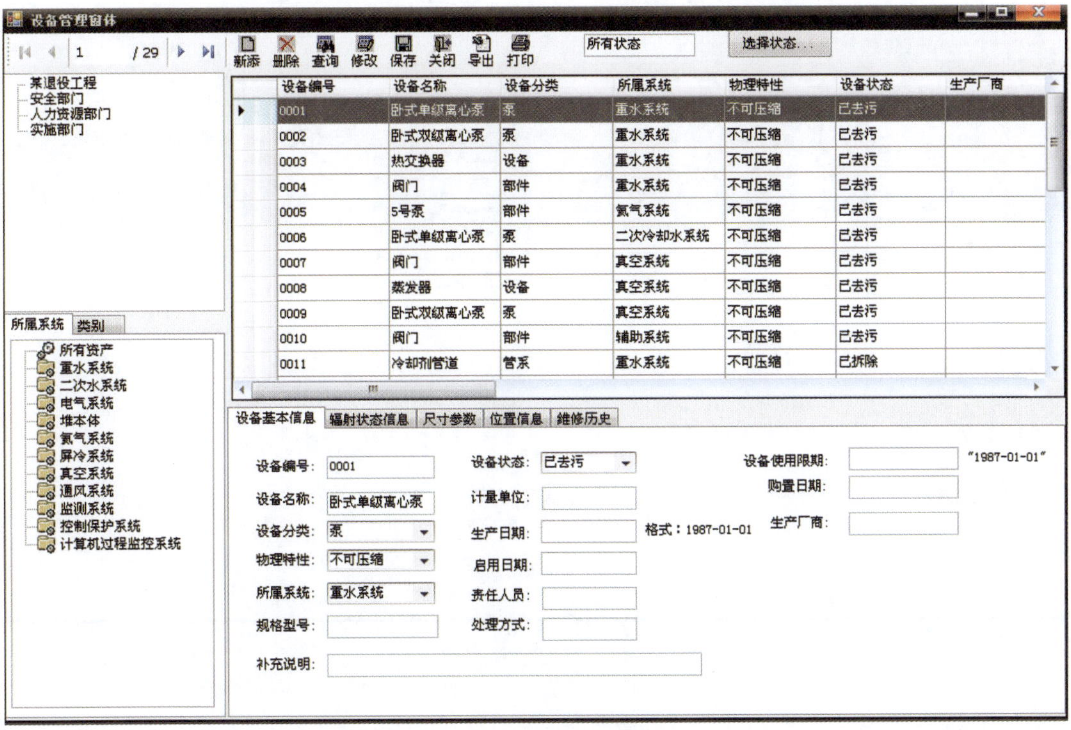

图 3.32 设备管理窗体

3.3.4.2 员工信息管理模块

该模块有 3 个子模块：员工基本信息管理、个人剂量管理、组织机构维护，分别实现对员工个人信息、剂量信息的管理以及设置组织机构功能。

选择【员工管理】|【员工基本信息】菜单命令，进入员工信息管理窗体，如图3.33所示，该窗体的主要功能是对员工个人信息的浏览和维护。系统可按姓名快速查找员工信息，并在窗体表格中显示查询结果，选中一行信息，系统将自动把该员工的个人剂量数据和其参与工作日志导入表格下方的列表里，以供用户浏览。选择工具栏中的新增按钮，将弹出新增员工窗体见图3.34，填写相关内容，具体包括职员编号、姓名、年龄、部门、工种等基本信息。在该窗体中还可以添加员工的照片，而职员的编号由系统根据数据库中已有数据加1自动生成。如果信息填写不全或信息格式错误，系统都会提示错误，只有正确填写完这些信息，才能完成员工的新增。职员的信息可以随时修改，双击某行或单击选中某行再选择修改按钮，都将弹出修改窗体，修改完成后点击保存即可。该窗体中的工作日志框体是该员工所有作业的派遣记录，作业派遣表是在建立作业任务的过程中生成的，在这里可以修改工作日志下的数据。

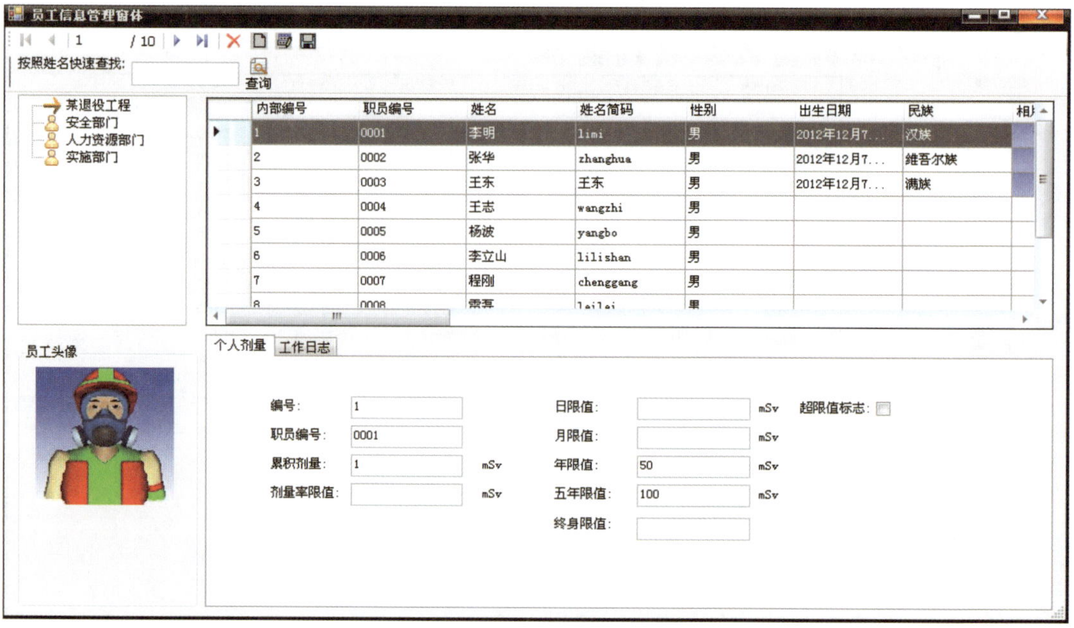

图3.33 员工信息管理窗体

选择【员工管理】|【个人剂量信息】菜单命令，将进入个人剂量管理窗体，如图3.35所示，它的主要功能是维护个人剂量约束值信息，用户可以根据国家辐射防护标准对不同工种员工受照剂量限值进行设置，一旦员工累积剂量或剂量率超出限值，超剂量标记将提示危险。

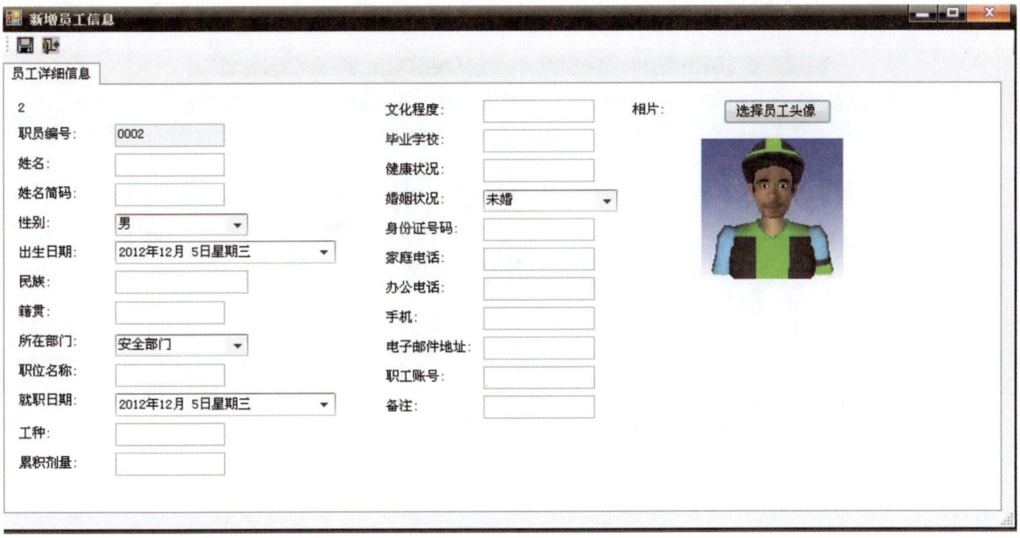

图 3.34　新增员工窗体

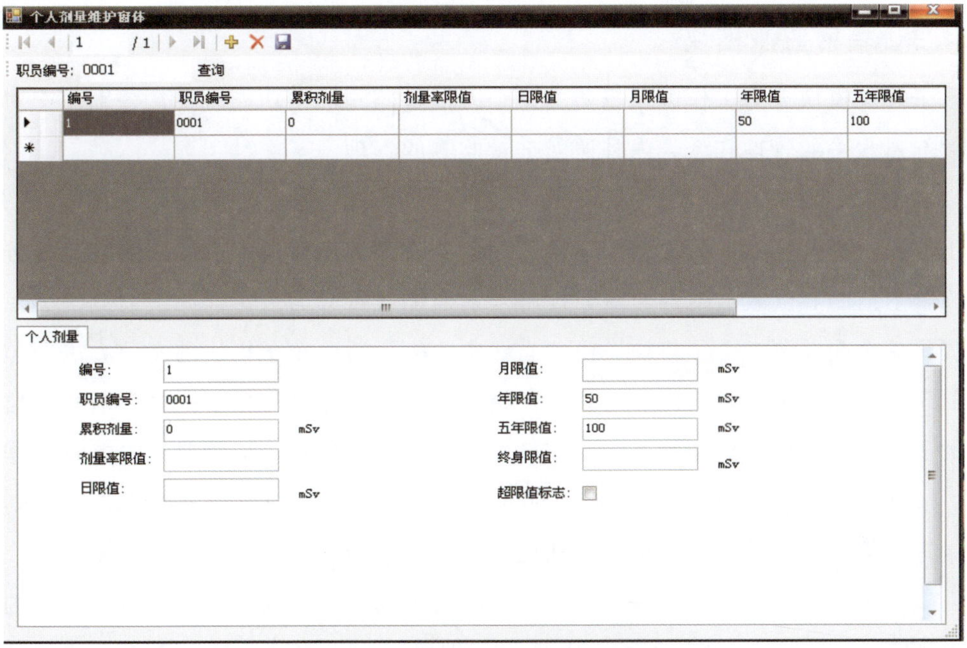

图 3.35　个人剂量信息维护窗体

选择【员工管理】|【机构设置及编码】菜单命令，将进入组织机构设置窗体，如图 3.36 所示，该窗体主要用于设置部门编码。左边栏的树形图清楚列出所有组织部门，单击每个带加号的项目将展开其下属部门列表。用户可以通过使用右边各个按钮对机构分布图进行修改，如单击【增加为子级】便在当前部门下增加一个子部门，在机构名称文本框下

设置新部门名称后单击修改，即将新部门保存到数据库内，并且在树形列表中显示。

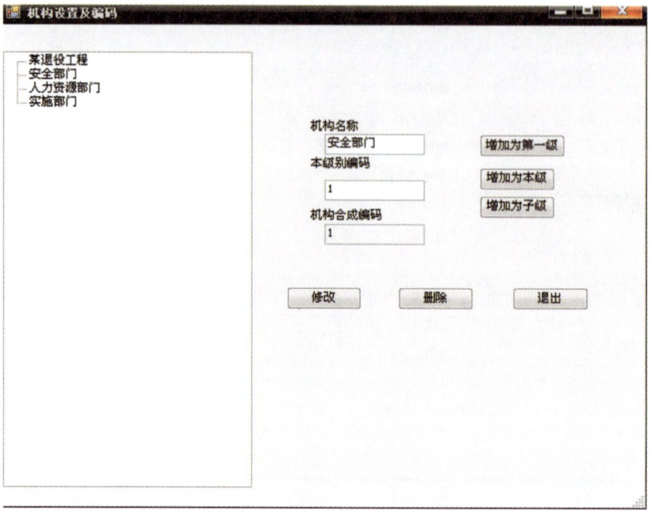

图 3.36　机构设置编码窗体

3.3.4.3　辐射监测模块

该子系统模块分为工作区现场监测与个人剂量监测两个功能模块，分别用于对工作区辐射剂量水平的管理和个人内外照射剂量监测的管理。

1. 工作区现场辐射监测

工作区现场监测功能模块根据退役工程监测小组的工作流程及工作内容又可分为现场设施辐射监测和气载放射性监测，设施辐射监测又可分为去污前源项监测、去污中监测、去污后全面监测 3 个子模块。由于去污中、去污后两个子模块的实现方法及监测属性类似于去污前子模块，因此在这里只介绍去污前源项监测子模块。去污前源项监测子模块的主要功能是维护源项调查时工作区内放射性源项信息，监测对象可能是工作区内设备、墙面、管道等。图 3.37 中所示的窗体实现对工作区的设置和维护，对所划分的工作区进行编码，设置工作区信息包括地理位置、区域类型、几何大小和图纸等。

由工作区设置窗体设置的所有工作区名称将被列入去污前源项监测窗体左侧的工作区树形列表中，如图 3.38 所示。选中某一工作区，右表将列出位于该工作区的放射性源项清单，包括源项的位置、几何形状、放射性水平等，便于用户进一步估算该工作区的剂量水平和统计各工作区源项分布及总放射性核素沉积量。

2. 工作区气载放射性监测

工作区气载放射性监测子模块的主要功能是管理工作区内气载放射性监测信息。如图 3.39 所示，对于气载放射性监测需要维护的数据包括空气吸收剂量测量时间、原野

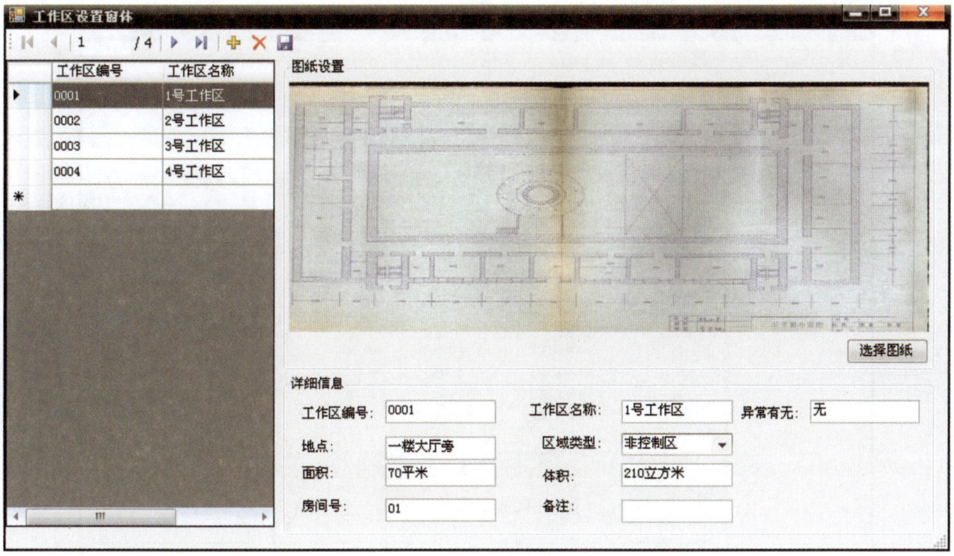

图 3.37　工作区设置窗体

图 3.38　去污前源项监测窗体

本底范围、测值范围及用于评价工作区剂量水平的空气吸收剂量平均值等。选中工作区列表中某一工作区，表格中将列出数据库中所有该工作区气载放射性监测记录。

点击【设置测点图】后进入【监测点标记窗体】，可在工作区图纸上标记测点位置，

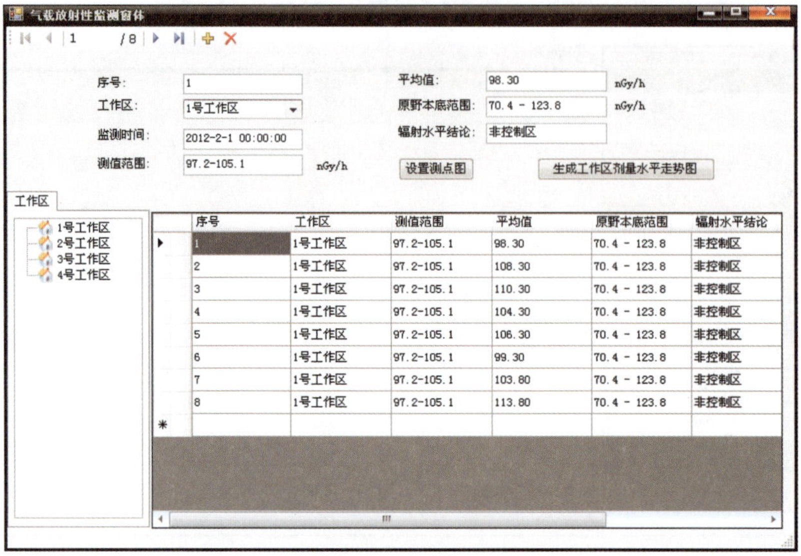

图 3.39　气载放射性监测窗体

标记内容及格式可设置，标记完后点击保存将图纸存放在相应数据库表单中，如图 3.40 所示。若点击【生成工作区剂量水平走势图】，如图 3.41 所示，将生成该工作区随时间变化的空气吸收剂量平均值。该窗体可用于评价工作区剂量水平，根据测量数据工作区将被划分为控制区、非控制区、高污染区。

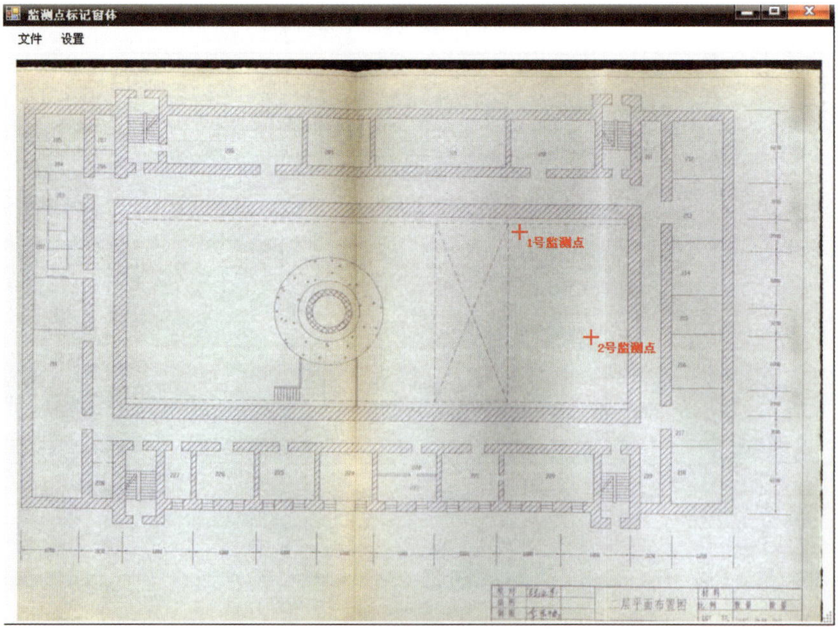

图 3.40　监测点标记窗体

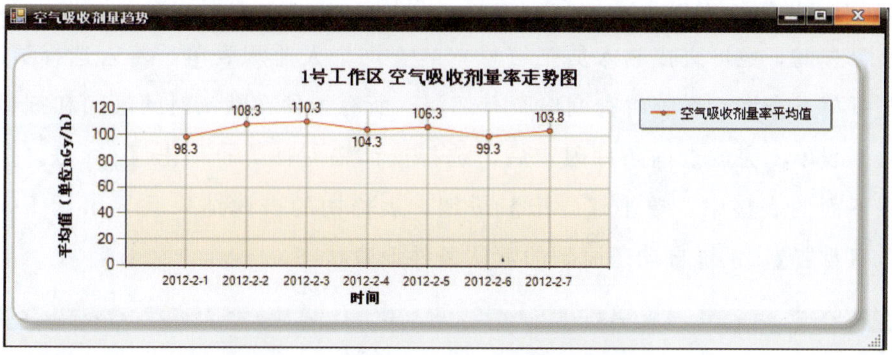

图 3.41　工作区空气吸收剂量走势图

3. 个人剂量监测

个人剂量管理子模块的主要功能是实现对员工受照剂量的监测信息维护，个人辐射监测是针对体外辐射源的外照射监测和体内放射性物质引起的内照射监测。因此该模块也分为外照射维护窗体和内照射维护窗体，两种窗体实现形式类似，这里仅介绍内照射录入窗体的主要功能，实现的窗体如图 3.42 所示。

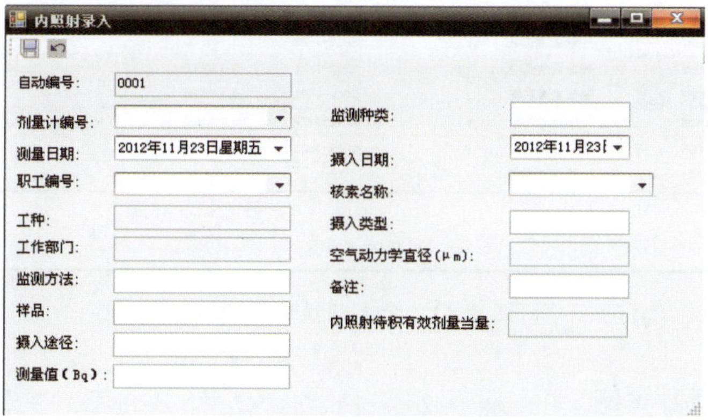

图 3.42　内照射信息录入窗体

为某员工录入内照射信息时，首先在【剂量计编号】下拉列表中选择剂量计，并从【职工编号】下拉列表中选择被测员工，系统将根据职员编号自动导入该员工工种及部门，用户根据实际测量情况填写监测时间及监测值等数据，从核素数据库中选择测量得知的摄入核素名称，系统自动从核素数据库中导入该核素摄入类型、空气动力学直径，计算出该员工内照射待积有效剂量当量，单击保存按钮，存入数据库。

4. 个人剂量查询窗体

选择【个人剂量监测】｜【个人剂量查询】菜单命令，进入个人剂量查询窗体，如

图 3.43 所示。该窗体提供了多种查询方式，可限定部门、工种、测量时间、测量值范围进行组合查询，也可直接输入员工编号单纯查询个人监测表单。若未选择员工编号，默认情况下单击查询，系统将查询出所有部门、所有工种在默认时间区间和剂量区间内的监测数据表单。完成查询条件限定后，选择查询辐射种类，单击【查询】，查询结果将显示在下面的表格中。单击【导出】按钮，表格中的查询结果就导出到 Excel 文件中。单击【重置】，系统自动还原到的默认条件设置状态。

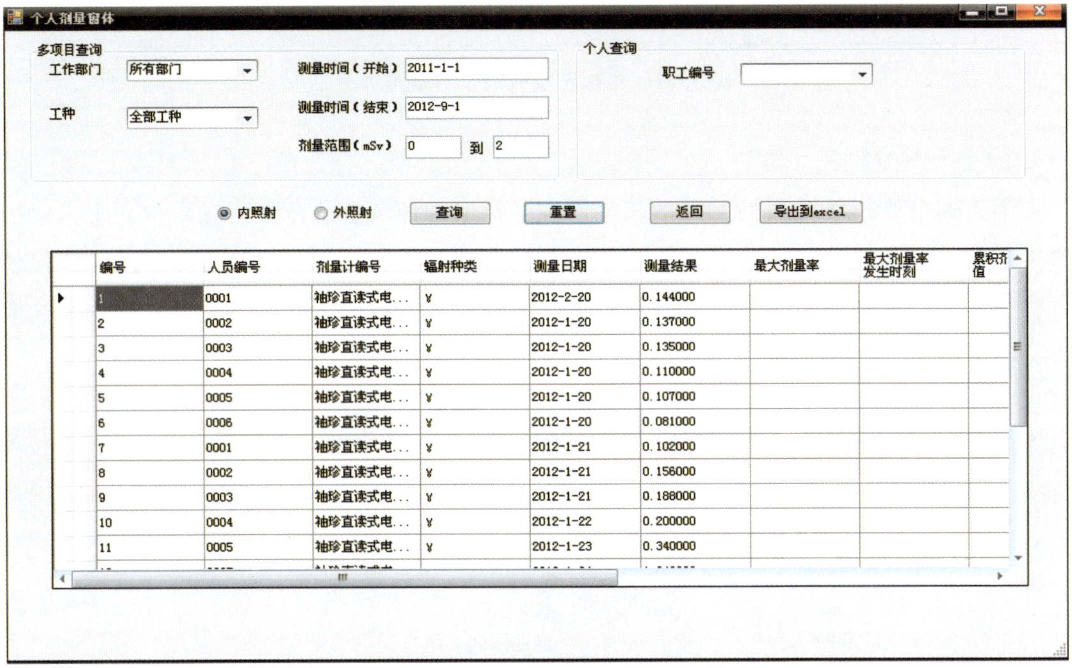

图 3.43　个人剂量查询窗体

5. 集体剂量统计窗体

选择【个人剂量监测】|【集体剂量统计】菜单命令，进入集体剂量统计窗体，如图 3.44 所示。类似个人剂量监测，可选择查询部门、工种及监测时间区间等限定条件，右边表格将列出符合条件的员工剂量数据，并计算这些员工日集体累积剂量和总累积剂量，并以图形方式显示日集体剂量和累积集体剂量随时间变化曲线。

3.3.4.4　物资工具管理模块

选择【物资工具管理】|【工具信息维护】菜单命令，进入工具信息维护窗体，如图 3.45 所示，该窗体用于维护工具各属性参数。工具的新增与修改都可以在“工具信息”栏中进行填写。单击表格中某一行工具信息，“工具信息”栏将列出该工具的详细信息，而“领用工具”栏将列出该工具的使用记录。

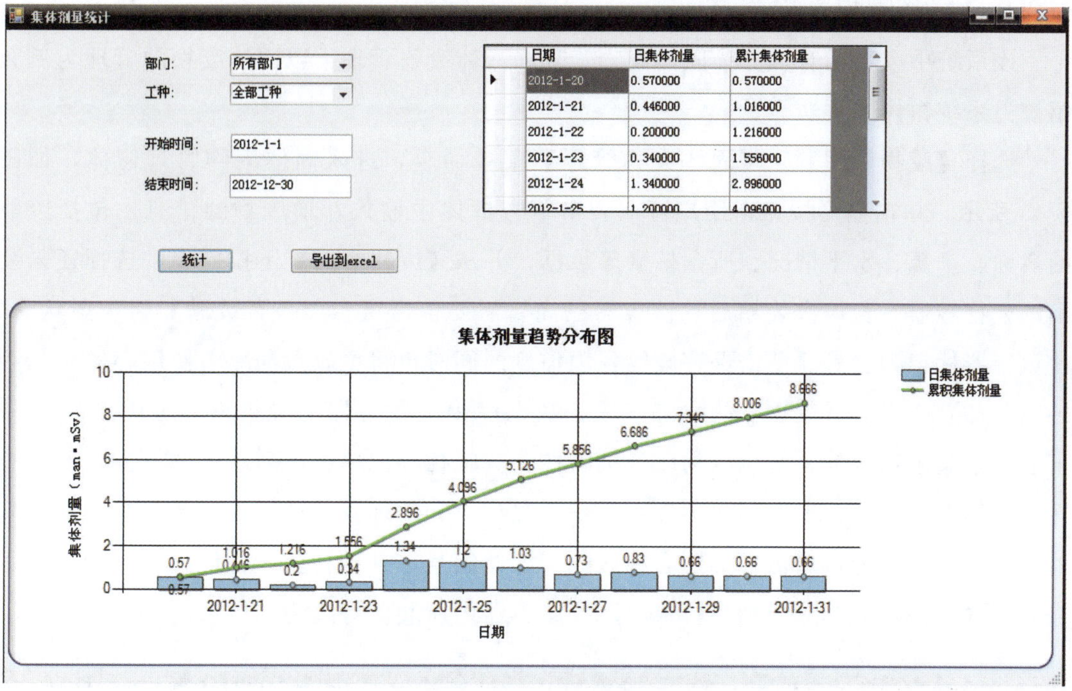

图 3.44　集体剂量统计窗体

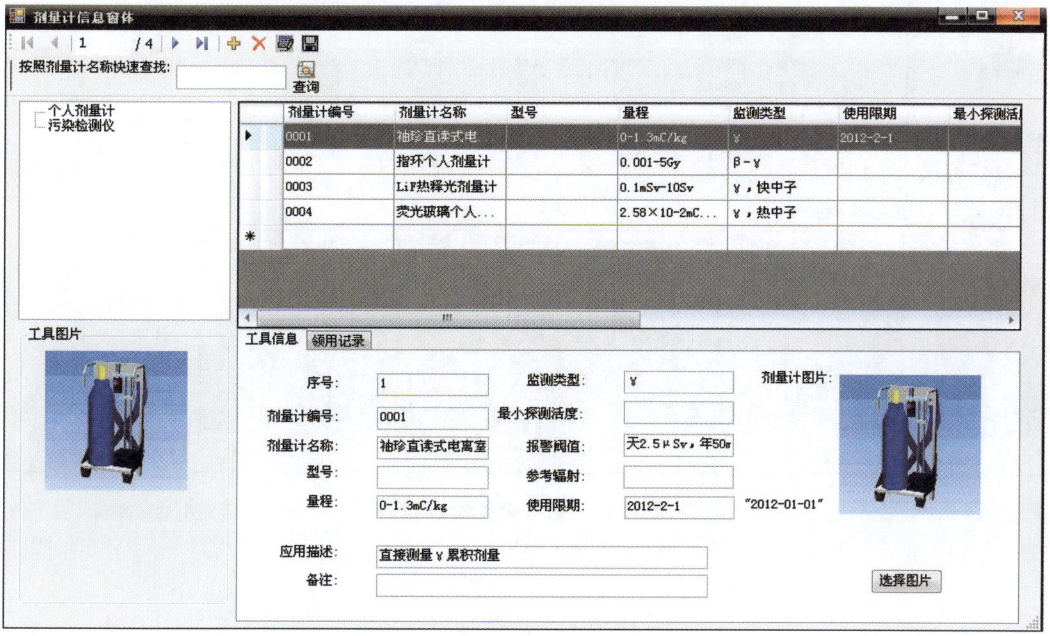

图 3.45　工具信息维护窗体

3.3.4.5 核废物管理模块

该系统中废物的管理分为固体废物管理和液体废物管理，以固体废物的管理为例介绍该类系统窗体主要功能。

选择【废物管理】|【固体废物管理】菜单命令，进入固体废物管理窗体，如图 3.46 所示。单击新增按钮，用户可在表格下方框体中输入新增废物的信息，包括废物的名称、来源、水平情况、所含核素等数据，并从【废物容器】下拉列表中选择还未装满的废物容器，若该次装箱后，该容器已满，需要单击【容器是否装满】为选中状态，使该容器标记为已满。单击保存废物各项信息的同时也将更改数据库中使用容器“是否装满”和“是否装有废物”的状态字段，数据库中废物容器的维护窗体见图 3.47。单击表格中某废物数据，若该废物已经被解控，其解控登记单将被列于窗体下方，便于查看。窗体左侧采用树形图列出了废物污染情况种类和物理特性种类，以及装有废物的容器编号。用户可通过单击各类别名称或选择容器编号，查看相应废物信息，比如选择编号 0001 的容器，右侧表格将列出编号 0001 容器内所装所有废物的信息。

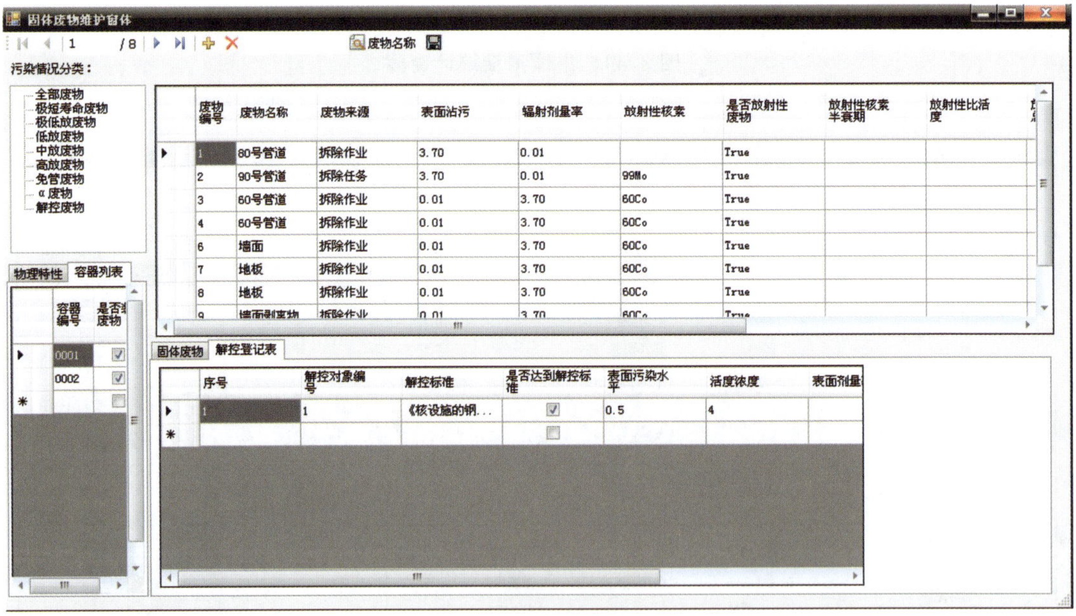

图 3.46 固体废物管理窗体

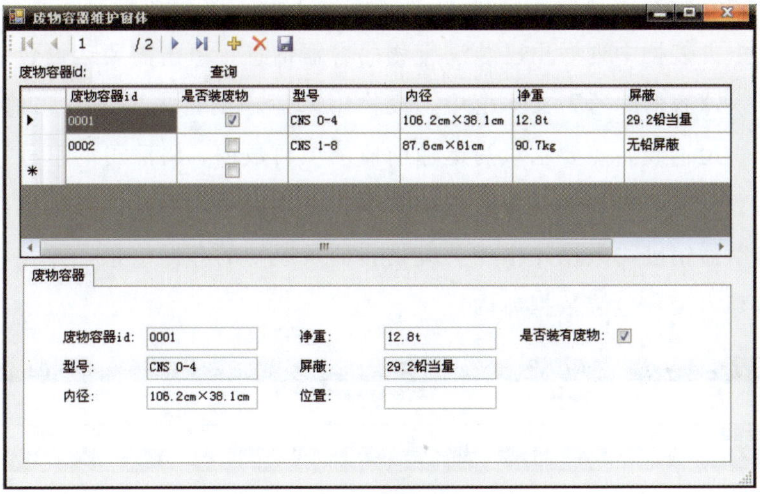

图 3.47 废物容器维护窗体

选择【废物管理】|【废物解控】菜单命令，将进入废物解控窗体，如图 3.48 所示。窗体上方表格列出了废物库中所有未解控的废物信息，选择需要解控的废物数据行，系统将所选废物编号导入下方【解控对象编号】文本框中，填入解控时测量的各项信息，及参考标准，单击保存，生成废物解控登记表，列于下方表格。

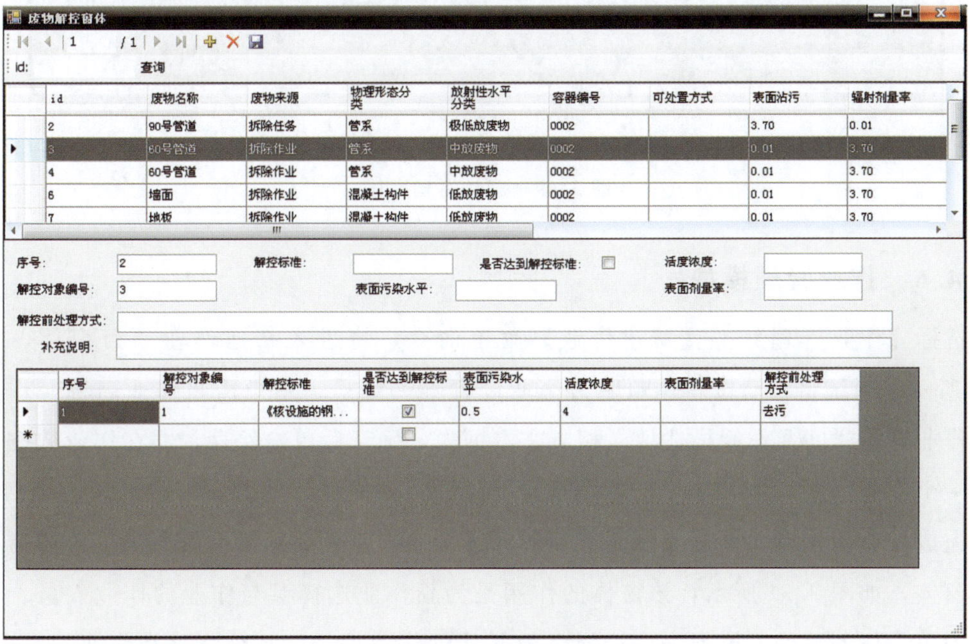

图 3.48 废物解控窗体

选择【废物管理】|【废物运输】菜单命令，进入废物运输管理窗体，如图 3.49 所示。该窗体上方表格中列举出已装满废物的容器信息，单击需要运输包装的废物，容器编号将被导入【容器编号】文本框中。废物出库运输前首先要进行辐射监测和标记，用户需要按废物运输起始点要求填写运输前监测项目数据，将测得的每种同位素放射性水平、运输指数及表面辐射剂量等数据填入项目文本框中，单击保存生成出库运输包装单，系统将自动撤销废物数据库中相关废物容器及废物的存储信息，并且将该废物的出库运输测量值存入废物包装数据库内。

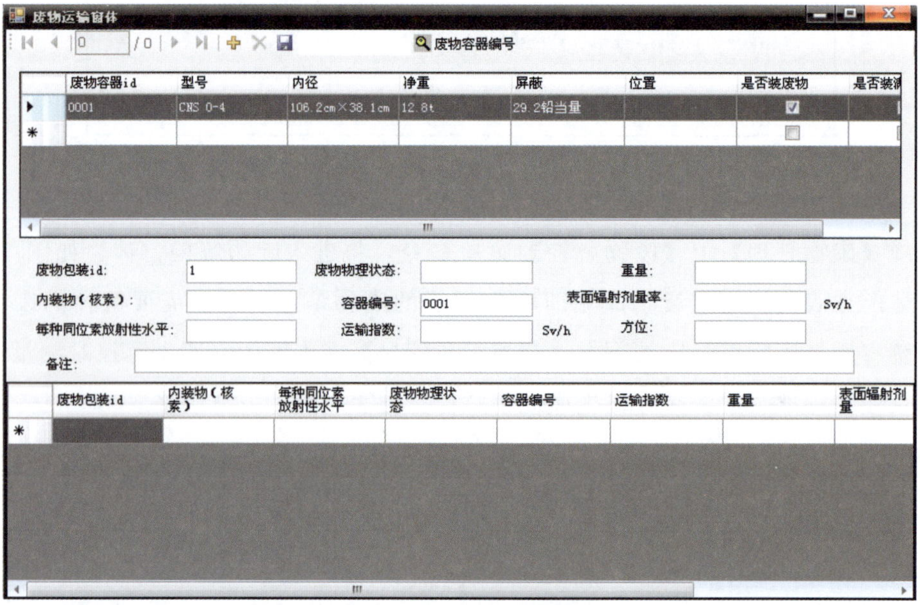

图 3.49 废物运输窗体

3.3.4.6 作业管理模块

选择【作业管理】|【新建作业】菜单命令，将进入新建作业项目窗体，如图 3.50 所示。系统将自动按新建顺序为作业设置唯一编号。用户需将作业名称、作业内容、作业开始时间及作业描述填入相应文本框内，确认后单击保存，即在作业数据库中新增一个作业。

完成作业新建后，单击【作业管理】|【派遣作业人员】菜单命令，进入派遣作业人员窗体，如图 3.51 所示，该窗体的作用是为新作业选择参与作业的作业人员。用户可以先单击任务编号下拉列表，选择之前新建的作业编号，系统将该新作业的作业名、内容及时间等信息导入相应文本框内。该窗体面板的第一个表格用来显示作业人员信息，以供用户选择。在姓名文本框中输入查询人姓名，可快速查询员工信息并显示在表

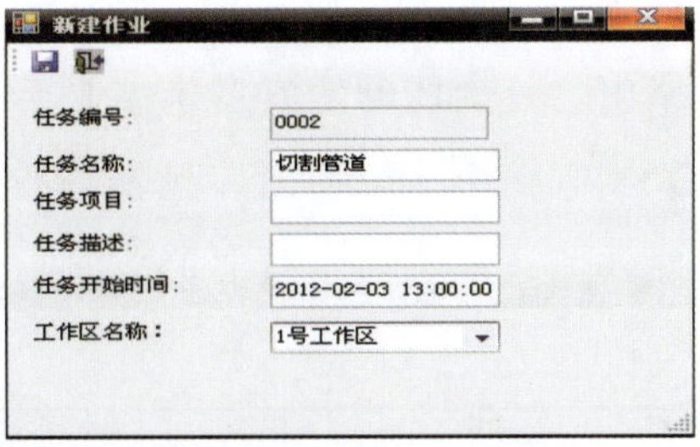

图 3.50　新建作业窗体

格中。双击某员工信息行，系统自动将该员工的编号及个人累积剂量导入下方派遣员工文本框和员工派遣前剂量项。选择完作业员工后，还需要填写派遣时间，并为员工分配角色。单击确定后将生成作业人员派遣表单，显示于第二个表格。若要为一个作业任务选择多个参与人，可以在选定新任务编号后，重复选择员工，单击确定后，可在表格中看到同一个任务编号下，不同派遣人的多张派遣表。

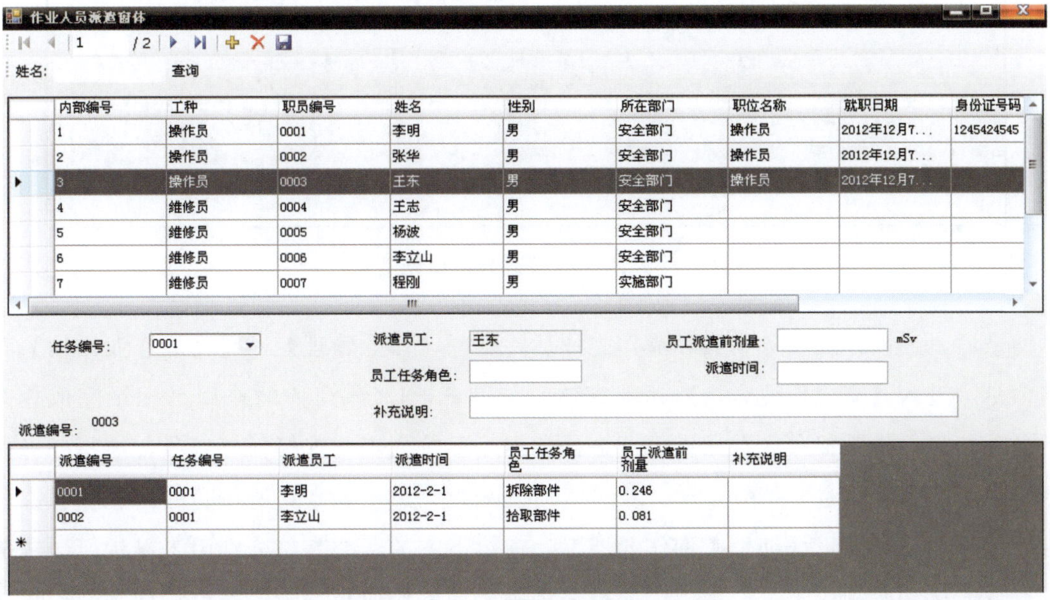

图 3.51　派遣作业人员窗体

完成作业人员选择后还需要选择【作业管理】｜【作业人员工具领用】菜单命令，进入工具领用窗体，如图 3.52 所示，该窗体的作用是在完成作业人员工作安排后，为作业人员从物资工具库中选择工具。实现方法类似于派遣作业人员窗体，窗体上方的表格用于显示工具库内工具信息，工具信息可按工具名称进行查询，双击某一工具后，该工具编号和规格型号被导入下方项目栏中。使用人员下拉列表中列举了该任务参与作业人员，从中选择使用人，填写领用数量后，单击【保存】按钮，则生成工具领用单，显示于下方的作业领用工具表格中。一个任务生成多张作业工具领用单，即一个作业任务可以选择多个工具。

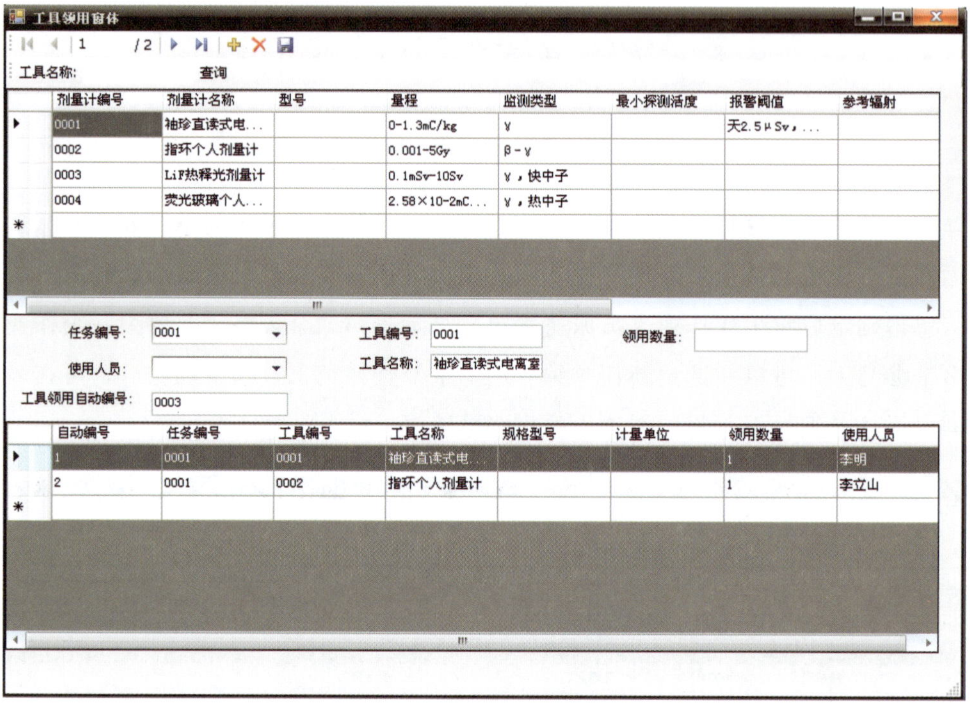

图 3.52　工具领用窗体

最后，当该作业任务在实际操作完成后，选择【作业管理】|【完成作业详情】菜单命令，进入【完成作业详情】功能窗体，如图 3.53，该窗体的作用是记录完成作业的各项信息，将其保存在数据库内。在任务编号下拉列表中选择任务编号，填写任务完成情况，产生废物量，持续工时，及员工所受剂量，单击确定将所填写的信息保存在任务详情库里。为了更详细地查询作业情况，窗体下方的两个表格分别用于显示所选任务的派遣人员和所领用工具。单击生成报表将生成任务作业报表，报表中将详细列出该任务的内容、参与人、工具领用及完成情况、废物产生、人员受照剂量等信息。

完成作业后，该系统可实现作业人员剂量率比较，实现窗体见图 3.54。在【任务编号】下拉列表中选择所关注的任务编号，核实自动生成的任务名称正确与否，【任务人员】下拉列表将列出所有参与该作业任务的员工，单击【导入该次任务剂量图表】，选择该员工的辐射数据文件，在下方图表中生成该员工剂量率曲线图。该系统支持 *.txt 数据文件格式，该文件需包含序号和剂量率数据，两者间用“,”分隔，空格被忽略。

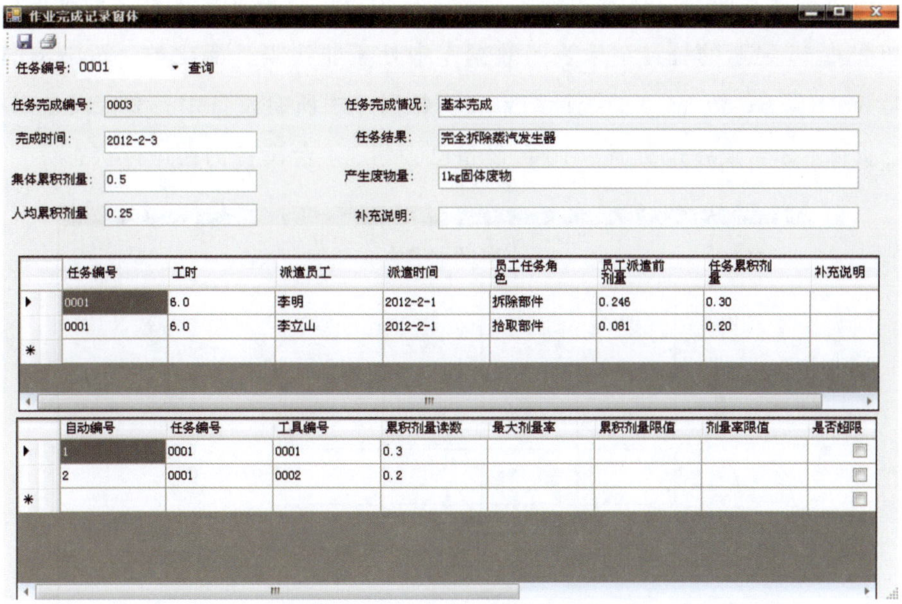

图 3.53 历史作业查询窗体

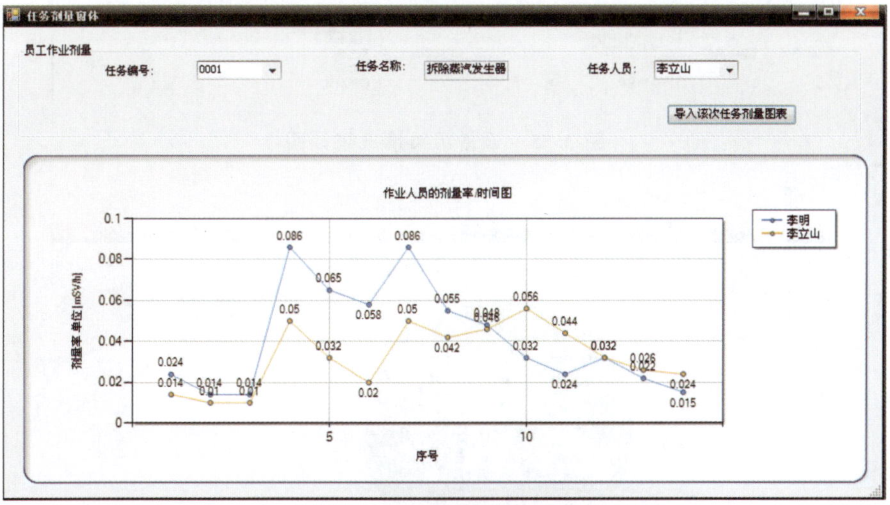

图 3.54 任务剂量窗体

3.3.4.7 统计分析模块

选择【统计分析】菜单命令，进入统计窗体，该窗体用于根据用户需要生成统计图表。在图的下方可选择统计图的 X、Y 轴字段，比如选择设备污染情况分类作为 X 轴字段，设备数量作为 Y 轴字段，系统将根据设备数据库中各类设备的数目进行统计并生成图形。图形选择框中可选择统计图形种类，有三种表现形式：线形图、饼状图、柱状图；另外还可选择平面或立体显示方式，点击显示点标将把 Y 轴的具体数据值标记在图形上。如图 3.55 显示的统计结果表明数据库中处于非污染、活化类、污染类的设备数目分别是 3、15、6；图 3.56 的统计结果表明数据库中所有设备中有 2 台设备未拆除、5 台设备已拆除、3 台设备已处置、10 台设备已去污、4 台设备仍在运行状态。

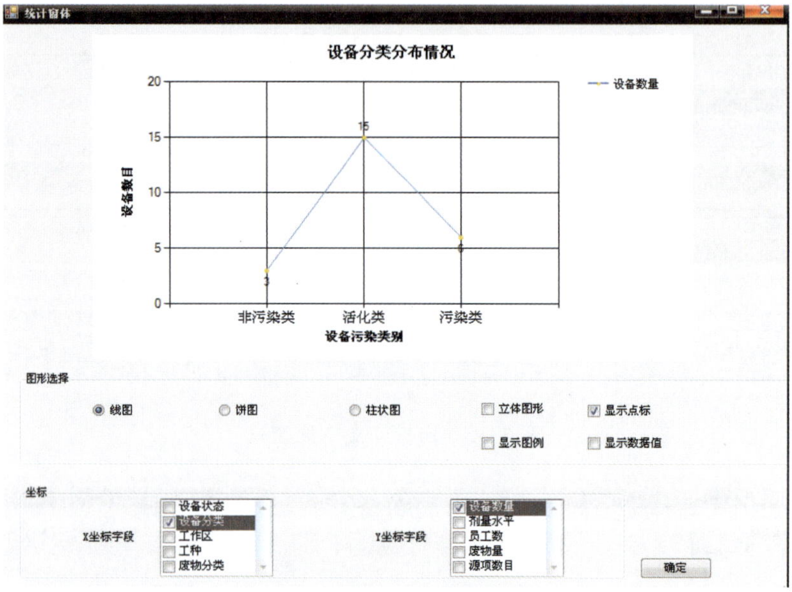

图 3.55　设备污染情况统计图

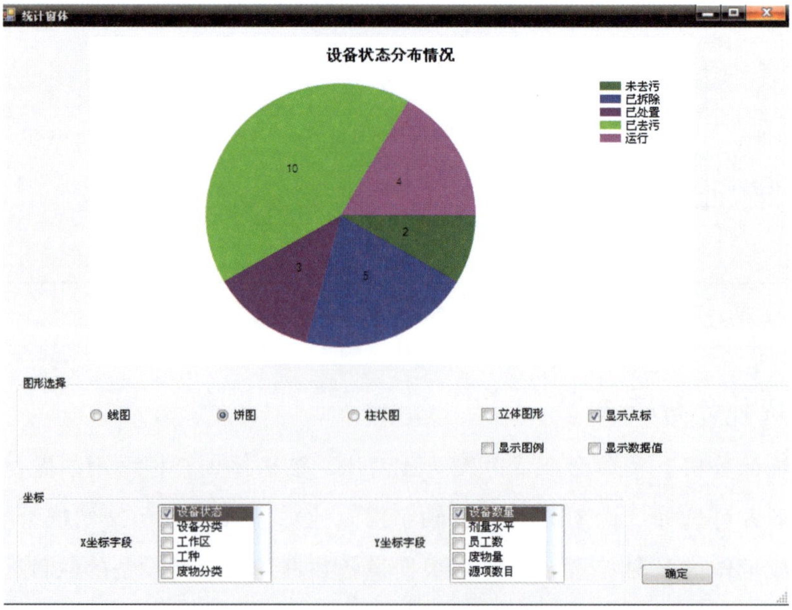

图 3.56　设备状态分布统计图

参考文献

[1] 张文惠．101重水研究堆三十年的技术发展［J］．原子能科学技术，1988，22（5）：513-520.

[2] 罗上庚，张振涛，张华．核设施和辐射设施的退役［M］．中国环境科学出版社，2010.

[3] 刘书田，刘兆军，赵志强．核设施退役辐射检测及其仪器仪表应用［J］．核电子学与探测技术，2006，26（4）：525-529.

[4] 丁丽，李睿之，周一东，等．101重水研究堆安全关闭过渡放射性源项调查［J］．原子能科学技术，2012，46（6）：716-720.

[5] 罗顺忠，顾建德，张太明，等．核设施退役辐射检测与场址调查手册［M］．北京：原子能出版社，2002.

[6] Yukihiro，Yoshiki，Mitsuo. Development of Decommissioning Engineering Support System（DEXUS）of the Fugen Nuclear Power Station［J］. NUCLEAR SCIENCE AND TECHNOLOGY，2004，41（3）：367-375.

[7] Dukjin-dong，Yuseung-ku，Daejon. Conceptual Data Modeling on the KRR-1&2 Decommissioning Database［J］. Korean Nuclear Society，2002，34（6）：610-618.

[8] 燕宏城．核设施环境与三废数据管理系统的研制［J］．原子能科学技术，1998，3（32）：2，110-113.

[9] 傅铅生．信息系统分析与设计［M］．西安：国防工业出版社，2009.

[10] 罗上庚．放射性废物管理发展中值得重视的几个问题［J］．世界科技研究与发展，2000，22（4）：38.

[11] 金可．核电站放射性物质信息管理系统的设计与实现［D］．大连理工大学，2007：50-55.

[12] 刘林，邱小平，赵娟妮，等．核设施退役辐射监测仪表的使用［J］．民营科技，2011，7（10）：56-59.

[13] 林宝灵，冯志华．基于WEB的个人剂量网络管理系统［C］．第六届全国核仪器及其应用学术会议论文集：144-148.

[14] 宋易阳，何力华．内照射个人剂量数据管理和评价程序［J］．辐射防护，1997，17

(4)：287-292.
[15] 刘永阔，夏虹，谢春丽．VRdose 评估系统及其在日本普贤核电退役工程中的应用[J]. 辐射防护通讯，2007（6）：41-44.

第4章　伽马辐射计算与可视化技术

核设施辐射环境下作业的总体成本、相关风险、安全措施、设备和资源等主要受辐射条件影响，威胁人员安全的辐射主要来源于 γ 辐射，因此对核设施内 γ 辐射的准确评估具有重要意义。目前，世界上不同地区的研究者均考虑利用仿真技术进行危险环境下的分析工作，其已被证明是一种安全、高效和低成本的研究方式。为了保证核设施退役过程中的人员辐射安全，减少放射性物质对施工人员、公众和环境造成的危害，可以结合仿真技术对辐射活动进行 ALARA 分析，而辐射场分布的确定是进行 ALARA 分析和仿真的基础，直接影响作业方案的制定和决策。辐射场分布的确定方式主要分为数值模拟与监测两类，数值模拟开展的前提是需要获得准确的空间及源项信息，属于“正演”方式，而对于我国早期核设施退役工程这种源项数据不清、场景结构复杂的情况，有时难以完全利用数值模拟获得准确的辐射场分布，因此需要利用现场的辐射场监测数据进行辐射场重构，属于“反演”方式。

4.1　辐射环境建模方法

环境建模是辐射计算的基础，空间内屏蔽几何描述的效率和准确性直接影响辐射剂量评估的效率与准确性。然而，在核设施退役过程中，设备众多且存在大量切割、拆除工作，会产生不规则形状的放射源和物体，这些不规则形状甚至超出几何模型库所包含的几何范围，并且核设施结构经常发生变化，因此极大地增加了辐射环境建模的难度。因而，针对复杂几何的快速辐射建模计算仿真方法对人员的辐射安全分析十分重要。

4.1.1　组合几何方法

组合几何是一种描述与构造几何空间的方法。该方法利用布尔运算符（并、交与补）将基本体组成复杂的区域，广泛运用于点核程序与蒙特卡罗程序。组合几何方法的主要过程如下所述。

（1）创建基本体库。在几何图形库中设计不同的图形元素，包括箱体（BOX）、平行六面体（RPP）、正圆柱体（RCC）、正椭圆柱（REC）、球体（SPH）、椭球体（ELL）、正圆台体（TRC）、正角楔（WED）以及任意多面体（ARB）等。显然，图形库中图形元素越丰富，则可以描述的几何空间越复杂。

（2）创建基本体。指定图形元素在空间中的位置与尺寸后，则建立了一个基本体，各基本体按照建立的先后顺序给予不同的编号。

（3）创建子区域。在基本体编号前附上“＋”或者“－”后，则构成一个子区域。其中“－”表示在基本体内部，“＋”表示在基本体外部。

（4）创建区域。若干子区域用布尔逻辑符“AND”与“OR”连接构成区域。其中“AND”表示区域是两个子区域的交集（通常省略 AND），“OR”表示区域是子区域的并集。至此，可以描述复杂的辐射场几何空间。

以上述基本几何体为基础，运用布尔连接运算符对其进行组合运算，可以构造出复杂的辐射场几何结构。如图 4.1 中所示的组合几何图形，在平行六面体内部存在 4 个相交的正圆柱体，若圆柱体的材料相同，则构成 2 个不同的区域。区域 G_1 可以表示为：$-5+1+2+3+4$（代表曲面 5 的内部与曲面 1、2、3、4 外部的交集），G_2 可以表示为：-1 OR -2 OR -3 OR -4（代表曲面 1、2、3、4 内部的并集）。

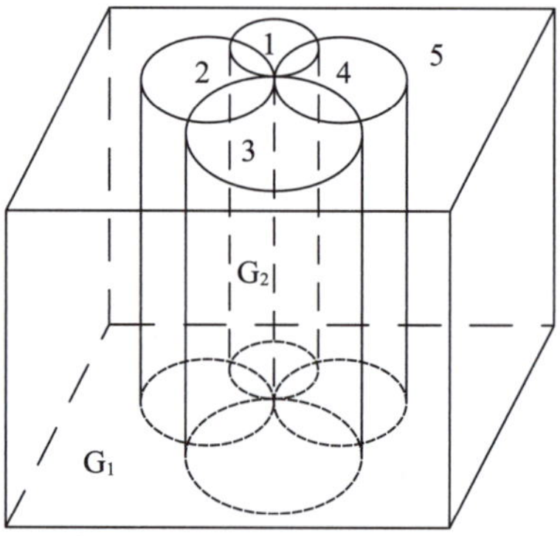

图 4.1　组合几何建模示意图

4.1.2　程式化建模方法

程式化模型是对实体模型的简化与公式化表达，是根据实体模型构建的数学模型，是基本几何体曲面方程的组合。而实体模型三维程式化重建就是采用数学模型拟合实体模型的形状，将箱体、椭球体和椭圆柱体等基本数学几何体有机地组合起来。程式化算法的核心是选择合适的数学模型作为实体对象的拟合模型。

（1）程式化算法的理论

实体模型的三维程式化重建能够将实体模型复杂的几何表述转换为一系列与实体模型几何形状接近的数学模型组合。实体模型的线框形式由组成物体的顶点与直线信息组成。基于数学模型拟合的程式化建模方法就是根据实体线框模型的顶点进行构建的。基于数学模型拟合的程式化算法定义如下。

定义 1： 设 S 是体积为 V 的实体模型，实体模型 S 的线框形式有 n 个顶点。根据实体模型的包围盒建立体积为 V_G 的数学模型 G。线框模型在数学模型 G 内的顶点个数为 N。如果 $n=N$ 且 $V=V_G$，或者 $n\approx N$ 且 $V\approx V_G$，则 G 为 S 的程式化模型，可以用来近似拟合 S。

根据定义 1，程式化建模方法可以简化为：根据实体模型建立足够多的数学模型，然后根据实体模型在数学模型内的顶点个数 N 选择具有最大 N 且体积小的数学模型作为程式化模型。以图 4.2 给出的圆柱实体为例，圆柱实体 S 的体积为 V，其线框模型共有 n 个顶点。G_1、G_2 和 G_3 是根据 S 的包围盒构建的数学模型，体积分别为 V_1、V_2 和 V_3。S 的曲面模型在各个数学模型内部的顶点个数分别为 N_1、N_2 和 N_3。由于 $n=N_1=N_2>N_3$，且 $V_1>V_2=V$，因此选择 G_2 作为 S 的程式化模型。

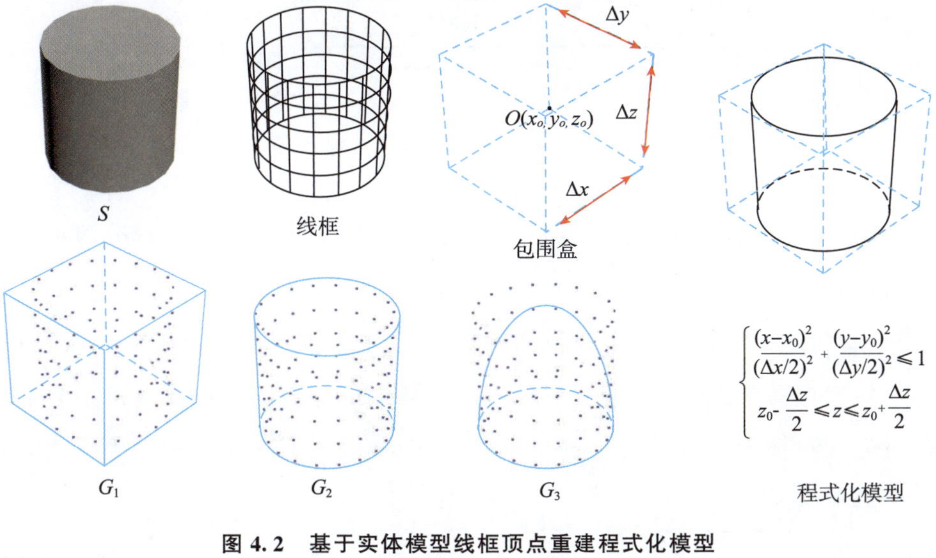

图 4.2 基于实体模型线框顶点重建程式化模型

（2）程式化算法的流程

程式化算法能够将复杂的实体模型简化为简单的数学模型，而数学模型在辐射计算中可以有效地降低计算成本。如图 4.3 所示，实体模型程式化处理方法的流程如下所述：

1）读取辐射环境实体模型文件信息，并根据实体模型的大小，为每个实体构建最小包围盒；

2）读取数学模型库信息，并基于数学模型库，为每个实体模型选择外部程式化模型；

3）如果实体模型为空心，则建立内部程式化模型；

4）根据实体模型的内、外部程式化模型构建复杂的程式化模型。

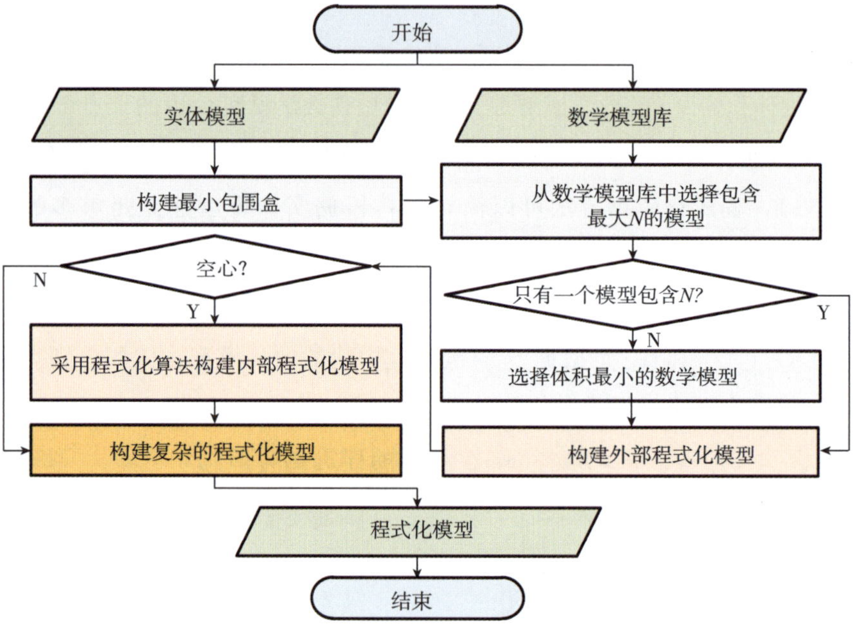

图 4.3　实体模型程式化流程图

实体模型程式化重建算法中最重要的是建立程式化模型，这个过程分两步给出。

（1）构建数学模型库

如图 4.4 所示，假设数学模型的包围盒尺寸为 $\Delta x \times \Delta y \times \Delta z$，中心点为 O（x_0，y_0，z_0）。根据包围盒的尺寸，建立数学模型。其中最常用的 5 种数学模型分别为：箱体、椭球体、椭圆柱体、半椭球体和正角楔。这五种数学模型能够根据坐标轴的方向细分为 23 个数学模型。

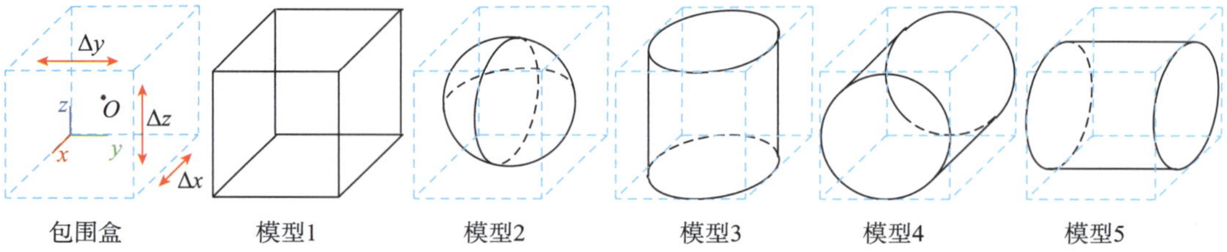

图 4.4　包围盒以及箱体、椭球体和椭圆柱体的数学模型

箱体的数学模型如图 4.4 的模型 1 所示。箱体是最基本的几何形状，只有 1 个数学模型，适合模拟辐射环境中的墙壁等长方体结构。箱体数学模型的公式为：

$$\begin{cases} x_0 - \dfrac{\Delta x}{2} \leqslant x \leqslant x_0 + \dfrac{\Delta x}{2} \\ y_0 - \dfrac{\Delta y}{2} \leqslant y \leqslant y_0 + \dfrac{\Delta y}{2} \\ z_0 - \dfrac{\Delta z}{2} \leqslant z \leqslant z_0 + \dfrac{\Delta z}{2} \end{cases} \tag{4-1}$$

椭球体的数学模型如图 4.4 的模型 2 所示。椭球只有 1 个数学模型，适合模拟辐射环境中的球状源等球状结构。椭球体数学模型的公式为：

$$\frac{(x-x_0)^2}{(\Delta x/2)^2} + \frac{(y-y_0)^2}{(\Delta y/2)^2} + \frac{(z-z_0)^2}{(\Delta z/2)^2} \leqslant 1 \tag{4-2}$$

当 $\Delta x = \Delta y = \Delta z$ 时，椭球体为正球体。

椭圆柱体（平行于坐标轴）的数学模型共有 3 个。椭圆柱数学模型适合模拟辐射环境中的圆柱壳、直管等柱状结构。图 4.4 中模型 3 的数学公式为：

$$\begin{cases} \dfrac{(x-x_0)^2}{(\Delta x/2)^2} + \dfrac{(y-y_0)^2}{(\Delta y/2)^2} \leqslant 1 \\ z_0 - \dfrac{\Delta z}{2} \leqslant z \leqslant z_0 + \dfrac{\Delta z}{2} \end{cases} \tag{4-3}$$

当 $\Delta x = \Delta y$，椭圆柱为正圆柱。

半椭球体（平行于坐标轴）的数学模型如图 4.5 所示。半椭球体共有 6 个数学模型，适合模拟压力容器的顶盖等半球状结构。图 4.5 中模型 6 的数学公式为：

$$\begin{cases} \dfrac{(x-x_0)^2}{(\Delta x/2)^2} + \dfrac{(y-y_0)^2}{(\Delta y/2)^2} + \dfrac{(z-z_0-\Delta z/2)^2}{\Delta z^2} \leqslant 1 \\ z_0 - \dfrac{\Delta z}{2} \leqslant z \leqslant z_0 + \dfrac{\Delta z}{2} \end{cases} \tag{4-4}$$

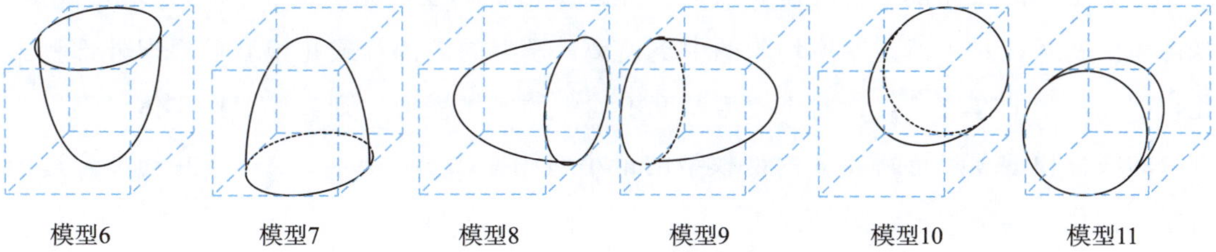

图 4.5　半椭球体的数学模型

正角楔（平行于坐标轴）的数学模型如图 4.6 所示。正角楔共有 12 个数学模型，适合模拟切割产物等直角结构。图 4.6 中模型 12 的数学公式为：

$$
\begin{cases}
x_0 - \dfrac{\Delta x}{\Delta z}(z - z_0) \leqslant x \leqslant x_0 + \dfrac{\Delta x}{2} \\
y_0 - \dfrac{\Delta y}{2} \leqslant y \leqslant y_0 + \dfrac{\Delta y}{2} \\
z_0 - \dfrac{\Delta z}{2} \leqslant z \leqslant z_0 + \dfrac{\Delta z}{2}
\end{cases}
\tag{4-5}
$$

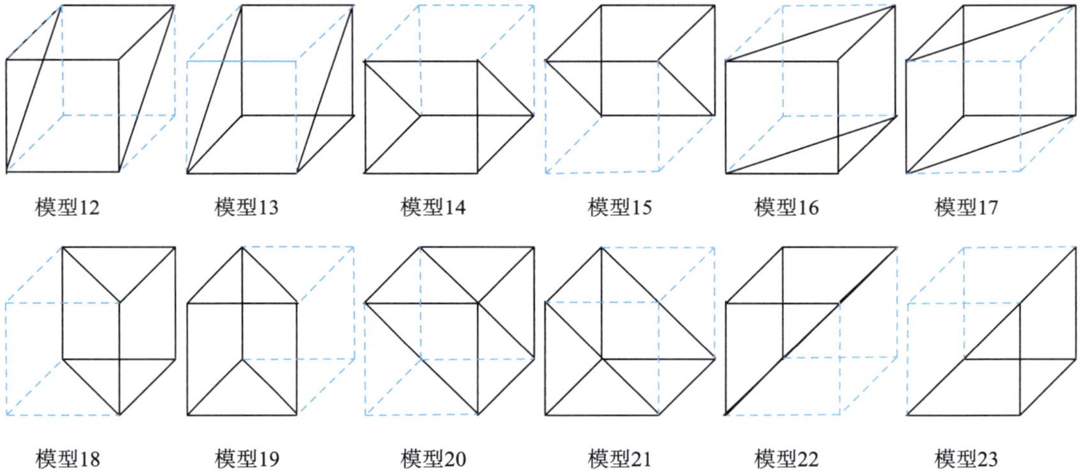

图 4.6　正角楔的数学模型

（2）选择合适的数学模型

将实体模型最小包围盒的参数带入到 23 个数学模型中，并根据线框模型的顶点位置计算实体模型在 23 个数学模型中的顶点个数 N，具有最大 N 的数学模型即为外部程式化模型。如果有多个模型都有相同的最大 N，则选择这些模型中体积最小的数学模型作为实体模型的外部程式化模型。对于非空的实体模型，所选取的外部程式化模型便为该实体模型的程式化模型。

对于空心的实体模型，还需要根据实体模型内部的空心形状建立内部程式化模型。如图 4.7 所示，对于模型厚度均匀的中空模型，模型的内部程式化模型可根据外部程式化模型和模型的厚度获得；对于模型厚度不均匀的实体模型，则需要根据实体模型空心部分的线框模型顶点重新建立内部模型的最小包围盒 $\Delta x_2 \times \Delta y_2 \times \Delta z_2$，并选择合适的数学模型作为内部程式化模型。

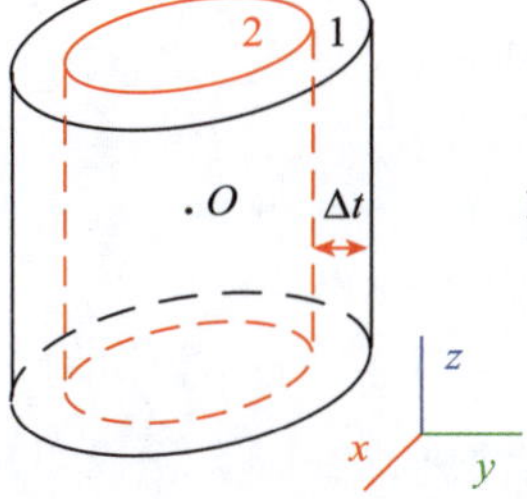

$$1:\begin{cases}\dfrac{(x-x_0)^2}{(\Delta x/2)^2}+\dfrac{(y-y_0)^2}{(\Delta y/2)^2}\leqslant 1\\ z_0-\dfrac{\Delta z}{2}\leqslant z\leqslant z_0+\dfrac{\Delta z}{2}\end{cases}\qquad 2:\begin{cases}\dfrac{(x-x_0)^2}{(\Delta x/2-\Delta t)^2}+\dfrac{(y-y_0)^2}{(\Delta y/2-\Delta t)^2}\leqslant 1\\ z_0-\dfrac{\Delta z}{2}\leqslant z\leqslant z_0+\dfrac{\Delta z}{2}\end{cases}$$

(a) 厚度均匀的模型

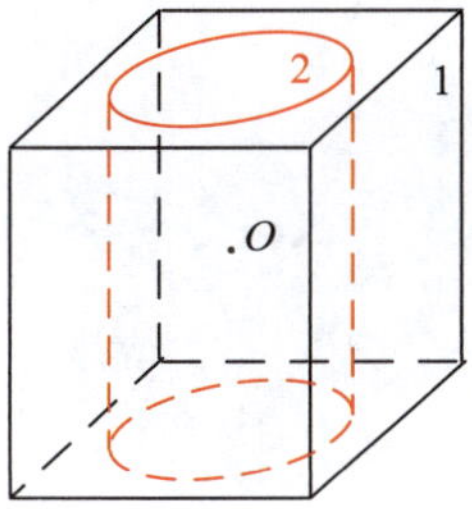

$$1:\begin{cases}x_0-\dfrac{\Delta x_1}{2}\leqslant x\leqslant x_0+\dfrac{\Delta x_1}{2}\\ y_0-\dfrac{\Delta y_1}{2}\leqslant y\leqslant y_0+\dfrac{\Delta y_1}{2}\\ z_0-\dfrac{\Delta z_1}{2}\leqslant z\leqslant z_0+\dfrac{\Delta z_1}{2}\end{cases}$$

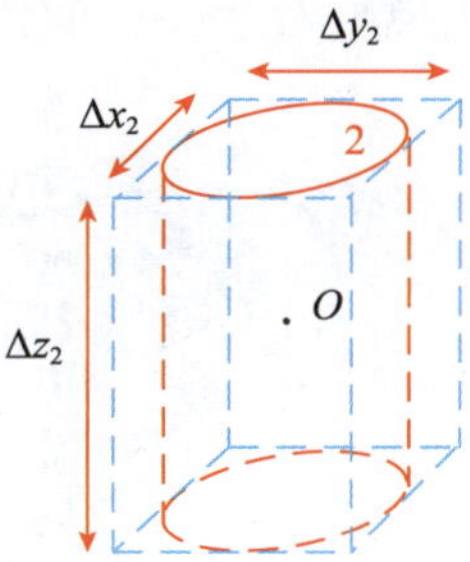

$$2:\begin{cases}\dfrac{(x-x_0)^2}{(\Delta x_2/2)^2}+\dfrac{(y-y_0)^2}{(\Delta y_2/2)^2}\leqslant 1\\ z_0-\dfrac{\Delta z}{2}\leqslant z\leqslant z_0+\dfrac{\Delta z}{2}\end{cases}$$

(b)厚度不均匀的模型

图 4.7 外部程式化模型 1 和内部程式化模型 2

(3) 程式化模型的构建与离散

复杂辐射模型的程式化重建是根据外部程式化模型与内部程式化模型组合几何得到的。其中，外部程式化模型描述的区域为外部程式化模型的内部，内部程式化模型描述的区域为内部程式化模型的外部。

如图 4.8 所示，压力容器的实体模型可描述为 $G_1\cup G_2\cup G_3$，程式化模型的组合几何方法根据压力容器三部分实体的线框模型，构建了由内部程式化模型 2、4 和外部程式化模型 1、3、5 组成的复杂程式化模型。

图 4.8 建立压力容器的复杂程式化模型

当程式化模型参与辐射计算时，需要将源项程式化模型离散为点源。由于程式化模型是由基本几何体构成的数学公式组合，因此程式化模型可以根据其数学公式进行网格离散。

源项程式化模型采用最小包围盒网格离散方法将程式化模型离散为体素模型。如图 4.9 所示，该方法需要根据程式化模型最小包围盒的空间尺寸将包围盒内的空间均匀地离散为体素。满足程式化模型数学公式的体素就是程式化模型离散后的体素。

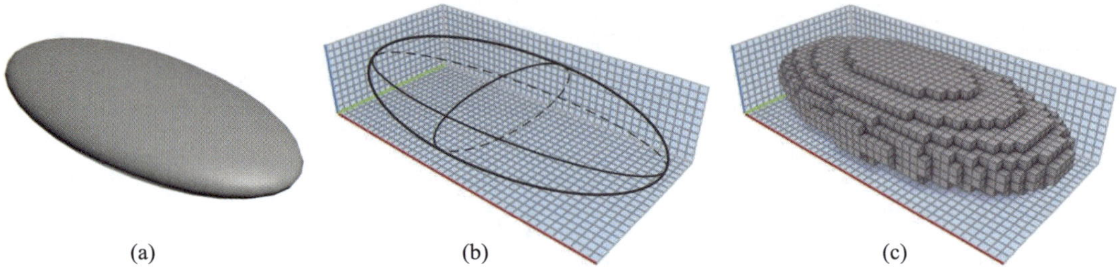

(a) (b) (c)

图 4.9　椭球体放射性物项的离散

4.1.3　体素化建模方法

（1）模型的体素化算法

为了实现模型的体素化，各种体素化算法被提了出来。例如，Eisemann 提出了一种可以处理常规网格和局部优化网格的快速体素化方法；Dong 等人利用可编程图形硬件提出了一种复杂多边形模型体素化算法；Karabassi 等人提出了一种基于 z. buffer 的快速简单体素化算法；Rueda 等人提出了一种基于四面体三维扫描转换的快速体素化算法，可以实现实体模型的内部体素化。

下文主要介绍使用四面体三维扫描转换方法实现实体模型体素化的方法。如图 4.10 所示，实体模型由三角网格组成，每个三角网格由 3 个顶点和 3 条边组成，因此实体模型的每个三角面均可以和实体模型的原点构建出一个四面体。而基于四面体三维扫描转换构建的体素模型就是根据实体模型三角网络与原点构建得到的。

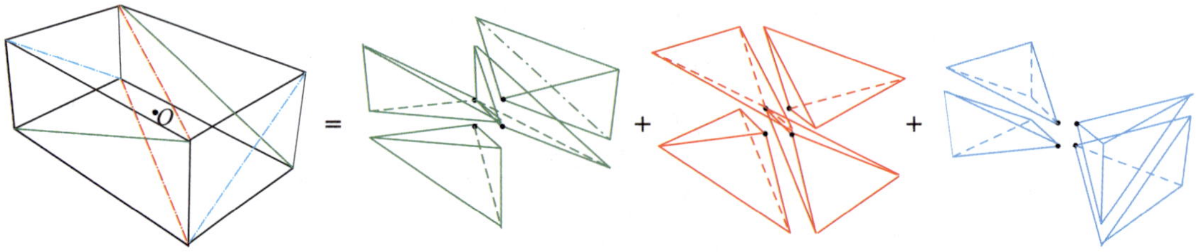

图 4.10　基于箱体的原点与 12 个三角面构建 12 个四面体

四面体三维扫描转换算法的理论基础是 Feito 等人的四面体包含测试，Rueda 等人以更简洁的方式对该理论进行了定义。

定义 2：设 G 是一个实体模型，O 是 G 的原点。设 T_1，T_2，…，T_n 是由 O 和 G 的每个三角面组成的四面体。将所有四面体体素化，得到所有体素 V_1，V_2，…，V_n。G 的体素模型由出现次数为奇数的体素组成。

该算法的主要思想是根据体素在各个四面体内出现的次数判断体素是否属于该实体对象。如果体素出现次数为奇数，则体素为黑体素，属于该对象；如果体素出现次数为偶数，则体素为白体素，不属于该对象。这种通过四面体三维扫描转换构建的体素模型算法可以处理包括空心、穿孔、自相交和穿透等任意形状的实体模型，在实体模型处理方面有着广泛的应用。

（2）体素化算法的流程

如图 4.11 所示，基于定义 2，体素化算法由 6 个步骤组成：

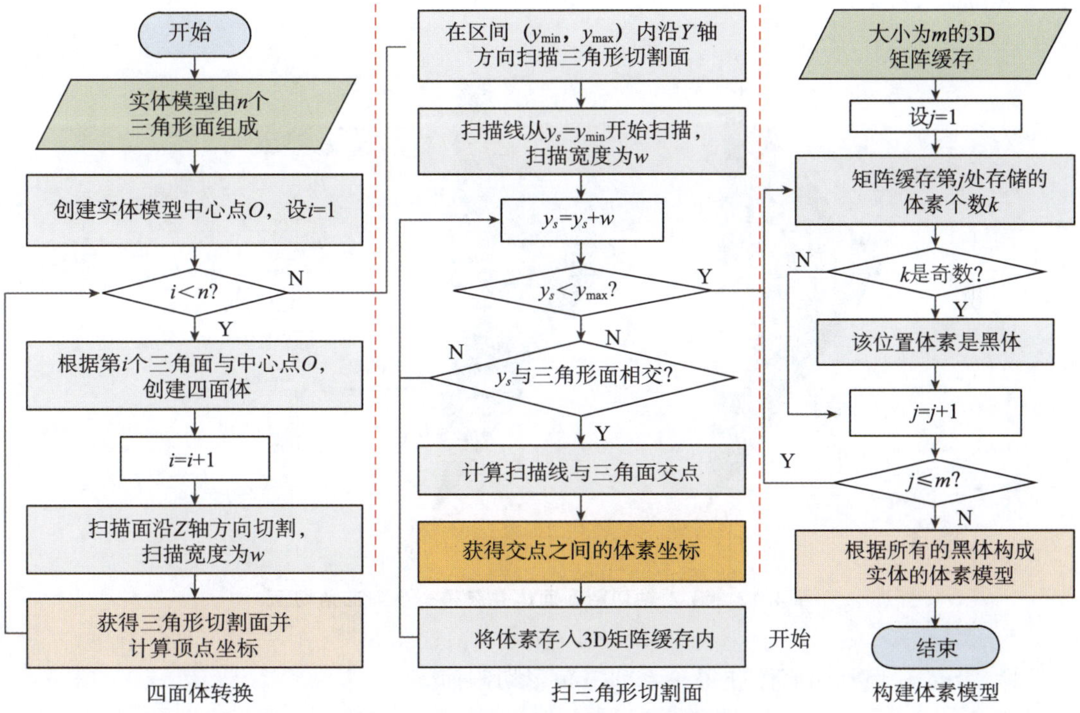

图 4.11　实体模型体素化流程图

1）读取辐射环境实体模型信息；

2）建立每个实体模型的最小包围盒；

3）用实体 G 的每个三角面和原点 O 构造四面体；

4）沿 Z 轴切割每个四面体，得到一系列三角形切割面；

5）将所有的三角形切割面像素化，并将像素的坐标与出现次数存储在三维数组缓存区中；

6）根据体素的出现次数构建实体模型的体素模型。

其中，建立实体模型最小包围盒能够将复杂场景的体素化简化为对多个实体模型的体素化。实体模型的原点一般选择实体模型所有顶点的中心，这可以有效地减少程序的计算量。

（3）四面体的三维扫描转换

体素化算法最重要的步骤是四面体的三维扫描转换。令 $ABCD$ 为实体的任意四面体，w 为体素的宽度。如图 4.12（a）所示，假设四个顶点 A、B、C、D 的 Z 坐标不同，根据 Z 坐标对四面体的顶点进行排序，其中 D（D_x，D_y，D_z）为 Z 坐标最小的顶点，C（C_x，C_y，C_z）为 Z 坐标次小的顶点，接着是 B（B_x，B_y，B_z）和 A（A_x，A_y，A_z）。

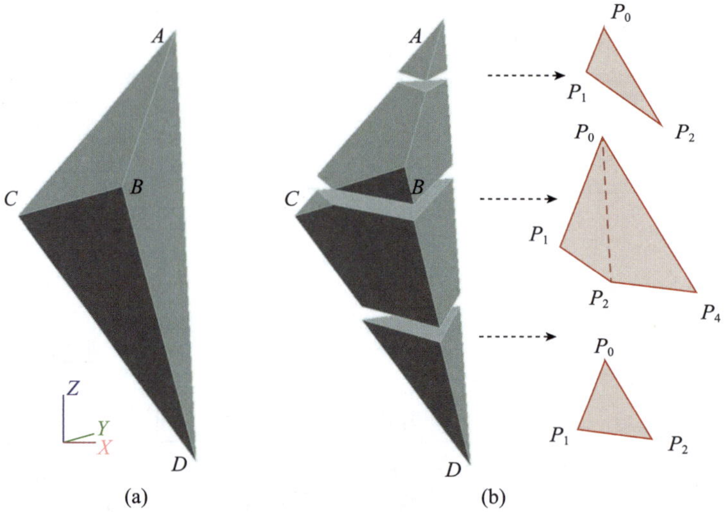

图 4.12　沿 Z 轴切割四面体并获得一系列三角切面

1）沿 Z 轴切割四面体获得一系列三角形切割面

如图 4.12（b）所示，切割面 z_s 沿 Z 轴以 w 为间隔的切割 $ABCD$。当切割面 z_s 在区间 $D_z \leqslant z_s \leqslant C_z$ 和区间 $B_z \leqslant z_s \leqslant A_z$ 中时，切割面与四面体有三个交点 P_0、P_1、P_2，能构成三角形切割面 $\Delta P_0P_1P_2$。当 z_s 在区间 $C_z \leqslant z_s \leqslant B_z$ 中时，切割面与四面体有四个交点 P_0、P_1、P_2 和 P_3，能构成两个三角形切割面 $\Delta P_0P_1P_2$ 和 $\Delta P_0P_2P_3$。

当切割面 $z_s = z_i$ 与 AB 边相交时，AB 边交点的计算公式为：

$$\frac{x_i - B_x}{A_x - B_x} = \frac{y_i - B_y}{A_y - B_y} = \frac{z_i - B_z}{A_z - B_z} \tag{4-6}$$

切割面 $z_s = z_i$ 与 AB 边的交点为：

$$\begin{cases} x_i = B_x + (A_x - B_x) \dfrac{z_i - B_z}{A_z - B_z} \\ y_i = B_y + (A_y - B_y) \dfrac{z_i - B_z}{A_z - B_z} \end{cases} \tag{4-7}$$

对于其他边的交点，使用类似的公式计算获得。如图 4.13 所示，当四面体只有两个顶点的 Z 坐标相等时，不考虑该边与切割面重合的情况；当四面体有三个顶点的 Z 坐标相等时，如果切割面与三个顶点重合，则这三个顶点可以构成一个三角形切割面。

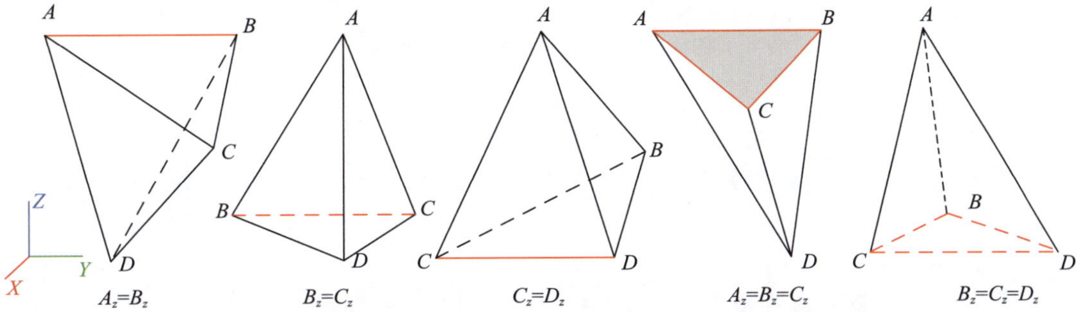

图 4.13 四面体不同的情况

2）三角形切割面像素化

$\Delta P_0P_1P_2$ 为四面体切割后 Z 轴坐标相同的三角形切割面。将 $\Delta P_0P_1P_2$ 的顶点按 Y 轴坐标排序。假设 $\Delta P_0P_1P_2$ 三个顶点 P_0（x_0，y_0，z_s）、P_1（x_1，y_1，z_s）、P_2（x_2，y_2，z_s）的 Y 轴坐标是不同的，P_2 的 Y 轴坐标最小，P_0 的 Y 轴坐标最大。扫描线沿 Y 轴以固定间隔 w 扫描 $\Delta P_0P_1P_2$。扫描线从 $y_s = y_2$ 开始，在 $y_s = y_0$ 结束。当扫描线 $y_s = y_i$ 与边 P_0P_1 相交时，交点的 X 轴坐标如式（4-8）所示：

$$x_i = x_1 + (x_0 - x_1) \frac{y_i - y_1}{y_0 - y_1} \tag{4-8}$$

对于其他边的交点计算，也采用类似的公式。

根据实体模型最小包围盒的空间尺度构建三维数组体缓存区。三维数组体缓存区与最小包围盒具有相同的维度，用来存储包围盒内体素的坐标与出现的次数。

如图 4.14 所示，得到所有的交点后，将 Y 坐标相同的两个交点之间的体素存入到体缓存内。当交点的坐标与体素的坐标重合时，如果交点位于 $\Delta P_0P_1P_2$ 的左侧，该交点也存入到体缓存内（例如点 t_1 和 t_2），否则交点不能存入体缓存（例如点 t_3 和 t_4）。

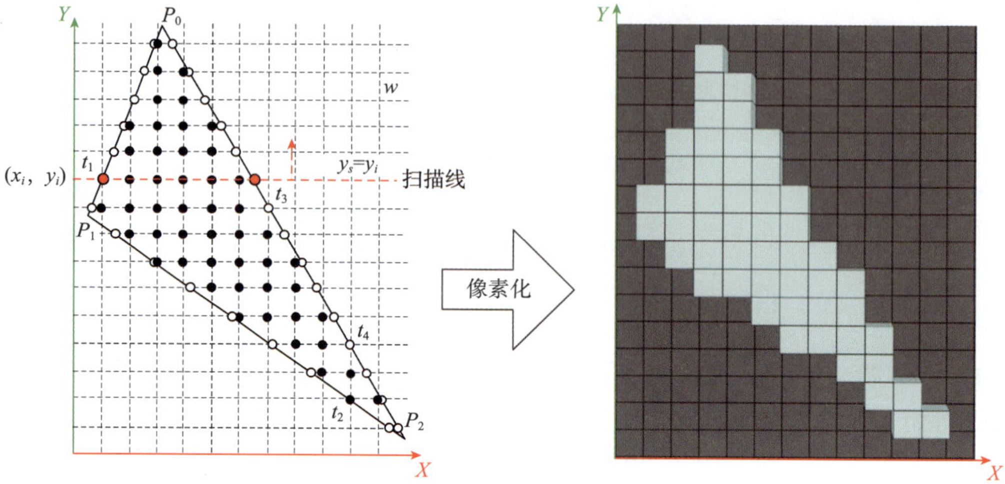

图 4.14　三角面扫描转化为像素

如果 $\Delta P_0P_1P_2$ 的两个顶点 Y 坐标相等，如图 4.15（a）所示，当 $y_s=y_0=y_1$ 时，交点也存入到体缓存内；如图 4.15（b）所示，当 $y_s=y_1=y_2$ 时，交点不能存入体缓存。

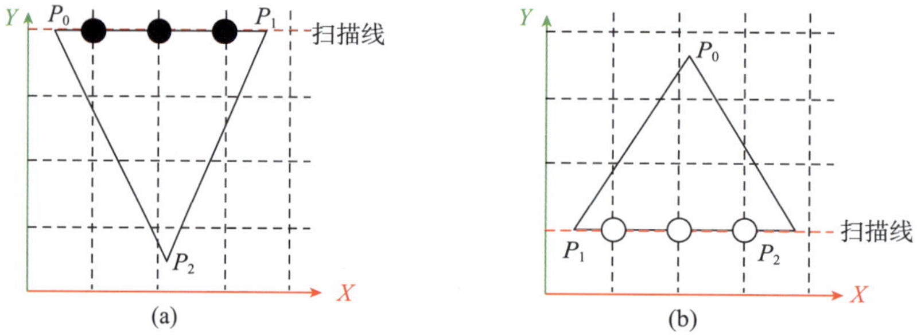

图 4.15　两个顶点的 Y 坐标相等

将所有切割三角面中的体素存入体缓存。体缓存用于记录体素出现的次数，根据体素在体缓存中出现的次数判断该体素是黑体素还是白体素。出现次数为奇数的体素是黑体素，为构成实体的体素。

基于四面体三维扫描转换的体素模型重构算法的模拟精度受到体素宽度的影响。如图 4.16 所示，在实体模型体素化过程中，体素宽度越小，体素模型模拟的就越精细，实体模型体素化的速度越慢；体素宽度越大，体素模型模拟的越粗糙，体素化的速度越快。因此，在放射性物项模型的体素化过程中，体素的宽度将影响点核的数量，进而影响辐射计算的计算精度与计算速度。

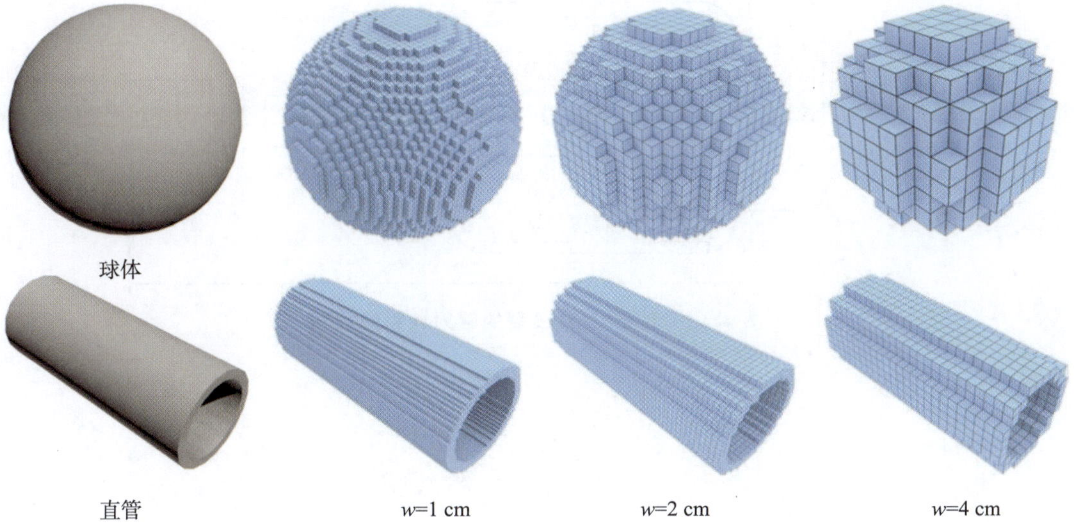

图 4.16 体素宽度为 1 cm、2 cm 和 4 cm 情况时球体与直管的体素模型

4.1.4 基于 CAD 的建模方法

计算机辅助设计（CAD）技术，是利用计算机设备和图形设备，辅助人员进行设计、分析和产品制造等工作。国际上常用的 CAD 软件包括 Unigraphics（UG）、AutoCAD 等。借助 CAD 软件强大的几何处理能力，可替代传统手工制图设计方法，人员可以利用计算机直观、高效、精准地建立详细的三维模型或者二维图纸，并可以全方位观察设计结果并优化设计，提高产品设计的可靠性。随着计算机技术的发展，CAD 技术已广泛应用于机械、建筑、汽车、航天等工程设计的各个领域。

基于 CAD 模型的辐射计算流程如图 4.17 所示。在辐射计算之前，首先需要建立环境的几何描述，主要思想是利用 CAD 工具（3Ds Max、UG 等）强大建模能力对复杂几何进行表达，建立初始三维模型（包括屏蔽体、设备、工具等），之后读取 CAD 模型几何信息，构建 CAD 几何库，之后选取 CAD 模型并设置模型属性（位置、材料等），并利用 CAD 三维网格模型的布尔运算对超出模型库表达范围的几何进行建模。最后，根据场景内所有 CAD 物体的属性，将环境信息自动转换为辐射计算所需的参数信息，使虚拟场景内的三维模型与辐射计算模型耦合成为一个整体。此外，在辐射计算模块内部实现切割操作，当切割、拆除等活动导致环境变化后，自动生成相应切割产物模型和属性，实现辐射计算模型的自动构建和更新，提高建模精度和效率。

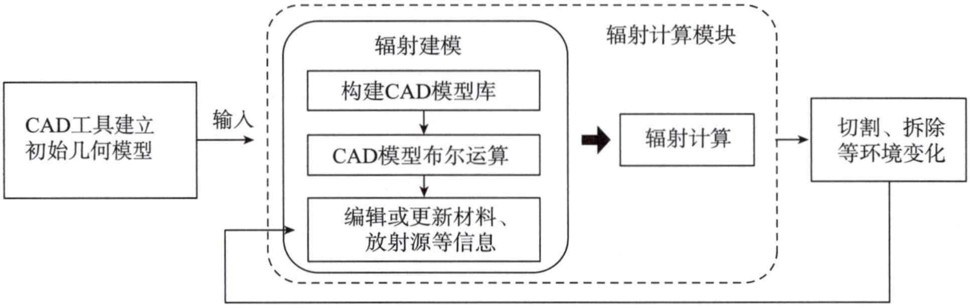

图 4.17　基于 CAD 模型的辐射计算流程图

4.2　辐射计算方法

常用于辐射屏蔽和剂量计算的方法有点核方法、离散纵标法、特征线计算方法和蒙特卡罗方法等。蒙特卡罗方法是一种概率方法，可以获取高精度的结果，但是需要较长计算时间，例如 MCNP 和 SuperMC；离散纵标法是一种确定性计算方法，具有较高精度，在高维情况下计算时间较长，易受射线效应影响；特征线计算方法是一种求解输运方程的确定论方法，所需计算量较大，但流程较简单，理论上能处理任意几何条件，目前是反应堆物理计算领域中广泛采用的一种求解方法，一些知名的输运计算程序（如：WIMS、CASMO、DRAGON 等）都相继增加了特征线法的求解模块；点核方法是一种解析方法，具有较快的计算速度，但是精度受限于累积因子的准确性，在对时间要求较高的情况下，通常使用点核方法对辐射场进行计算。国际上典型的点核积分程序有 QAD、PUTZ、Mercure 等。

4.2.1　点核计算方法

（1）点核方法

点核方法在数理方法上通常称为格林函数法，它是一种近似但计算高效的方法，是在计算 γ 射线屏蔽问题中用的最广泛的方法之一。

在辐射计算中所使用的点核在形式上可以看成是点源问题的解，即位于空间点 r' 处的点源在空间点 r 处所引起的某种探测器响应（如粒子通量密度、剂量等），对于不同形状分布的放射源，探测点的总体辐射效应由各点核对探测位置的辐射贡献和来表示。

对于无限介质中源强为 S，初始能量为 E 的各向同性点源，在距离点源距离 r 处，未经碰撞的通量密度 $\Phi(\mathrm{r})$ 为：

$$\Phi_0(r)=S\,\frac{e^{-\mu(E)r}}{4\pi r^2} \tag{4-9}$$

其中，$\mu(E)$ 为对应于初始能量为 E 的光子在介质中的宏观总截面。

散射部分用引入累积因子的办法来计算。累积因子是进行 γ 射线屏蔽分析时所使用的一切点核公式的基础。累积因子的定义如下：

$$B=\frac{r\text{ 处总通量密度的某种预期值(粒子通量密度、能量通量密度、剂量等)}}{r\text{ 处未经碰撞通量密度同种类量的值}} \tag{4-10}$$

因此，每个点核在能量为 E 时对 r 处探测点剂量率贡献值 $D(r,E)$ 计算如下：

$$D(r,E)=C(E)S(E)B(E,t(E))\,\frac{e^{-t(E)}}{4\pi r^2} \tag{4-11}$$

式中：r——点核与探测点的距离；

C——光子辐射效应转换因子；

S——点核强度；

B——累积因子；

t——光子从点核到探测点穿过所有屏蔽材料的平均自由程数。

美国国家标准文件 ANSI/ANS-6.4.3 给出了光子能量为 0.015～15 MeV，穿透深度为 40 个平均自由程内的 23 种元素、水、空气与混凝土的累积因子，并利用 Geometrical Progression（G-P）公式对累积因子进行拟合，提供了相应的 G-P 拟合公式参数，累积因子 B 可以从 ANSI/ANS-6.4.3 以数据表形式或 G-P 拟合公式获得。

G-P 拟合公式：

$$B(E,x)=\begin{cases}1+(b-1)x; & K=1\\ 1+(b-1)(K^x-1)/(K-1); & K\neq 1\end{cases} \tag{4-12}$$

其中，K 由下式计算得到：

$$K(x)=cx^a+d\,\frac{\tanh(x/x_k-2)-\tanh(-2)}{1-\tanh(-2)} \tag{4-13}$$

式中：E——光子能量；

x——光子平均自由程数；

B——光子累积因子；

b、c、a、x_k、d——G-P 公式拟合参数。

探测点处剂量值 D 通过将式（4-11）在放射源体积与能谱范围内积分来计算：

$$D=\int_{0}^{E_{\max}}\mathrm{d}E\iiint_{V}^{v}D(r,\ E)\mathrm{d}r \tag{4-14}$$

通过以上过程可以看出，点核方法精度依赖于累积因子的准确性，不适合处理管壁等较小尺寸介质内包含多次散射效应的问题。一般情况下为使精度好于 20%或 30%，就需要采用其他方法进行精确计算。当使用正确时，该方法可以提供准确的计算结果。

（2）自适应点核方法

在利用点核方法进行辐射计算时，首先需要将放射源离散，若源项离散程度较高，则会消耗较多的计算时间；若离散程度较低，在几何表达方面将引入额外的误差。此外，由于切割拆除等作业，工作环境经常发生变化，并产生任意形状源项。因此，考虑到处理任意形状几何的需求，本部分内容提出一种自适应点核计算方法，该方法可以根据探测点与放射源位置，自动生成自适应分布的点核进行辐射计算，能够在确保模型计算精度的同时，大大提高计算效率，并可以处理任意几何。该方法主要包括两个部分：基于点云与长方体的混合模型构建、点核生成及剂量计算。

1）基于点云与长方体的混合模型

边界体包含与物体重合的不规则部分以及位于物体外部的部分构成，为了对不规则部分进行简单高效的描述，研究中利用点云模型表示不规则部分。因此物体可由内部长方体与边界体内的点云模型构成的混合模型进行精细表达。

体源边界体内的点云模型生成示意图如图 4.18 所示。(a) 边界体内不规则部分的点云生成。点 A 和 B 是采样点，带箭头的虚线分别是以 A 和 B 为起点的射线。射线与物体的交点为红色点。点 P_1 是距离点 A 最近的交点，P_2 是距离点 B 最近的交点。物体表面上位于 P_1 和 P_2 处的法线分别是 V_{n1} 和 V_{n2}；(b) 获取由点云和长方体构成的物体混合模型。

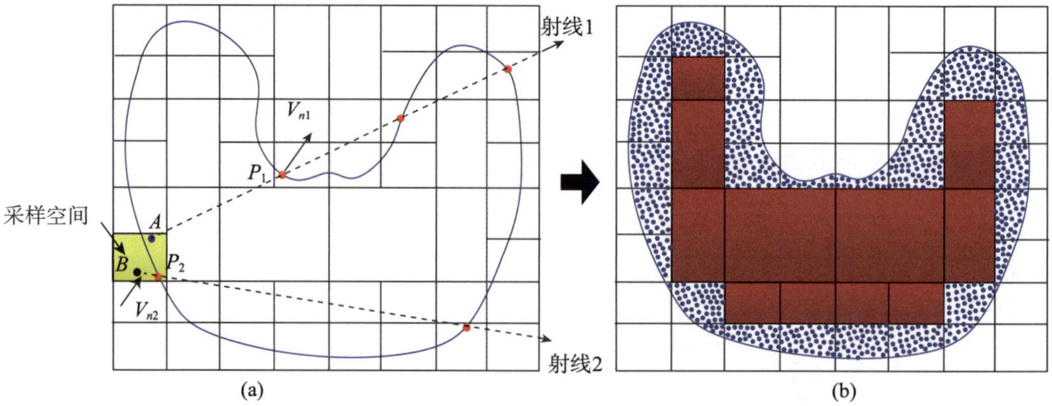

图 4.18　体源的混合模型生成示意图

边界体内不规则部分的点云生成流程如图 4.19 所示。初始时，利用点集 Q 存储点云数据，确定点云密度为 De。首先，选取一个边界体 Bv 作为采样空间，Bv 内需要的采样点个数为 $N=De\times V$，其中 V 为 Bv 的体积。之后在 Bv 内采样生成一个采样点 p，以 p 为起点向任意方向产生一条射线，之后计算该射线与物体的交点，构成交点点集 J。若 J 为空，则说明 p 在物体外部，舍弃；否则，从 J 中选取距离 p 最近的交点 p_1，以及物体表面在 p_1 处的法线 V_n。若向量$\overrightarrow{pp_1}$与 V_n 的点乘大于零，即 $\overrightarrow{pp_1}\cdot V_n>0$，意味着$\overrightarrow{pp_1}$与 V_n 夹角小于 90°，点 p 在物体内部，因此 p 是有效采样点，将其放入 Q 中；若向量$\overrightarrow{pp_1}$与 V_n 的点乘小于等于零，即 $\overrightarrow{pp_1}\cdot V_n\leqslant 0$，意味着$\overrightarrow{pp_1}$与 V_n 夹角大于等于 90°，则点 p 不在物体内部，舍弃 p。重复以上步骤，直到达到事先设定的采样数量 N，之后选择下一个边界体重复上述步骤，直到所有边界体均被处理。最后 Q 内所有的点构成物体边界体与物体重合的不规则部分的点云模型。最终，物体由内部体与点云构成的混合模型进行表示，如图 4.18（b）所示。

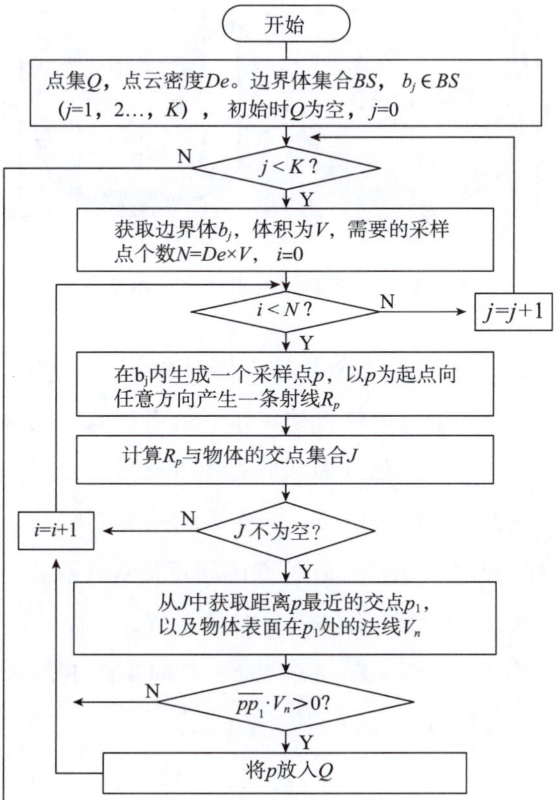

图 4.19　边界体内不规则部分的点云模型生成流程图

当放射源为面源时，不存在内部体，此时物体仅由点云构成。由于物体网格表面由三角面构成，对于面源只需在构成物体的所有三角面内采样，获取位于三角面内的采样点放入点集 Q 中，即可获取面源的点云模型。

2）自适应点核生成与辐射计算

在进行辐射计算之前，放射源需要被离散成点核。为了保证计算精度的同时提高计算效率，需要根据点位置，生成自适应分布的点核，最终目的是用尽量少的点核对物体进行较准确的描述。自适应点核生成示意图如图 4.20 所示，其包含两个阶段：带权重点云模型生成、自适应点核生成。

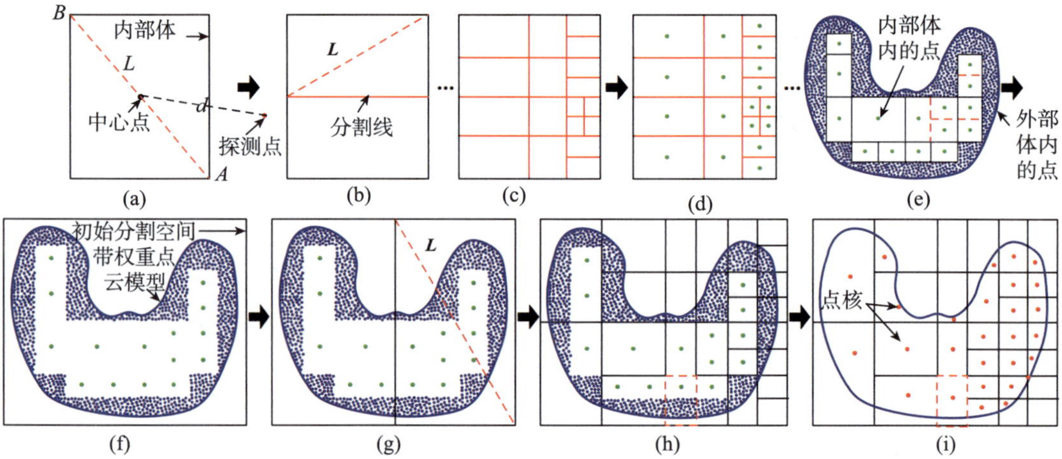

图 4.20　二维自适应点核生成示意图

图 4.20 各部分含义如下：(a) AB 是长方体对角长度；(b) 该内部体被分割为相同大小的两部分；(c) 被分割后长方体可被看作点或者达到分割阈值；(d) 绿色点为内部体内生成的带权重的点；(e) 蓝色点为获取物体带权重的点云模型，虚线是内部体的分割线；(f) 选取物体粗建模阶段的初始空间作为初始分割空间；(g) 按照粗建模阶段的空间分割方式进行空间分割；(h) 所有长方体均可被看作点或达到分割阈值，在长方体内的点集中心生成点核；(i) 获取自适应分布的点核。

首先，选取一个比例因子 $a \in (0,\ 1)$，对于空间某点 E，其与探测点的距离为 d。选择包含 E 并且自身最大尺寸为 d_E 的一个体元 V_E，当 d_E 小于等于 d 与比例因子 a 的乘积时，即 $d_E \leqslant a \times d$，V_E 可以看作一个点。长方体的最大尺寸为对角距离 L，因此当 $L \leqslant a \times d$ 时，长方体可以看作为点。a 越大，简化为点源引入的误差越大，但产生的点核数量越少，计算速度越快，应用中可以根据精度与速度的重要程度来调节 a 的大小。

由于内部体可能存在较大尺寸，因此需要根据探测点位置将内部体进一步分割，直到每个子部分均可被看作点核。最终，混合模型被转化为一个带权重的点云模型。带权重的点云模型生成算法流程如图 4.21（a）所示。首先，选择一个内部体 q，如图 4.20（a），根据探测点位置，将 q 按照空间分割方式继续分割，直到新产生的体元 q_i 满足 $L \leqslant a \times d$ ，即 q_i 可被看作位于其中心的点 P_i，并为 P_i 分配一个权重因子 w_i。w_i 为 q_i 的体积 V_i 与点云密度 De 的乘积，即 $w_i = V_i \times De$ ，代表若按照点云方式离散，需要生成的点的数量，而对于点云中的点，权重为 1。之后选取下一个内部体重复以上步骤，直到所有内部体均被处理，此时获取带权重的点云模型来表示放射源，如图 4.20（e）所示。在内部体分割过程中，内部体并没有被销毁，只是将内部体划分为若干个可被看作点的子部分，原内部体被保留下来，用于针对其他探测点生成自适应分布的点核。

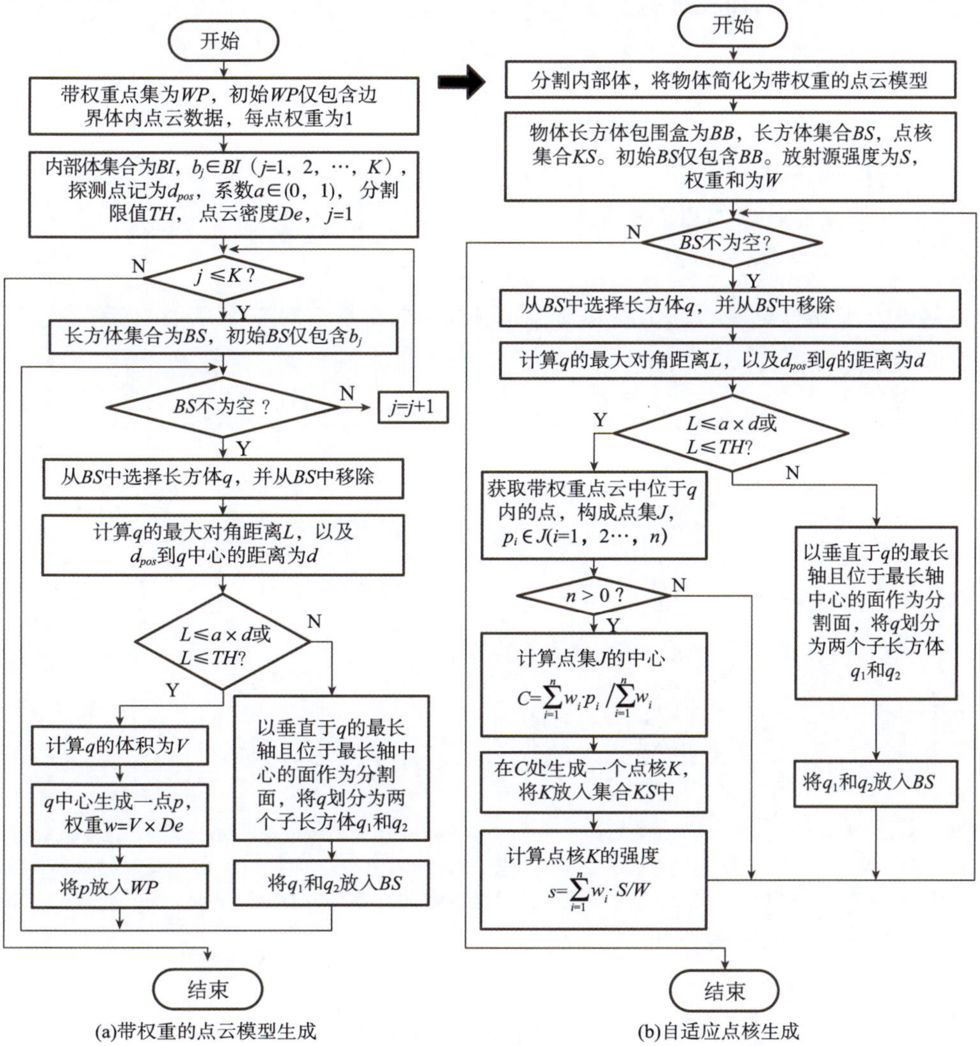

图 4.21　自适应点核生成算法流程图

自适应点核生成算法流程如图 4.21（b）所示。首先选取空间分割阶段相同的物体包围盒作为初始划分空间，设定分割阈值 TH，对初始空间按照模型粗近似阶段相同的空间分割方式进行重新分割，即在每次迭代中，以垂直于最长轴且位于最长轴中心的面作为分割面，将空间划分为两个相同大小的子长方体。之后判断产生的长方体 q 与探测点的距离 d 和 q 的最大尺寸 L 的关系。若 $L > a \times d$ 并且 $L > TH$，说明 q 需要进一步细分；否则，说明 q 可以看作点或者达到分割限值，因此在 q 与物体重合部分的中心生成点核。由于模型粗近似阶段和点核生成阶段二者的初始分割空间以及分割方式均相同，因此如果长方体 q 包含内部体中心的权重点 p，那么 q 恰好完全包含 p 点所代表的长方体体元。由于事先已将物体简化为一系列带权重的点，q 内点核位置 K_{pos} 可由 q 内所包含的带权重的点的加权平均值表示：

$$K_{pos} = \frac{\sum_{i=1}^{n} w_i \cdot p_i}{\sum_{i=1}^{n} w_i} \tag{4-15}$$

式中：n——长方体 q 内的点的数量；

w_i——第 i 个点的权重。

重复以上步骤直至所有长方体均不需要进一步细分。最终生成的自适应点核如图 4.20（i）所示。

带权重的点云模型内的所有点的权重和记为 W。第 i 个点核的源强 s_i 可由下式计算：

$$s_i = \sum_{j=1}^{n} w_j \cdot S/W \tag{4-16}$$

式中：S——整个放射源的源强；

w_j——构成第 i 个点核的第 j 个点的权重。

之后，式（4-14）可近似表示如下：

$$D(r_d) \approx \sum_{i=1}^{n} s_i \sum_{j=1}^{m} C(E_j) P(E_j) B(E_j, t_i(E_j)) \frac{e^{-t_i(E_j)}}{4\pi r_i^2} \tag{4-17}$$

式中：r_d——探测点；

n——点核数量；

s_i——第 i 个点核的强度；

m——能谱离散的能量 E 的数量；

$P(E_j)$——源项发射能量为 E_j 的光子概率；

C——辐射效应转换因子；

B——累积因子；

t——点核位置和探测点之间的平均自由程数；

r——点核位置和探测点之间的距离。

4.2.2 特征线计算方法

（1）特征线法

特征线法是求解输运方程的确定论方法之一，理论上能处理任意几何条件，目前是反应堆物理计算领域中广泛采用的一种求解方法。特征线法早在19世纪末就已出现，但由于所需计算量较大，早期通过手算的方式限制了特征线方法的发展。随着计算机技术的发展和工程计算中对复杂几何的需求，特征线法得到了广泛研究和完善。

特征线法通过沿着有限离散方向对中子/光子输运方程进行求解，这些离散方向被认为是中子/光子的运动方向，最后将各个方向的解进行加权求和来获取输运方程的近似解。稳态情况下，省略能群标识，输运方程如下：

$$\Omega \cdot \nabla \Phi(r,\Omega)+\sum\nolimits_t(r,\Omega)\Phi(r,\Omega)=Q(r,\Omega) \tag{4-18}$$

对于某条方向为 Ω_m 的射线 L，沿运动方向 Ω_m 的增量为 $\mathrm{d}s$，通量密度（注量率）Φ 沿着方向 Ω_m 的方向导数可表示为：

$$\Omega_m \cdot \nabla \Phi=\frac{\mathrm{d}\Phi_m(s)}{\mathrm{d}s} \tag{4-19}$$

因此，在方向为 Ω_m 情况下，式（4-18）可表示为：

$$\frac{\mathrm{d}\Phi_m(s)}{\mathrm{d}s}+\sum\nolimits_t(s)\Phi_m(s)=Q_m(s) \tag{4-20}$$

式中：$\Phi_m(s)$——沿射线 L 的方向，在 s 处的通量密度；

$\sum_t(s)$——s 处物质的宏观总截面；

$Q_m(s)$——s 处的源项，包括固定源和散射源。

对于空间某区域 i，若 i 范围足够小，其内部截面 $\sum_{t,i}$ 与源项 $Q_{m,i}$ 可看作常数。

式（4-20）即为输运方程（4-18）的特征线形式。对于一阶线性微分方程，形如 $\mathrm{d}y/\mathrm{d}x+p(x)y=q(x)$ 具有解析解，通解形式如下：

$$y=\left(\int q(x)\mathrm{e}^{\int p(x)\mathrm{d}x}\mathrm{d}x+C\right)\mathrm{e}^{-\int p(x)\mathrm{d}x} \tag{4-21}$$

式（4-20）的通解形式与式（4-21）相同，带入参数可计算为：

$$\Phi_{m,i}(s)=\frac{Q_{m,i}}{\sum_{t,i}}+C\mathrm{e}^{-\sum_{t,i}s} \tag{4-22}$$

假设入射角通量密度 $\Phi_{m,i}(0)$ 已知，带入上式可得 $C=\Phi_{m,i}(0)-Q_{m,i}/\sum_{t,i}$，因此式（4-22）可表示如下：

$$\Phi_{m,i}(s)=\Phi_{m,i}(0)\mathrm{e}^{-\sum_{t,i}s}+\frac{Q_{m,i}}{\sum_{t,i}}(1-\mathrm{e}^{-\sum_{t,i}s}) \tag{4-23}$$

因此，在射线 L 的入射角通量密度已知时，可求出沿射线 L 任意处的角通量密度。将式（4-23）沿着 L 积分可获得 L 上的第 k 个线段内的平均角通量密度 $\bar{\Phi}_{m,i,k}$：

$$\bar{\Phi}_{m,i,k}=\frac{\int_0^{s_k}\Phi_{m,i,k}(s)\,\mathrm{d}s}{s_k} \tag{4-24}$$

式中，s_k 为射线 L 上第 k 个线段的长度。将式（4-23）带入（4-24）可得：

$$\bar{\Phi}_{m,i,k}=\frac{Q_{m,i}}{\sum_{t,i}}+\frac{\Phi_{m,i}(0)-\Phi_{m,i}(s_k)}{\sum_{t,i}s_k} \tag{4-25}$$

对于如图 4.22 所示的情形，射线 L 上入射和出射区域 i 的角通量密度分别为 Φ^{in}、Φ^{out}。

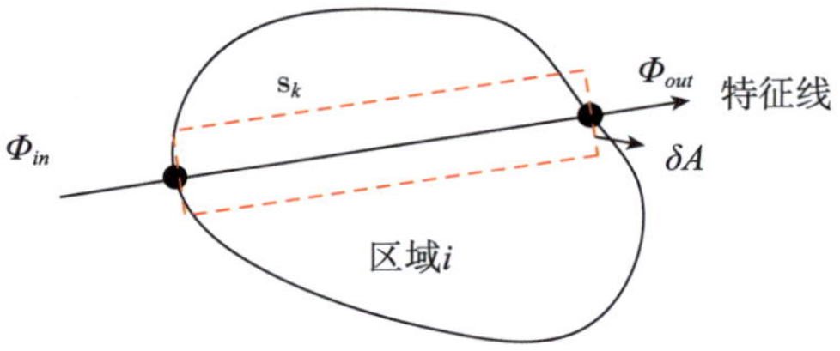

图 4.22　特征线法示意图

由式（4-25）可求出线段 s_k 内的平均角通量密度 $\bar{\Phi}_{m,i,k}$ 为：

$$\bar{\Phi}_{m,i,k}=\frac{Q_{m,i}}{\sum_{t,i}}+\frac{\Phi_{m,i}^{in}-\Phi_{m,i}^{out}}{\sum_{t,i}s_k} \tag{4-26}$$

若与射线 L 垂直的一个小块区域面积为 δA_m，则线段 k 所代表的局部区域如图 4.22 中的虚线所示。区域 i 内 Ω_m 方向的平均角通量密度可由区域 i 内 Ω_m 方向 的所有特征线的平均角通量密度进行体积加权平均获取：

$$\bar{\Phi}_{m,i}=\frac{\sum_{k=1}^{N}\bar{\Phi}_{m,i,k}s_{m,i,k}\delta A_m}{\sum_{k=1}^{N}s_{m,i,k}\delta A_m} \tag{4-27}$$

即，

$$\bar{\Phi}_{m,i}=\frac{1}{\sum_{t,i}}\left[Q_{m,i}+\frac{\sum_{k=1}^{N}\Delta\Phi_{m,i}\delta A_m}{V_i}\right] \tag{4-28}$$

式中：N——区域 i 内方向为 Ω_m 的特征线个数；

$s_{m,i,k}$——区域 i 内方向为 Ω_m 的第 k 条特征线被截取的线段的长度；

V_i——区域 i 的体积；

$\Delta\Phi_{m,i}$——$\Phi_{m,i}^{in}-\Phi_{m,i}^{out}$。

上面过程假设区域 i 内线段所代表的区域的体积之和等于区域 i 的真实体积 V_i，为了使上述假设成立，一般需要进行特征线线段长度 $s_{m,i,k}$ 的修正：

$$s'_{m,i,k}=s_{m,i,k}\frac{V_i}{\sum_{k=1}^{N}s_{m,i,k}\delta A_m} \tag{4-29}$$

至此，区域 i 内的通量密度可以通过将选定的各离散方向的角通量密度进行加权求和计算：

$$\Phi_i=\sum_{m=1}^{M}W_m\bar{\Phi}_{m,i} \tag{4-30}$$

式中：W_m——Ω_m 方向的权重系数，方向权重系数和为 4π；

M——方向离散数量。

当给定边界条件后，在每个离散方向上生成一组平行射线作为特征线，对计算区域进行追踪扫描，并更新各个区域的通量密度和源项值，通过源迭代法对输运方程进行迭代求解，直至收敛。通过以上过程可以看出，特征线法流程较简单，计算量较大，能够处理任意几何条件问题。此外由于特征线法在各个离散方向上射线追踪计算过程是彼此独立的，因此其具备良好的并行性，可借助并行计算提高算法性能。

（2）局部三维模块化特征线法辐射计算

辐射计算的准确性对保证人员、公众与环境的安全具有重要作用。点核方法具有较高的计算效率，但由于采用大量近似方法，导致一些情况下精度不足。本节利用一种局部模块化特征线法（LMMOC）进行三维辐射计算，用于改善辐射计算准确性。与基本 MOC 方法类似，LMMOC 包括三部分：模块化特征线生成、角度求积组的选取和输运计算。

1）模块化特征线生成

特征线方法需要利用计算机程序进行求解，占用空间巨大，尤其对于三维、几何尺寸较大的问题，往往导致计算机程序由于运行内存空间不足而无法计算。目前，有效的解决方式是采用模块化建模方式，从而极大地减少特征线信息规模，因此采用模块化建模方式进行特征线生成。

采用特征线方法首先需要将空间进行网格化离散，选取长方体作为基本模块，离散后每个网格均可看作为基本模块在空间上的位置转移。相邻的两个网格内的特征线线段完全相同，并且在交界面上实现对接。因此，只需在基本模块内按照离散方向生成特征线线段并保存交界面处特征线线段的转移顺序，从而实现整个空间内的特征线扫描。三维模块特征线生成过程分为两步：方位角处理和俯仰角处理。

（A）方位角处理

首先选定一个方位角 $\varphi \in (0, \frac{\pi}{2})$，按照一定的间距 δL_φ 生成一组垂直于 xy 平面并且与 x 轴夹角为 φ 的一组平行平面，这一组平面与长方体模块相交，如图 4.23（a）所示。

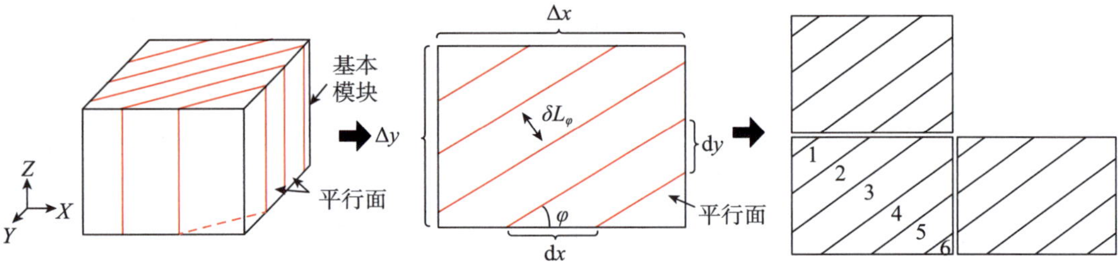

(a)平行面　(b)修正前(俯视图)　(c)修正后(俯视图)

图 4.23　方位角修正示意图

初始平面在相邻两个模块的交界面未对接，为使相邻两个模块中的特征线对接，需要对 φ 进行修正。由图 4.23（b）可知：

$$\mathrm{d}x = \delta L_\varphi / \sin\varphi \tag{4-31}$$

$$\mathrm{d}y = \delta L_\varphi / \cos\varphi \tag{4-32}$$

$$nx = \Delta x / \mathrm{d}x \tag{4-33}$$

$$ny = \Delta y / \mathrm{d}y \tag{4-34}$$

式中，nx 与 ny 为 Δx 与 Δy 边上向上取整的分段数。分段数取整后，修正的方位角 φ' 和平行平面间距 $\delta L'_\varphi$ 可由下式计算：

$$\varphi' = \arctan\left(\frac{nx \cdot \Delta y}{ny \cdot \Delta x}\right) \tag{4-35}$$

$$\delta L'_\varphi = \Delta x \cdot \sin\varphi' / nx \tag{4-36}$$

经过方位角修正后，如图 4.23（c）所示，平行面在模块边界能够实现对接。

（B）俯仰角处理

一个空间角由一对方位角和俯仰角构成，垂直于 xy 平面的平行面确定了方位角 φ，并与模块相交构成一组平行截面。选取一个截面，按照离散的俯仰角 θ，在截面内生成一组间距为 δL_θ 的平行线，该平行线为实际的特征线，如图 4.24（a）所示。

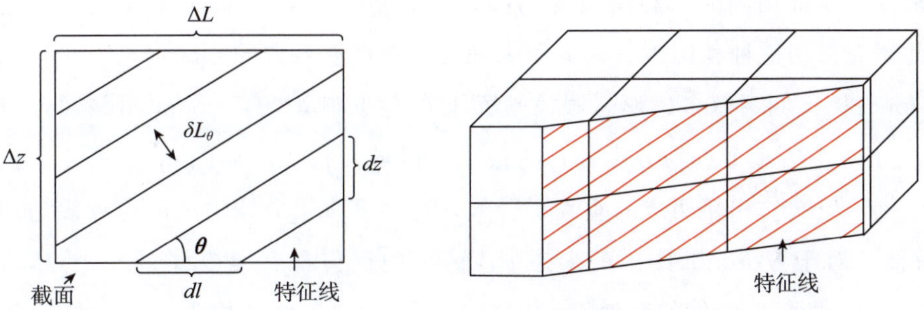

图 4.24 俯仰角修正示意图

与方位角处理类似，为了保证特征线线段在模块交界面的对接，需要对俯仰角进行修正。由图 4.24（a）可知：

$$\mathrm{d}l = \delta L_\theta / \sin\theta \tag{4-37}$$

$$\mathrm{d}z = \delta L_\theta / \cos\theta \tag{4-38}$$

$$nl = \Delta L / \mathrm{d}l \tag{4-39}$$

$$nz = \Delta z / \mathrm{d}z \tag{4-40}$$

式中，ΔL 为平行面在模块边界构成的线段（如图 4.23（c）中线段 1～6）的长度和，nl 与 nz 为 ΔL 与 Δz 边上向上取整的分段数。分段数取整后，修正的方位角 θ' 和相同平行面内特征线间距 $\delta L'_\theta$ 可由下式计算：

$$\theta' = \arctan\left(\frac{nl \cdot \Delta z}{nz \cdot \Delta L}\right) \tag{4-41}$$

$$\delta L'_\theta = \Delta L \cdot \sin\theta' / nl \tag{4-42}$$

经过角度修正后，特征线新的方向为 $\Omega(\varphi', \theta')$，该方向特征线对应的垂直局部区域面积 δA 由式（4-43）计算：

$$\delta A = \delta L'_\varphi \cdot \delta L'_\theta \tag{4-43}$$

最终生成的三维模块化特征线示意图如图 4.24（b）所示。从目标几何区域边界出发，根据特征线在模块交界面对接的特点，进行射线的追踪转移，进而实现该方向特征线对整个目标区域的扫描。

2）角度求积组的选取

在求解输运方程时，需要将方向离散，之后确定合理的方向权重系数 W。在三维情况下，离散方向可以看作是单位球面上的一组点对应的方向，而求积权重系数是单位球面上这些离散方向对应点所代表的邻域面积。一般特征线方法采用高斯求积组来提高计算精度，离散的方向和权重系数是给定的。模块化特征线与此不同，其射线角度需要进行修正来保证模块化，难以利用给定的高斯求积组计算，需要采用其他方法选取求积组，因此研究采用一种利用 Voronoi 图来确定方向权重系数的方法。

Voronoi 图又叫泰森多边形。假设平面上存在点集 Q，Voronoi 图是通过按照最邻近原则，将 Q 中的每个点划分到各自的最近邻区域而构成，如图 4.25 所示，按照区域最近邻原则，依次作相邻两点的垂直平分线，这些垂直平分线组成的连续多边形构成了 Voronoi 图。对于 Voronoi 图内的多边形 V，V 内仅包含点集 Q 中的一个点，记为 P，并且相比于 Q 中除 P 以外的其他点，P 与 V 内任意点的距离均为最小，最近邻域 V 的面积即为点 P 的权重。

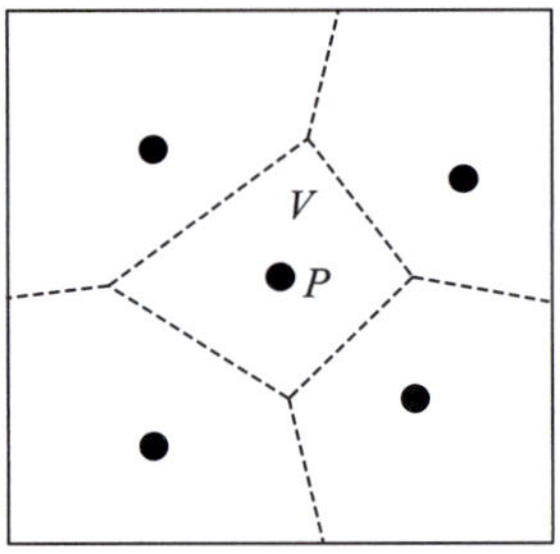

图 4.25　Voronoi 示意图

根据相同思想，确定角度离散个数及方向，在单位球面上生成一系列离散点，并围绕这些离散点在球面上生成 Voronoi 图，球面 Voronoi 图生成示意图如图 4.26 所示。每个离散方向 Ω_m 仅对应一个 Voronoi 图中的多边形，该多边形为 Ω_m 方向在单位球面交点的最近邻域，权重系数和为 4π，Ω_m 方向的权重系数 W_m 可由其最近邻域面积 S_m 计算：

$$W_m = \frac{4\pi S_m}{\sum_i^M S_i} \tag{4-44}$$

式中：M——角度离散个数；

S_i——角度 i 对应的最近邻域面积。

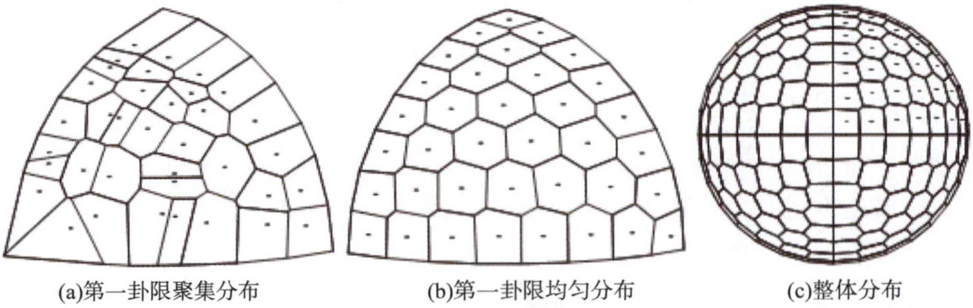

图 4.26　球面 Voronoi 生成图

在产生三维特征线过程中，应尽量使特征线方向分布均匀，避免由于离散方向的聚集引起较大误差。但是在实际特征线生成过程中，为了保证特征线的模块化，采用了角度修正，因此实际产生的特征线可能在某些方向范围聚集，而且离散方向与球面的交点偏离其对应的 Voronoi 多边形中心，如图 4.26（a）所示。

为了保证特征线角度分布的均匀性，研究中引入一个修正角度偏移限值 Th，代表修正后的方位角和俯仰角相比与修正之前的角度，允许的最大的偏移角度为 Th，同时确定 δL_φ 和 δL_θ 的范围 $[x_1, x_2]$，通过 L_φ 和 δL_θ 在 $[x_1, x_2]$ 内寻找合适的特征线间距，来满足角度偏移限值条件。通过以上过程生成的均匀分布的离散角度如图 4.26（b）（c）所示，球面上的方向点非常接近各自对应的 Voronoi 多边形中心，也因此更能代表其所对应的最近邻域的性质。当第一卦限内的均匀离散角度确定后，其他卦限内的角度可由第一卦限内的角度经过镜面反射获取，直至获取整个球面上的离散角度分布。

3）局部三维特征线输运计算流程

在利用特征线方法时，由于求解方向只沿几个特定的特征线离散方向进行，由此引起射线效应。为了减弱射线效应，最直接的办法是增加角度离散数量，但同时也增加了计算量，并且对于一些不规则几何并且较大尺寸问题，单纯依赖增加角度离散数量，并不是有效的方法。因此，研究通过一种“两步法”来求解输运方程，首先利用未经碰撞通量密度构造固定散射源来减弱射线效应，之后通过散射项迭代计算最终的通量密度。

图 4.27 给出了二维情况下一条特征线的追踪过程，各网格交点处的入射角通量密度为 Φ_i，交点间线段长度为 s_i（$i=1, 2, \cdots, 6$）。

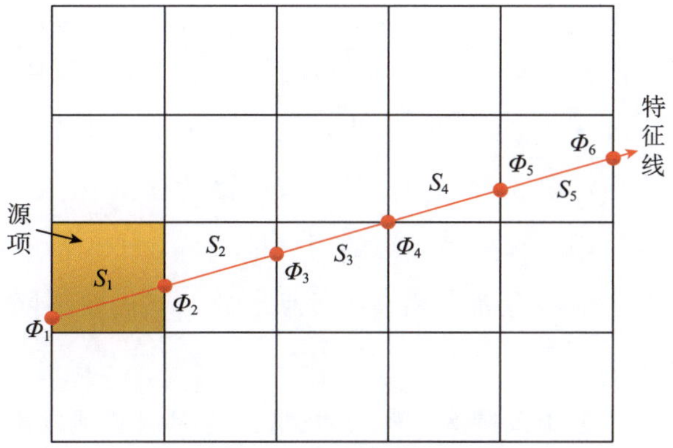

图 4.27　特征线追踪示意图

根据式（4-23）可知，

$$\Phi_2 = \Phi_1 e^{-\Sigma_{t1}s_1} + \frac{Q_m + Q_{s1}}{\Sigma_{t1}}(1 - e^{-\Sigma_{t1}s_1}) \tag{4-45}$$

$$\Phi_3 = \Phi_2 e^{-\Sigma_{t2}s_2} + \frac{Q_{s2}}{\Sigma_{t2}}(1 - e^{-\Sigma_{t2}s_2}) = \Phi_1 e^{-\Sigma_{t1}s_1 - \Sigma_{t2}s_2} +$$

$$\frac{Q_m + Q_{s1}}{\Sigma_{t1}}(1 - e^{-\Sigma_{t1}s_1})\, e^{-\Sigma_{t2}s_2} + \frac{Q_{s2}}{\Sigma_{t2}}(1 - e^{-\Sigma_{t2}s_2}) \tag{4-46}$$

式（4-45）和式（4-46）可拆分为固定源项直接贡献（即未经碰撞通量密度，在不发生任何相互作用的条件下，从源项到达所关心区域的通量密度）、入射与散射贡献两部分，分别记为 Φ' 和 Φ'_s，则 $\Phi_i = \Phi'_i + \Phi'_{si}$。固定源项直接贡献为：

$$\Phi'_2 = \frac{Q_m}{\Sigma_{t1}}(1 - e^{-\Sigma_{t1}s_1}) \tag{4-47}$$

$$\Phi'_3 = \frac{Q_m}{\Sigma_{t1}}(1 - e^{-\Sigma_{t1}s_1})e^{-\Sigma_{t2}s_2} \tag{4-48}$$

$$\Phi'_4 = \frac{Q_m}{\Sigma_{t1}}(1 - e^{-\Sigma_{t1}s_1})e^{-\Sigma_{t2}s_2 - \Sigma_{t2}s_2} \tag{4-49}$$

入射与散射贡献为：

$$\Phi'_{s1} = \Phi_1 e^{-\Sigma_{t1}s_1} + \frac{Q_{s1}}{\Sigma_{t1}}(1 - e^{-\Sigma_{t1}s_1}) \tag{4-50}$$

$$\Phi'_{s2} = \Phi_1 e^{-\Sigma_{t1}s_1 - \Sigma_{t2}s_2} + \frac{Q_{s1}}{\Sigma_{t1}}(1 - e^{-\Sigma_{t1}s_1})\, e^{-\Sigma_{t2}s_2} + \frac{Q_{s2}}{\Sigma_{t2}}(1 - e^{-\Sigma_{t2}s_2}) \tag{4-51}$$

自由边界，入射通量密度 Φ_1 为 0，则网格内的通量密度仅由固定源项直接贡献和散射源项贡献构成，且每次特征线扫描过程，固定源项贡献为常数，仅散射部分需要迭代求解。实际情况下，固定源项对空间任意位置网格的通量密度均有贡献，但由于对角度进行了有限方向的离散，在远离固定源的网格区域，会出现没有特征线贯穿该网格与固定源的情况，导致该网格没有固定源直接贡献部分，从而使该网格通量密度严重偏离实际情况。

对于均匀介质，当固定源范围为 $[0, s_1]$ 时，从固定源项发出的一个光子沿 Ω_m 方向未经碰撞穿过距离 s 的概率为：

$$p = e^{-\int_0^s \Sigma_t \mathrm{d}l'} \tag{4-52}$$

若固定源沿着 Ω_m 方向射线的源强为 Q_m，则沿着射线进行积分可求出该射线上源项未经碰撞到达 s 处的光子通量密度：

$$\begin{aligned}\Phi &= \int_0^{\infty} e^{-\int_0^s \Sigma_t \mathrm{d}l'} Q_m \mathrm{d}l \\ &= \int_0^{s_1} e^{-\int_0^s \Sigma_t \mathrm{d}l'} Q_m \mathrm{d}l \\ &= \frac{Q_m}{\Sigma_{t1}}(1 - e^{-\Sigma_{t1}s_1}) e^{-\sum_{k=2}^{N} \Sigma_{t,k} s_k}\end{aligned} \tag{4-53}$$

上式与 Φ' 的表达式一致，说明固定源项直接贡献部分实际为从源项发射的光子未经碰撞到达指定区域而产生的通量密度。

对于单能、均匀介质的各向同性源项分布，当固定源项体积为 V，内部每一点源强为 S 时，其在 r 处产生的未经碰撞通量密度可计算为：

$$\Phi_0(r) = \int_V \frac{e^{-\Sigma_t r}}{4\pi r^2} S \mathrm{d}r \tag{4-54}$$

式（4-54）与点核方法中的式（4-9）的积分形式等价，可采用与点核方法相关的方法来确定固定源项对空间通量密度的贡献。

1）源项直接贡献的通量密度计算

由自适应点核方法介绍可知，当探测点与辐射源距离大于辐射源本身最大尺寸某一倍数时，可将放射源看作点源，因此可将任意形状固定源项进行自适应离散。采用类似思想，可以将探测空间进行离散，提高计算效率，二维空间离散如图 4.28 所示。

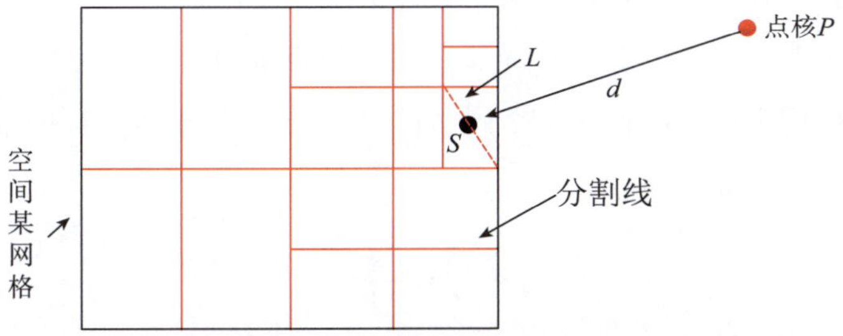

图 4.28 探测空间自适应离散示意图

源项离散为点源之后，对于每个点核，按照自适应源项离散方式对空间上某个目标网格进行离散，直至离散后的每个长方体空间达到离散长度阈值，或满足以下条件：点源与长方体中心 S 的距离 d 和比例因子 $a \in (0, 1)$ 的乘积大于等于长方体最大对角长度 L，即 $L \leqslant a \times d$，同样认为 a 小于某数值时，网格空间可看作为点。

对于离散后的探测空间，每个子空间中心的通量密度可代表子空间内的平均通量密度，整个探测空间的平均通量密度可看作各子空间通量密度的体积加权平均。第 k 个点源对探测空间的未经碰撞通量密度贡献可计算为：

$$\Phi_k = \sum_{i=1}^{N} S_k \frac{e^{-\mu(E)r_{k,i}}}{4\pi r_{k,i}^2} \frac{V_i}{V} \tag{4-55}$$

式中：S_k ——第 k 个点源的源强；

N——探测空间离散个数；

V ——网格体积；

V_i ——网格内第 i 个子部分的体积；

$r_{k,i}$ ——第 k 个点源与第 i 个子部分中心的距离。

因此，若整个源项离散成点源个数是 M，则整个源项在网格内未经碰撞的通量密度可计算为：

$$\Phi = \sum_{k=1}^{M} \Phi_k = \sum_{k=1}^{M} \sum_{i=1}^{N} S_k \frac{e^{-\mu(E)r_{k,i}}}{4\pi r_{k,i}^2} \frac{V_i}{V} \tag{4-56}$$

按式（4-56）依次处理每个空间网格，可获得源项在每个网格处的未经碰撞通量密度。同时从上面可以看出，每个网格计算是相互独立的，具有良好的并行性，适合用并行计算来提高计算效率。

2）散射源项迭代计算

空间中某区域的 γ 光子通量密度由源项未经碰撞通量密度和散射通量密度两部分构成。将空间离散为网格，采用平源近似假设，每个网格区域内材料截面和源强为常数。在稳态条件下，源项在空间各区域的未经碰撞通量密度同样是常数，这相当于在空间内始终存在一部分由源项直接贡献的 γ 光子产生的固定散射源，并遍布整个空间。

若散射是各向同性的，空间第 i 个网格内光子能量位于第 g 群的散射源 Q_i^g ，以及散射方向为 Ω_m 的角通量密度 $Q_{i,m}^g$ 计算如下：

$$Q_i^g = \sum\nolimits_{g' \leqslant g} \sum\nolimits_{s,i}^{g' \to g} \Phi_i^{g'} \tag{4-57}$$

$$Q_{i,m}^g = Q_i^g / 4\pi \tag{4-58}$$

式中：$\sum\nolimits_{s,i}^{g' \to g}$ ——第 i 个网格材料的光子从第 g' 群转移到第 g 群的散射截面（能量越高，群号越小）；

$\Phi_i^{g'}$ ——网格 i 内第 g' 能群的通量密度。

此时，原问题转换为源项未经碰撞通量密度计算和整个空间遍布散射源的输运计算两个子问题的求解，求解流程如图 4.29 所示。首先计算各空间网格内未经碰撞通量密度，并利用式（4-55）初始化各网格内的初始散射源项，之后从高能群开始进行群内迭代。

每次群内迭代的初始情况下，

$$Q_i^g = \sum_{g'<g} \sum_{s,i}^{g'\to g} \Phi_i^{g'} + \sum_{s,i}^{g\to g} \Phi_{i0}^g \tag{4-59}$$

其中，Φ_{i0}^g 为源项在第 i 个网格内产生的第 g 群未经碰撞的通量密度。

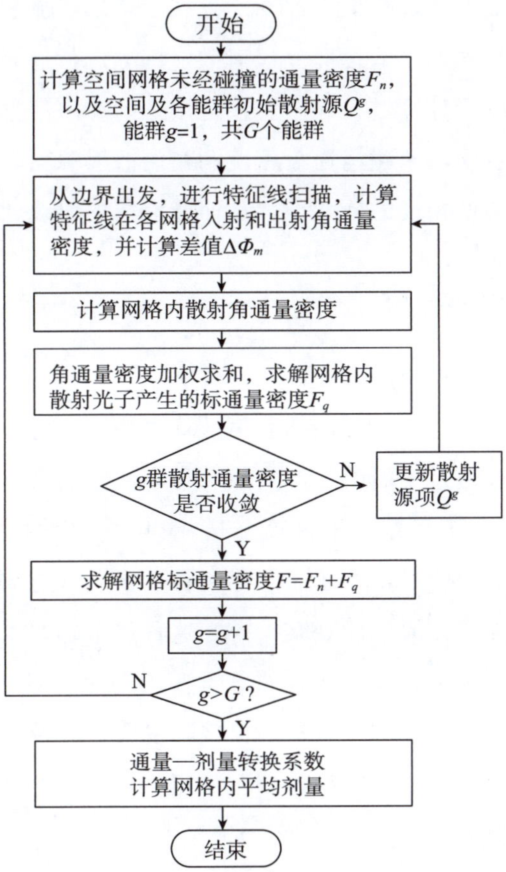

图 4.29 LMMOC 计算流程图

每次群迭代中，从求解几何边界开始进行特征线扫描。假设几何边界为自由表面，其外部为真空，即入射光子通量密度为 0。因此，可以由式（4-55）计算特征线在各网格的入射和出射角通量密度及其差值。所有离散角度方向特征线均扫描完毕后，可利用式（4-55）和式（4-56）计算角通量密度并对其进行加权求和，获得各网格内散射光子贡献的通量密度。如果群内迭代中，散射通量密度未收敛，则根据当前散射通量密度和初始未经碰撞通量密度更新散射源项，之后进行下一次特征线扫描；若散射通量密度收敛，则各网格内的通量密度等于未经碰撞通量密度与散射通量密度之和。之后进行下一个能群的迭代，重复以上过程，直到依次遍历完所有能群。最终各网格内的平均剂量 D 可由下式计算：

$$D=\sum_{g=1}^{G} C_{\Phi-D}\Phi_{g} \tag{4-60}$$

式中：$C_{\Phi-D}$ —通量与剂量转换系数；

Φ_{g} —第 g 能群的通量密度。

上述流程与一般特征线方法相似，不同之处在于，以上流程利用未经碰撞通量密度构造分布于整个空间的散射源，输运部分仅对散射部分进行计算，最后与未经碰撞通量密度合并得到最终解。由于计算过程并未直接运用初始源项信息，而是将源项信息转化为分布于整个求解几何空间的未碰撞通量密度和初始散射源项，因此减弱了有限尺寸以及不规则源项对特征线离散角度的依赖性，从而能够减弱射线效应。

4.2.3 蒙特卡罗方法

(1) 蒙特卡罗方法基本思想

蒙特卡罗方法是一种基于统计理论的数值计算方法，又可称为随机抽样方法或统计试验方法。在很早以前，通过不断的生产实践和科学试验活动，蒙特卡罗方法的基本思想就已经被人们发现。在 17 世纪，人们就知道用事件发生的频率来决定事件的概率。伯努利在《推测术》一书中曾说："每个人都明白，要作关于某种现象的推断，作一、二次观察是不够的，而需要作大量的观察，……这种观察越多，则达不到目的的危险就越小。" 19 世纪后期，古典概率论中著名的蒲丰氏问题也体现了这种思想。20 世纪 40 年代开始，由于科学技术的发展和计算机的出现与发展，这种方法作为一种独立的方法被提出来，在二战期间美国的"曼哈顿计划"中得以应用。"蒙特卡罗"这个名字来源于赌城蒙特卡罗，象征概率。

蒙特卡罗的基本思想可以概括为：当所求问题的解是某个事件的概率，或者某个随机变量的数学期望，或者是与概率、数学期望有关的量时，通过某种试验的方法，得出该事件发生的概率，或者该随机变量若干个具体观察值的算术平均值，通过它得到问题的解。

当随机变量的取值仅为 1 或零时，它的数学期望就是某个事件的概率。因此，可以通俗地说，蒙特卡罗方法是用随机试验的方法计算积分，即将所要计算的积分看作服从某种分布密度函数为 $f(r)$ 的随机变量 $g(r)$ 的数学期望

$$<g>=\int g(r)f(r)\,\mathrm{d}r \tag{4-61}$$

通过某种实验，得到 N 个观察值 r_1，r_2，…，r_N（用概率语言来说，从分布密度函数 $f(r)$ 中抽取 N 个子样 r_1，r_2，…，r_N），将相应的 N 个随机变量的值 $g(r_1)$，

$g(r_2)$，…，$g(r_N)$ 的算术平均值作为积分的近似值：

$$\hat{g}_N = \frac{1}{N}\sum_{i=1}^{N} g(r_i) \tag{4-62}$$

为了得到具有一定精确度的近似解，所需试验的次数是很多的，通过人工方法做大量的试验相当困难，甚至是不可能实现的。因此，蒙特卡罗方法的基本思想虽然早已被人们提出，却很少被使用。随着计算机的出现，使得人们可以通过计算机来模拟随机试验过程，把巨大数目的随机试验交由计算机完成，使得蒙特卡罗方法得以广泛应用，在现代化的科学技术中发挥重要作用。

（2）蒙特卡罗方法的特点

蒙特卡罗方法的优点如下。

1）能够比较逼真地描述具有随机性质的事物的特点及物理实验过程

从这个意义上讲，蒙特卡罗方法可以部分代替物理实验，甚至可以得到物理实验难以得到的结果。用蒙特卡罗方法解决实际问题，可以直接从实际问题本身出发，而不从方程或数学表达式出发。它有直观、形象的特点。

2）受几何条件限制小

无论几何区域 D 的形状如何特殊，只要能给出描述 D 的几何特征的条件，就可以从 D 中均匀产生 N 个点，得到积分的近似值。另外，在具有随机性质的问题中，如考虑的系统形状很复杂，难以用一般数值方法求解，而使用蒙特卡罗方法，不会有原则上的困难。

3）收敛速度与问题的维数无关

维数的增加，除了增加相应的计算量外，不影响问题的误差。这一特点，决定了蒙特卡罗方法对多维问题的适应性。

4）具有同时计算多个方案与多个未知量的能力

对于那些需要计算多个方案的问题，使用蒙特卡罗方法有时不需要像常规方法那样逐个计算，而可以同时计算所有方案，其全部计算量几乎与计算一个方案的计算量相当。例如，对于屏蔽层为均匀介质的平板几何，要计算若干种厚度的穿透概率时，只需要计算最厚的一种情况，其他厚度的穿透概率在计算最厚一种情况时稍加处理便可同时得到。

另外，使用蒙特卡罗方法还可以同时得到若干个所求量。例如，在模拟粒子输运过程中，可以同时得到不同区域的通量、能谱、角分布等，而不像常规方法那样，需要逐一计算所求量。

5）误差容易确定

对于一般计算方法，要给出计算结果与真值的误差不是一件容易的事，而蒙特卡罗方法则不然，可以在计算所求量的同时计算出误差，对于很复杂的蒙特卡罗方法计算问题，也是容易确定的。

一般计算方法常存在着有效位数损失问题，而要解决这一问题有时相当困难，蒙特卡罗方法则不存在这一问题。

6）程序结构简单，易于实现

在计算机上进行蒙特卡罗计算时，程序结构简单，分块性强，易于实现。

蒙特卡罗方法的缺点如下。

1）收敛速度慢

其收敛速度正比于 $N^{-1/2}$，一般不容易得到精确度较高的近似结果。对于维数少（三维以下）的问题，不如其他方法好。

2）误差具有概率性

由于蒙特卡罗方法的误差是在一定置信水平下估计的，所以它的误差具有概率性，而不是一般意义上的误差。

3）在粒子输运问题中，计算结果与系统大小有关

经验表明，只有当系统的大小与粒子的平均自由程可以相比较时（一般在 10 个平均自由程左右)，蒙特卡罗方法计算的结果较为满意。但对于大系统或小概率事件的计算问题，计算结果往往比真值偏低。而对于大系统，数值方法则是适用的。

蒙特卡罗方法所特有的优点，使它的应用范围越来越广。它的主要应用范围包括：粒子输运问题、统计物理、典型数学问题、真空技术、激光技术以及医学、生物、探矿等。

（3）求解粒子输运问题的主要步骤与基本蒙特卡罗技巧

用蒙特卡罗方法求解粒子输运问题时，通常应遵循以下四个主要步骤。

1）弄清粒子输运的全部物理过程

弄清粒子输运的全部物理过程，具体地说就是：所考虑的系统是什么形状，比如，平板、圆柱、球、球壳等；系统中的介质是由哪些原子核组成的；粒子的源分布是什么；粒子由源出发后，输运到下一个碰撞点的分布是什么；粒子在碰撞点发生碰撞时，与每一种原子核发生碰撞的概率是什么；粒子发生每一种反应（除吸收以外）后，其能量分布和角分布是什么；粒子运动历史结束（“死亡”）的条件是什么；所求量的物理意义是什么等。对于非随机性的问题，用蒙特卡罗方法求解时，必须人为地构造一个概率空间，将非随机性的问题化为随机性问题。比如计算定积分时，必须选择好分布密度函数与估计函数。

在考虑系统的形状、介质的种类及反应类型时，要注意简化，将那些对所求量影响很小的因素去掉，以便使问题简化，节省计算时间。

2）确定所用的蒙特卡罗技巧

在计算所求量时，选用适当的蒙特卡罗技巧是非常重要的（将在下面叙述），方法选得好，计算结果稳定较快，方差（或误差）小、效率高；方法选得不好，计算结果统计涨落大，稳定性差，甚至结果无法使用。

选择哪一种方法好，应根据具体情况而定。选用的蒙特卡罗技巧不同，粒子的模拟过程也不同，对于相同粒子的模拟过程，也可采用不同的记录方法。

3）确定粒子的状态参数与状态序列

粒子在介质中的运动状态，可用一组参数描述，这些参数称为状态参数。它通常包括：粒子的空间位置 r，能量 E 和运动方向 Ω，以 $S=(r, E, \Omega)$ 表示。有时还需要其他的参数，如粒子的寿命 t，权重 W。在使用群截面的情况下，还需要表示粒子能量的能群编号 i_1，在多层介质中，还需要表示粒子所在的区域编号 i_2 等。

状态参数的确定与所考虑的问题及系统有关。在选择状态参数时，要恰如其分。参数少了，不能确定粒子的运动状态；参数多了，会增加不必要的麻烦和计算量。一般来说，对某一参数而言，如果在其他参数确定的情况下，使用该参数的不同值对所求量的贡献相同，该参数就是不必要的；否则就是不可缺少的。比如，粒子穿透平板屏蔽问题，如果平板屏蔽的长度和宽度无限，描述粒子位置的参数只需用 Z 表示（Z 轴垂直平板平面）。

粒子的位置 r，运动方向 Ω，在一般情况下取直角坐标系，坐标原点的选择以方便计算为原则，位置用 (x, y, z) 表示，运动方向用方向余弦 u，v，w 表示。对于平面几何，位置只需用 (x, y) 表示，运动方向用 u，v 表示。对于长、宽无限的平板，取

$$S=(Z, E, \cos\alpha) \tag{4-63}$$

其中，α 为粒子的运动方向与 Z 轴的夹角。对于球对称几何，取

$$S=(r, E, \cos\theta) \tag{4-64}$$

式中：r——粒子所在位置到球心的距离；

θ——粒子的运动方向与其所在位置的径向夹角。

粒子第 m 次碰撞后的状态参数为：

$$S_m=(r_m, E_m, \Omega_m) \tag{4-65}$$

或者：

$$S'_m = (r_m, E_m, \Omega_m, t_m, W_m) \tag{4-66}$$

它表示一个由源发出的粒子，在介质中经过 m 次碰撞后的状态。

式中：r_m——粒子在第 n 次碰撞点的位置；

E_m——粒子第 m 次碰撞后的能量；

Ω_m——粒子第 m 次碰撞后的运动方向；

t_m——粒子到第 m 次碰撞时的寿命；

W_m——粒子到第 n 次碰撞后的权重。

有时，S_m（或 S'_m）也可选为粒子进入第 m 次碰撞时的状态参数。

一个由源发出的粒子在介质中运动，经过若干次碰撞后，其运动历史结束（如逃出系统或被吸收等）。假定（不带电）粒子在两次碰撞之间按直线运动，其运动方向与能量均不改变，则粒子在介质中的运动过程可用以下状态序列描述：

$S_0, S_1, S_2, \cdots, S_{M-1}, S_M$

或者更详细些，用

$$\begin{bmatrix} r_0, & r_1, & r_2, & \cdots, & r_{M-1}, & r_M \\ E_0, & E_1, & E_2, & \cdots, & E_{M-1}, & E_M \\ \Omega_0, & \Omega_1, & \Omega_2, & \cdots, & \Omega_{M-1}, & \Omega_M \end{bmatrix}$$

来描述。S_0 为粒子由源出发的状态，称为初态，S_M 为粒子的终止状态。M 称为粒子运动的链长。

这样的序列称为粒子随机运动的历史，模拟一个粒子的运动过程就变成确定状态序列的过程了。

4）确定粒子输运过程中有关分布的抽样方法

在确定状态序列过程中，非常重要的问题是由已知分布抽样的问题。具体地说，由已知的粒子源分布中抽取源粒子的初态，S_0（r_0，E_0，Ω_0），由已知状态 S_m 确定 S_{m+1}，$m=0, 1, \cdots, M-1$ 时，要从已知分布中抽取输运长度，确定碰撞点的位置，抽样确定碰撞核的种类及反应类型，如粒子不被吸收，还要从已知能量分布和角分布中抽样确定碰撞后的能量和散射角，进而转换成碰撞后的运动方向等。由已知分布的抽样，要选取适当的抽样方法。选择抽样方法以容易实现，所用计算时间少为标准。模拟粒子运动的过程，其核心是一个由已知分布抽样的问题，从这个意义上讲，蒙特卡罗方法也称为随机抽样技巧。

4.3 辐射场重构方法

辐射场是核设施环境仿真的重要内容，详细的辐射场分布数据可以为辐射安全评估优化提供数据支持。在实际工程中，通过辐射监测系统，可以有效监测核设施环境中的各种辐射水平，但由于时间、条件的限制，难以实测整个辐射场分布，而且监测点分布是有限、离散的，因此基于有限的监测点数据重构出整个辐射场信息成为获取辐射场分布特性的重要手段，并且也可以通过辐射场重构结果，对监测点布置优化进行指导。

4.3.1 基于神经网络的辐射场重构方法

（1）基本思想

基于神经网络的 γ 辐射场重构方法的前提是假设辐射场在一定的时间内不会发生变化，计算结果才具有一定的意义。其基本思想如图 4.30 所示，主要包括选取样本和插值计算两个部分。

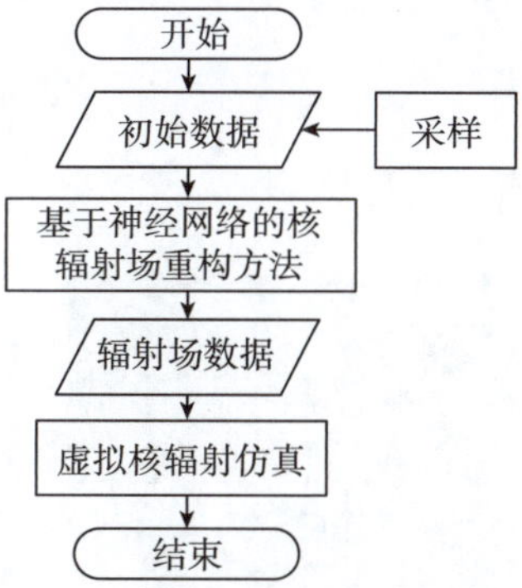

图 4.30 基于神经网络的 γ 辐射场重构方法的基本思想

（2）选取样本

辐射场重构方法的计算结果是三维空间中某个高度的横截面上一组均匀分布的剂量率。为了使得辐射场数据有更多应用价值，考虑到人体的组织和器官对辐射的敏感性，辐射场定位在距离地面 1 m 的水平面。

样本作为神经网络插值计算的初始数据，合理地增加样本的数量有利于提高计算结果的精度和神经网络的泛化能力，但是这违背了本研究的初衷——依据少量的样本数据重构整个核辐射场。因此，研究提出选取样本的前提条件：1）取样的位置应该尽可能地覆盖整个辐射场的工作区域，有利于表征问题的基本特性；2）辐射源位于所计算的辐射场外部，因为辐射源位于所计算的辐射场内部会使得计算更加复杂，所以暂不考虑这种情况。

根据上述选取样本的前提条件和环境取样方法，研究设计三种选取样本的方法。

1）同心圆取样

辐射源是同心圆的圆心，同心圆与圆心发出的射线的交点为取样点，如图 4.31（A）所示。同心圆取样适用于开阔，没有屏蔽区域的辐射场重构。

2）网格取样

辐射场的区域被网格均匀分割为若干个单元格，从中选取部分单元格中心位置作为取样点，如图 4.31（B）所示。网格取样同样适用于开阔，没有屏蔽区域的辐射场重构。

3）分区取样

在实际的环境监测工作中，并没有适用于所有环境的监测网络和适用于所有监测任务的最优取样方法。如果环境中有屏蔽对象，那么辐射场需要分解为多个子区域，对每个子区域使用网格采样。子区域是根据辐射源发出的射线与屏蔽对象的边界划分，如图 4.31（C）所示。此时，整个辐射场是由多个子辐射场组成的。

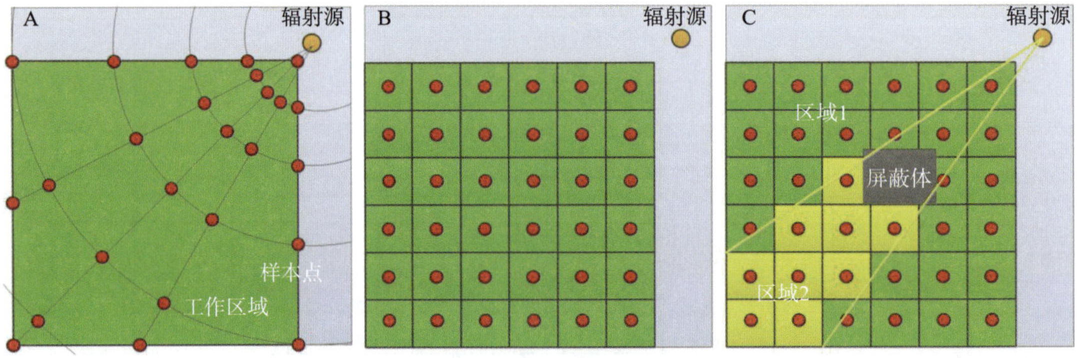

图 4.31　取样示意图

（3）插值计算

对于一些机理不明确或无法建立数学模型的问题，神经网络方法具有一定的优势，可以用于解决常规方法解决不了或效果不佳的问题。根据有限的样本数据，很难建立辐射场的数学模型，无法获取完整的辐射数据。根据标准物理，剂量率是随着距离辐射源的距离增加而减少的，对于未知的辐射源，难以用规则和公式描述辐射场。此外，神经网络对处理数据量大且没有数学模型的问题时，具有极大的自适应性和灵活性。因此，研究选择神经网络方法作为重构辐射场方法的核心。

插值计算主要分为两个部分：神经网络方法和加权平均插值法。图 4.32 给出了插值计算示例，首先采用网格法选取样本（蓝色点），作为初始数据；然后利用神经网络方法计算出内部的部分位置的剂量（黄色点）；再利用加权平均插值法计算单元格内任意位置的剂量（红色区域）；最后，可以得到一个完整二维辐射场。

图 4.32 给出了插值计算流程图。假设一个案例，利用点核积分程序计算得到案例中的辐射场样本，利用神经网络方法，完成插值计算的第一次插值，利用加权平均插值法实现插值计算的第二次插值。

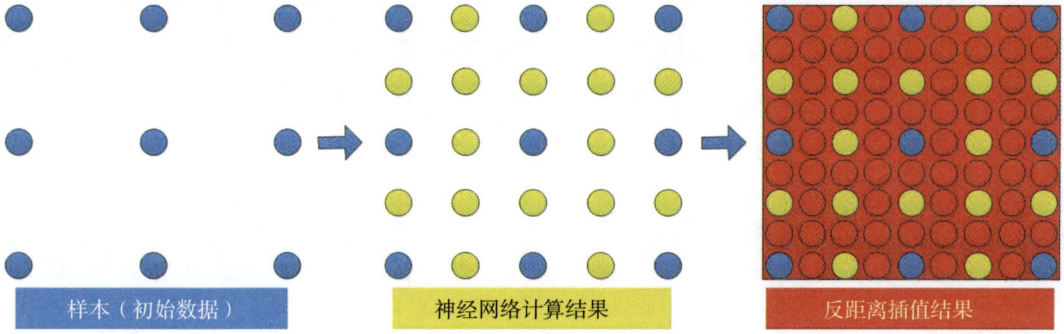

图 4.32 辐射场插值计算的示意图

1）神经网络方法

径向基神经网络具有简单的结构和简单的训练过程，是一种广泛应用的神经网络方法。它的优越性体现在使用线性学习算法推理非线性学习算法的工作结果，同时保持着较高的非线性算法的精度。此外，它还具有最佳逼近，全局最优等特点。因此，选择径向基神经网络用于重构辐射场。

图 4.33 给出了径向基神经网络的结构。径向基神经网络结构分为三层，其中输入层神经元是插值点的坐标（x，y，z），其数目为 3，它仅起到传输信号的作用。隐藏层是对激活函数的参数进行调整，采用的是非线性优化策略，学习速度慢，其神经元数目等于样本数目。输出层是对线性权重进行调整，采用的是线性优化策略，学习速度较快，输出神经元是插值点对应的剂量。

点核积分程序的部分输出结果作为神经网络方法的样本数据，输入神经网络的样本数据需要归一化，这样可以使神经网络的所有权值都在一个不太大的区间内，减轻了神经网络学习训练的难度。同样，需要对神经网络的输出进行反归一化。

2）加权平均插值法

反距离权重插值是一种常用的离散数据插值方法，它是插值点与样本点间的距离为

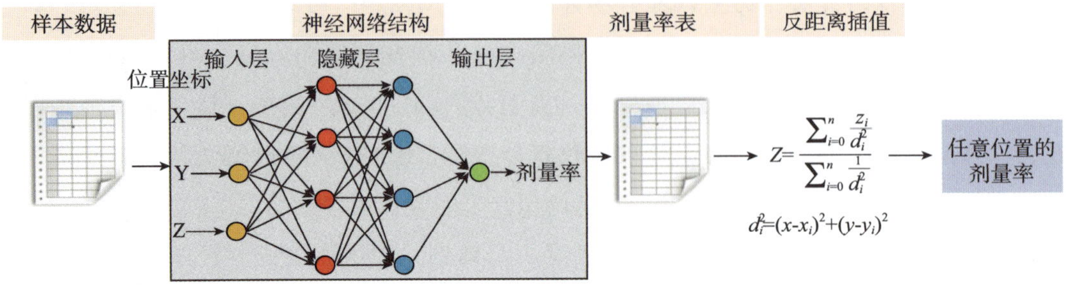

图 4.33　插值计算流程图

权重进行加权平均化的结果。如果样本点距离插值点越近，那么它被赋予的权重越大。图 4.34 给出了样本点和插值点的耦合示意图，根据插值点相邻的四个样本点的剂量和距离进行插值计算得到插值点的剂量率，已知第 i 个样本点的坐标为（x_i，y_i），对应的剂量率为 $z_i(i=1，2，\cdots，n)$，插值点坐标为（x，y）通过距离加权值求插值点的剂量率 Z。插值一定介于四个样本值之间，需要注意的是加权平均插值法的样本是神经网络方法的输入结果和初始样本。

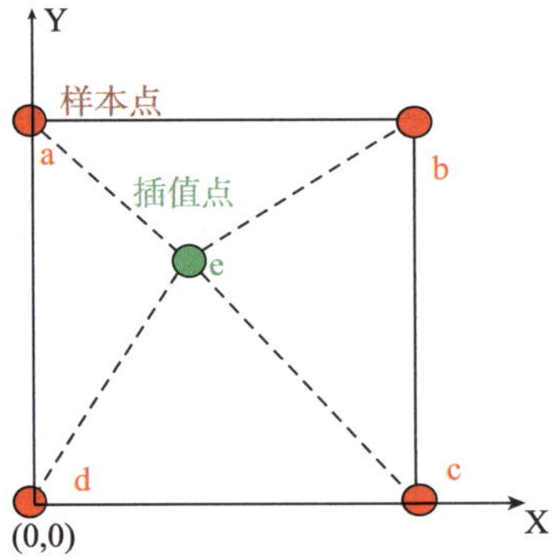

图 4.34　样本点和插值点的耦合示意图

4.3.2　基于最小二乘法和 Gauss-Seidel 算法的辐射场重构方法

（1）放射源定位

为了减小解集的规模，同时为了便于对放射源的定位结果进行描述，需要对整个辐射区域进行离散化处理，即用有限数量的离散点来代替原来的连续空间。常用的区域离散方式主要分为两类：均匀离散和非均匀离散。非均匀离散是指将区域按照某一规则或权重划分成若干个不同形状的子区域，此类方法在划分得当时可有效提高问题求解的精度和效率，但考虑到不同场景下的最优划分方法往往不同，如果都按照同一规则或权重进行非均匀离散，反而可能会让某些场景下的放射源定位出现很大偏差。均匀离散则与非均匀离散相反，整个区域被划分为若干相同形状的栅格，均匀离散的划分方式虽然较为简单，但其适用性显然更高，更符合对于任意场景下的放射源进行定位的要求。因此，此处采用均匀离散方式来对整个辐射区域进行矩形栅格划分，如图 4.35 所示，并以最终解得的栅格的中心坐标来作为放射源的定位结果。

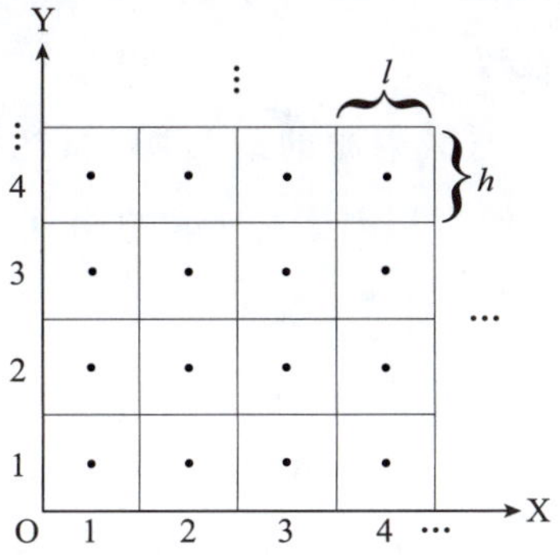

图 4.35　辐射区域均匀离散示意图

另外，对于离散化的辐射区域，栅格的长宽也会对定位计算产生很大的影响，如果栅格尺寸过大，栅格的密度就会很小，最后的定位精确度就会变差，如果栅格尺寸过小，栅格的密度就会很大，会使计算效率明显降低，因此为了均衡计算效率和计算精度，必须根据实际需求选取合适的栅格大小，或者按照如图 4.36 所示的方法对局部区域进行多次划分，从而在满足精度要求的前提下提高计算效率。

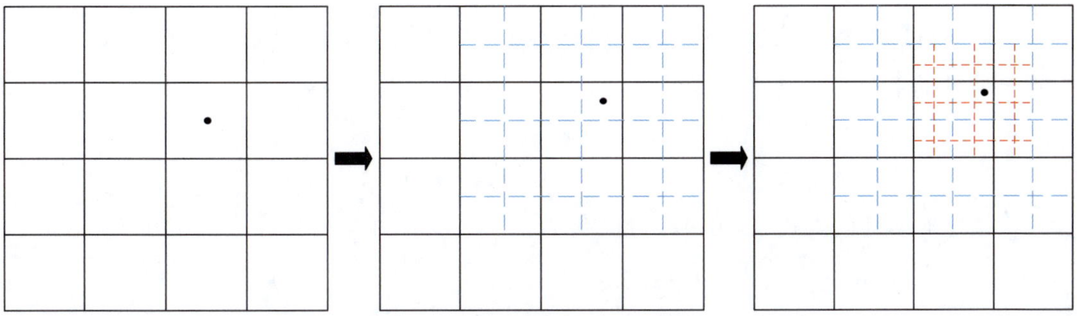

图 4.36　局部区域多次离散

（2）放射源源强反演

在将辐射区域划分成若干矩形栅格后，放射源定位问题就从求解放射源的具体位置简化成了求解放射源所在的栅格。假设整个辐射区域中总共存在有 N 个探测点以及 M 个放射源，按照点核积分理论，每个探测点处的剂量率值应为各放射源贡献之和，如式

(4-67) 所示：

$$\sum_{m=1}^{M}\sum_{i=1}^{I_m}\sum_{j=1}^{I_{m,i}}S_{m,i}R_{m,i,j}C_{m,i,j}B_{n,m,i,j}\frac{\exp(-t_{n,m,i,j})}{4\pi(r_n-r_m)^2}=d_n \tag{4-67}$$

式中：d_n——第 n 号探测点处的剂量率值；

$S_{m,i}$——第 m 号放射源的第 i 种核素对应的源强；

$R_{m,i,j}$、$C_{m,i,j}$——第 m 号放射源的第 i 种核素的第 j 种光子能量对应的分支比和转换系数；

$B_{n,m,i,j}$、$t_{n,m,i,j}$——第 m 号放射源的第 i 种核素的第 j 种光子能量对于第 n 号探测点的累积因子和平均自由程数；

I_m——第 m 号放射源的核素种类总数；

$I_{m,i}$——第 m 号放射源的第 i 种核素的光子能量种数。

从式 (4-65) 中可以看出，当场景环境确定好后，探测点处的剂量率值只由放射源的源强、位置和光子能量决定，其中光子能量可由其核素种类确定，仅有源强和位置为未知项，因此在利用探测器获取目标点处的剂量率值后，只需假定放射源源强或位置中的其中一项，就可以直接根据点核积分理论对另一项进行计算。若对源强进行假设，一方面由于放射源源强的可能范围非常宽，即使进行了分群，也会面临计算量很大的问题；另一方面是放射源位置的不确定会使点核积分公式中的平均自由程数和累积因子计算存在困难。由于已对辐射区域进行了栅格化均匀离散，因此可以用各栅格中心点来作为放射源的假定位置，这样不仅在累积因子和平均自由程数的计算上没有难度，也能降低计算量。

当假定好放射源的位置，并计算该放射源对某一探测点的剂量贡献时，式 (4-67) 中除源强外的部分均只与光子能量有关，为便于表示，引入系数 k：

$$R_{m,i,j}C_{m,i,j}B_{n,m,i,j}\frac{\exp(-t_{n,m,i,j})}{4\pi(r_n-r_m)^2}=k_{n,m,i,j} \tag{4-68}$$

将式 (4-68) 代入式 (4-67)，可简化为：

$$\sum_{m=1}^{M}\sum_{i=1}^{I_m}\sum_{j=1}^{I_{m,i}}S_{m,i}k_{n,m,i,j}=d_n \tag{4-69}$$

将其展开，可得到如下方程组：

$$\begin{cases}\sum_{i=1}^{I_1}\sum_{j=1}^{I_{1,i}}S_{1,i}k_{1,1,i,j}+\sum_{i=1}^{I_2}\sum_{j=1}^{I_{2,i}}S_{2,i}k_{1,2,i,j}+\cdots+\sum_{i=1}^{I_M}\sum_{j=1}^{I_{M,i}}S_{M,i}k_{1,M,i,j}=d_1\\ \sum_{i=1}^{I_1}\sum_{j=1}^{I_{1,i}}S_{1,i}k_{2,1,i,j}+\sum_{i=1}^{I_2}\sum_{j=1}^{I_{2,i}}S_{2,i}k_{2,2,i,j}+\cdots+\sum_{i=1}^{I_M}\sum_{j=1}^{I_{M,i}}S_{M,i}k_{2,M,i,j}=d_2\\ \vdots\qquad\qquad\vdots\qquad\qquad\vdots\qquad\qquad\vdots\\ \sum_{i=1}^{I_1}\sum_{j=1}^{I_{1,i}}S_{1,i}k_{N,1,i,j}+\sum_{i=1}^{I_2}\sum_{j=1}^{I_{2,i}}S_{2,i}k_{N,2,i,j}+\cdots+\sum_{i=1}^{I_M}\sum_{j=1}^{I_{M,i}}S_{M,i}k_{N,M,i,j}=d_n\end{cases}\tag{4-70}$$

式中：d_n——各探测点处的剂量率值，由探测器直接给出；

$k_{n,m,i,j}$——剂量系数，可按照式（4-68）和点核积分理论进行计算；

$S_{m,i}$——各核素对应的源强，是此处的求解目标。

通常情况下，探测点数量会多于未知项 $S_{m,i}$ 的数量，因此方程组（4-70）实际上是一个超定方程组，不存在精确解。想要得到各 $S_{m,i}$ 的确定值，需对方程组进行处理，从方程组（4-70）中选取前 $\sum_{m=1}^{M}I_m$ 行来组成一个新的线性适定方程组，写成矩阵形式后如式（4-71）所示：

$$K_{\lambda\times\lambda}\cdot S_{\lambda\times1}=D_{\lambda\times1}\tag{4-71}$$

式中：$\lambda=\sum_{m=1}^{M}I_m$；

$K_{\lambda\times\lambda}$——各 $k_{n,m,i,j}$ 值组成的方阵；

$D_{\lambda\times1}$——各 d_n 值组成的向量；

$S_{\lambda\times1}$——各 $S_{m,i}$ 值组成的向量。

（3）辐射场重构方法

为便于描述，将方程组（4-70）进行简化，如式（4-72）所示：

$$K_{n\times\lambda}\cdot S_{\lambda\times1}=D_{n\times1}\tag{4-72}$$

式中：$K_{n\times\lambda}$——各剂量系数 $k_{n,m,i,j}$ 组成的矩阵；

$D_{n\times1}$——各探测点剂量率值 d_n 组成的向量；

$S_{\lambda\times1}$——各源强 $S_{m,i}$ 值组成的向量。

由于方程个数 n 大于未知数的个数 λ，因此方程组（4-72）在绝大多数情况下不存在解向量，只能通过最小二乘法求出一个最接近的近似解。最小二乘法是线性回归问题中最常用的一种方法，其目标在于找出一个解向量 S，使得式（4-73）的值最小，称该解向量 S 为方程组（4-74）的最小二乘解。

$$\| D - KS \|^2 \tag{4-73}$$

根据最小二乘法的相关定理可知，S 是超定方程组的最小二乘解的充分必要条件是 S 是方程组（4-74）的解：

$$K^T K \cdot S = K^T \cdot D = b \tag{4-74}$$

称式（4-74）为式（4-73）的法方程，其中 $K^T K$ 为正定矩阵，所以解向量 S 必然存在且唯一。

根据上述理论，超定方程组最小二乘解问题就被转换成了对式（4-74）的求解，考虑到求解效率，采用 Gauss-Seidel 算法对其进行迭代计算。将矩阵 $K^T K$ 分解成如下形式：

$$K^T K = A + B + C \tag{4-75}$$

其中，A 为矩阵 $K^T K$ 的上三角部分；B 为矩阵 $K^T K$ 的对角部分；C 为矩阵 $K^T K$ 的下三角部分。再令 $M = A + B$，$N = -C$，则：

$$S = M^{-1} NS + M^{-1} b \tag{4-76}$$

Gauss-Seidel 算法构造的迭代方程为：

$$S^{(k+1)} = G_G S^{(k)} + g_G \tag{4-77}$$

$$G_G = M^{-1} N, \quad g_G = M^{-1} b \tag{4-78}$$

经过最小二乘法的转换和 Gauss-Seidel 算法的迭代两个步骤后，即可得到式（4-72）的最小二乘解。考虑到实际情况下的源强不可能为负值，尝试对源强添加一个非负约束，将其同样转换成一个非负约束最小问题：

$$\min q(x) = \frac{1}{2} \| K_{n\times\lambda} S_{\lambda\times 1} - D_{n\times 1} \|^2, \quad S_{\lambda\times 1} \geqslant 0 \tag{4-79}$$

采用 NNLS2 算法对式（4-79）所示的问题进行求解，即可得到与所有探测点剂量率值相对应的放射源强，随后再利用点核积分方法正向计算出其他位置处的剂量率值，最终就能得到一个完整的辐射场剂量率分布。

4.4 三维辐射场可视化技术

科学计算可视化利用计算机图形图像处理技术将科学计算与工程测量数据以图形的形式显示出来，其核心是三维空间数据场的可视化。三维辐射场剂量可视化是三维空间数据场可视化的具体应用，能够以图形化的方式显示空间辐射场的分布，辅助人员预知核辐射在环境内的分布，帮助作业人员规避辐射剂量高的区域和控制个人受照剂量，对核辐射安全有着重要的意义。

4.4.1 三维数据可视化基本流程

尽管三维空间离散数据场数据类型各不相同，但是其可视化基本流程都大致相同，主要有如下几个步骤。

(1) 获取三维空间体数据。可以通过科学计算或者工程测量产生体数据，其中体数据的格式可以由科学工作者来定义。

(2) 数据的精炼与处理。若原始数据量过大，则需要加以精炼，在最大限度减少有用信息丢失的情况下尽量减少数据量，否则会严重影响可视化绘制速度。相反，若体数据过于稀疏会影响可视化效果，则需要进行插值处理。

(3) 可视化映射。将处理后的数据转换为可供绘制的几何图素，即如何用颜色、光照等属性反映体数据中人们感兴趣的性质与特点。这一步是整个可视化流程的核心步骤，并具有多种设计方案。

(4) 图像转换。在可视化映射的基础上，利用计算机图形学基本技术将几何图素转换为可在输出设备上显示的图像。

(5) 图像变换与显示。对图像进行几何变换、格式转换以及压缩处理等操作后，将其在输出设备上显示出来。

一般来说，三维空间体数据的可视化算法主要分为面绘制与体绘制两类。两类算法在绘制效果与绘制时间等方面存在较大差异。

4.4.2 表面绘制算法

表面绘制方法首先利用三维空间数据场构造出中间几何图元（曲面、平面），然后由传统的计算机图形处理技术进行绘制。此类算法不能反映整个数据场的全貌，但是可以产生比较清晰的等值面图形，并且可以利用计算机图形硬件加速绘制，具有较快的速度。移动立方体法、移动四面体法与剖分立方体法是几种常用的面绘制算法。

(1) 移动立方体法

移动立方体算法是 W. Lorensen 等人在 1987 年提出的一种三维重建方法，该算法原理简单且容易实现，因此在各领域得到了广泛地运用。移动立方体算法处理的数据是三维空间规则数据场，其主要思想是提取每一个体元中的等值面三角面片，然后将三维数据场中所有体元的三角面片链接起来构成等值面，最后交由三维图形编程接口或者图形引擎绘制。其中，提取各体元等值面三角面片是移动立方体算法的核心步骤。

每一个体元存在 8 个顶点，各顶点位置与数据场的数据值一一对应。在求解等值面片的过程中，若体元任意顶点的数据值大于用户给定的等值面阈值，则将该顶点赋值为 1；反之，若顶点数据值小于用户给定阈值，则赋值为 0。显然，若体元某一条边的两个顶点值不相等，则该边必然与等值面相交。根据这一原理可以确定三维空间数据场中所有与等值面相交的体元。

由于体元有 8 个顶点，而每一个顶点只有 2 种状态（0 或 1），因此每一个体元共有 256（2^8）种状态。但是根据数值对称性与旋转对称性等不同的对称关系可以将其简化为 15 种状态，如图 4.37 所示。然后针对每一种状态，具体求解等值面三角面片的顶点与顶点法向量。

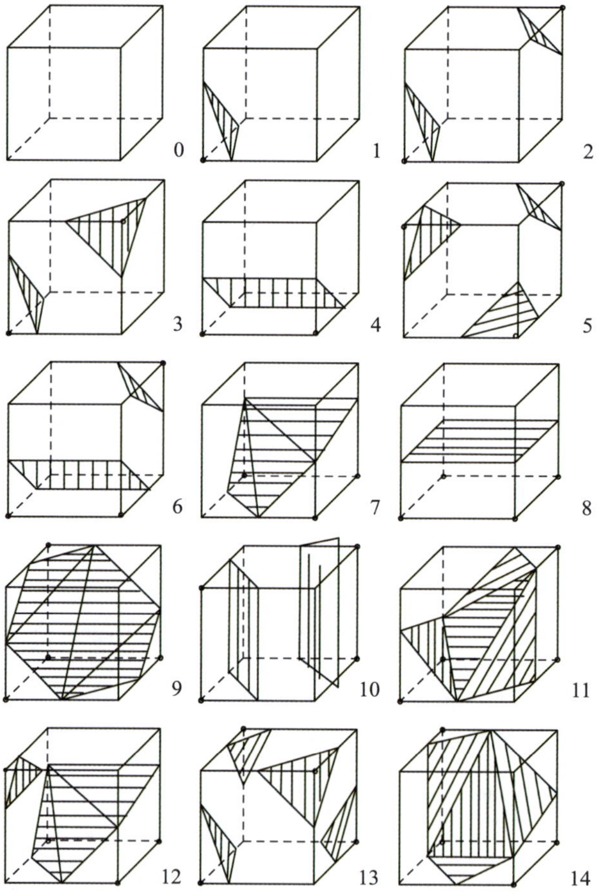

图 4.37　MC 算法体元 15 种三角剖分状态

由于体元一共只有 256 种状态，因此可以用一个字节（8bit）存储体元所有状态，查询到体元基本状态后则可查询体元与等值面的交点情况。在实际应用过程中，通常会事先建立体元所有状态分布查询表，然后根据体元顶点状态计算索引值，再通过查询表得到体元存在交点的边以及等值点的链接方式。在三维空间数据场密度很大或者等值面图像要求不是很高的情况下，可以采用线性插值方式求解体元边界的交点。最后，将这些交点按照对应的链接方式构成为整个等值面的一部分。

（2）移动四面体法

移动四面体算法以移动立方体算法为基础，在1991年由A. Doi等人首次提出。该算法将立方体体元剖分为多个四面体，再由四面体构造等值面。该算法通过四面体构造等值面从而能够避免移动立方体算法中的二义性问题。但是在相同的采样空间内，当采样点数目相同时，移动四面体算法得到的三角面片是移动立方体算法的2倍以上，因此需要更多的内存存储网格的拓扑信息。

（3）剖分立方体法

当三维数据场的密度很高时，若采用移动立方体算法或者移动四面体算法提取等值面，则由体元产生的等值面片非常小，而插值计算小的三角面片是不必要的。针对这一问题，Cline与Lorenson于1988年提出剖分立方体法。剖分立方体算法判断体元与等值面是否存在交点所采用的方法与移动立方体算法一致。若等值面不通过体元，则直接处理下一个体元；若等值面与体元相交并且体元在屏幕上的投影大于像素时，则将体元沿着X、Y与Z方向进行剖分，直到剖分过后的体元投影小于或者等于像素，然后判断剖分后的小体元是否与等值面相交。若相交则直接将小体元投影至屏幕，否则不进行任何操作。

4.4.3 体绘制算法

三维数据场面绘制方法还有许多，不同的算法具体求解过程有所不同，但都是在求解最佳的等值面，通过曲面拟合近似反映三维数据场的某种性质。面绘制算法在一定程度上能够满足用户需求，但由于体数据信息丢失严重，不能反映整个数据场全貌，因此需要与三维数据场体绘制算法相互补充。体绘制方法直接由三维数据场产生屏幕上的二维图像。该类算法产生的图像质量高，能够反映整个数据场的全貌与细节，但是计算量大，难以利用传统的图形硬件绘制，因而计算时间相对较长。

（1）三维纹理映射算法

基于三维纹理的体绘制方法的主要目的在于利用计算机图形硬件来提高体绘制速度。由于图形处理单元（GPU）具有高并行结构，与CPU相比具有更多的逻辑运算单元（ALU）用于数据处理，因此GPU在处理图形数据上比CPU有更高的效率。因此利用 GPU 处理三维纹理空间重采样的插值运算以及具有不透明度的图像合成，可以极大地提高体绘制速度。

三维纹理是二维纹理的扩展，三维纹理体绘制算法利用 GPU 处理三维纹理插值、映射以及融合，主要有三个步骤，首先，利用转换函数将体数据转换为颜色及不透明度(ARGB)，并按照一定顺序排列形成三维纹理。其次，在确定观察方向后，计算三维数据场采样点与三维纹理空间坐标的映射关系。最后，对三维纹理数据重采样得到各采样点颜色值，并按照从后向前的顺序合成图像以形成最终图像。

在确定体数据顶点数据与索引数据的时候，首先确定包围盒作为辐射场体数据的边界，然后对包围盒进行切片，得到一系列彼此平行的采样多边形，并计算每个采样多边形顶点的纹理坐标。一般来说，对包围盒的切片有坐标轴平行切片法与视图平行切片法两种方式。前者使切片垂直于物体空间中与视平面法向量夹角最小的坐标轴，进而使切片平面平行于另外两个坐标轴。这种方法允许使用二维贴图并且需要很少的计算量，但是当视线接近于与切片平行时，切片与切片之间空隙区域的像素因为没有进行纹理映射而出现留空的现象。视图平行切片法始终保持切片与视线方向垂直，因而不会出现留空的情况，但是这种方法需要实时计算切片信息，因此计算量相对更大。

(2) 光线投射算法

光线投射算法是一种以图像空间为序的经典直接体绘制算法。其基本思想是从屏幕像素出发，沿着视线方向发出一条射线穿过体数据，然后从体数据中等间距获取采样点，再选择合适的光照模型，按照从后向前的方式合成所有重采样点的颜色值与阻光度，从而得到屏幕像素颜色，如图 4.38 所示。

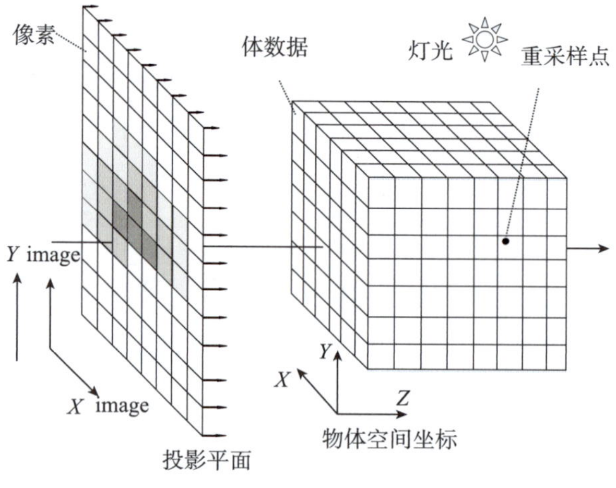

图 4.38　光线投射算法基本思想

在进行光线投射算法之前，需要对三维数据进行预处理操作。然后根据阈值法或者概率法对体数据进行分类并分配不同的颜色值与不透明度，以此区分体数据中的不同组成部分。再利用光线投射对体数据进行重采样，最后对所有重采样点进行合成得到最终的图像。

光线投射算法利用射线扫描重采样点，易于理解，并且能够达到较好的绘制效果，但是计算量非常大，除非利用 GPU 进行渲染，否则不能达到实时绘制的要求。

4.5 仿真测试

4.5.1 自适应点核方法测试

为了便于描述，以下内容将自适应点核方法记为 VRBAM，均匀离散方式记为 WUD。

(1) 时间效率测试

本组测试通过与放射源均匀离散方式对比，说明 VRBAM 的时间性能。测试中使用不同尺寸的长方体放射源，放置于坐标原点，与坐标轴对齐。放射源位于充满空气的室内，厚度为 2 cm 的水屏蔽层放在 X 坐标轴上距离放射源表面 2 cm 处。

表 4.1 记录了 VRBAM 和 WUD 各运行 100 次以上的点核数量和计算时间的平均结果，点核密度为 $1/cm^3$。VRBAM 的计算时间为点核生成和剂量计算时间之和。由表 4.1 可以看出，VRBAM 剂量计算所使用的点核数量随着探测点和放射源距离的增加急剧减少，所需计算时间也快速下降。相比之下，均匀离散方式在每次计算时不需要重新产生点核，而是使用事先生成的同一组均匀分布的点核计算所有探测点位置的辐射剂量，因此不同探测点位置所需计算时间差别不明显。WUD 采用均匀分布的点核用于计算，这样的方式有利于维持较高的准确性，但是计算效率较低，VRBAM 与 WUD 的时间比甚至达到了 0.455%。此外，VRBAM 的时间优势在处理大尺寸物体时变得更加明显，由此说明 VRBAM 具有优越的时间性能。

表 4.1　VRBAM 和 WUD 的长方体建模结果

尺寸/cm	计算位置/cm	点核数量			计算时间/ms		
		WUD [N_1]	VRBAM [N_2]	[N_2] / [N_1] /%	均匀离散 [T_1]	VRBAM [T_2]	[T_1] / [T_2] /%
20×20×20	(15，0，0)	8×10^3	3 199	39.988	31.20	16.69	53.494
	(30，0，0)		392	4.900	31.20	2.80	8.974
	(50，0，0)		80	1.000	31.20	1.09	3.494
	(70，0，0)		28	0.350	31.35	0.94	2.998
	(100，0，0)		8	0.100	31.51	0.78	2.475
	(500，0，0)		1	0.013	31.20	0.62	1.987
100×100×20	(65，0，0)	2×10^5	2 124	1.062	780.16	20.28	2.599
	(80，0，0)		800	0.400	782.96	14.98	1.913
	(100，0，0)		322	0.161	777.97	12.95	1.665
	(150，0，0)		78	0.039	779.69	11.39	1.461
	(200，0，0)		32	0.016	782.66	10.92	1.395
	(500，0，0)		4	0.002	781.87	10.61	1.357
100×100×100	(65，0，0)	1×10^6	6 445	0.645	3 915.13	46.18	1.180
	(80，0，0)		3 136	0.314	3 898.29	32.29	0.828
	(100，0，0)		1 516	0.152	3 914.04	25.9	0.662
	(150，0，0)		392	0.039	3 893.92	20.44	0.525
	(200，0，0)		164	0.016	3 912.18	19.03	0.486
	(500，0，0)		8	0.001	3 906.71	17.78	0.455

为了更好地观察 VRBAM 与 WUD 的时间比变化趋势，点核数量比和时间比随着探测点与放射源中心位置距离的变化如图 4.39 所示。由图 4.39 可以看出，VRBAM 和 WUD 的点核数量比随着探测点与放射源距离的增加以幂函数方式降低。随着探测点与放射源距离的增加，VRBAM 和 WUD 的时间比快速下降，最后趋于常数，探测点距离越远，VRBAM 的时间优势越明显。

（2）准确性测试

本组测试包含四种情形：（A）无屏蔽；（B）屏蔽；（C）面源；（D）面源简化为点源。测试结果与 WUD 以及 MCNP 的结果进行对比，其中 MCNP 的统计误差小于 1%，VRBAM 和 WUD 的结果分别采用各自运行 100 次后的平均结果，放射源离散密度为 $1/cm^3$。

（A）无屏蔽情况

无屏蔽情况的几何布置如图 4.40 所示，一个边长为 20 cm 的正方体，放置于充满空气的房间，放射源发射光子的强度为 $3.53\times10^{10}\ s^{-1}$。测试中考虑单能和多能两种情况，

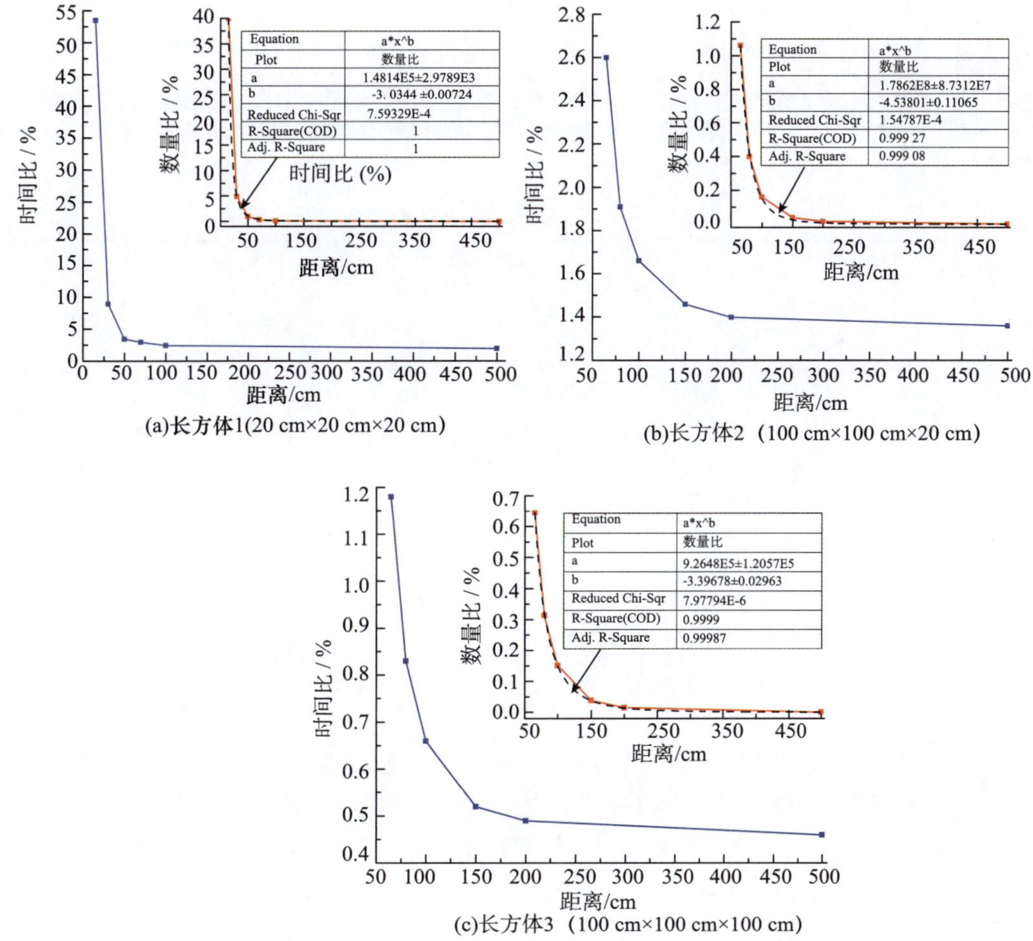

图 4.39　VRBAM 与 WUD 的运行时间比随着探测点位置变化图

放射源材料均为水，单能情况下发射光子能量为 1.732 MeV，多能情况下发射光子能量为 0.8 MeV、1.0 MeV 和 1.5 MeV 的三种射线，每种能量下源强均为 1×10^{10} s^{-1}。

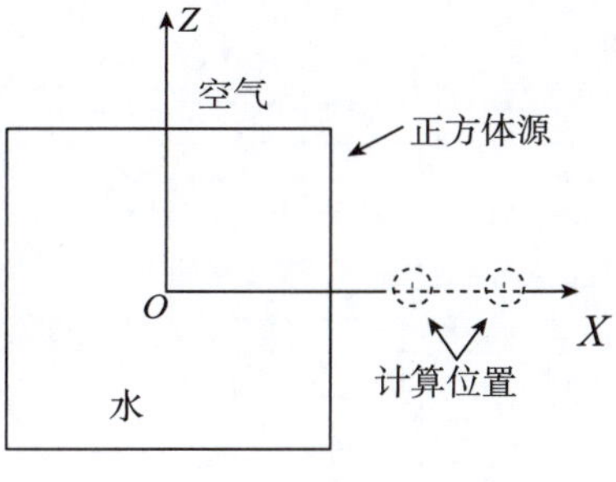

图 4.40　无屏蔽情况示意图

VRBAM、WUD 和 MCNP 的空气吸收剂量率计算结果如表 4.2 所示。由表可以看出，VRBAM 与 WUD 相比的最大相对偏差为 0.92%，所有相对偏差值均小于 1.0%，说明了 VRBAM 结果与 WUD 结果的一致性。此外，VRBAM 与 MCNP 相比，最大相对偏差为 12.07%，大部分相对偏差小于 10.0%，测试表明 VRBAM 结果与 MCNP 结果在一定误差范围内相符。

表 4.2　VRBAM、WUD 和 MCNP 在无屏蔽情况下的结果

放射源	计算位置	VRBAM/(mGy/h)	与 WUD 对比		与 MCNP 对比	
			WUD/(mGy/h)	相对偏差/%	MCNP/(mGy/h)	相对偏差/%
单能	(15，0，0)	2.867×10^2	2.868×10^2	0.03	2.759×10^2	3.91
	(30，0，0)	6.865×10^1	6.869×10^1	0.06	6.517×10^1	5.34
	(50，0，0)	2.398×10^1	2.401×10^1	0.12	2.525×10^1	6.50
	(100，0，0)	5.823	5.877	0.92	5.400	7.83
多能	(15，0，0)	1.715×10^2	1.716×10^2	0.06	1.615×10^2	6.22
	(30，0，0)	4.106×10^1	4.108×10^1	0.05	3.789×10^1	8.10
	(50，0，0)	1.434×10^1	1.436×10^1	0.14	1.284×10^1	11.72
	(100，0，0)	3.509	3.513	0.11	3.131	12.07

(B) 屏蔽情况

与无屏蔽情况类似，一个 20 cm×20 cm×20 cm 的正方体放射源放置于充满空气的房间内，中心位于坐标原点。放射源光子强度为 4×10^{10} s^{-1}，能量为 2 MeV，分布于空气中。屏蔽层材料分为三种情况，分别是厚度为 2.0 cm 的水、铅和混凝土。屏蔽放置于 X 轴上，距离放射源表面 5 cm。

表 4.3 列出了 VRBAM、WUD 和 MCNP 的空气吸收剂量率计算结果。由表 4.3 可以看出，VRBAM 与 WUD 相比的最大相对偏差为 0.08%，说明了 VRBAM 经过自适应点核生成过程后，能够很好地保证模型计算精度。此外，测试中相对于 MCNP 结果，VRBAM 最大相对偏差为 5.27%，测试结果与 MCNP 结果具有较好的一致性。

表 4.3　VRBAM、WUD 和 MCNP 在屏蔽情况下的结果

屏蔽材料	计算位置	VRBAM/(mGy/h)	与 WUD 对比		与 MCNP 对比	
			WUD/(mGy/h)	相对于 WUD 偏差/%	MCNP/(mGy/h)	相对于 MCNP 偏差/%
水	(20，0，0)	2.200×10^2	2.200×10^2	0.00	2.159×10^2	1.91
	(50，0，0)	3.404×10^1	3.405×10^1	0.03	3.340×10^1	1.91
	(100，0，0)	8.424	8.431	0.08	8.430	0.07

续表

屏蔽材料	计算位置	VRBAM/(mGy/h)	与 WUD 对比		与 MCNP 对比	
			WUD/(mGy/h)	相对于 WUD 偏差/%	MCNP/(mGy/h)	相对于 MCNP 偏差/%
铅	(20, 0, 0)	1.068×10^{2}	1.068×10^{2}	0.02	1.051×10^{2}	1.64
	(50, 0, 0)	1.785×10^{1}	1.784×10^{1}	0.06	1.778×10^{1}	0.38
	(100, 0, 0)	4.451	4.452	0.02	4.426	0.58
混凝土	(20, 0, 0)	2.142×10^{2}	2.142×10^{2}	0.00	2.035×10^{2}	5.27
	(50, 0, 0)	3.330×10^{1}	3.331×10^{1}	0.03	3.186×10^{1}	4.52
	(100, 0, 0)	8.246	8.252	0.07	7.987	3.24

（C）面源情况

为了说明 VRBAM 在面源情况下的有效性，测试中采用半径为 15 cm，高为 200 cm 的圆柱面源，源项分布于空气中，源强为 $2.3\times10^{10}\ \mathrm{s}^{-1}$，能量为 3 MeV。几何描述如图 4.41 所示，计算位置分别位于 X 轴上，距离源项中心 30，50 和 100 cm 处。

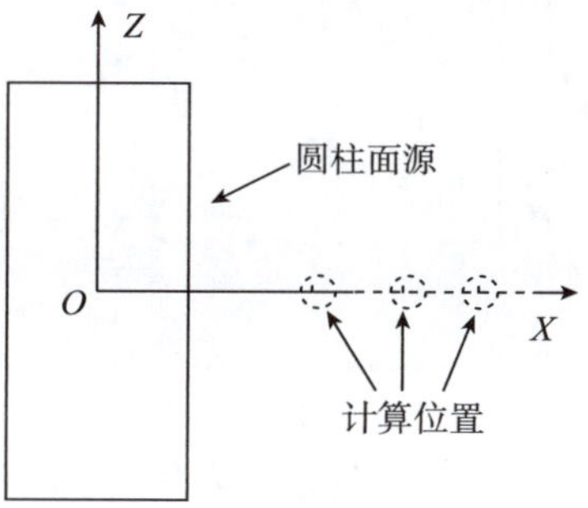

图 4.41 柱面源情况示意图

圆柱面源情况下，VRBAM、WUD 和 MCNP 的空气吸收剂量率计算结果如表 4.4 所示。由表 4.4 可以看出，VRBAM 与 WUD 相比的最大相对偏差为 1.04%，与 MCNP 相比的最大相对偏差为 1.22%。计算结果同样表明 VRBAM 结果在可接受误差范围内与 MCNP 结果一致。

表 4.4 VRBAM、WUD 和 MCNP 在面源情况下的结果

计算位置	VRBAM/(mGy/h)	WUD/(mGy/h)	相对于 WUD 偏差/%	MCNP/(mGy/h)	相对于 MCNP 偏差/%
(30, 0, 0)	3.102×10^{1}	3.070×10^{1}	1.04	3.064×10^{1}	1.22
(50, 0, 0)	1.520×10^{1}	1.508×10^{1}	0.80	1.516×10^{1}	0.30
(100, 0, 0)	5.259	5.221	0.73	5.234	0.48
(100, 0, 0)	5.259	5.221	0.73	5.234	0.48

4.5.2 三维特征线计算方法测试

本部分用于测试本章所提出的三维局部模块化特征线法 LMMOC 的有效性，并将其结果与 MCNP 和点核方法 PKM 的结果进行对比，其中 MCNP 统计误差小于 1%。

（1）测试一

测试一的几何布置如图 4.42 所示，一个 2 cm×2 cm×2 cm 的长方体各向同性放射源分布于空气中，中心位于坐标（−27，1，1）处，光子强度为 $5\times10^{6}\ s^{-1}$，能量在 0.6～2.0 MeV 范围内均匀分布。放射源周围围绕着 50 cm 厚的混凝土层，混凝土层中心位于坐标原点处，其余空间介质为空气。该布置采用了后向散射效应显著的几何结构，代表了点核方法准确性较差的情况之一。

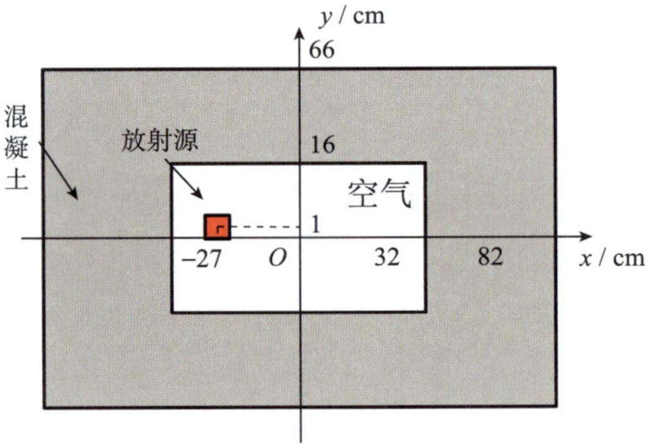

图 4.42 测试一的几何布置图

选取混凝土层内部距离混凝土内表面 40 cm 处的长方体范围作为输运求解空间，分别将 LMMOC、PKM 和 MCNP 三种方法获取的空气吸收剂量结果列于表 4.5，计算位置分别取自 *X* 轴向和对角方向的部分位置。

表 4.5 LMMOC、PKM 和 MCNP 的吸收剂量率（空气）计算结果

位置/cm	MCNP/(mGy/h)	LMMOC		PKM	
		剂量率/(mGy/h)	相对 MCNP 偏差/%	剂量率/(mGy/h)	相对 MCNP 偏差/%
(−11，1，1)	2.740×10^{-2}	2.737×10^{-2}	−0.11	2.543×10^{-2}	−7.19
(1，1，1)	9.675×10^{-3}	9.566×10^{-3}	−1.13	8.311×10^{-3}	−14.10
(15，1，1)	4.700×10^{-3}	4.587×10^{-3}	−2.40	3.693×10^{-3}	−21.43
(29，1，1)	2.907×10^{-3}	2.739×10^{-3}	−5.78	2.077×10^{-3}	−28.55
(15，7，7)	4.550×10^{-2}	4.444×10^{-3}	−2.33	3.548×10^{-2}	−22.02

续表

位置/cm	MCNP/(mGy/h)	LMMOC		PKM	
		剂量率/(mGy/h)	相对 MCNP 偏差/%	剂量率/(mGy/h)	相对 MCNP 偏差/%
(29, 13, 13)	2.734×10^{-3}	2.527×10^{-3}	−7.57	1.902×10^{-3}	−30.43

由表 4.5 可知，点核方法相对于 MCNP 结果的偏差明显，最大相对偏差达到了 30.43%。这一现象的原因是点核方法的参数是在无限均匀介质中获取的，并且仅考虑源项到探测点之间直线穿过的介质，忽略了周围介质的后向散射效应，而测试中后向散射效应显著，其内部空间因后向散射导致的剂量值甚至可能比由放射源直接照射产生的剂量值更大，因此采用点核方法会产生较大偏差，而且在靠近混凝土壁面与内部拐角处，偏差较大。此现象在 LMMOC 中同样存在，这是由于 LMMOC 采用了有限角度离散、各向同性假设以及截取了部分求解空间等简化，必然导致 LMMOC 与 MCNP 相比存在一定偏差，但是测试中 LMMOC 与 MCNP 结果对比的相对偏差均小于 8%，与点核方法相比，剂量计算结果得到了明显地改善。

为了观察不同求解范围对准确性的影响，选取混凝土层内部距离混凝土内表面不同厚度的长方体范围作为求解空间，表 4.5 各位置处的 LMMOC 结果与 MCNP 相比的相对偏差变化如图 4.43 所示。由图 4.43 可知，不同位置处结果的相对偏差随着求解空间的增大均有一定程度的下降趋势，最后趋于平缓，因此选取合适的求解范围对获取高质量计算结果具有重要作用。

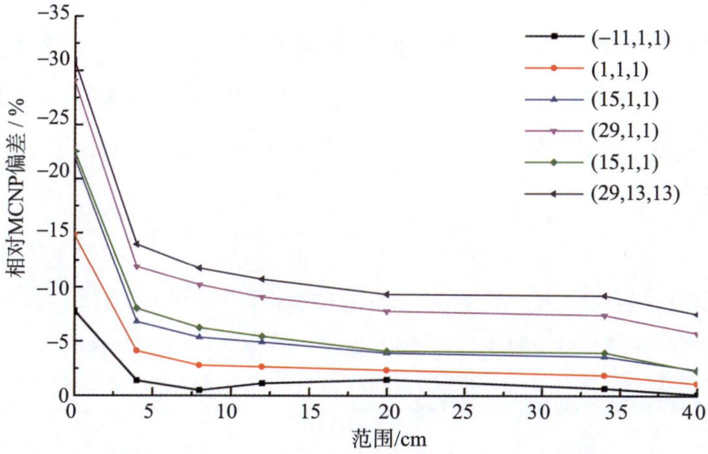

图 4.43 测试一中不同位置在不同求解范围下的相对偏差变化曲线图

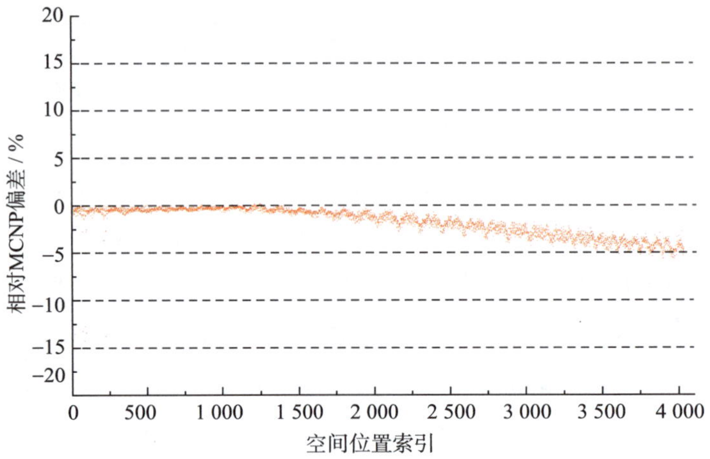

图 4.44 测试一中 LMMOC 相对于 MCNP 结果偏差分布图

为了充分对比 LMMOC 计算的准确性，以坐标原点为中心，计算边长 60 cm×28 cm×28 cm 空间内不同位置处相应介质的吸收剂量率。首先将空间划分为步长为 2 cm 的网格，网格的空间位置索引按照 $X \to Y \to Z$ 轴的优先顺序从 1 开始递增，共有 4 032 个子网格区域。选取混凝土层内部距离混凝土内表面 40 cm 处的长方体作为输运求解空间，各个网格内的空气吸收剂量率相对于 MCNP 的计算结果偏差如图 4.44 所示，由图 4.44 可以看出，测试中 LMMOC 的结果相对于 MCNP 仅有 5 处位置偏差高于 10%，最大相对偏差为 14.29%，其余相对偏差均在 6%以内。这 5 处高偏差的位置坐标分别位于（−25，1，1）、（−27，1，1）、（−27，3，1）、（−27，1，1）和（−27，1，3），均为紧邻放射源的网格区域。偏差高的原因是点核方式并不适用于距离源项较近的区域，尤其对于尺寸较小的源项，用点核方法计算紧邻源项位置处的未碰撞通量密度将导致较大偏差，但是从测试结果来看，其计算相对偏差仍小于 15%，说明 LMMOC 方法具有较高质量解的能力。

（2）测试二

测试二的几何布置如图 4.45 所示，测试中采用与测试一类似的结构，不同之处在于紧邻放射源处存在一个尺寸为 2 cm×6 cm×10 cm 的水层，中心位于坐标（−25，3，1），源项以及介质参数与测试一相同。

由于轴向与对角方向为上述几何布置的典型方向，因此在轴向与对角方向选取部分位置，选取混凝土层内部距离混凝土内表面 40 cm 处的长方体范围作为输运求解空间，将 LMMOC、PKM 和 MCNP 的计算结果列于表 4.6。与测试一类似，本测试中的几何布置后向散射效应显著，点核方法获取到的结果具有较大偏差，越靠近混凝土壁面以及

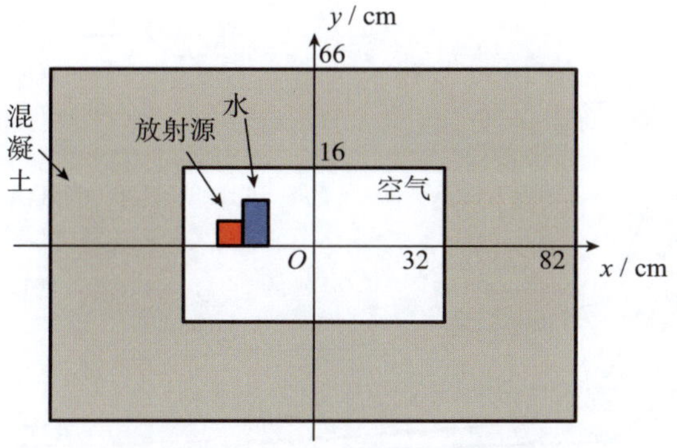

图 4.45 测试二的几何布置图

内部拐角位置处的偏差越大，测试中点核方法结果与 MCNP 结果对比，最大相对偏差为 27.35%。相比之下，LMMOC 与 MCNP 相比，最大相对偏差为 8.29%，并且大部分偏差值小于 5%，说明 LMMOC 具有较好的准确性。

表 4.6 LMMOC、PKM 和 MCNP 的吸收剂量率（空气）计算结果

位置/cm	MCNP/(mGy/h)	LMMOC		PKM	
		剂量率/(mGy/h)	相对 MCNP 偏差/%	剂量率/(mGy/h)	相对 MCNP 偏差/%
(−11, 1, 1)	2.561×10^{-2}	2.550×10^{-2}	−0.43	2.485×10^{-2}	−2.97
(1, 1, 1)	9.063×10^{-3}	8.939×10^{-3}	−1.37	8.122×10^{-3}	−10.38
(15, 1, 1)	4.412×10^{-3}	4.276×10^{-3}	−3.08	3.609×10^{-3}	−18.20
(29, 1, 1)	2.738×10^{-3}	2.551×10^{-3}	−6.83	2.030×10^{-3}	−25.86
(15, 7, 7)	4.271×10^{-3}	4.280×10^{-3}	0.21	3.466×10^{-2}	−18.85
(29, 13, 13)	2.556×10^{-3}	2.344×10^{-3}	−8.29	1.857×10^{-3}	−27.35

不同求解范围下，表 4.6 中不同位置处的 LMMOC 吸收剂量计算结果与 MCNP 结果的相对偏差变化如图 4.46 所示，其中 LMMOC 求解空间为混凝土层内部距离混凝土内表面不同厚度的长方体范围。由图 4.46 可知，随着求解空间的增大，不同位置处计算结果的相对偏差均有一定程度的下降，最后在厚度为 40 cm 时各处相对偏差变化趋于平稳，因此选取合适的求解空间对平衡计算时间以及结果的可靠性具有重要作用。

以坐标原点为中心，将边长 60 cm×28 cm×28 cm 空间范围内不同位置处相应介质的吸收剂量率与 MCNP 结果进行对比。为了保持 MCNP 与 LMMOC 计算几何的一致性，首先将空间划分为步长为 2 cm 的网格，网格的空间位置索引按照 $X\rightarrow Y\rightarrow Z$ 轴的优先顺序从 1 开始递增，共有 4 032 个子网格区域。选取混凝土层内部距离混凝土内表面 40 cm 处的长方体范围作为输运求解空间。各个网格内的吸收剂量率相对于 MCNP

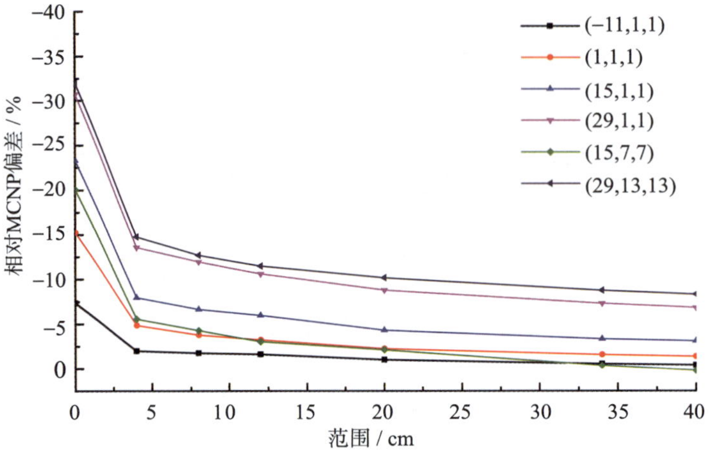

图 4.46　测试二中不同位置在不同求解范围下的相对偏差变化曲线图

的计算结果偏差如图 4.47 所示。由图 4.47 可以看出，在紧邻放射源的 5 处网格区域，LMMOC 方法的结果与 MCNP 的相对偏差普遍高于其他区域，最大相对偏差为 16.12%，其余位置相对偏差均低于 8%，说明 LMMOC 方法的结果在一定偏差允许范围内与 MCNP 结果相符。

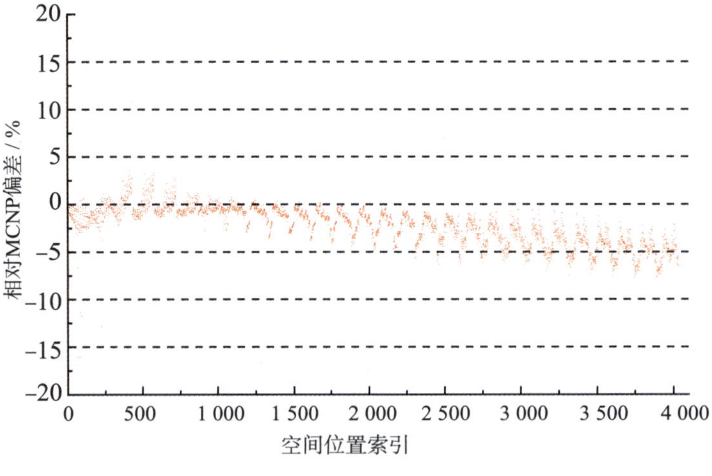

图 4.47　测试二中 LMMOC 相对于 MCNP 结果偏差分布图

（3）测试三

本测试的几何布置如图 4.48 所示。一个 20 cm×20 cm×20 cm 的长方体各向同性放射源位于坐标原点，并均匀分布于空气中，放射源光子强度为 $4\times10^{9}\ \mathrm{s}^{-1}$，能量在 2.0～6.0 MeV 范围内均匀分布。一个外表面边长为 40 cm，厚度为 2 cm 的正方体混凝土层的中心放置于坐标（50，22，0）处，其余空间介质为空气，计算混凝土层内部的空气吸收剂量率。

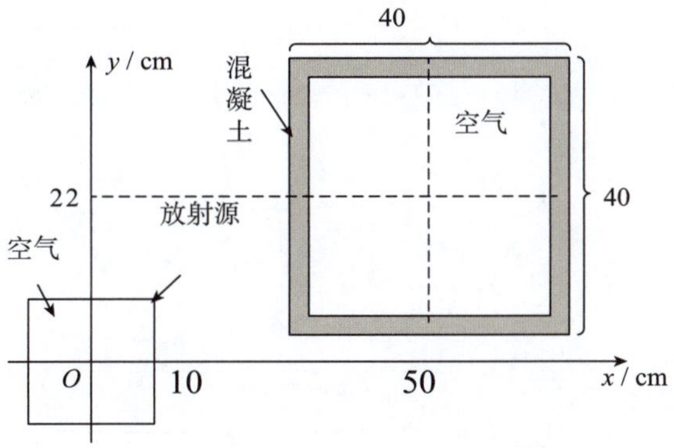

图 4.48 测试三的几何布置图

在轴向与对角方向选取部分位置，分别利用 LMMOC、PKM 和 MCNP 三种方法获取的计算结果如表 4.7 所示。本测试混凝土层厚度相对测试一和测试二较薄，后向散射效应影响较弱，因此点核方法可以获取较准确的结果，与 MCNP 对比的最大相对偏差为 2.04%。LMMOC 与 MCNP 相比，最大相对偏差为 3.57%，大部分小于 2%，此时点核方法和 LMMOC 方法结果差别并不明显，测试中 LMMOC 与点核方法均具有较好的准确性。

表 4.7 LMMOC、PKM 和 MCNP 的吸收剂量（空气）计算结果

位置	MCNP/(mGy/h)	LMMOC		PK	
		剂量率/(mGy/h)	相对 MCNP 偏差/%	剂量率/(mGy/h)	相对 MCNP 偏差/%
(35, 23, 1)	7.302	7.240	0.85	7.451	2.04
(51, 23, 1)	4.100	4.067	0.80	4.173	1.78
(65, 23, 1)	2.731	2.685	1.68	2.738	0.26
(35, 7, −15)	8.663	8.552	1.28	8.800	1.58
(65, 37, 15)	2.243	2.163	3.57	2.221	0.98

为了进一步测试不同求解范围对 LMMOC 计算准确性的影响，表 4.7 所示不同位置的空气吸收剂量结果与 MCNP 结果对比的相对偏差随求解范围变化的曲线如图 4.49 所示，其中输运求解范围为正方体，其中心与混凝土层中心重合，图 4.49 中所指范围为该正方体的边长。由此图可知，随着求解区域范围的扩大，不同位置的计算偏差呈下降趋势，在 20 cm 范围时，偏差下降明显，之后随着求解范围的增大，偏差变化趋于平缓。在一个具有 3.3 GHz 处理器 8 GB 内存的 Windows 操作系统中采用串行计算，求解 20 cm 范围所需时间约为 6 min，而求解 40 cm 范围所用时间约 40 min，因此选取合

适的求解范围不仅可以获取相对较好的结果，而且可以极大地节省计算时间。

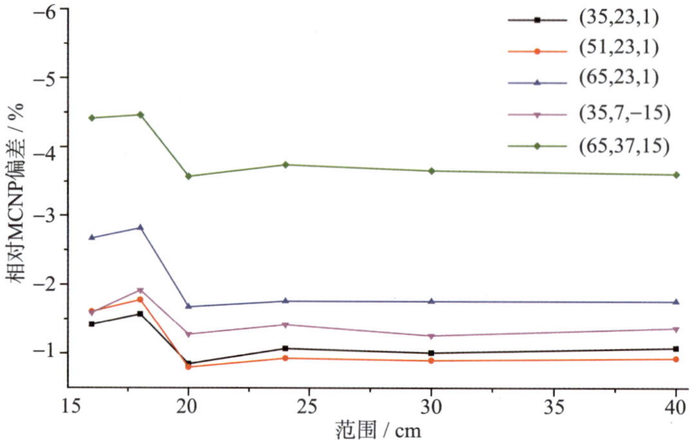

图 4.49　测试三中不同位置在不同求解范围下的相对偏差变化图

为了充分对比 LMMOC 计算的可靠性，以源项为中心，计算边长 36 cm×36 cm×36 cm 空间范围内的不同位置处的空气吸收剂量率。将空间划分为步长为 2 cm 的网格，网格的空间位置索引按照 $X \to Y \to Z$ 轴的优先顺序从 1 开始递增，共有 4 096 个网格区域，每个网格内的计算结果与 MCNP 的结果对比的相对偏差如图 4.50 所示。由图 4.50 可以看出，测试中 LMMOC 结果的相对偏差均在 5%范围内，最大相对偏差为 4.5%，说明 LMMOC 的结果与 MCNP 结果在一定偏差允许范围内具有较好的一致性。

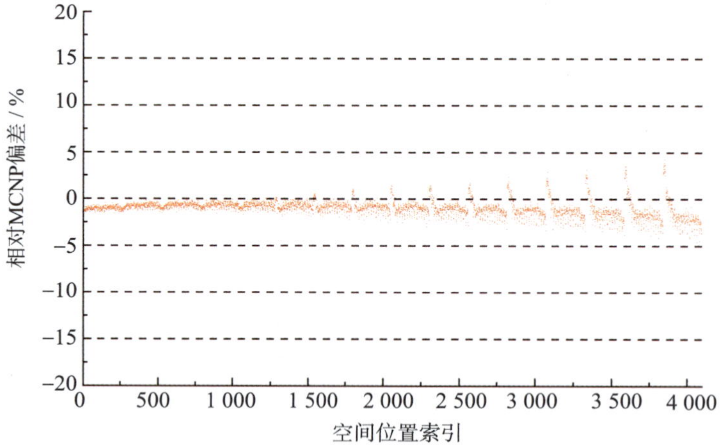

图 4.50　测试三中 LMMOC 相对于 MCNP 结果偏差分布图

4.5.3　辐射场可视化测试

图 4.51 给出了一个综合的辐射可视化案例，包含剂量点、面、体三种辐射可视化方法，这三种使用条件区别较大。渲染速度从快到慢依次为：剂量面、剂量点、剂量体。如果没有特殊要求，剂量面可视化是一种方便、快捷和常用的方式。剂量体和剂量点使用的剂量数据是相同的，剂量面的数据量要少于其他的数据量。根据用户需求和计算机硬件条件，用户可以选择适合的核辐射可视化方法。

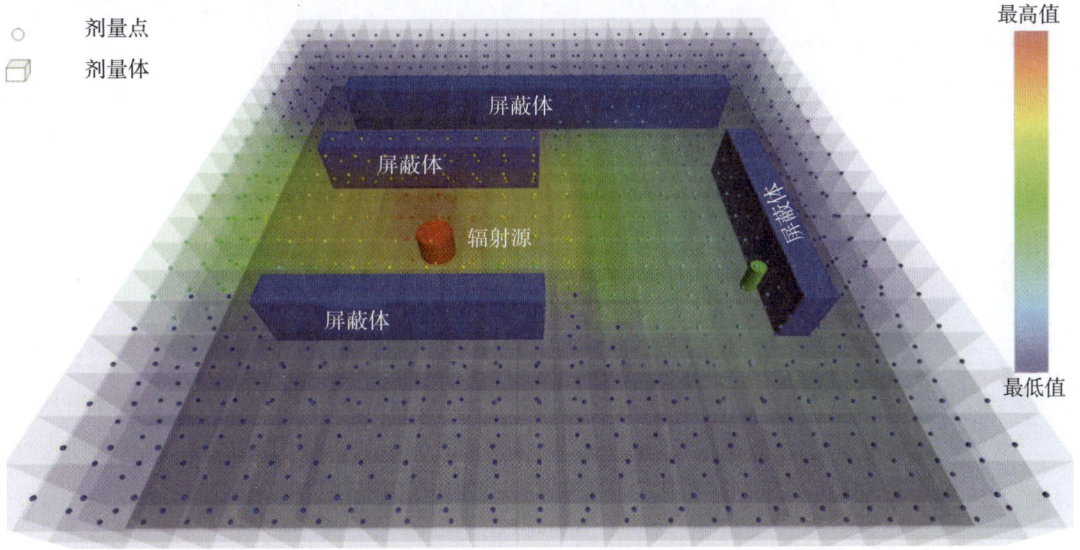

图 4.51　剂量点、面、体三种辐射可视化方法应用实例

参考文献

[1] 张立吾. 屏蔽计算中的组合几何和射线跟踪方法 [J]. 核动力工程，1989，2：41-48.

[2] 万兵. 三维 CAD 技术在工程设计中的应用 [J]. 信息与电脑，2019，3：10-12.

[3] J. F. E. Breismeister. MCNP. A general Monte. Carlo N. particle transport code [R]. LA. 13709. M. Los Alamos National Laboratory，2000：1-9.

[4] S. Agostinelli，J. Allison，el al. Geant4. a simulation toolkit [J]. Nuclear Instruments and Methods in Physics Research A，2003，506：250-303.

[5] Y. Ohga，M. Fukuda，K. Shibata，et al. A system for the calculation and visuali-

sation of radiation field for maintenance support in nuclear power plants [J]. Radiation Protection Dosimetry，2005，116：592-596.

[6] K. V. Subbaiah，R. Sarangapani. GUI2QAD. 3D：A graphical interface program for QAD. CGPIC program [J]. Annals of Nuclear Energy，2006，33：22-29.

[7] D. T. Ingersoll. User′s manual for PUTZ：a point. kernel photon shielding code [R]. Oak Ridge National Lab，1986：5-9.

[8] C. Suteau，M. Chiron，G. Arnaud. Improvement of MERCURE. 6' s General Formalism for Calculating Gamma. Ray Buildup Factors in Multilayer Shields [J]. Nuclear science and engineering，2004，147：43-55.

[9] I. M. Prokhorets，S. I. Prokhorets，el al. Point. kernel method for radiation fields simulation [J]. Problems of atomic science and technology，2007，5：106-109.

[10] D. K. Trubey. New gamma. ray buildup factor data for point kernel calculations：ANS. 6. 4. 3 standard reference data [R]. Oak Ridge National Laboratory，1988：71-96.

[11] A. E. Profio. 辐射屏蔽与剂量学 [M]. 北京：原子能出版社，1989.

[12] Y. Harima. An historical review and current status of buildup factor calculations and applications [J]. Radiation Physics and Chemistry，1993，41：631-472.

[13] 刘宙宇，吴宏春，曹良志，等. 三维模块化特征线方法 [J]. 核动力工程，2010，31 (S2)：21-24.

[14] 张知竹. 三维特征线方法的并行与加速方法研究 [D]. 清华大学，2013：10-21.

[15] 唐泽圣. 三维数据场可视化 [M]. 北京：清华大学出版社，1999.

[16] 黄易. 三维数据场可视化关键技术研究 [D]. 哈尔滨工程大学，2006.

[17] 李春民，李仲学，王云海，等. 基于移动立方体法的矿体三维绘制技术 [J]. 矿业研究与开发，2006，3：71-73.

[18] 王明，冯结青，杨赉. 移动立方体算法与移动四面体算法的对比与评估 [J]. 计算机辅助设计与图形学学报，2014，2612：2099-2106.

[19] 梁承志. 基于 GPU 的光线投射算法研究 [D]. 西安电子科技大学，2009.

第 5 章　伽马辐射人体剂量计算与评估

辐射防护是人们在发展和利用电离辐射、放射性物质以及核能的过程中产生和发展起来的。辐射防护现已成为原子能科学技术中的一个重要分支，它是研究人类免受或少受电离辐射危害的一门综合科学。核辐射直接损害人员的人身安全，尤其在核设施换料、维修、应急和退役拆除等情况下，人员处于辐射环境中，核辐射的存在极大地增加了人员作业难度。因此，工作人员在执行作业任务之前，采取灵活可靠的人体剂量评估方法，对任务中人员可能受到的辐射照射进行评估是十分重要的。

5.1　辐射防护

5.1.1　概述

辐射分为电离辐射和非电离辐射，本书中涉及的一般均指电离辐射。在核能领域，对人员和环境造成危害的电离辐射主要有 α 粒子，β 粒子，γ 光子和中子。辐射与人体相互作用会产生某种特有的生物效应，这种效应的程度主要取决于人体组织所吸收的辐射能量。按照作用机理，这种生物效应可分为随机性效应和确定性效应。随机性效应为单个细胞效应，而确定性效应为一群细胞损伤的后果。辐射能量在细胞内的沉积是一个随机过程，即使是非常低的剂量也有可能在细胞关键点位沉积足够的能量而诱发细胞改变或死亡，这些源于单细胞损伤的辐射效应就称为随机性效应。随机性效应可能发生在受照者本人（即躯体效应），也可能发生在受照者的后代（即遗传效应）。随机性效应是指生物效应随机出现，生物效应出现的概率与剂量大小成正比，而其严重程度与剂量大小无关。确定性效应是由于人体器官功能受到损害或大量细胞死亡，导致人体局部损伤。确定性效应有剂量阈值，即达到或超过某一剂量数值后才会发生，在剂量阈值下不会发生；确定性效应的严重程度与辐射剂量大小有关。

人类所受的电离辐射照射分为 3 类，如表 5.1 所示。从事辐射作业的工作人员除了因工作而受照射外，还要受到天然辐射的照射。表 5.2 给出了成年人所受天然辐射源照射的年平均有效剂量。

表 5.1　辐射防护的对象

<table>
<tr><td rowspan="3">人类所受照射</td><td rowspan="2">辐射防护的对象</td><td>A 可控辐射源
可控制的照射</td><td rowspan="2">职业照射
公众照射
医疗照射</td></tr>
<tr><td>B 不可控辐射源
可控制的照射*</td></tr>
<tr><td>防护对象之外的照射**</td><td colspan="2">C 不可控制的辐射源
不可控制的照射</td></tr>
</table>

* 包括应急时的照射和因技术进步而增高了吸收天然辐射（TMNR）；

** 包括天然辐射（除 TMNR 之外的通常水平者）照射和事故照射。

表 5.2　成年人所受天然辐射源照射年平均有效剂量

辐射源	年平均有效剂量/（mSv/a）	
	典型值	高本底大区域的代表
宇宙射线	0.39	2.0
陆地 γ 射线	0.46	4.3
体内放射性核素（氡除外）	0.27	0.6
氡及其衰变子体	1.3	10
合计（舍入值）	2.42	

辐射防护一向仅着眼于电离辐射的安全问题。并以 A、B 两类为考虑的重点。因此，在制定措施和实施辐射防护时，框架是以电离辐射源为起点、对同环境途径和人（辐射源—环境—人）构成照射网络中可控制的照射进行管理。

辐射作用于人体有两种方式：外照射和内照射。前者是指体外辐射源对人体的照射，后者是指放射性物质进入人体后在体内滞留期间所发出射线对人体的照射。辐射伤害程度取决于人体受照射的量。宇宙射线与天然放射性物质的存在，对于人们的健康并无可觉察的损害，也未影响人类的发展，各种天然和人为辐射源对人类造成的年平均有效剂量如表 5.3 所示。但是对于从事辐射工作的人员来说，过量照射会使人体遭受暂时或永久的伤害，甚至死亡。现代辐射防护技术完全可使人体只受到很微弱的照射，而免于辐射伤害的危险。总之，辐射是可以认识、可以预防的。关键是在工作中应采取有效的防护措施，严格遵守安全规程。

表 5.3 各种天然和人为辐射源对人类造成的年平均有效剂量

辐射源的种类	年平均有效剂量/（mSv/a）
天然本底照射[(1)]	2.42
坐飞机旅行受照射	0.0011
磷肥和火电造成的照射	0.0015
带有辐射的消费品（如电视机等）	0.0082
核电厂及核燃料循环正常生产[(2)]	0.0002
切尔诺贝利核电厂事故	0.002
大气层核武器试验[(3)]	0.005
辐射医疗[(4)]	0.19
合计（舍入值）	2.627

注：(1) 人体本身也是一个辐射源，活度约为 12 000 Bq，其中半数来自^{40}K；

(2) 核电厂附近居民所受剂量一般小于 0.02 mSv/a；

(3) 历次大气层核试验给全球居民造成的终身累积剂量平均为 3.8 mSv（北半球居民平均为 4.5 mSv）。地下核试验不释放任何放射性；

(4) 发达国家居民由于辐射诊断而接受的剂量从 1960 年到 1980 年增长了 8 倍，达到 0.3～1 mSv/a（美国为 1 mSv/a）。各机构统计的世界平均值有较大出入。[附注：病人接受辐射治疗的剂量值通常为 40 000～80 000 mSv（但非全身照射）]。

电离辐射和放射性物质的存在是物质世界的固有特性。对辐射照射伴有的危险，只可能加以限制，而不能够完全消除。因此，辐射防护的主要目标是按下述原则为人类提供一个适宜的防护标准并加以实施，以确保职工和公众的健康与安全，保护生态环境：

1）对能带来利益的、引起电离辐射照射的实践，不应加以不正当的限制；

2）使照射剂量保持在有关阈值以下，以防止受照个人发生确定性效应；

3）保证采取一切合理的措施以减少随机性效应的发生。

为了达到上述辐射防护的目标，应当遵守针对控制辐射源和控制照射的辐射防护体系。

5.1.2 辐射防护目的和基本原则

辐射防护的基本任务是既要保护环境，保障从事辐射工作人员与公众成员，以及他们后代的安全与健康，又要允许进行那些可能产生辐射照射的必要活动；提高辐射防护措施的效益，以促进核科学技术、核能和其他辐射应用事业的发展。辐射防护的目的是防止有害的确定性效应和限制随机性效应的发生率，使其合理地尽可能达到可以被接受的最低水平。

为了达到辐射防护目的，辐射防护必须遵守辐射防护的基本原则，即辐射实践的正当性、防护与安全最优化和限制个人剂量三项基本原则。

1. 辐射实践的正当性

在工作人员或公众开展具有放射性照射的实践活动之前，必须判断该活动的正当性。确认该项实践活动具有正当性，即该项实践只有在考虑了社会、经济和其他有关因素（包括环境因素与健康损害代价）之后，其可能产生的辐照危害足够被其对受照个人和社会带来的利益所弥补时，也就是说，通过该项实践活动所获得的净利益超过付出的代价，该项实践活动才是正当的。

从辐射防护意义上讲，通常关注的是一项实践所带来的利益是否大于该项实践所招致的附加辐射的危害，这只是一项实践的正当性判断所需考虑的诸多因素中的一部分，而不是全部。例如，当考虑建设核电厂的正当性时，除了辐射防护因素外，至少还要考虑国家的经济发展规划、国家的能源结构、各地的能源需求、国家的经费安排等，甚至还要考虑国际安全、政治因素和公众关系等。显然这些都远远超出了辐射防护的范围，是辐射防护人员力所不能及的。可见，实践的正当性判断往往不是由辐射防护人员或辐射防护机关单独做出的，而是由高层决策机关，甚至是国家主管部门做出的。辐射防护人员或部门的职责是指他们辐射防护因素的判断提供给决策机关，供他们综合考虑。

2. 防护与安全的最优化

防护与安全的最优化，既包括辐射防护的最优化，也包括辐射源安全与辐射源单位安全的最优化。在辐射实践过程中采取最优化的防护与安全措施，以达到避免一切不必要照射的目的，在考虑到技术、经济和社会因素的条件下，个人所受辐射照射剂量、受照射的人数以及受照射的可能性都应合理地达到尽可能低的水平，因此，防护与安全最优化原则也称合理可行尽量低原则（ALARA）。

为了避免辐射的确定性效应，要全力将辐射剂量降至发生确定性效应的剂量阈值以下，因为随机性效应与所接受剂量之间的关系是线性无阈的，所以应当认为，不管剂量多小都是有害的，为了减小发生随机性效应的概率，要尽力减小辐射剂量。辐射防护最优化要回答的问题就是将剂量减小到何种程度才是恰当的。

辐射防护最优化是一个过程，具有三个特点：一是要充分考虑各种可能影响照射的因素，二是利益相关者的积极参与，三是不断进行的循环以寻找最优方案。

3. 限制个人剂量

在实施辐射实践正当化与防护安全最优化的同时，必须设置剂量限值，对个人所受的照射加以限制，即个人受照剂量在规定限值以下。该剂量限值仅适用于辐照实践所引起的照射，对于医疗照射与无责任方的天然源照射并不适用。

5.1.3 辐射防护中的量

为了评价辐射对人员健康的危害，国际放射防护委员会（ICRP）出于辐射防护的目的定义了辐射防护量，如器官当量剂量和人体有效剂量。这些量是不可直接测量的量，为了能够对这些防护量进行评价，引入了计算光子、中子外照射的各种剂量转换系数。利用这些转换系数，可以将可测量的量（例如空气比释动能）转换为相应防护量，由此将各种辐射防护量联系起来。

（1）比释动能 K

比释动能在某种物质的一个适当小的体积元内，由间接致电离粒子释放的全部带电粒子初始动能之和的平均值除以该体积元内物质的质量所得的商，通常用 K 表示，单位为戈瑞（Gy、J/kg）。物质中各点位置应有各自的比释动能值，因此，给出比释动能值时应指明相应的位置。常用的是自由空气比释动能，其计算公式如下：

$$K_a = \Phi \cdot C_{K_a} \tag{5-1}$$

式中：K_a ——自由空气比释动能；

Φ ——光子通量密度（注量率）；

C_{K_a} ——光子通量—自由空气比释动能转换系数。

（2）吸收剂量 D

辐射防护中使用的基本剂量是吸收剂量。这种宏观量，从经验的观察来说，与辐射的生物效应有很好的相关性。其定义为 $D = \mathrm{d}E/\mathrm{d}m$，其中，$\mathrm{d}E$ 是在质量元 $\mathrm{d}m$ 中吸收的能量。把它作为一种点函数来对待，在受照物体的各点处都有一个值。吸收剂量的单位 J/kg 称为戈瑞（Gy）。

组织或器官的吸收剂量 D_T 计算公式如下：

$$D_T = K_a \cdot C_{D_T} \tag{5-2}$$

式中：C_{D_T} ——空气比释动能—吸收剂量转换系数。

但是，要描写细胞尺度或分子尺度随机发生的辐射碰撞事件时可能就要采用微观量。目前 ICRP 建议把以组织及器官作为最小单位的平均吸收剂量作为剂量评价的基础。

（3）当量剂量 H_{T}

为了衡量不同类型和能量的辐射对人体造成的有害效应程度，采用当量剂量进行描述，器官或组织的当量剂量 H_{T} 计算公式如下：

$$H_{\mathrm{T}} = \sum_R W_R \cdot D_{\mathrm{T}.R} \tag{5-3}$$

式中：W_R ——辐射权重因子；

$D_{T.R}$ ——按组织或器官 T 平均计算的来自辐射 R 的吸收剂量。

对于光子，辐射权重因子为常数 1。当量剂量的单位为希沃特（Sv）。

（4）有效剂量 E

有效剂量表示受到照射的有关器官和组织带来的总危害，可表示为身体各器官或组织的双重加权吸收剂量和，有效剂量计算公式如下。

$$E=\sum_{T} W_{T} \cdot H_{T}=\sum_{T} \sum_{R} W_{T} \cdot W_{R} \cdot D_{T.R} \tag{5-4}$$

式中，W_T 为器官或组织 T 的组织权重因子。

ICRP103 号出版物推荐了相应组织和器官的组织权重因子，如表 5.4 所示。

表 5.4　组织权重因子

组织或器官 T	组织权重因子 W_T	$\sum W_T$
红骨髓、结肠、肺、胃、乳腺、其余组织*	0.12	0.72
性腺	0.08	0.08
膀胱、食道、肝、甲状腺	0.04	0.16
骨表面、脑、唾液腺、皮肤	0.01	0.04

* 其余组织：肾上腺、胸外组织（ET）、胆囊、心脏、肾、淋巴结、肌肉、口腔黏膜、胰腺、前列腺（男性）、小肠、脾、胸腺、子宫/子宫颈（女性）

5.1.4　辐射的生物效应及其分类

人体组织细胞的原子和分子被辐射激发和电离后产生的变化，会使细胞的功能、代谢活动和分裂繁殖能力受损，其后果包括：1）细胞自行修复或通过健康细胞的有丝分裂替换严重受损的细胞；2）细胞死亡；3）细胞内 DNA 分子变化或染色体畸变，引起细胞突变。大量细胞的死亡产生辐射的早期效应，细胞基因突变是辐射晚期效应的基本原因，其中体细胞的基因突变会在受照者体内引发癌症，生殖细胞的基因突变会导致受照者后裔的遗传变异。

辐射除了作用于人类以外，也可能作用于其他生物。但是，ICRP 不考虑人类以外的生物的辐射防护问题。这是因为如果人类得到了保护，就不会危及其他生物。与人体健康有关的效应，可以分类如下。

（1）客观的健康效应和主观的健康效应：客观的健康效应是以躯体效应和遗传效应或随机性效应和确定性效应为表征的效应，它有可能表现在受照射的本人或子、孙的身体上；主观的健康效应是对是否受到照射并因而产生不安的心理效应。

随着剂量、辐射类型和所观测的终点不同，辐射的生物效应可以有很大差别，某些效应相当迅速地出现，而另外一些却可能要过几年才能确定。

（2）随机性效应和确定性效应（或非随机性效应）：随机性效应是以统计形式出现，假定没有阈剂量的效应，效应的发生概率随照射剂量的增加而增加，但损害的严重程度与剂量无关。随机性效应的例子有癌症和遗传效应。由于未受到特定辐射照射的人也有一定的癌症自然发生率，所以不能全然断定某一个给定的病例究竟是由于辐射诱发的，还是自然发生的。确定性效应被认为是有阈剂量的效应，超过阈剂量时就清楚地显示出剂量与效应之间的因果关系，并且效应的程度（即严重程度）随剂量的增加而增加，例如皮肤伤害或性腺受照射导致不育等。随机性效应和确定性效应的特点见于表 5.5。

表 5.5 随机性效应和确定性效应的特点

效应的类型	效应的主要特点	举例	阈剂量	与剂量的关系	防护目标
随机性效应	在一个生殖细胞上产生的突变	遗传效应	假定没有	发生率随剂量增加而增加，严重程度与剂量大小无关	减少发生
	在一个体细胞上产生的突变	癌症			
确定性效应	在许多细胞上产生的变化（细胞死亡、功能性损伤等）	不育、溃疡、畸形等	阈值约为500～1 000 mSv	发生率随剂量增加而增加，严重程度随剂量增加而增加，并因剂量的分散化及时间分布而异	防止发生

辐射对人类和其他生物体的随机性效应只在较大剂量下才显现出来。在较小剂量下不能肯定某个人的风险有多大。生活在海拔 2 000 m 高原的居民要比在海平面多接受约 1 mSv/a 的天然本底辐射剂量，并未引起任何可觉察的伤害。除胎儿外（对胎儿低至 10 mSv 的 X 射线剂量也可能引致癌症或弱智），没有证据表明任何＜200 mSv 的辐射剂量会使癌症发病概率有所增加。由于人们对辐射引起人体损伤的详细机理尚不十分清楚，通常假定任何小剂量的照射都伴随有某些风险。然而，对于小剂量下风险随剂量变化的关系，意见不一。ICRP 推荐的线性无阈值（LNT）假设是一种相当保守的假设。俄罗斯学者对此提出了挑战，他们在评估切尔诺贝利事故远期后果时提出：无证据证明，剂量低于 100 mSv 的急性照射或低于 200～500 mSv 的慢性照射会使致死癌症或遗传损害的发生率有所增加，因此不同意再用 LNT 假设进行评估。按照 LNT 假设评估该事故远期由辐射诱发癌症死亡例数为 10 000～30 000，而俄罗斯学者将剂量低于 50 mSv 的人群除外后得出的评估数为 1 000～4 500，两者相差 10 倍。

（3）早期效应和晚期效应：按照辐射效应潜伏期的长短，分为早期效应和晚期效应两种。早期效应仅出现于短时间内受到大剂量照射（超过 1 000 mSv）的情况，潜伏期为几天或几周以内，如急性放射病、皮肤急性放射损伤等。晚期效应由长时间小剂量（一般累计达到约几百至几千毫希沃特）的照射引起，其潜伏期为几个月以上到若干年，如癌症、白内障、白血病、再生障碍性贫血等。

（4）躯体效应和遗传效应：

1）躯体效应是表现在受照射个体（本人）身体上的那些效应，包括有代表性的癌症和确定性效应。胎儿效应是指胎儿自身受照射后出现的结果，从这一点看属于躯体效应。

2）遗传效应是由生殖细胞的基因突变或染色体异常所产生，不出现在受照射本人身上，而出现在其子孙后代身上的那些随机性效应，包括与基因突变、染色体异常、多基因及环境因素有关的疾病。遗传效应仅发生于受照射后有可能生育，且其性腺受到照射的那些人。辐射的遗传效应并非发生以往没有的新遗传疾病，而是表现为无辐照时也发生的遗传性疾病的发病率增加。尚未确认人类会发生辐射诱发的遗传效应。但根据动、植物实验的结果，提示这些效应有可能发生于人类。对遗传效应来说，不存在阈剂量。

5.1.5 确定性效应和剂量限值

阈剂量的具体数值随器官或组织而异，通常把导致受照人群中有1%～5%出现某效应的剂量称为阈剂量。阈剂量的数值根据对人的经验而求得，当没有人类的数据时，可以参考动物实验的结果而求得。全身或身体的大部分受照射时，会出现急性放射病，特大剂量会造成死亡。辐射剂量与死亡的关系示于表5.6。ICRP建议书提出某些单个器官出现的确定性效应及其阈剂量表示在表5.7中。与皮肤的确定性效应有关的阈剂量值表示在表5.8中。

表5.6 全身均匀照射的死亡效应（低LET* 辐射，急性照射）

全身急性照射剂量	涉及的致死效应	从照射到死亡的时间/d
3～5 Gy	骨髓损害（$LD_{50/60}$）**	30～60
5～15 Gy	消化道及肺损害	10～20
>15 Gy	神经系统损害	1～5

* LET，传能线密度

** $LD_{50/60}$（照射后60 d以内有50%的人死亡的剂量，称为60 d半数致死剂量）

表 5.7 某些器官和组织出现确定性效应的阈剂量（低 LET 辐射照射）

器官/组织	效应	急性照射	慢性照射
睾丸	一时性不育	0.15 Gy	0.4 Gy/a
	精子暂时性减少	0.25 Gy	
	永久不育	3.5～6 Gy	2.0 Gy/a
卵巢	永久不育	2.5～6 Gy	0.2 Gy/a
眼晶体	白内障，低 LET	5（2～10）Gy	0.15 Gy/a
	高 LET	0.6～5 Gy	
	晶体混浊	0.5～2 Gy	0.1 Gy/a
	影响视力的混浊	>15 Gy	
造血器官	机能低下	0.5 Gy	>0.4 Gy/a
	红骨髓（造血功能损伤）	>20 Gy	（动物实验）
胎儿	畸形	0.1 Gy	
	严重痴呆	0.12～0.2Gy	
皮肤	美容上难以接受的变化	>20 Gy	局部、数周或数月照射

表 5.8 皮肤出现确定性效应的阈剂量（低 LET 辐射，急性照射）

症状	照射范围	照射剂量
红斑及干性脱屑	大范围	5 Gy
湿性脱屑、水疱	大范围	20 Gy
湿性脱屑	5 mm	70 Gy
湿性脱屑	22～40 mm	27 Gy
溃疡	-	50 Gy（0.4 Gy/h 以下者 100 Gy）

只用有效剂量限值来控制是否能防止所有的器官发生确定性效应，还需要加以证实。因此 ICRP 只建议，如果有效剂量限值能担保全部器官和组织的当量剂量不超过 500 mSv/a（职业人员），那就没有问题。假设单一器官受照射的情况，可由有效剂量限值（20 mSv/a）和组织权重因子求出器官和组织的年当量剂量上限值（职业人员），如表 5.9 所示。这样，如果骨表面或其他器官（副肾、脑、大肠上部、小肠、肾脏、肌肉、胰脏、脾脏、胸腺和子宫）单独受照射，剂量有可能超过 500 mSv/a。然而，在外照射的情况下，不会使骨表面或其他器官单独受照射，因此可以认为各个器官不会受到 500 mSv/a 的照射。在内照射的情况下，如果只控制有效剂量限值，摄入典型的亲骨性强的核素就会使骨表面剂量超过 500 mSv/a（见表 5.10）。成人骨发生确定性效应的阈剂量为 40 Gy 以上（见表 5.11），即使剂量稍微超过 500 mSv/a，在医学及生物学上也没有问题，因此对于骨的剂量限值不需要特别规定。基于类似的考虑，对骨以外的其他器官和组织，也无须特别提出其组织剂量限值的建议。

表 5.9 器官单独受照射的年剂量限值

组织权重因子	器官	器官与组织的上限值
0.2	性腺	100 mSv/a
0.12	骨髓、结肠、肺、胃	167 mSv/a
0.05	膀胱、乳腺、肝、食道、甲状腺	400 mSv/a
0.01	皮肤、骨表面	2 000 mSv/a
0.025	其他	800 mSv/a

表 5.10 按年摄入量限值、摄入亲骨性核素后的骨表面剂量

	吸入	经口食入
^{90}Sr	D类* 310 mSv	f_1** =0.3　310 mSv
	Y类 —	$f_1=0.01$　—
^{239}Pu	W类 630 mSv	$f_1=10^{-3}$　700 mSv
	Y类 680 mSv	$f_1=10^{-4}$　530 mSv

* 按吸入的放射性物质从肺中廓清的快慢，将吸入物质分为 D（半排期为几天，<10 d）、W（半排期为几周，10～100 d）、Y（半排期以年计，>100 d）等三类；

** f_1 是放射性物质进入胃肠道后，由胃肠道进入血液的份额。

表 5.11 骨表面确定性效应的阈剂量（ICRP 第 41 号出版物）

骨成长缓慢（儿童）	1 Gy
骨骼变化（儿童、分次）	20 Gy
软骨坏死（成人、分次）	40 Gy
骨坏死（成人、分次）	60 Gy

5.2 人体剂量计算模型

5.2.1 人体外照射模型

人体外照射模型的发展从最初的简单数学模型，发展到三维体素模型，再到 21 世纪的曲面模型，研究中所建立的人体模型越来越精细和灵活。

（1）数学模型

数学模型也称为程式化模型，最早的数学模型是由美国橡树岭国家实验室的 Fisher 和 Snyder 为美国核辐射剂量委员会（MIRD）开发，主要由均匀的板、圆柱体和球体组成，也称为 MIRD 模型。

Snyder 等人在 1969 年建立了非均匀的人体模型 MIRD5。这个模型由骨骼、肺和软组织构成，内部器官的表示较粗糙，只用简单的方程描述了器官的位置和几何形状。之后，Snyder 等人改进了 MIRD 模型，使模型包含 20 多种器官并描述了更详细的解剖特征。在 MIRD 研究基础上，德国开发了一对有性别之分的成年人模型用于外照射剂量的研究，所开发的模型分别被称为亚当模型和夏娃模型。美国北卡罗莱那大学开发了 MCAT 模型，该模型主要包括胸部结构和器官。另外，美国、韩国、加拿大也开发了自己的程式化模型。这些基于 MIRD 的模型过去一直都作为核辐射防护剂量学界的标准。

数学模型具有较易调整、存储空间小和计算时间短的优点，但是几何描述过于简化，影响了模型的真实性，并且难以用有限的数学公式来描述一些器官或组织的细节，从而影响辐射剂量评估的准确性。

（2）体素模型

随着计算机技术的快速发展和高分辨率大范围扫描成像技术的出现，建立全身高分辨率的数字人体模型成为现实。成像方法有三类：第一类为电子计算机 X 射线断层扫描技术，即 CT 技术，该方法能较好地获得骨骼信息；第二类为核磁共振成像技术，即 MRI 技术，该方法能较好地获得软组织信息；第三类为人体切片彩色照片，该方法可较好地区分出人体各个器官和组织的边界。从 CT、MRI 图像或彩色照片中提取信息，利用体素的方式对人体组织和器官进行三维数字化重建，由此产生的模型称为体素模型。至今已建有 30 余例基于 CT、MRI 和彩色图片的各类人体体素模型。与数学模型相比，体素模型更能反映人体复杂的解剖结构。

2000 年，美国伦斯勒理工大学开发了名为 VIP-MAN 的男子人体体素模型，该模型采用的彩色图片分辨率为 0.33 mm×0.33 mm×1 mm。2001 年，Saito 等人利用 CT 图像建立了首个日本成年男性体素模型。此外，Nagaoka 等人建立了更为精细的日本成年男性和女性体素模型。2002 年，德国国家环境科学中心（GSF）在 CT 图像基础上，先后构建了不同年龄、性别的 GSF-系列体素模型。2005 年，Lee 等人分别基于 CT 和 MRI 开发出韩国人模型 KORMAN。ICRP 110 号出版物于 2009 年正式出版了以 GSF 系列模型为基础建立的 ICRP 参考人体素模型。我国从 2001 年开始虚拟人研究，到目前为止已经建立的体素模型主要包括中国辐射防护研究院的 CNMAN、清华大学的 CVP 与 CRAW 和华中科技大学的 VCH 等。

体素模型在模型构建上较方便，能真实反映人体内部结构和细节，并且可以通过简单的调整来模拟不同身体情况的人。因此，体素模型比传统数学模型优越。但是模型来源一般为单一的人，代表性差且计算时间较长。体素模型目前已广泛应用于各国的辐射防护领域。

(3) 曲面模型

曲面模型与数学模型类似，但它是采用面描述的方式，利用一系列小的面元来对人体器官进行描述，其解剖形态与体素模型相当。曲面模型大体可分为 NURBS 曲面模型和多边形网格模型，二者均可构造出器官和组织的曲面轮廓，形成可灵活调整三维的人体曲面模型。

2001 年，Segars 等人建立了 NCAT 人体曲面模型。此后，徐榭等人构建了基于混合解剖学数据的孕妇模型和成年男性、女性曲面模型。此外，韩国、巴西也建立了相应的曲面模型。

曲面模型结合了体素模型和数学模型较易调整尺寸和较真实的优点，能够灵活地进行器官和身体轮廓的变化，但模型复杂性较高，而体素模型灵活性较差，但模型复杂性低。然而在实际的应用中，由于相应辐射剂量计算程序的限制，还须将曲面模型转换为体素模型进行计算。

5.2.2 人体内照射模型

当核设施发生泄漏事故后，职业人员与公众成员受到的内照射主要为吸入内照射与食入内照射。其中，吸入内照射是通过呼吸道吸入含有放射性核素的空气产生；食入内照射是通过摄入被放射性核素污染的食物与饮用水产生。为了评估人体因吸入和食入途径导致的内照射，ICRP 推荐了人体内照射剂量估算生物动力学模型，该模型包括呼吸道模型和胃肠道模型。

(1) 呼吸道模型

在核设施退役作业中，含有放射性核素的气体、液体和固体（以气溶胶的方式悬浮在空气中）会被吸入工作人员体内。当气载放射性核素通过呼吸道进入体内后，需要采用呼吸道模型计算人体所受的内照射剂量。

国际上早期使用的呼吸道模型为 ICRP 79 年呼吸道模型。该模型由鼻咽区、气管支气管区以及肺实质区 3 个区域组成。为了更加精准地评估吸入放射性核素对呼吸道造成的危害，国际放射防护委员会以 ICRP 79 年呼吸道模型为基础，根据人体的生理情况对其进行了形态改进，并扩大了吸入核素数据，最终构建了广泛应用的 ICRP 94 年呼吸道模型。

ICRP 94 年呼吸道模型是一个贴合呼吸道形态的生物动力学模型。如图 5.1 所示，该模型在形态学上将呼吸道分为胸腔外区（ET）、支气管区（BB）、细支气管区（bb）和肺泡-间质区（AI）4 个解剖学区，这 4 个区域构成了一个多隔室模型。通过人体的呼吸状态、换气速率、呼吸时间等呼吸道生理参数和核素的形状、大小、密度等气载放射性核素参数，使用呼吸道沉积模型，便可以获得呼吸道模型各区域吸入放射性核素的沉积份额。在辐射防护领域，ICRP 94 年呼吸道模型应用广泛。该模型可以用来计算退役作业人员在职业照射情况下的吸入剂量，也可以用来计算核泄漏事故对社会人员造成的公众照射。

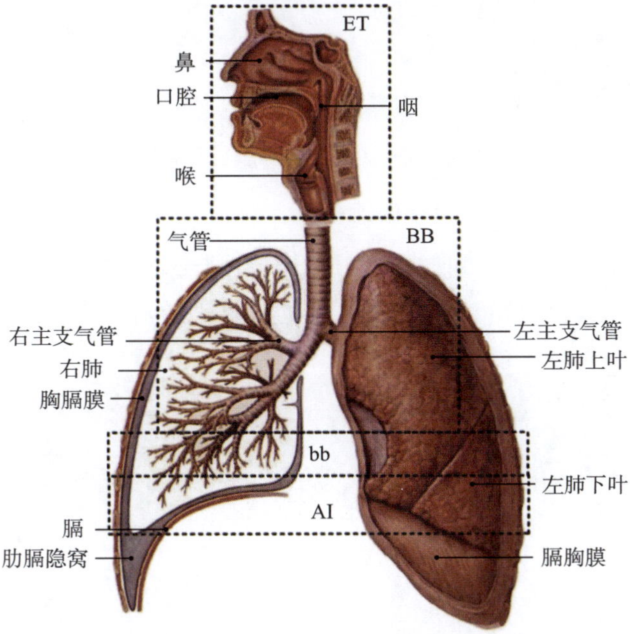

图 5.1 呼吸道解剖学分区

（2）胃肠道模型

沉积在食物表面或水中的放射性核素，以及被农作物在污染的土壤或水中吸收的放射性核素可能会被公众食入。这些放射性核素会随着食物和水进入消化道，一部分被人体吸收到体内，一部分随粪便排出到体外。为了描述放射性核素在消化系统中的转移过程，计算放射性核素在不同消化器官内产生的辐照剂量，胃肠道剂量学模型被提了出来。目前使用最广泛的是 ICRP 30 号出版物提出的胃肠道剂量学模型。

ICRP 30 号出版物胃肠道模型是一个模拟消化系统生物形态的动力学模型。如图 5.2 所示，该模型在形态学上将胃肠道分为胃（ST）、小肠（SI）、上部大肠（ULI）和下部大肠（LLI）4 个解剖学区，这 4 个独立区域构成了一个多隔室模型。放射性核素采用一级动力学模式，在胃肠道不同的区域内滞留与转移。根据放射性核素在不同区域内滞留的时间，可以计算获得放射性核素对不同靶器官造成的辐射剂量。放射性核素除了在胃肠道内转移外，还会被胃与小肠吸收，转移到体液内。食入放射性核素向体液转移的速率按式（5-5）计算。

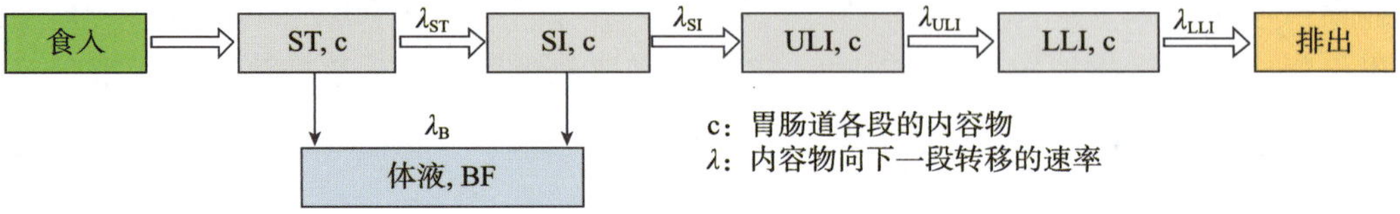

图 5.2　ICRP 胃肠道模型

$$\lambda_B = \frac{f_1 \cdot \lambda_{SI}}{1 - f_1} \tag{5-5}$$

式中：f_1——放射性核素向体液转移的份额；

λ_B——放射性核素向体液转移的速率；

λ_{SI}——小肠内放射性核素向上部大肠转移的速率。

胃肠道模型及其参数值可用于不同核素、不同化学形态下的职业人员、公众成年人、儿童和婴儿的内照射防护计算。

5.3　外照射人体剂量评估方法

5.3.1　基于骨骼动画的人体模型构建

在实际去污、拆除等作业场景中，人员由于拾取、切割等操作而产生不同的作业姿态。从辐射剂量精细化评估角度来看，姿态的变化导致了评估几何条件发生改变，并且辐射的不均匀性同样会引起人体器官所受辐照水平产生差异。为了使剂量评估更准确，研究者提出了姿态可变的虚拟人模型，主要特点是结合动画技术和虚拟人模型，使得评估过程和实际情形联系越来越紧密。为了实现精细化人体剂量评估，首先需要建立能反映作业姿态变化的虚拟人模型。本节主要介绍一种基于曲面模型，利用 3ds Max 建立虚拟人的过程。

虚拟人模型是计算技术、虚拟现实技术的结合，其优势在于灵活性和可交互性。为了实现人体动作的变化，引入骨骼动画技术，通过骨骼动画控制人体模型的姿态变化。一个人体骨骼模型由骨骼和网格模型构成。骨骼模型是动画实现的基础，骨骼的连接层次决定了各骨骼的运动影响级别。相邻的骨骼可以做相对运动，通过骨骼间的坐标变换以及坐标空间的嵌套能够传递动作变换的影响，从而能够实现控制人体模型做出不同的动作。人体器官和组织的轮廓、外观由网格模型决定。网格模型的每一个顶点通过不同权重与不同骨骼相关联，每个顶点对应的骨骼影响权重和为 1。骨骼动画的基本原理就是通过控制各个骨骼和关节的空间变换，将不同骨骼对网格模型顶点的影响进行加权求和，从而计算得到各网格顶点在坐标系中的位置，实现动画效果。

虚拟人建模过程如图 5.3 所示，骨骼动画模型采用 3ds Max 建立。初始时骨骼模型与人体模型是相互独立的，需要将人体器官或组织模型与骨骼绑定，从而实现骨骼带动人体模型运动。在三维动画中，这种把模型绑定到骨骼上的技术叫作蒙皮，只有经过蒙皮处理的模型才能随着骨骼的运动而运动。这样通过骨骼动画技术与人体模型相结合，不仅可以考虑人体姿态变化，甚至还可以考虑器官的形状、体积甚至形变等信息。

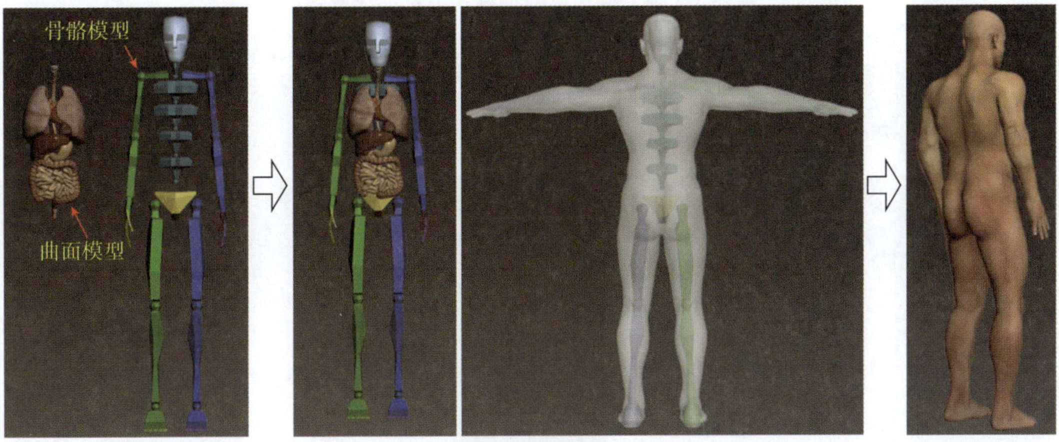

(a) (b) (c)

图 5.3 利用 3ds Max 进行虚拟人建模示意图

(a) 代表骨骼、器官模型；(b) 将人体器官和组织与骨骼绑定；(c) 最终的虚拟人模型

人员执行作业任务时拥有不同的作业姿态，为了对人员作业过程进行剂量评估，需要建立人员作业动作模型。人员动作模型在 3ds Max 中利用骨骼动画技术建立，常见作业动作包括行走、切割、推物、拾取等。实际操作人员可以通过鼠标、键盘等设备控制虚拟人执行相应的作业流程和动作模拟，在此过程中对人员的作业过程进行剂量评估，使仿真场景更接近实际情形。

5.3.2 基于监测点的剂量评估方法

基于监测点的剂量评估方法用于进行快速剂量评估，主要思想是将人体和器官用一系列离散的监测点来表示，并与骨骼动画模型和点核方法相结合，通过监测点处的辐射剂量，获取人体相应器官的剂量，适用于对人员培训这种对精度要求较低，而对时间要求严格的情况。基于监测点的剂量评估方法结构图如图 5.4 所示，可分为器官监测点生成和剂量评估两个过程。

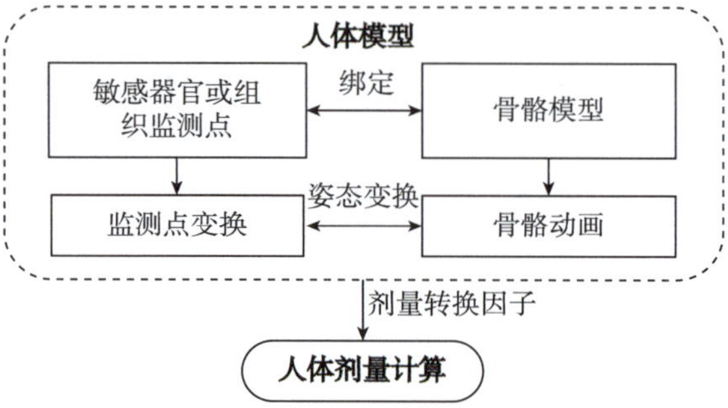

图 5.4　基于监测点的剂量评估方法示意图

(1) 器官监测点生成

器官监测点分布示意图如图 5.5 所示。

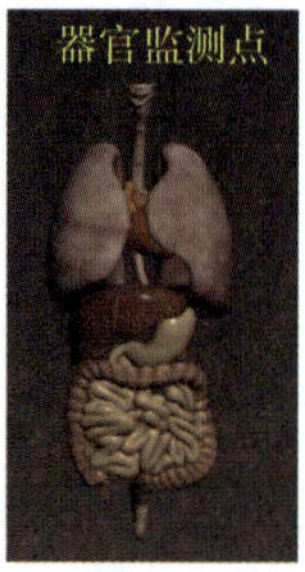

图 5.5　器官监测点示意图

监测点以一定密度在器官和组织内均匀分布，将监测点与骨骼模型绑定，通过骨骼动画控制人体姿态变化，从而带动相应器官监测点的位置变换，通过获取监测点的坐标，可以获得准确的器官位置，从而在人员作业仿真过程中，可以实时、方便、准确地获取人体器官和组织的位置，最后结合数值模拟方法进行剂量计算。

器官监测点设置的密度与位置直接影响着最终计算结果的准确性。监测点的设置有两种方式，一种是在建立骨骼动画模型阶段设计器官监测点，并内嵌到模型中，一旦创建便只能通过修改模型进行更改，但该方式简单、高效。另一种方式是在评估阶段，生成一定密度的监测点，并与相应骨骼绑定，这种方式的扩展性、灵活性更高。

器官 T 的监测点生成过程如下：首先定义监测点集合 Q，来存储器官监测点数据，并确定监测点密度。之后在器官 T 的长方体包围盒空间内采样，生成一个采样点 P。若 P 在器官 T 的外部，说明 P 是无效点，被舍弃；否则，P 作为一个监测位置，被放入 Q 中。重复以上步骤，直到达到事先设定的采样密度，在器官模型内生成均匀分布的器官监测点，最后 Q 即为 T 的器官监测点集合，并与相应骨骼绑定，通过骨骼动画可以实现器官监测点随着人员动作的改变而变换。最终获取的器官监测点生成效果如图 5.6 所示。

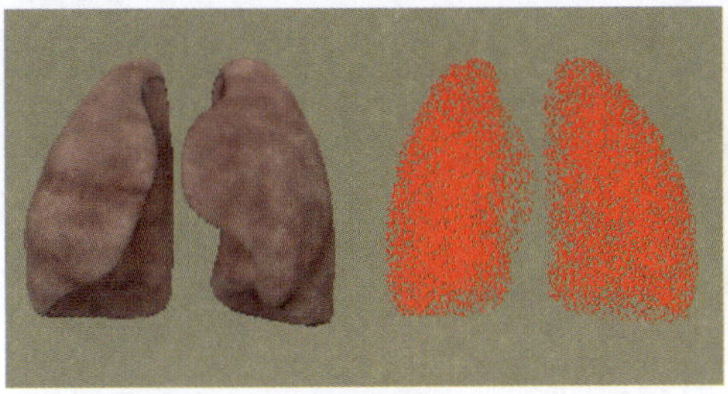

(a) 肺

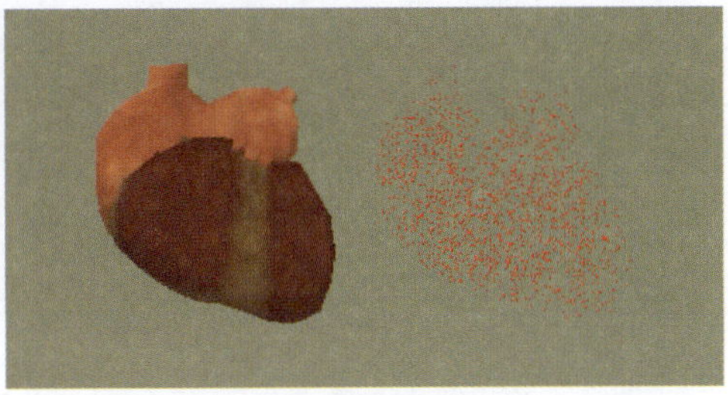

(b) 心脏

(c) 肝

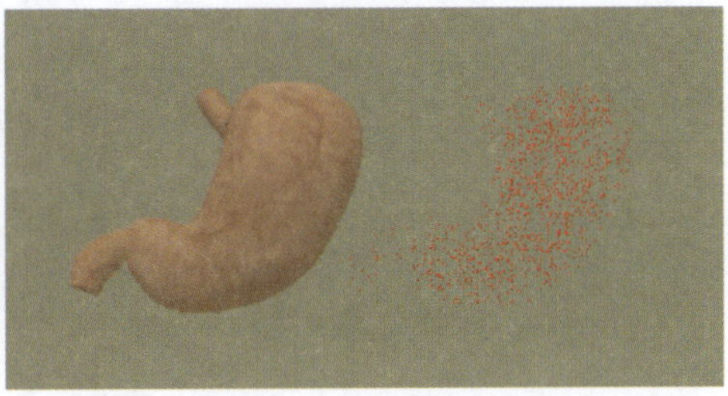

(d) 胃

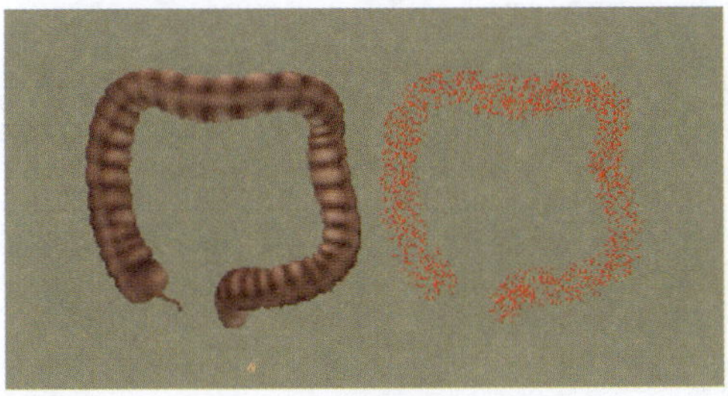

(e) 结肠

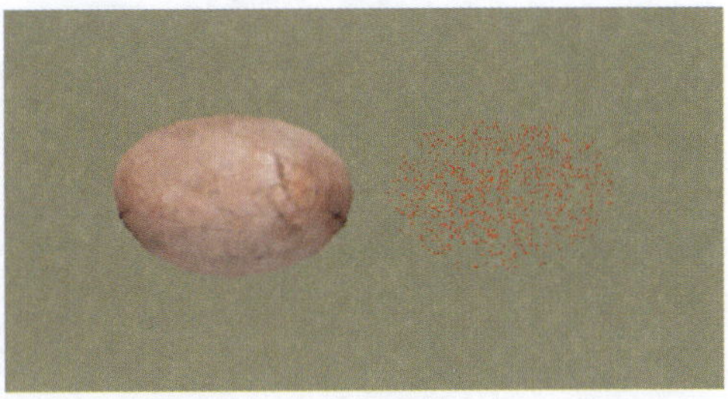

(f) 膀胱

图 5.6　器官监测点生成效果图

（2）剂量评估流程

器官或组织所接受的平均吸收剂量可以看成这些监测点处吸收剂量的平均值。当控制虚拟人进行作业模拟时，器官的各个监测点随着骨骼动画过程改变，每隔固定时间 Δt 计算各个监测点位置处的器官吸收剂量率。对于器官 T，首先获取 T 的监测点集合，则监测点处的空气吸收剂量率 $\dot{D}_a$ 可以近似为 T 的所有监测点处吸收剂量率的平均值，之后利用式（5-6）至式（5-9）获取器官 T 的当量剂量率和人体有效剂量率。

当量剂量增量 ΔH_T 和有效剂量增量 ΔE 可以表达为相应剂量率与两次剂量计算之间的时间间隔 Δt 相乘，器官当量剂量 H_T 与有效剂量 E 可以表示为所有相应剂量增量的和：

$$\Delta H_T = \dot{H}_T \cdot \Delta t \tag{5-6}$$

$$\Delta E = \dot{E} \cdot \Delta t \tag{5-7}$$

$$H_T = \sum \Delta H_T \tag{5-8}$$

$$E = \sum \Delta E \tag{5-9}$$

整个剂量评估流程如图 5.7 所示。当工作场景结束后，最终可以得到人体各个敏感器官的当量剂量以及有效剂量。

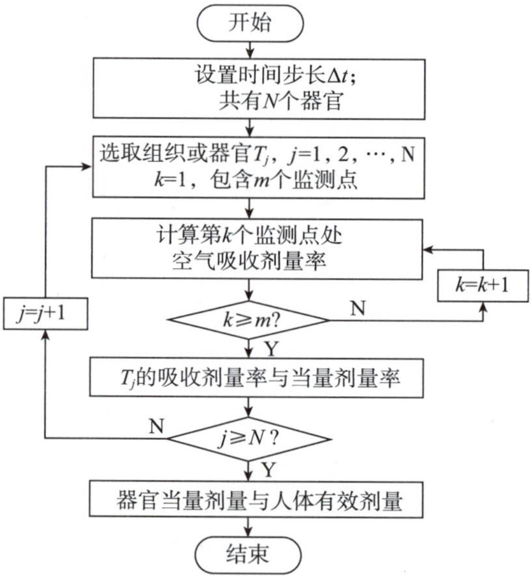

图 5.7　基于监测点的剂量评估流程图

由以上过程可以看到，在监测点生成阶段可以产生具有较高密度分布的监测点，之后可以利用自适应方法，将监测点化简，之后进行剂量评估来提高计算效率。因此上述方法具有很好的灵活性和高效性，尤其可以与点核方法结合，进行实时剂量评估，但计算精度也受点核方法以及各类转换系数准确性的制约，并且无法考虑器官或组织内的散射效应，可用于粗略评价危险，因此该方法更适用于人员培训这种对精度要求较低，而对时间要求严格的情况，只有当其依赖的参数和系数数据完善和准确时，该方法可以得到准确的结果。

5.3.3 基于特征线法的剂量评估方法

考虑到人体内的散射，以及内照射、外照射需求，本节介绍一种基于特征线法的剂量评估方法（MOCM）。该方法的主要思想是将体素模型与局部三维模块化特征线法（LMMOC）相结合，对人体相应器官的当量剂量进行计算，其可分为体素模型生成和剂量评估两个过程。

（1）体素模型生成

人体器官和组织几何分布的准确性直接影响着最终剂量计算的可靠性。考虑到体素模型表达的简洁性，采用体素模型进行人体剂量计算将变得更为简便。当骨骼动画控制人体模型变换后，将人体模型转化为体素模型，之后利用 LMMOC 方法进行剂量评估。

当骨骼动画控制人体模型运动后，需要在更新姿态后的人体模型基础上，生成某姿态下的体素模型。体素模型生成过程如图 5.8 所示。首先获取整个人体的包围盒，将包围盒空间按固定步长离散为空间网格。针对某一器官 T，获取其包围盒，要求该包围盒能够恰好被离散后的网格空间完全填充。之后计算与器官 T 轮廓相交的网格空间，这部分相交的网格空间被看作器官 T 体素化后的轮廓，最后在器官 T 的包围盒内剔除 T 外部的网格体元，剩余的体元成为器官 T 的完整体素模型，并记录这些体素所在网格空间索引，便于剂量的记录和检索。之后选择下一个器官或组织重复以上步骤，直至所有器官和组织完成体素化。

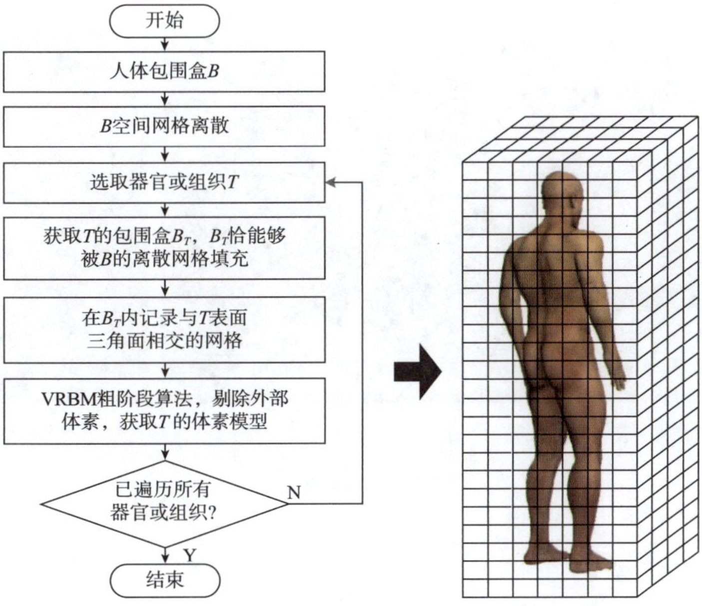

图 5.8 体素模型生成流程图

最终，获取的人体器官和组织的体素模型如图 5.9 所示，其中皮肤的体素模型可采用与人体表面网格模型相交的体素进行表达，之后利用这些体素内的平均剂量结果代表皮肤所接受的辐射剂量。人员姿态变化后的模型能够自动转换为体素模型，并能调整体素尺寸以适应不同需求，充分结合骨骼动画灵活性高和体素模型表达简单的优点，能够针对不同作业姿态，在短时间内建立精细的评估模型，从而提高辐射剂量评估的可靠性。

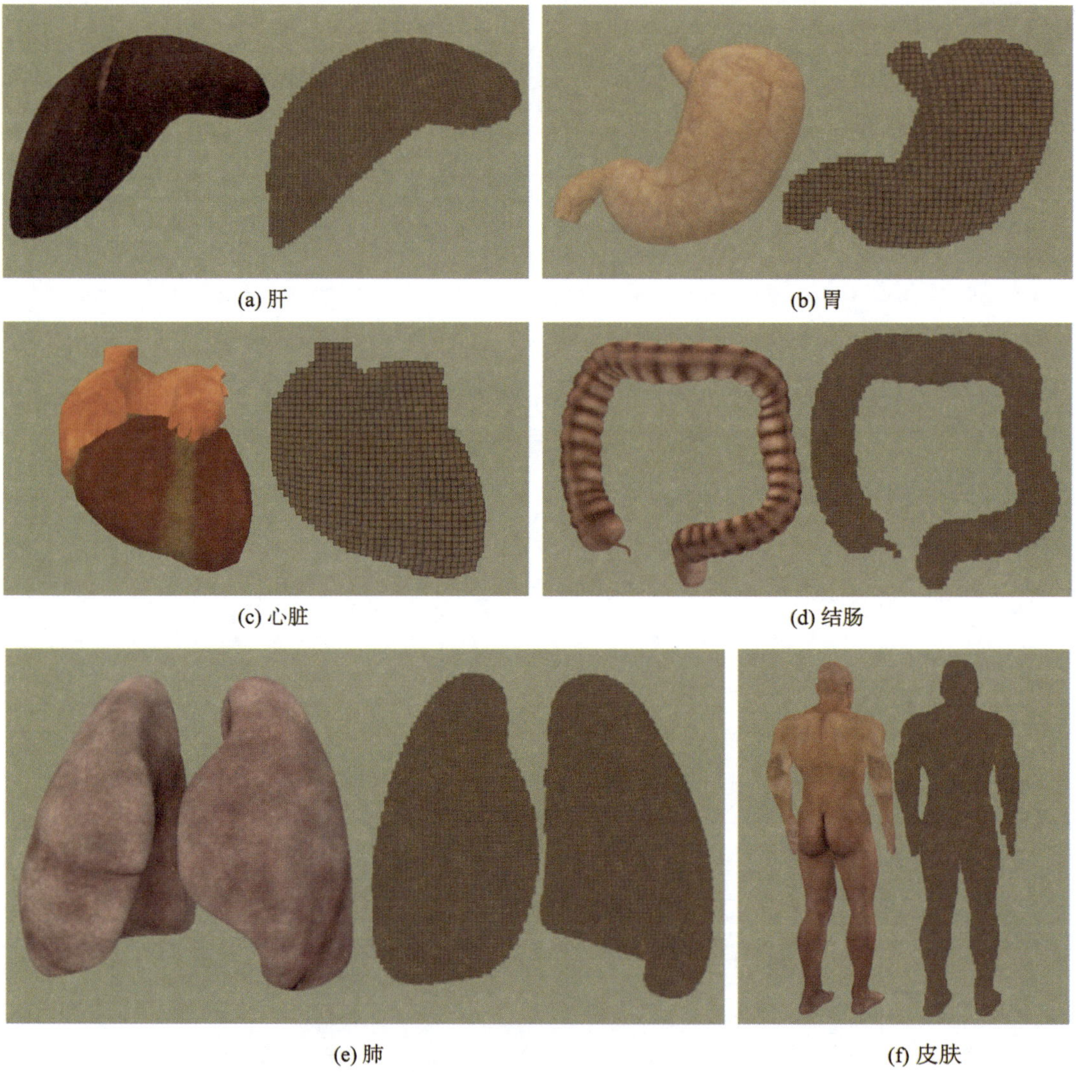

图 5.9　体素模型图

（2）剂量评估流程

基于 MOCM 的人体剂量评估方法通过计算各体素内各能群的光子通量密度，利用通量—剂量转换系数将各能群的光子通量密度转换为吸收剂量率，计算流程如图 5.10 所示。

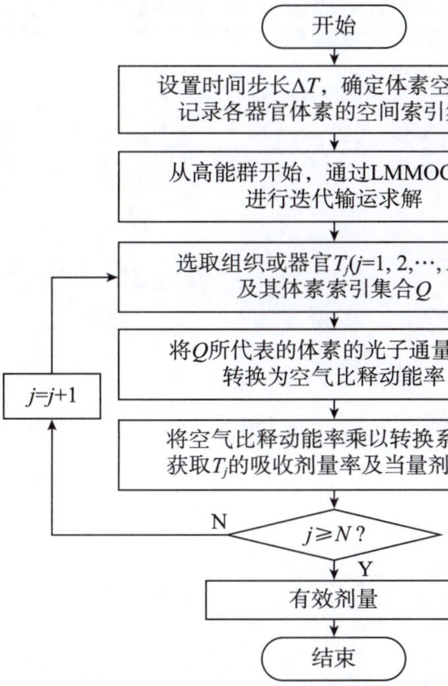

图 5.10　MOCM 的剂量评估流程图

每隔固定时间 Δt ，根据当前人体模型姿态，选取人体包围盒，按照固定步长将包围盒离散，构成一个体素空间，并将离散网格作为体素单元分配至各个器官和组织，之后更新网格空间材料信息，最后通过 LMMOC 进行求解，获得各体素内各能群的通量密度。

对于器官 T，其包含第 i 个体素内第 g 群的空气比释动能率 $\dot{K}_{a,i,g}$ 计算如下：

$$\dot{K}_{a,i,g}=\Phi_g\cdot C_g \tag{5-10}$$

式中：Φ_g ——第 g 群的通量密度；

C_g ——第 g 群的光子通量—空气比释动能转换因子。

器官 T 的吸收剂量率 $\dot{D}_{\mathrm{T}}$ 可由相应体素内各能群的空气比释动能率乘以空气比释动能—器官吸收剂量转换系数 C_{D_T} 获取：

$$\dot{D}_T=\sum_{i=1}^{M}\sum_{g=1}^{G}\dot{K}_{a,i,g}\cdot C_{D_T} \tag{5-11}$$

其中，器官 T 有 M 个体素，共有 G 个能群。最后，根据等式（5-6）至式（5-9）能够获取相应器官的当量剂量和人体有效剂量。

在仿真过程中，虚拟人的剂量评估不仅可以根据事先制定的方案执行，也可以由操作人员通过鼠标、键盘等外部设备自由控制作业动作的变化。由于求解计算需要一定时间，上述方法难以实现实时剂量评估，需要通过计算机并行加速来提高时间效率。

5.4 内照射人体剂量评估方法

内照射剂量评估是核安全应急处理的必要环节。在核设施维修或退役拆除过程中，会发生包容物泄漏或产生大量粉尘，其内的放射性核素会被无呼吸防护的作业人员摄入体内，使作业人员受到来自内部的射线照射。核设施退役安全作业流程已经将施工人员食入放射性核素造成的内照射概率降到了最低，因此在评估作业人员受到的内照射剂量时，本研究只考虑意外吸入的放射性核素对人体产生的辐照影响。

5.4.1 剂量转换系数法

核退役施工过程中，为了快速估算突发泄漏事故时作业人员的内照射剂量，为退役方案的制定提供剂量依据，本节主要介绍基于气载放射性核素扩散模型与呼吸道模型，使用剂量转换系数法计算吸入所致的待积有效剂量。

内照射剂量转换系数是 ICRP 参考人摄入单位量核素所致的待积有效剂量。剂量转换系数法是根据放射性核素的摄入量，使用剂量转换系数计算人体受照剂量的方法。剂量转换系数法简化了内照射剂量的计算。在估算吸入所致待积有效剂量时，根据吸入核素的参数选择对应的剂量转换系数。将核素的转换系数与吸入摄入量乘积，便可以得到吸入所致的待积有效剂量。

ICRP 94 年呼吸道模型将吸入的物质按吸收速率不同分为快（F）、中（M）和慢（S）三类物质。由于肺吸收类别不同，不同核素的活度中值空气动力学直径（AMAD）也不同，因此每种核素具有不同的剂量转换系数。

在核设施退役过程中，通过空气中单位体积核素的含量与作业人员的呼吸率，可以计算得到职业作业人员的吸入摄入量。在核设施退役现场，空气中单位体积核素的含量可以使用空气采样检测装置获取。ICRP 第 71 号出版物和联合国原子辐射效应科学委员会 2000 年出版物（UNSCEAR 2000）分别给出了不同性别、年龄的人在不同劳动情况下的呼吸率推荐值。在虚拟退役场景中，作业人员的呼吸率为不同劳动情况下成年男性的标准呼吸率。在不同的 AMAD 和肺吸收类别情况下，根据《电离辐射防护与辐射源安全基本标准》(GB 18871-2002)与 IAEA-TECDOC-1162 提供的职业人员吸入剂量转换系数,可以获得人体吸入核素的剂量转换系数。

5.4.2 吸入所致待积有效剂量的计算

本节提供两种方式进行吸入所致待积有效剂量估算,其中一种方法被称为基于个人空气采样的剂量评估方法(PASM),另一种方法称为基于 IAEA-TECDOC-1162 的剂量评估方法(IAEAM)。

(1)基于个人空气采样法

基于《放射性核素摄入量及内照射剂量估算规范》(GB/T 16148-2009)中给定的个人空气采样法,考虑到核素放射性衰变对吸入摄入量的影响,核素 j 的吸入摄入量计算公式为:

$$A_{j,\ inh}=D_j\cdot B=\int_0^{t_1} C_{t,\ j}(x,\ y,\ z)\cdot\frac{T_{j,\ 1/2}}{0.693}(1-\mathrm{e}^{\frac{0.693t}{-T_{j,\ 1/2}}})\mathrm{d}t\cdot B \tag{5-12}$$

式中:$A_{j,inh}$——核素 j 摄入量的时间积分值,Bq;

D_j——核素 j 在空气中的时间积分浓度,(Bq·h)/m^3;

$C_{t,j}$(x,y,z)——放射性核素 j 在时间 t 时人体呼吸位置(x,y,z)处的浓度,Bq/m^3;

$T_{j,1/2}$——核素 j 的半衰期,h;

t_1——吸入核素的时间,h;

B——作业人员呼吸率,m^3/h。

在核设施退役过程中,放射性厂房内气载放射性核素的浓度是不断变化的。由于计算中无法进行现场空气采样,因此研究中采用修正涡动扩散方法(EDMS)对厂房内气载放射性核素进行模拟计算,并采用计算获得的核素浓度替代空气采样法获得的核素浓度。

根据剂量转换系数法,吸入所致放射性核素待积有效剂量评估方法如图 5.11 所示。吸入放射性核素所致的待积有效剂量为作业人员的吸入量与吸入剂量转换系数的乘积,具体计算公式为:

$$E_{inh}=\sum_{j=1}^{n}E_{j,\ inh}=\sum_{j=1}^{n}A_{j,\ inh}e(g)_{j,\ inh} \tag{5-13}$$

式中:E_{inh}——吸入所致待积有效剂量,Sv;

$E_{j,inh}$——吸入核素 j 所致待积有效剂量,Sv;

n——吸入放射性核素的种类个数；

$e(g)_{j,inh}$——吸入剂量转换系数，是同一年内，g 年龄组人员吸入单位活度放射性核素 j 以后产生的待积有效剂量，Sv/Bq。

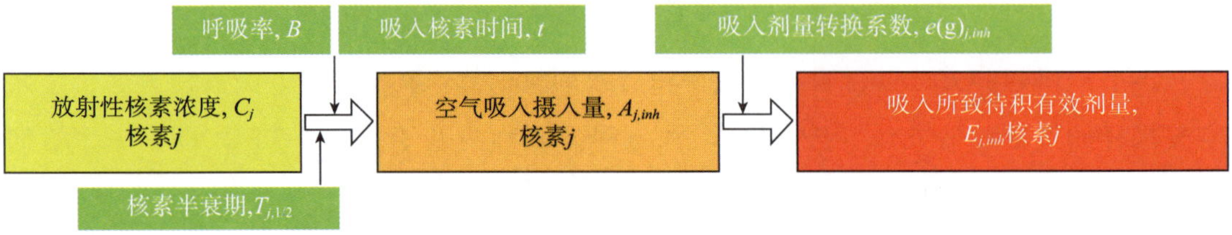

图 5.11　吸入所致放射性核素待积有效剂量的评估

通过吸入方式滞留在体内的放射性核素，会因衰变而减少放射性活度。在放射性核素浓度不变的情况下，随着放射性核素吸入时间的增加，PASM 计算获得的人体单位时间内待积有效剂量会逐渐减少。

对于职业照射，吸入剂量转换系数不受职业人员的年龄影响，该系数只受肺吸收类别和 AMAD 的影响；对于公众照射，吸入剂量转换系数与 AMAD 无关，该系数会根据公众人员的年龄、肺吸收类别进行分组。在具体参数信息已知的情况下，PASM 职业照射的吸入剂量估算结果较为精准。

（2）基于 IAEA-TECDOC-1162

使用个人空气采样方法估算吸入所致待积有效剂量时，每种放射性核素在不同状态时的剂量转换系数各不相同。在模拟核设施退役突发泄漏事件时，放射性核素的化合物形态、粒子直径等会影响吸入剂量转换系数的选择，增加吸入剂量计算的难度。

IAEA-TECDOC-1162 提供了一种实用的吸入所致待积有效剂量估算方法，该方法忽略了放射性核素的 AMAD、半衰期、吸收类别等具体信息，简化了计算参数。基于 IAEA-TECDOC-1162 的吸入所致待积有效剂量计算公式为：

$$E_{inh} = \sum_{j=1}^{n}\int_{0}^{t_1} C_{t,j}(x, y, z)\,\mathrm{d}t \cdot CF_{2,j} \cdot t_1 \tag{5-14}$$

式中：E_{inh}——吸入所致待积有效剂量，mSv；

$C_{t,j}(x, y, z)$——放射性核素 j 在时间 t 时人体呼吸位置 (x, y, z) 处的浓度，kBq/m^3；

$CF_{2,j}$——放射性核素 j 的转换系数，一般采用 ICRP 71 号出版物推荐的成年人在轻体力劳动情况下，呼吸率为 1.5 m^3/h 时的转换系数，(mSv/h)/(kBq/m^3)；

t_1——吸入核素的时间，h。

在面对复杂的核设施退役泄漏场景时，吸入所致待积有效剂量的估算准确度会受到核素 AMAD、吸收类别等因素的影响。IAEAM 仅能提供 17 岁以上公众成员在轻体力劳动下肺吸收类别在固定情况下的转换系数，适用于公众照射，但不适用于职业照射。

5.5　人体剂量可视化方法

虽然虚拟人受照剂量评估可以用于安全评估和人员培训，但是在核辐射仿真领域，剂量评价结果都是以数字和图表的形式呈现给用户，无法直观地给出人体剂量的分布。本节的剂量评估方法是针对虚拟人的体素模型，所以研究设计和实现了虚拟人受照剂量可视化方法，这使得辐射对虚拟人的影响更加直观。

因为虚拟人受照剂量评估结果主要是瞬时剂量率和累积剂量，所以虚拟人受照剂量可视化方法主要分为两种瞬时剂量率可视化和累积剂量可视化。瞬时剂量率可视化给出了某一时刻每个体素的剂量强度，用于了解某个时刻虚拟人全身可能的辐照程度。累积剂量可视化给出了虚拟人一段时间后每个体素的累积剂量强度，用于了解对整个活动过程中虚拟人全身各个部位的辐照程度。瞬时剂量率可视化和累积剂量可视化的实现方法是一样的，只是显示的数据不同。

图 5.12 给出了虚拟人受照剂量可视化方法流程图，图 5.13 给出了虚拟人受照剂量可视化示例。首先，读取虚拟人模型的几何信息（坐标和法方向）。由于模型是和虚拟人的骨骼动画同步的，所以模型是实时变化的。然后，读取体素文本文件中体素的信息，在虚拟人模型中构建体素，填充虚拟人的各个模块，确保体素的法向量方向与虚拟人模型的法向量方向一致，从而使得体素与虚拟人模型匹配。再从虚拟人剂量数据库中读取每个体素的剂量率或者剂量，根据剂量—色彩转换模型，确定剂量值对应的颜色，建立体素的材质，并且赋予对应的体素。最后，将虚拟人模型的材质透明化，使得虚拟人的剂量分布呈现出来，即可看到虚拟人全身在辐射场中受到的辐照情况。

虚拟人受照剂量可视化方法需要消耗一定的 CPU 资源，会对虚拟人的动画产生影响。在虚拟仿真程序暂停的时候，虚拟人受照剂量可视化不会对虚拟仿真和其他计算工作产生影响。虚拟人受照剂量可视化方法能够给出在辐射场中虚拟人各个部位所处位置的放射性强度，这为人员辐射防护提供了一种技术支持，有助于用户更好地了解虚拟人作业过程中可能受到的较高辐射部位，从而方便制定特定的辐射防护措施。

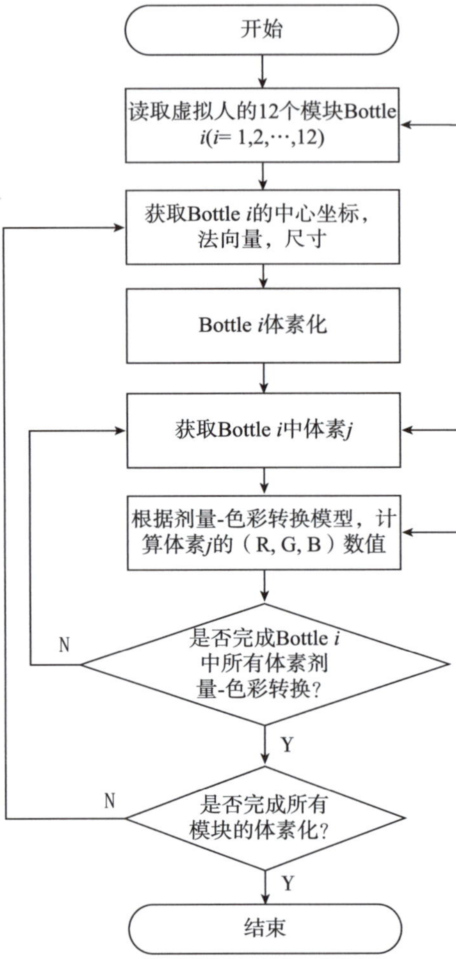

图 5.12　虚拟人受照剂量可视化方法流程图

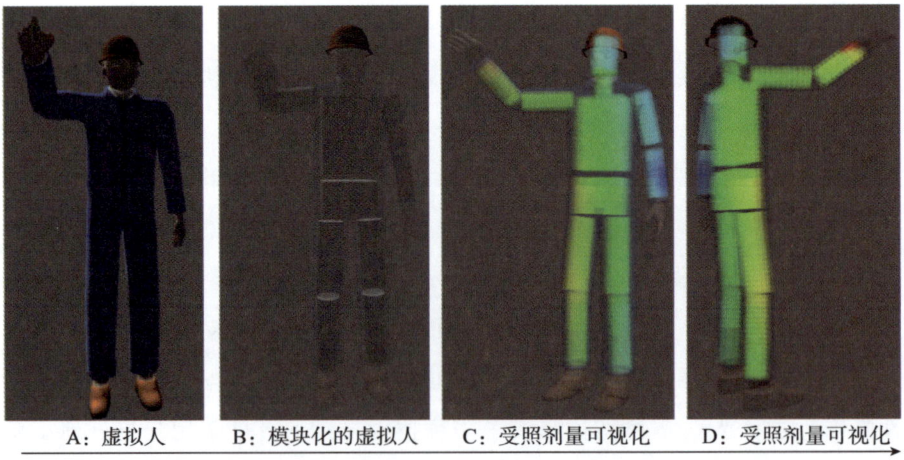

图 5.13　虚拟人受照剂量可视化示例

5.6 仿真测试

5.6.1 不同姿态测试

测试中为保持计算几何的一致性，人体模型被转换为边长为 2 cm 的体素模型，作为本研究所提方法和 MCNP 方法的几何输入，并将结果与 MCNP 结果进行对比，其中 MCNP 的统计误差小于 1%。测试中采用虚拟人体解剖模型，分别采用站立双臂下垂、站立双臂平展两种姿态。

人体模型位于坐标原点面向 y 轴正方向，一个尺寸为 20 cm×200 cm×20 cm 的长方体各向同性放射源放置于人体左侧，放射源中心位于坐标（160，0，86）处。放射源强度为 1×10^{11} s^{-1}，能量在 0.6～0.7 MeV 范围内连续均匀分布。MCNP 方法和 OMPM、MOCM 方法在人体站立双臂下垂、站立双臂平展两种姿态下获取的部分器官当量剂量率结果如表 5.12 和表 5.13 所示。

表 5.12 站立双臂下垂姿态下不同器官的当量剂量率

器官	MCNP/(mSv/h)	OMPM		MOCM	
		剂量率/(mSv/h)	相对于 MCNP 误差/%	剂量率/(mSv/h)	相对于 MCNP 误差/%
肺	1.509	2.208	46.32	1.632	8.15
肝	1.513	2.196	45.14	1.624	7.34
胃	2.043	2.715	32.89	2.159	5.68
结肠	1.796	2.547	41.82	1.939	7.96

表 5.13 站立双臂平展姿态下不同器官的当量剂量率

器官	MCNP/(mSv/h)	OMPM		MOCM	
		剂量率/(mSv/h)	相对于 MCNP 误差/%	剂量率/(mSv/h)	相对于 MCNP 误差/%
肺	1.831	2.391	30.58	1.926	5.19
肝	1.781	2.364	32.73	1.869	4.94
胃	2.524	2.924	15.85	2.599	2.97
结肠	2.152	2.661	23.65	2.256	4.83

由表 5.12 和表 5.13 可以看出，在相同辐射环境内，人体双臂展开姿态下各器官当

量剂量率相比于双臂下垂情况的各器官当量剂量率均较大，说明双臂展开导致了人体的辐射剂量发生了变化。在两组测试中，OMPM 相对于 MCNP 的最大相对误差为 46.32%，并且均高于 20%，而 MOCM 与 MCNP 相比的最大相对误差为 9.23%，其中在双臂展开姿态下，MOCM 相对于 MCNP 的误差均小于 7%，说明 MOCM 具有较好的剂量评估可靠性。相比之下，OMPM 计算精度受点核方法以及各类转换系数准确性的制约，仅通过放射源与器官直线距离穿过的物质计算辐射剂量，无法考虑器官或组织内的散射效应，因此与 MCNP 相比偏差较大。

为了对 OMPM、MOCM 和 MCNP 结果做进一步对比，图 5.14 绘制了不同放射源距离情况下，利用 OMPM、MOCM 和 MCNP 获取的各器官当量剂量率变化曲线。

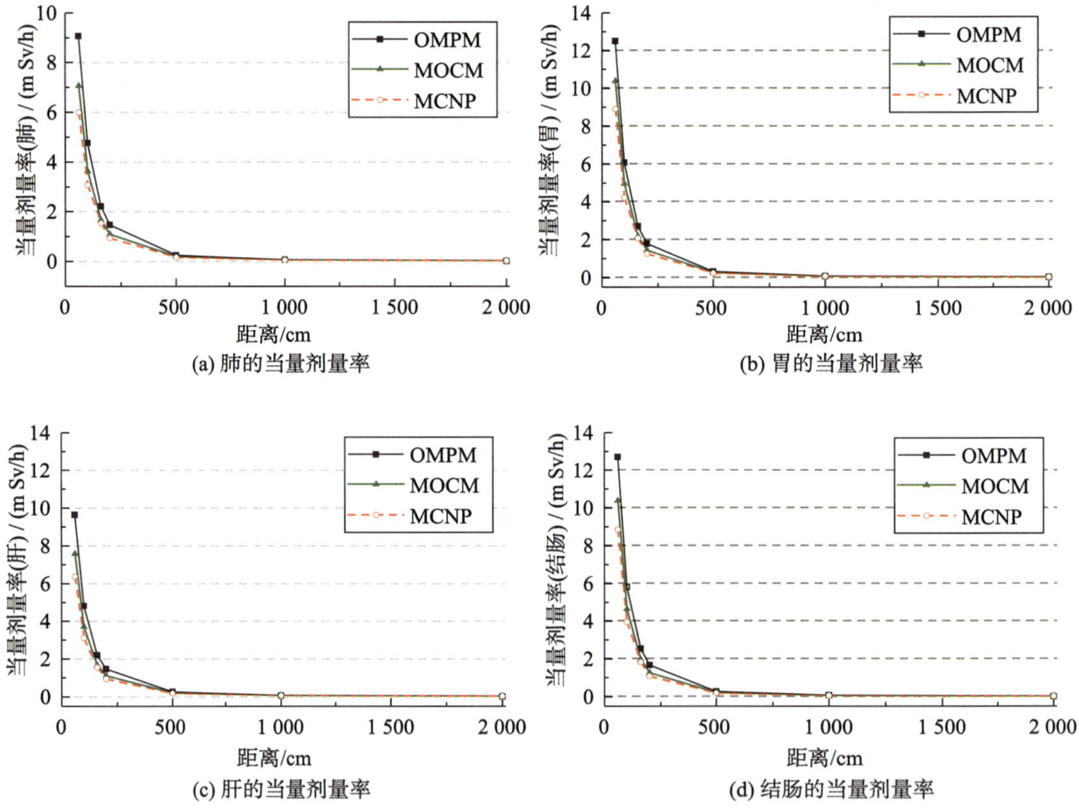

(a) 肺的当量剂量率
(b) 胃的当量剂量率
(c) 肝的当量剂量率
(d) 结肠的当量剂量率

图 5.14　OMPM、MOCM 和 MCNP 获取的器官当量剂量率随源项距离变化曲线图

由图 5.14 可知，随着放射源与人体距离的增加，各器官的当量剂量率首先迅速下降，最后趋于平缓。放射源距离人体较近时，各器官当量剂量率之间的差异很明显，但随着距离的增加，不同器官当量剂量率之间的差别越来减小，直至距离大于 10 m 后，各器官当量剂量率趋于相同，说明源项距离人体较近时，辐射水平随空间位置变化明显，人体内不同器官的辐照水平存在差异，当放射源距离较远时，人体所在区域的辐射变化平缓，当放射源距离人体足够远时，人体可近似为点，各器官所处位置处的辐照水平几乎相同。

此外，由图 5.14 可以看出，随着放射源与人体距离的变化，OMPM、MOCM 与 MCNP 获取的各器官当量剂量率变化趋势相同，并且 MOCM 的剂量值更接近 MCNP 结果，说明在人体剂量趋势变化的描述上，本书中所提的两种剂量评估方法获取的结果与 MCNP 结果具有较好的一致性，同时 MOCM 比 OMPM 具有更好的准确性。然而，在 3.3 GHz、8 GB 的 Windows 系统中采用串行计算方式执行本测试，OMPM 的计算时间为秒级，而 MOCM 的计算时间约为 30 min。由此可见，虽然 OMPM 结果相比 MCNP 结果偏于保守，但 OMPM 方法具有较高的时间效率，适用于对时间要求较高的情形。

当量剂量和有效剂量是出于辐射防护目的而引入的，用于对人员的辐射危险提供一种量度，从而对人员的辐射危险进行评价。在人员作业过程中，需要对人员的剂量进行记录和控制，以保证人员的辐射剂量值低于剂量限值，从而确保人员的安全性。由测试结果可以看到，OMPM 方法具有较快的评估速度，并且剂量结果偏于保守，能够对人员提供一个粗略的辐射危险评价方案，因此用该方法进行作业方案的粗略评价和筛选是合适的。对于可能超过剂量限值的情况，人员的辐射剂量和危险需要以更精确的方式进行恰当地评估，而 MOCM 具有较好的剂量评估可靠性，因此对于可能超过人员剂量限值的情况，适合采用更准确的 MOCM 方法进行评估。实际应用时可将 OMPM 与 MOCM 结合，首先利用 OMPM 方法进行方案的粗略评价和筛选，之后利用 MOCM 进行详细评估，以保证人员执行作业任务时，所接受的辐射剂量低于剂量限值。

5.6.2 仿真场景测试

人体剂量评估测试中，模拟的场景为作业人员前往工作地点拾取拆除下来的管道。

虚拟工作环境如图 5.15 所示。工作过程包含行走、观察、拾取三种动作，作业姿态模拟如图 5.16 所示。

测试中利用质点模型、OMPM 和 MOCM 三种方法进行剂量评估，其中质点模型位置采取人体站立时胸部高度。三种方法在同一时间序列和姿态下进行剂量评估结果如图 5.17 所示，其中约 0～13 s 之间为人员行走阶段，13～23 s 之间为人员短暂停留与观察环境阶段，23～29 s 为人员拾取动作阶段。

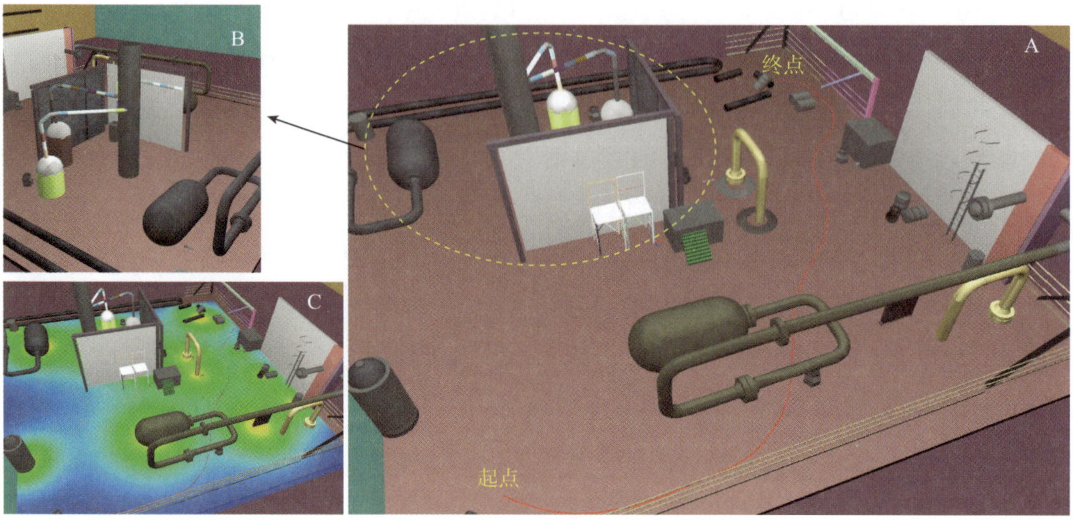

图 5.15　虚拟辐射环境图

(a)行走　　(b)观察　　(c)拾取

图 5.16　作业过程模拟示意图

由图 5.17（a）可知，质点模型利用胸部高度处的剂量作为全身受到的均匀剂量，所获取不同时刻的辐射剂量率与 OMPM 和 MOCM 有较大差别，但是总体趋势相似。同时也可以看出，在观察阶段，由于人员仅是头部和手部的运动，因此 OMPM 与 MOCM 的剂量率曲线仅有轻微波动，变化不明显。

在拾取阶段，由于人员动作幅度较大，二者剂量率曲线均有较大波动，而质点模型仍采用站立姿态下胸部高度处剂量值，所获取剂量未能反映人员姿态变换后的变化，尤其在拾取阶段，质点模型严重低估了人员拾取动作对剂量变化的影响。相比之下，OMPM 与 MOCM 及时地反映了人体不同姿态对人体剂量的影响，说明二者均具有反映剂量变化细节的能力，并且二者获取的剂量变化趋势具有较好的一致性。

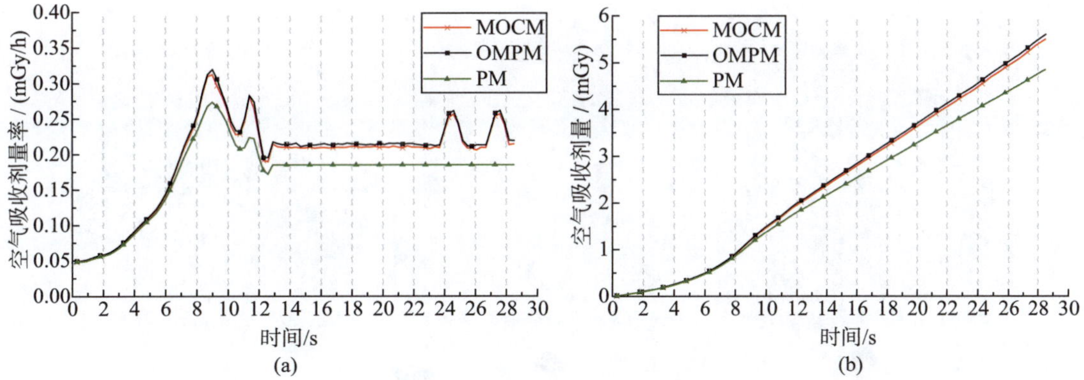

图 5.17 虚拟人员辐射剂量图

人员作业过程的累积辐射剂量随时间变化如图 5.17（b）所示，由图可知，随着时间的增加，质点模型下的剂量结果与 MOCM 的结果差别越来越明显，而 OMPM 方法与 MOCM 方法能够保持较好的相似性，而质点模型的计算方法采用某一点的辐射水平进行人体辐射剂量估计，无法提供器官级剂量信息，而且与以上两种方法计算结果间的差别随着时间积累，变得越来越明显。本部分介绍的 OMPM 以及 MOCM 方法结合了骨骼动画技术，能够充分考虑人员作业过程中姿态的变化，因此能够为实现灵活可靠的人员剂量评估提供支持。

5.6.3 人体剂量可视化测试

本节仿真主要是为了测试人体剂量可视化方法的有效性。假设一个虚拟人从位置 a 移动到位置 b，在位置 b 完成一个假设的任务，从位置 b 移动到位置 c，从而离开工作区域。虚拟人的活动被分为三个部分：行走路径段 1、工作位置 b 和行走路径段 2。

（1）行走路径段 1

对于行走路径 1，通过设计不同的行走路径方案，改变虚拟人与辐射源的距离和受照时间，从而减少虚拟人的受照剂量。不同的行走路径 1 与人体剂量可视化结果如图 5.18 所示，共包含三条可选路径，其中虽然图 A 的路径是路程最短的，虚拟人受照时间最少，但是活动区域的辐射强度较高，虚拟人的受照剂量更高。通过结果比较，选择最小辐照剂量的图 B 方案作为行走路径段 1 的最终方案。

（2）工作位置 b

在工作位置 b，通过调整虚拟人的位置和设置屏蔽减少虚拟人的受照剂量。图 5.19 给出了三种不同方案效果和虚拟人的受照剂量。在第二方案中，只需要更新虚拟人活动

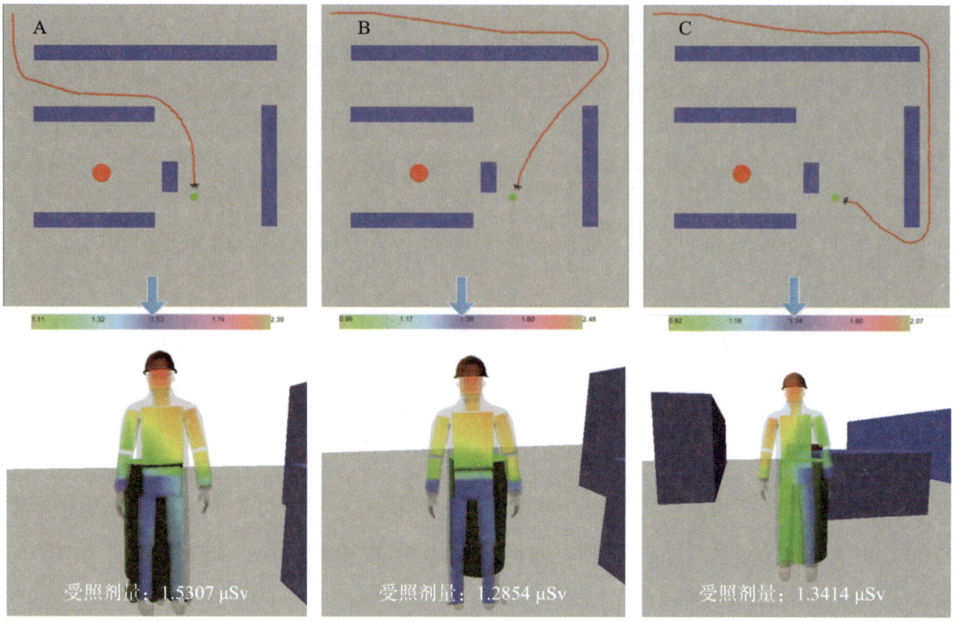

图 5.18　行走路径段 1 的不同方案仿真结果

仿真。虚拟人站立于面对辐射源的工作位置，使得虚拟人远离了辐射源，此时虚拟人的受照剂量降低了。在第三方案中，需要更新虚拟人活动仿真和辐射场计算。在虚拟人和辐射源之间添加一个 1.5 m（长）×0.2 m（宽）×1.5 m（高）的屏蔽墙，同时虚拟人站立于面对辐射源附近的工作位置，使得虚拟人远离了辐射源，虚拟人的受照剂量明显地降低了。通过可视化，可以发现虚拟人受照剂量较高的部位集中在头部。

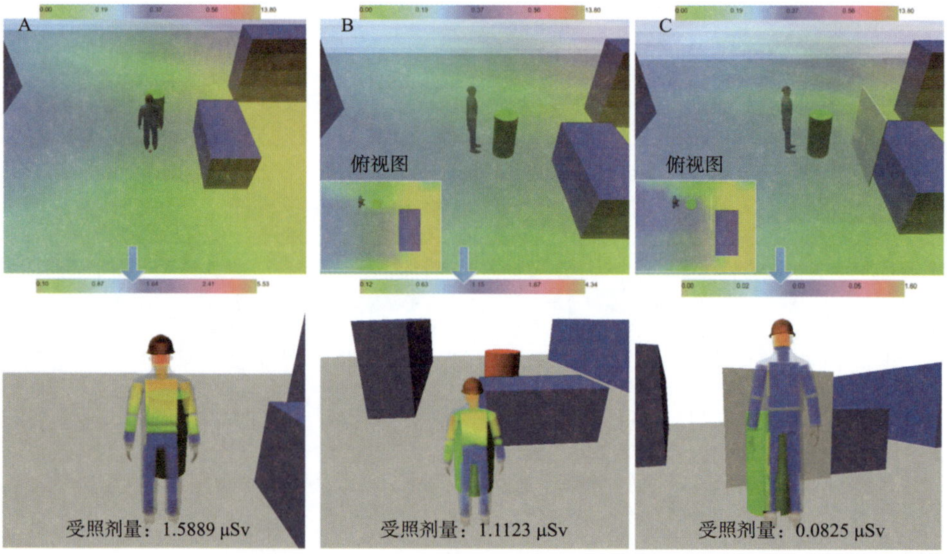

图 5.19　工作位置 b 的不同方案仿真

(3) 行走路径段 2

行走路径段 2 的设计类似于行走路径段 1。由于辐射场和环境没有变化，因此只需要更新虚拟人活动仿真，如图 5.20 所示。当作业人员的行走路径得到改进以后，虚拟人的受照剂量明显减少了。

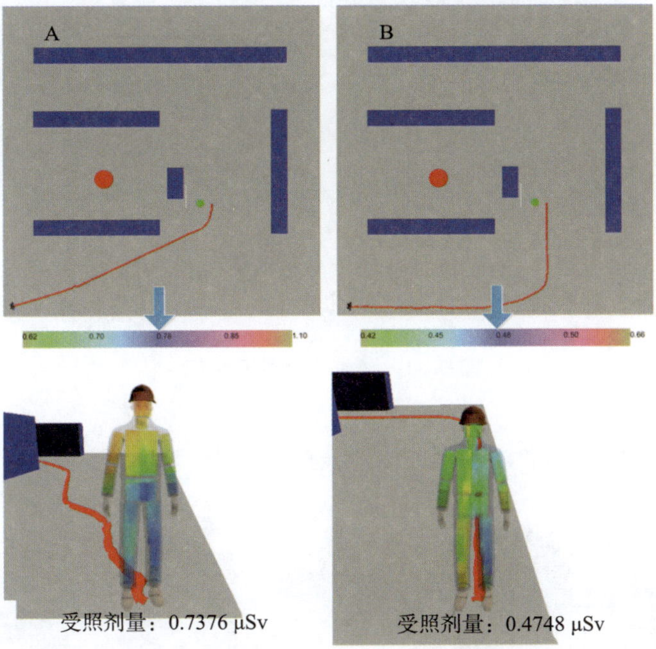

图 5.20 行走路径段 2 的不同方案仿真

(4) 完整的工作过程

将上述三个阶段的最小辐射剂量的方案组合在一起，构成一个完整的最终方案，如图 5.21 所示。通过虚拟仿真平台模拟工作过程，对虚拟人的受照剂量进行评价。在最终方案的各个阶段中，虚拟人的受照剂量评估结果和可视化效果如图 5.22 所示。最终方案的虚拟人受照剂量为 1.771 8 μSv，这个值远远低于初始方案的虚拟人受照剂量 5.778 1 μSv。因此，外照射防护仿真平台达到了减少人员受照剂量的目的。此外，还可以通过制定合适的穿戴防护服和工作姿势，抵御人体某个部位受到较强的辐照。

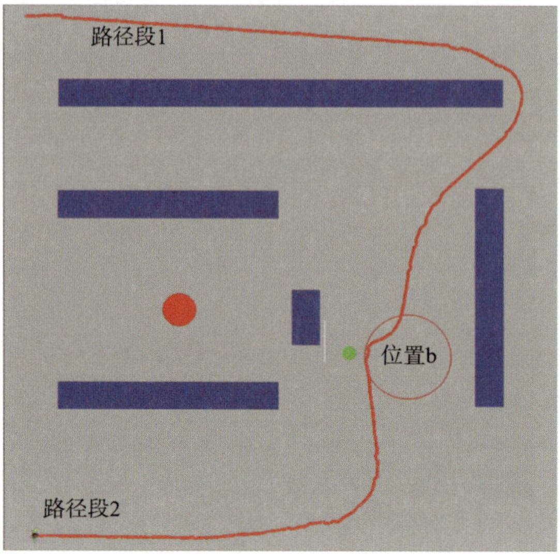

图 5.21　最终方案的示意图

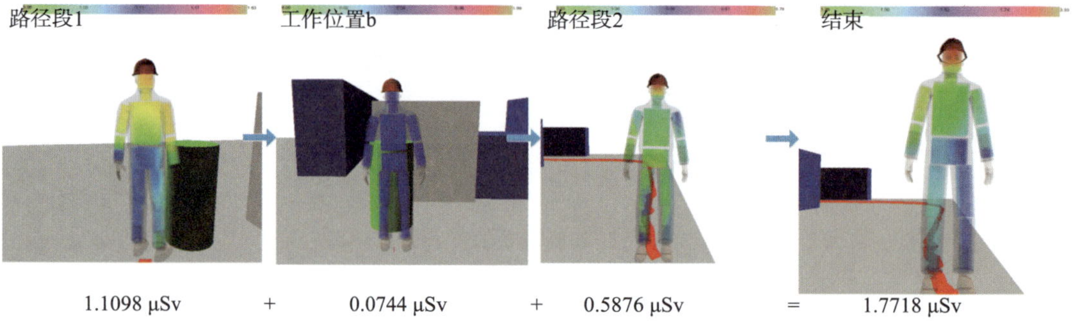

图 5.22　各个阶段虚拟人受照剂量

参考文献

[1] 潘自强．辐射安全手册［M］．北京：科学出版社，2011.

[2] 潘自强．中国核工业辐射水平与效应［M］．北京：原子能出版社，1996.

[3] ICRP. Conversion coefficients for use in radiological protection against external radiation［R］. ICRP Publication 74. Ann. ICRP，1996，26：159-205.

[4] ICRP. The 2007 Recommendations of the international commission on radiological protection［R］. ICRP Publication 103. Ann. ICRP，2007，37：61-78.

[5] W. S. Snyder, M. R. Ford, G. G. Warner. Revision of MIRD pamphlet No. 5 entitled "estimates of absorbed fractions for monoenergetic photon sources uniformly distributed in various organs of a heterogeneous phantom" [R]. Oak Ridge National Lab, 1974: 5-11.

[6] G. Williams, M. Zankl, W. Abmayr, et al. The calculation of dose from external photon exposures using reference and realistic human phantoms and Monte Carlo methods [J]. Physics in medicine and biology, 1986, 31 (4): 449-452.

[7] 刘洋，张郭智，孙文娟，等. 基于可视中国人高分辨人体结构数据集的辐射剂量模拟研究进展 [J]. 激光生物学报，2009，18 (5)：585-589.

[8] M. Zankl, R. Veit, C. Williams, et al. The construction of computer tomographic phantoms and their application in radiology and radiation protection [J]. Radiation and Environmental Biophysics, 1988, 27: 153-164.

[9] H. Zaidi, G. Sgouros, et al. Therapeutic applications of Monte Carlo calculations in nuclear medicine [J]. European Journal of Nuclear Medicine and Molecular Imaging, 2003, 30: 772.

[10] 徐榭，赵自强，石成玉，等. 基于美国可视人项目图像的成年男子解剖模型及其在医学虚拟仿真上的应用 [J]. 中国基础科学，2006，6：25-29.

[11] X. G. Xu, T. C. Chao, A. Bozkurt. VIP-Man: An image-based whole-body adult male model constructed from color photographs of the visible human projext for multi-particle Monte Carlo calculations [J]. Health Physics, 2000, 78: 476-486.

[12] K. Saito, A. Wittmann, S. Koga, et al. Construction of a computed tomographic phantom for a Japanese male adult and dose calculation system [J]. Radiation and Environmental Biophysics, 2001, 40: 69-76.

[13] T. Nagaoka, S. Watanabe, K. Sakurai, et al. Development of realistic high resolution whole-body voxel models of Japanese adult males and females of average height and weight and application of models to radio-frequency electromagnetic field dosimetry [J]. Physics in Medicine and Biology, 2004, 49: 1-15.

[14] M. Zankl, A. Wittmann. The adult male voxel model ' Golem' segmented from whole-body CT patient data [J]. Radiat Environ Biophys, 2001, 40: 153-162.

[15] N. Petoussi-Henss, M. Zankl, U. Fill, et al. The GSF family of voxel phantoms [J]. Physics in Medicine and Biology, 2002, 47: 89-106.

[16] Z. Habib, G. X. Xu. Computational anthropomorphic models of the human anatomy: the path to realistic Monte Carlo modeling in radiological sciences [J]. Annual Review of Biomedical Engineering, 2007, 9: 471-500.

[17] ICRP. Adult Reference Computational Phantoms [R]. ICRP Publication 110. Ann. ICRP, 2009, 39: 39-44.

[18] B. Q. Zhang, J. Z. Ma, L. Y. Liu, J. P. Cheng. CNMAN: a Chinese adult male voxel phantom constructed from color photographs of a visible anatomical data set [J]. Radiation protection dosimetry, 2007, 124: 130-136.

[19] 曾志，李君利，邱睿，等. 质子剂量微分谱预估空间辐射剂量 [J]. 清华大学学报（自然科学版），2006，46（3）：374-376.

[20] 刘立业. 中国成年男性参考人体素模型及在剂量测量评价中的应用 [D]. 清华大学，2010：12-42.

[21] G. Z. Zhang, Q. Liu, Q. M. Luo. Monte Carlo simulations for external neutron dosimetry based on the Visible Chinese human phantom [J]. Physics in Medicine and Biology, 2007, 52: 7367-7383.

[22] 徐玉海，李桃生. 一个中国成年女性体素模型的建立及辐射剂量学应用 [J]. 辐射防护，2013，33（1）：1-8.

[23] 刘芳芳，沈明启，李桃生. 成年女性参考人体素辐射剂量模型的研究 [D]. 哈尔滨工程大学，2012：9-29.

[24] 石成玉，徐榭，王进亮，等. 新一代虚拟人体解剖模型开发研究及其在放射医学及防护中的应用 [J]. 中华放射医学与防护，2005，25（2）：201-204.

[25] 耿长冉，汤晓斌，谢芹，等. 中国参考人系列模型的建立及外照射剂量学特征的研究 [J]. 原子能科学技术，2012，46：30-634.

[26] 董良，李桃生. 中国成年参考人曲面剂量模型的构建及 μ 剂量计算 [D]. 哈尔滨工程大学，2013：13-26.

[27] W. P. Segars, B. M. Tsui, et al. Development and application of the new dynamic Nurbs-based Cardiac-Torso (NCAT) phantom [J]. Journal of nuclear Medicine, 2001, 42: 7-8.

[28] X. G. Xu, V. Taranenko, J. Zhang, et al. A boundary-representation method for designing whole-body radiation dosimetry models: pregnant female at the ends of three gestational periods-RPI-PS, -P6 and -P9 [J]. Physics in medicine and biolo-

gy，2007，52 (23)：7023-7044.

[29] C. H. Kim，J. H. Jeong，W. E. Bolch，K. W. Cho，S. B. Hwang. A poly-surface reference Korean male phantom (PSRK-Man) and its direct implementation in Geant4 Monte Carlo simulation [J]. Physics in Medicine and Biology，2011，56 (27)：3137-3161.

[30] V. F. Cassola，V. J. de Melo Lima，R. Kramer，H. J. Khoury. FASH and MESH：female and male adult human phantoms aased on polygon mesh surfaces：I. development of the anatomy [J]. Physics in Medicine and Biology，2010，55：133-162.

[31] FASH and MASH：female and male adult human phantoms based on polygon mesh surfaces：II. Dosimetric calculations [J]. Physics in Medicine and Biology，2010，55：163-189.

[32] 孙文娟．基于数字人体的程式化模型和曲面模型构建及外辐射剂量研究 [D]. 华中科技大学，2012：36-44.

第 6 章　核辐射环境下人员作业路径规划方法

核设施退役施工现场存在放射性，核退役工作与常规工作环境相比具有高危险、高辐射等特点，人员在核辐射环境下执行任务的辐照风险规避问题是不能忽略的，采取辐射防护措施保证工作人员的健康安全是必不可少的任务之一。外照射防护的基本方法是缩短工作人员在辐射区的停留时间，增大与放射源的距离和设置屏蔽来减少受照剂量，因此出于经济性、安全性、合理性的考虑，本章将放射性环境中的行走路径规划作为一种辐射防护措施进行介绍，即在 ALARA 原则下，通过对辐射区内的作业路径进行评估和优化，实现最小代价路径规划目标，避免不必要的辐射照射，使人员作业路径最优化。

中国正在加快发展和建设核电、舰船核动力装置，大批核设施还面临退役拆解和维护，这就必须要对工作人员在辐射环境下施工所受的辐照风险优化问题进行研究。核辐射环境下的行走路径规划作为一种辐射防护和任务优化措施，能够有效地降低人员施工辐照风险、作业代价，保障工作人员机动有序的行动和高效快速的响应，对提高核辐射环境下工作人员及公众的安全性具有重要意义。

本章利用虚拟现实技术模拟核设施环境，论述了核辐射环境建模方法，并介绍了常用的基于图以及采样的路径规划算法，在此基础上，以最小辐照代价为目标，介绍了相应的改进型算法，来提高路径规划效率。

6.1　核辐射环境建模

核辐射环境下人员行走路径评估优化方法的目的是对核辐射场景中工作人员在行走过程中受到的辐射照射进行评价，通过优化人员的行走路径使得工作人员接受的辐射照射尽量低。在此过程中，用户不仅可以得到最小辐照路径，还可以得到其他评价目标的路径，以及对不同评价目标路径进行评价。

核辐射环境建模是核辐射环境下人员行走路径评估优化方法的基础，可以将具体的核设施场景转变为抽象的数学形式，为路径评估优化提供服务。核辐射环境建模主要包括场景结构的建模和辐射场的建模。

6.1.1 场景结构的栅格表示

场景结构建模主要包括环境建模方法的选择、单一活动区域的环境建模和多个活动区域的环境建模。

（1）环境建模方法的选择

真实的环境无法直接被计算机识别和处理，需要将其转化为计算机能够识别和处理的数据形式。环境建模主要包括三种方法：可视图法、栅格法和自由空间法等。环境模型是路径规划的基础，直接影响路径搜索算法的选择、路径的表示方式和最优解形式。根据核设施环境的特点和需求，选择合适的环境建模方法是核辐射场景中人员行走路径规划技术的关键。

可视图法是将人视为一个点，用直线段将人、障碍和目的地的各顶点连接起来，从而构成一个可以用于路径优化的环境模型。自由空间法是采用基本凸多边形表示二维空间，从而构成一个不规则的网络连通图，可以用于路径规划。

栅格法采用规则或不规则的网格表示二维空间，从而构成一个可以用于路径规划的环境模型。大多数路径规划算法都适用于栅格模型，并且保证存在最优解。规则的栅格法可以将空间离散为规则的结构，这与辐射可视化的剂量数据结构是一致的。因此，栅格法可以使辐射场和环境空间的离散结果保持一一对应，这点对于最小辐照路径搜索算法和路径评估方法的研究非常重要。

通过以上分析和比较，栅格法不仅可以覆盖整个核设施场景，还可以处理核辐射场剂量数据，此外基于栅格法的路径也要更加真实可信。因此，此处采用栅格法对核辐射场景的环境进行建模。

（2）单一活动区域的环境建模

如果核设施场景中工作人员所在的活动区域是一个水平面，那么该活动区域可以被视为一个简单的二维平面。此时，工作人员可以被认为是在一个二维平面上进行工作，如图 6.1 所示。

确定了二维工作区域以后，再将这个区域栅格化，即划分为大小一致的正方形网格。建立环境模型的三维坐标系，有利于采用数学的方法表示环境信息。至此，栅格中的每个单元都可以用唯一的坐标进行标记，即作业人员所在活动区域的位置可以用一个

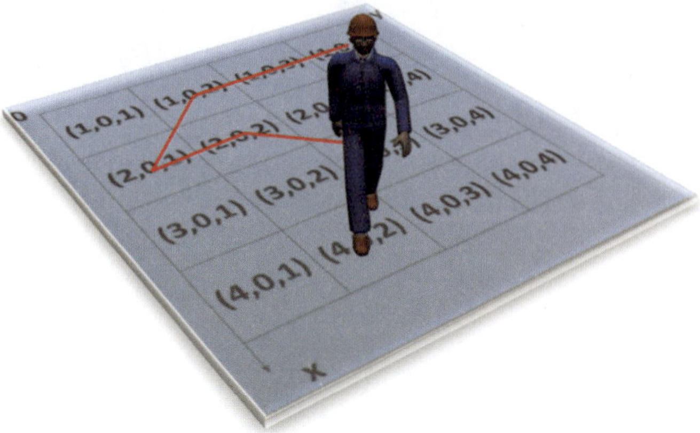

图 6.1　单一活动区域的环境建模

坐标（x，y，z）来近似描述。y 表示活动区域的高度，该活动区域是一个水平面，故 y 是一个恒定值。

栅格法会将连续的环境离散，工作人员所在的位置可以用一个坐标表示。例如，图 6.1 中工作人员所在的位置记为（4，0，2）。栅格法会将连续的行走路径离散，行走路径被分解为多个有序且关联的位置坐标，将这些位置坐标按顺序连接构成路径。例如，图 6.1 中工作人员的行走路径记为（1，0，4）→（1，0，3）→（1，0，2）→（2，0，1）→（2，0，2）→（3，0，3）→（4，0，2）。

以上的活动区域都是没有障碍的，而现实的场景中会有设备、支撑结构等，它们会阻隔人员的通过。采用投影法可以将复杂的三维环境转换为简单的二维环境，即真实的场景可以进行垂直映射，投影在二维平面上，如图 6.2 所示。在二维投影上，深色表示障碍物，浅色表示自由空间。

图 6.2　三维空间到二维空间的映射

即使将复杂的三维环境转化为简单的二维平面，计算机也无法直接识别和处理。二维平面还需要转化为数学表示的形式，如图 6.3 所示。将二维平面栅格化，可以得到两种网格组成的栅格图。这两个网格表示自由空间和障碍空间，可以分别用 1 和 0 表示。对于环境中任意形状的障碍物，都可以用有限的障碍网格来描述。二维空间可以用一个二维数组表示，数组的元素只能是 1 或 0。

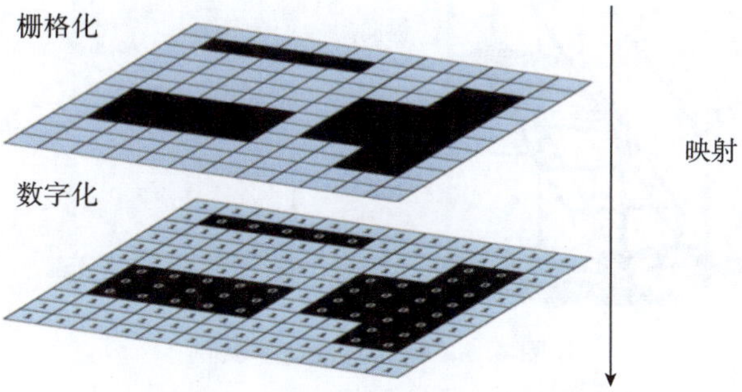

图 6.3　二维空间的栅格化和数字化

（3）多个活动区域的环境建模

如果核设施场景中工作人员所在的活动区域是由多个水平面或非水平面组成，那么该活动区域可以被视为多个二维平面的组合，如图 6.4 所示。整个三维空间都要进行环境建模，即将工作人员可以活动的区域作为一个二维平面。所有的二维活动区域构成一个三维空间的活动区域集，且活动区域之间会存在一定的联系。核设施场景中作业人员就是在这些活动区域集中活动的，行走路径会在这些活动区域表示。

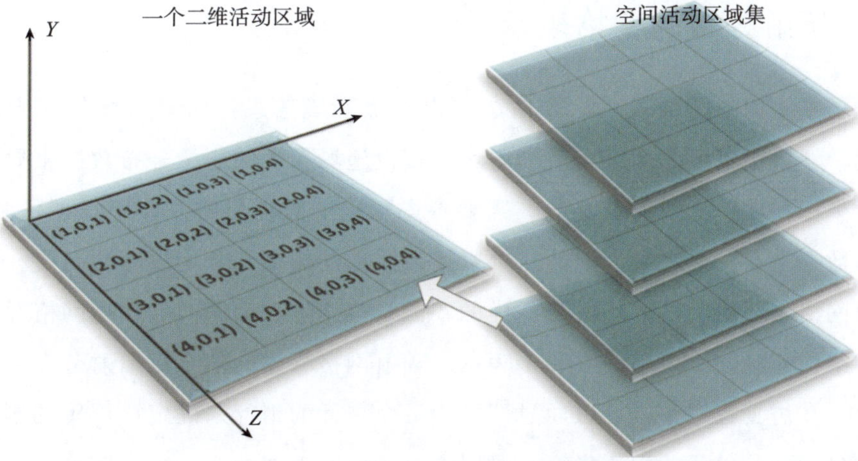

图 6.4　多个活动区域的环境建模

空间活动区域集中的任意一个活动区域的环境建模与单一活动区域的环境建模是一致的，不同之处在于活动区域之间的联系。通常不同的活动区域之间的联系通过楼梯、梯子、通道等连接。对于这些非水平的区域，通常它们是固定的，路径评估和优化也要考虑到这些连接通道的影响。因此，研究采用纵向离散的方法，如图 6.5 所示。

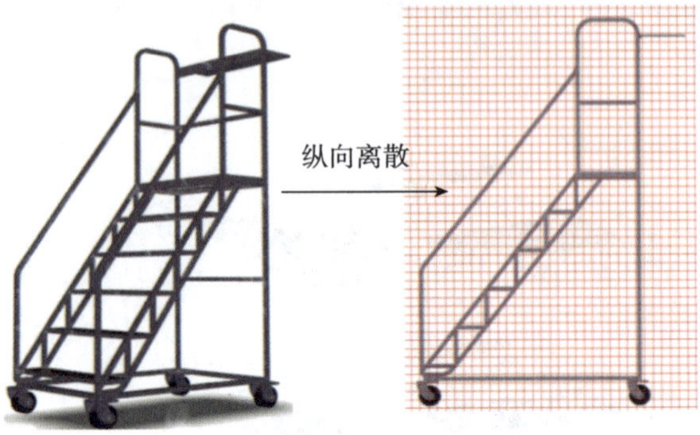

图 6.5　纵向离散建模实例

多个活动区域的环境建模的主要实施步骤如下：

1）将三维空间中所有不在同一平面上的工作区划分 n 个离散的活动区域；

2）将这些活动区域的三维空间分别映射为二维结构，根据其特征选择纵向离散或横向离散；将各个区域的环境模型加入一个集合，建立相应的关联，构成一个完整的环境模型；

3）多个活动区域的环境建模可以将复杂的环境离散为多个简单的环境，是复杂环境下路径评估优化方法的基础。

6.1.2　辐射分布的栅格表示

根据场景结构的栅格表示，栅格法可以离散环境信息，而辐射场是规则结构化数据，因此，栅格法也可以用来离散辐射场。核设施场景中的剂量分布数据主要包括剂量率和位置坐标。在计算辐射剂量时，需要考虑辐射屏蔽的影响。在路径评估和优化时，剂量分布数据是在一个水平面上的。辐射场被同样的栅格划分为规则的网格。

辐射网格与环境网格的形式是一样的，但是存储的数据不同。环境网格存储的信息是环境的结构信息，主要是用 0 和 1 表示。辐射网格存储的信息是辐射分布数据，即一组剂量值。在仿真程序中，可以通过网格中一个单元的坐标来确定该位置的剂量值。如果网格中坐标不是单元的中心坐标，可以通过插值或近似的方法得到该位置的剂量值。

图 6.6 给出了辐射场栅格化示例。三维场景映射为二维平面，二维平面进行栅格化构成环境网格。在辐射栅格中，不同颜色代表不同的剂量，红色表示最高剂量，深蓝色表示最低剂量，颜色渐变表示剂量逐渐变大或变小。

网格的分辨率直接影响着环境和辐射场模型的真实度，也间接影响路径评估和优化

图 6.6 辐射分布离散化

结果的准确度。核设施环境的结构尺寸是固定的，如果选取较大的单位栅格，那么核设施环境就可以用少量栅格覆盖。例如，面积为 10 m×10 m 的场景可以用边长为 1 m 的栅格划分为 10×10 的网格，辐射场只需要 100 个位置点的辐射剂量表示，行走路径由 1 m 或 1.4 m 的线段组成；面积为 10 m×10 m 的场景可以用边长为 0.5 m 的栅格划分为 20×20 的网格，辐射场只需要 400 个位置点的辐射剂量表示，行走路径由 0.5 m 或 0.7 m 的线段组成。比较这两个实例，边长为 0.5 m 的栅格可以更加细致地描述路径，需要更加密集的辐射分布数据。

由上述分析可以总结出，单位栅格越大，环境模型的分辨率越低，环境中障碍空间和自由空间越少，需要的存储量越小，路径评估结果的准确度越低，路径优化算法的效率越高，在复杂环境下搜索到最优解的能力越弱；单位栅格越小，环境模型的分辨率越高，环境中障碍空间和自由空间越多，需要的存储量越大，路径评估结果的准确度越高，路径优化算法的效率越低，在复杂环境下搜索到最优解的能力越强。环境网格和辐射网格构成了核辐射环境模型。核辐射场中人员行走路径评估和优化方法的研究都是以核辐射环境模型为基础进行的。

6.2 典型路径规划算法

6.2.1 Dijsktra 与 A* 算法

Dijsktra 算法是由 Dijkstra 提出的著名图搜索算法，用来解决具有非负权边的图中的单源最短路径问题，主要特点是以起始点为中心向外层扩展，直到扩展到终点为止，能够获得起始点到其他所有点的最短路径。Dijsktra 算法利用命名为 *Open* 的列表存储未检查过的节点，使用命名为 *Closed* 的列表存储已检查过的节点。初始时，*Closed* 表仅包含起始点 v，其余的节点均在 *Open* 列表里，从 v 到其余点的距离均为无穷大。之后计算 v 的相邻点到 v 的距离，将具有最短距离值的节点记为 *vnew*，将 *vnew* 从 *Open* 列表移除，放入 *Closed* 列表。之后更新 *vnew* 邻域节点到起始点路径连接的当前最短距离。重复以上过程，直到扩展到终点，查询到最短路径。

A^* 算法是在静态路网中搜索最短路径最有效的方法，由 Dijsktra 算法扩展而来。它是一种启发式搜索算法，通过启发函数使算法搜索方向带有“目的性”，适合点对点的最短路径问题。A^* 算法启发函数 $F(n)=G(n)+H(n)$，式中 $G(n)$ 是从起始点到节点 n 的实际代价，$H(n)$ 是从 n 到目标节点的最佳路径估计代价。

A^* 算法保证找到最优解的条件关键在于 $H(n)$ 的选取。$H(n)$ 小于等于节点 n 到终点的实际代价值时，搜索节点数量多，效率较低，但能保证获取最优解；如果 $H(n)$ 大于节点 n 到终点的实际代价值时，搜索节点数量少，效率高，但不能保证得到最优解。估价函数 $H(n)$ 与实际值越接近，算法性能越好。与 Dijsktra 算法每次选择距离起始点最短的节点向四周扩展的方式不同，A^* 算法每次选择启发函数 $F(n)$ 最小的节点开始扩展，当估价函数 $H(n)$ 为 0 时，A^* 算法与 Dijsktra 算法相同。

6.2.2 RRT* 算法

RRT* 算法由 Karaman 和 Frazzoli 于 2011 年提出，是基于采样的具有渐进最优性和较高计算效率的算法，可以用于解决最优路径规划问题。RRT* 通过在空间采样生成路径节点，并利用碰撞检测和采样点的连接构成可行路径，算法具有较低的复杂度。基于 RRT* 算法的路径构建示意图如图 6.7 所示，图中各部分含义如下：黑色矩形代表障碍物，实线的圆形代表采样点。图 6.7（a）在构型空间内随机生成一个采样点 *qrand*；图 6.7（b）在树中查找距离 *qrand* 最近的节点 *qnearest*，并从 *qnearest* 向 *qrand* 扩展一步，生成新的自由空间内的采样点 *qnew*，若 *qnew* 与 *qrand* 距离足够近，*qrand* 直接作为 *qnew*；图 6.7（c）查找 *qnew* 的邻域 Znear，邻域包括节点 *ABCDEF*，在 *Znear* 内选择使 *qnew* 代价最小能够进行无碰连接的邻域节点 *A* 作为父节点；图 6.7（d）最后以 *qnew* 作为中间节点，尝试与其邻域 *Znear* 中的其他节点进行无碰连接，其中 *F* 以 *qnew* 作为父节点的路径代价更小，删除 *EF* 之间的连接，连接 *qnewF*，通过一次采样，使 *F* 到起始点 *qinit* 连通路径的代价变少。此过程循环，直到达到一定迭代次数为止，所有

节点到达起始点 *qinit* 的路径均会趋于最优化。

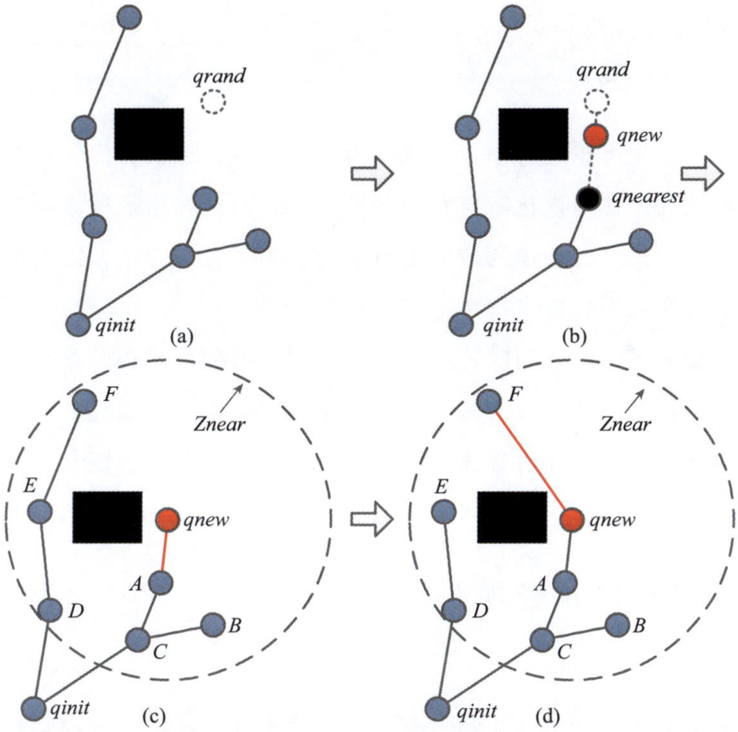

图 6.7 RRT* 算法的路径构建示意图

RRT* 中每个采样点均有唯一的父节点（除了起始点），所有采样点与其父节点相连接，构成一个以起始点 *qinit* 为根的树形结构。首先，每次在空间内随机产生一个位置作为目标点，在节点树中选择距离该位置最近的节点向其扩展一定距离，生成新的采样点，新的采样点在其邻域内选择使其自身代价最小的节点作为父节点连入树中，并通过不断优化新生成采样点邻域节点的连接，由此完成新节点的邻域优化过程。其中空间内某采样点 *qnew* 邻域空间内的点集 *Znear* 的构建有两种方式：（1）以距离 *qnew* 最近的 k 个采样点构成；（2）由以 *qnew* 为圆心，$r=\gamma((lg\ (n))/n)^{1/d}$ 为半径的圆域内的点集构成，其中半径 r 依赖于由空间维度 d，自由空间体积相关的常数 γ 和树中的节点数量 n。不断重复以上过程实现树的生长与优化，使路径越来越趋于最优结果。考虑到节点查询效率，通常利用 *kd-tree* 进行邻域节点搜索 *kd-tree* 是一种分割 k 维数据空间的数据结构，能够实现快速的数据搜索。

6.3　复杂核辐射环境下的路径规划方法

路径的评估与优化思想是将作业人员视为一个质点，评估和优化一个质点在平面上的运动轨迹。路径的评估与优化需要几个假设条件：(1) 在路径搜索阶段，核设施场景被视为静态环境；(2) 人员行走的速度是恒定的。为了方便介绍，以下内容除非特别说明，均已最小辐射代价为目标进行讨论。

针对单一活动区域的路径问题，本节主要介绍二维环境下辐照路径优化方法，该方法主要包括两部分：路径评价方法和最小辐照路径搜索方法，最终实现人员行走路径的离散化、指标的评估等。在评价方法的基础上，实现在辐射场内搜索到一条使人员受照剂量最小的路径。

6.3.1　基于栅格的路径规划

路径评估方法主要是用于在核设施场景中人员行走过程的某一项指标或多项指标进行评估，根据指标的评估结果判断路径的优劣。路径评估优化的流程是：建立核设施场景的环境模型后，可以在环境模型中模拟工作人员的行走路径；对行走路径的一些评价指标进行评价，比较评价结果，选择最优方案。

假设将核场景可以划分为 $M \times N$ 的网格，每个网格单元的边长为 l，则该场景的面积可以表示为 $(M \times l) \times (N \times l)$。根据网格建立 X-Y 坐标系，坐标系的原点在网格的左下角，任意一个网格单元可以标记为 (i, j)，$0 \leqslant i < M$，$0 \leqslant j < N$，则该网格单元的中心坐标可以表示为 $(i \times l + 1/2, j \times l + 1/2)$。网格单元 (i, j) 的剂量可以标记为 $R(i, j)$。每个网格单元可以有 8 个相邻单元，即人员可以有 8 个可选择的运动方向，如图 6.8 所示。单元 (1，1) 与单元 (2，1) 是水平相邻的，则从单元 (1，1) 到单元 (2，1) 的距离和平均剂量分别表示为：l 和 $(R(1, 1) + R(2, 1))/2$，单元 (1，1) 到单元 (2，0) 的路程和平均剂量分别为：$1.4 \times l$ 和 $(R(1, 1) + R(2, 0))/2$。

通常人员行走路径可以表示为一条曲线，只能从曲线上获取路径的位置和距离，这无法对它进行评价。基于栅格的环境建模能够很好地将连续的行走路径离散化，离散化以后的路径可以很好地被评估和优化，如图 6.9 所示。从 A 到 B 的路径可以在栅格中近似表示，路程和平均剂量都可以很容易计算得到。A 到 B 的路程为 $1+1+1.4=3.4$，A 到 B 的剂量为 $0.15+0.24+0.33=0.72$。由于路径是近似的折线组成的，评估结果会存在误差。理论上网格精度越高，近似路径越逼近真实路径，评价结果越精确。

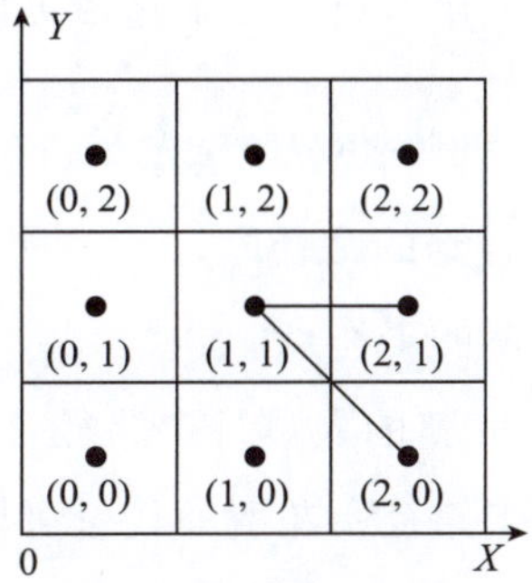

图 6.8　栅格的描述

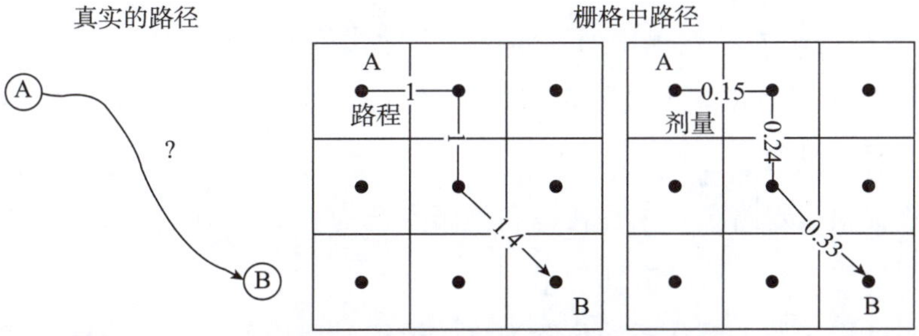

图 6.9　栅格中的路径表示

人员的行走路径可以由一个有序的网格单元组成，如图 6.10 所示。只需记录路径所在的网格单元就可以对路径进行评估，这是基于栅格的路径评估方法的核心思想。有序的网格单元集合不仅可以用于描述路径，而且保存了路径评估所需的全部数据。

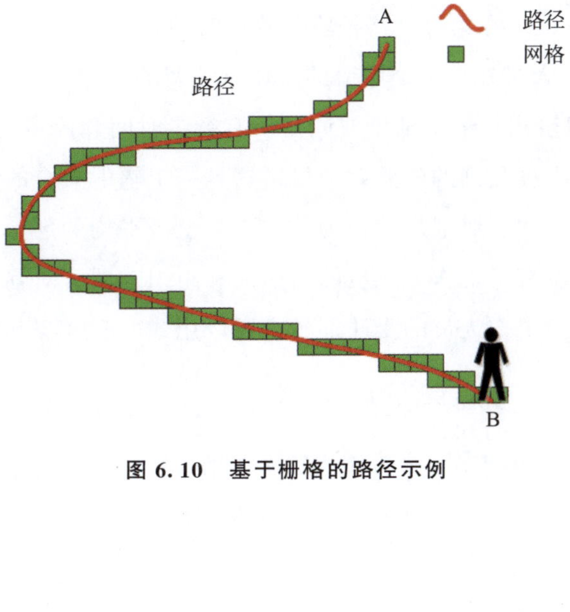

图 6.10　基于栅格的路径示例

一般情况，人员行走路径会直接影响工作的效率。由于核退役施现场存在放射性，人员行走路径会影响人身安全。工作人员的行走路径可以用关系式表示：

$$path = \sum_{i=0}^{n} pathsegment_i + \sum_{i=0}^{n-1} workpoint_i \tag{6-1}$$

式中：$pathsegment_i$ ——第 i 个行走的路径段；

$workpoint_i$ ——第 i 个停留的工作点。

从式（6-1）可以看出，一个完整的人员行走路径是由路径段和工作点组成的。

根据行走路径的关系式，行走路径所花费的代价可以用式（6-2）表示：

$$cost = \sum_{i=0}^{n} cost\_ps_i + \sum_{i=0}^{n-1} cost\_wp_i \tag{6-2}$$

式中：$cost\_ps_i$ ——第 i 个路径段花费的代价；

$cost\_wp_i$ ——第 i 个停留的工作点花费的代价。

从式（6-2）可以看出，人员行走路径的评价指标是由路径段的评价结果和工作点的评价结果共同组成的。

为了能够反映行走路径对工程任务和健康安全的影响，研究中选取了人员活动时间和人员受照剂量作为行走路径的评价指标。

活动时间是指工作人员从开始位置到终止位置过程中所花费的时间，主要包括行走时间和停留时间。行走时间是指工作人员在行走运动过程中所花费的时间。停留时间是指工作人员在路径上个别位置停留的时间。根据行走路径代价的关系式，工作人员的活动时间可以用式（6-3）表示：

$$time = \sum_{i=0}^{n} time\_p_i + \sum_{i=0}^{n-1} time\_w_i \tag{6-3}$$

式中：$time\_p_i$ ——人员在第 i 个路径段花费的时间；

$time\_w_i$ ——人员在第 i 个停留的工作点花费的时间。

从式（6-3）可以看出，人员活动时间是所有行走时间和停留时间之和。

受照剂量是作业人员受到的外照射剂量，这是一个辐射安全的评价指标。将工作人员视为一个质点，质点的受照剂量被视为工作人员全身平均的剂量。这是一个粗略的剂量评估方法，因为它没有考虑作业人员的内照射和组织或器官对辐射的敏感度。根据行走路径代价的关系式，工作人员的受照剂量也可以用式（6-4）表示：

$$dose = \sum_{i=0}^{n} dose\_p_i + \sum_{i=0}^{n-1} dose\_w_i \tag{6-4}$$

式中：$dose\_p_i$ ——人员在第 i 个路径段的受照剂量；

$dose\_w_i$ ——人员在第 i 个停留点的受照剂量。

从式（6-4）可以看出，人员受照剂量是人员在所有行走段上的受照剂量和在停留点上的受照剂量之和。

根据行走路径代价的关系式，行走路径的其他评价指标也可以用关系式表示。根据活动时间和受照剂量的关系式，可以建立活动时间和受照剂量的数学模型。

假设在一个核设施场景中，一个工作人员沿一条路径 P 从位置 A 运动到位置 B，并在期间完成指定工作。工作人员行走速度 v 是恒定的，栅格路径上的第 j 个单元的剂量率可以记为 R_j，路径上有 m 个单元。行走路径包含 n 个停留点，第 i 个停留点的剂量率为 R_i，时间为 t_i，活动行动时间是 T，总停留时间是 T_1，总行走时间是 T_2，路径 P 的总长度是 $Dist$，在停留过程中工作人员的受照剂量为 D_1，在行走过程中工作人员的受照剂量为 D_2，总受照剂量为 D。在停留点时，工作人员的受照剂量可以通过停留点的剂量率与停留时间的乘积得到。在行走时，工作人员的受照剂量可以通过路径上人员受照剂量率随时间的积分计算得到。工作人员的活动过程可以被视为多个工序组成。

在栅格模型中，工作人员活动时间的数学表示形式如下：

$$T_1 = \sum_{i=1}^{n} t_i \tag{6-5}$$

$$T_2 = \sum_{j=1}^{m-1} t'_j = \frac{\mathrm{Dist}}{v} \tag{6-6}$$

$$T = T_1 + T_2 = \sum_{i=1}^{n} t_i + \frac{\mathrm{Dist}}{v} \tag{6-7}$$

在栅格模型中，工作人员受照剂量的数学表示形式如下：

$$D_1 = \sum_{k=1}^{n} t_i R_i \tag{6-8}$$

$$D_2 = \int_0^{Dist} R_j \frac{\mathrm{d}s}{v} = \sum_{j=1}^{m} R_j {}^* \frac{\Delta s}{v} \tag{6-9}$$

$$D = D_1 + D_2 = \sum_{j=1}^{m} R_j {}^* \frac{\Delta s}{v} + \sum_{i=1}^{n} t_i R_i \tag{6-10}$$

因为路径评估方法是基于栅格的，根据栅格的特点，活动时间和受照剂量的数学模型分别如下：

$$T = \sum_{i=1}^{n} t_i + \sum_{j=1}^{m} l \times x_k / v \tag{6-11}$$

$$D \approx \sum_{k=1}^{n-1} (R_k(i,\ j) + R_{k+1}(i,\ j)) \times l \times \frac{x_k}{2^* v} + \sum_{k=1}^{n} t_k R(i,\ j) \tag{6-12}$$

$$x_k = \begin{cases} 1.4, & \text{若路径 } P \text{ 在网格单元 } k \text{ 是对角线;} \\ 1, & \text{若路径 } P \text{ 在网格单元 } k \text{ 不是对角线.} \end{cases} \tag{6-13}$$

基于栅格的路径评估方法是在二维场景中绘制工作人员的行走路径，且对作业人员的活动时间和受照剂量进行评估，主要包括以下几个步骤：

(a) 根据真实的环境结构和辐射场，建立其二维环境模型；

(b) 在环境模型上，通过多条连接的折线绘制工作人员的行走路径，同时设置停留的工作点等；

(c) 根据路径所占据的网格单元，获取路径的信息；

(d) 根据式 (6-11) 和 (6-12)，评估该工作人员的活动时间和受照剂量。

同理，可以对路径的其他评价指标进行评价。

6.3.2 基于图方法的路径规划

因为环境的结构和辐射场是在一段时间内固定不变的，所以最小辐照路径搜索方法属于静态方法。不同于最短路径问题，最小辐照路径问题的研究对象是作业人员的累积剂量。

最小辐照路径搜索方法的主要流程如图 6.11 所示，最小辐照路径搜索方法主要包括两个内容：最小辐照路径搜索策略，障碍规避策略。相比于最小辐照路径搜索策略，该方法的障碍规避策略会优先完成。如果一个单元被检测出是障碍空间，就不会再进行后续其他计算，这可以大大地提高计算效率。如果起始单元和结束单元之间有一系列网格单元可以连通（无障碍空间），则路径是存在的。

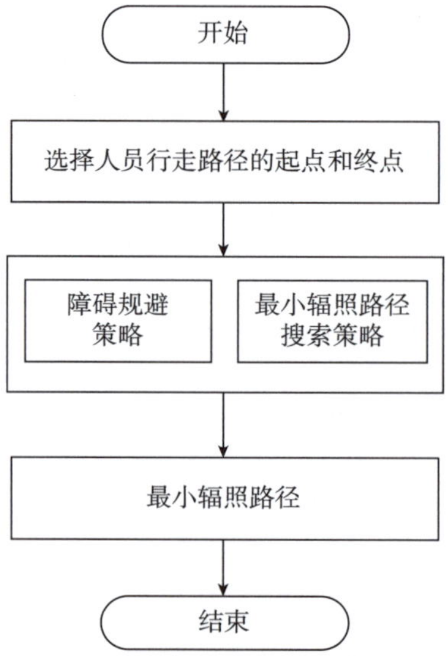

图 6.11 最小辐照路径搜索方法

（1）最小辐照路径搜索策略

根据栅格环境模型，选择 A* 算法进行最小辐照路径搜索。该方法可以在核设施场景中搜索到一条从一个位置移动到另一位置的“最佳”路径，使得工作人员的受照剂量最小。

A* 算法采用对每个节点进行估价模式搜索最优路径，针对最小辐照路径问题，A* 算法的启发式信息 $H(n)$ 为人员从当前网格单元（记为 n），直线行走到终点所需的时间与辐射场内最小剂量率的乘积来计算，$G(n)$ 的计算公式如下：

$$G(n)=\sum_{k=1}^{n-1}(R_k(i,\ j)+R_{k+1}(i,\ j))\times l\times\frac{x_k}{2*v} \tag{6-14}$$

此时，$G(n)$ 表示的是起始网格单元到网格单元 n 的受照剂量，也是“最优”路径的受照剂量值。当 $H(n)=0$ 时，A* 算法等价于 Dijkstra 算法，如果遍历网格单元的数量较多，算法花费的时间会比较长，但算法通过枚举所有可能的路径，能够找到“最优”路径，即确保工作人员的受照剂量最小。如果工作人员在停留点停留一段时间，受照剂量可以用停留点剂量率和停留时间的乘积进行估算，此时工作人员的停留活动并不会影响最小辐照路径搜索的结果。

根据基于栅格的路径评估方法，路径可以离散为多个有序依次相连的网格单元。在没有障碍的情况下，最小辐照路径搜索方法分析步骤如图 6.12 所示。

定义：*Open* 是确定“最优”路径网格单元的集合；*Closed* 是不确定“最优”路径网格单元的集合。网格单元的初始剂量值设为 $A=0$，$B=4$，$C=6$，$D=\infty$。

步骤 1：选择 A 为起始网格单元，$Open=<A>$，“最优”路径 $A\to A$，A 为中间过渡点。$Closed=<B,C,D>$，$A\to B=4$（从 A 到 B 的受照剂量为 4），$A\to C=6$，因此 $A\to B$ 是“最优”路径，选择网格单元 B。标记 $B=4$ 和 $C=6$，即此时从 A 到 B 的受照剂量为 4，从 A 到 C 的受照剂量为 6。

步骤 2：$Open=<A,B>$，B 为中间过渡网格单元。$Closed=<C,D>$，$A\to B\to C=5$（从 A 到 B，再从 B 到 C 的受照剂量为 5）和 $A\to C=6$。因此，“最优”路径是 $A\to B\to C$，选择网格单元 C。标记 $C=5$，即此时从 A 到 B，再从 B 到 C 的受照剂量为 5。

步骤 3：$Open=<A,B,C>$，C 为中间过渡网格单元。$Closed=<D>$，$A\to B\to C\to D=12$（从 A 到 B，从 B 到 C，再从 C 到 D 的受照剂量为 12）和 $A\to B\to D=13$（从 A 到 B，再从 B 到 D 的受照剂量为 13）。因此 $A\to B\to C\to D$ 是“最优”路径。标记 $D=12$，即从 A 到 D 的受照剂量为 12。

步骤 4：*Closed* 为空集，算法结束，此时最小辐照路径为 $A\to B\to C\to D$，最小受照剂量为 12。

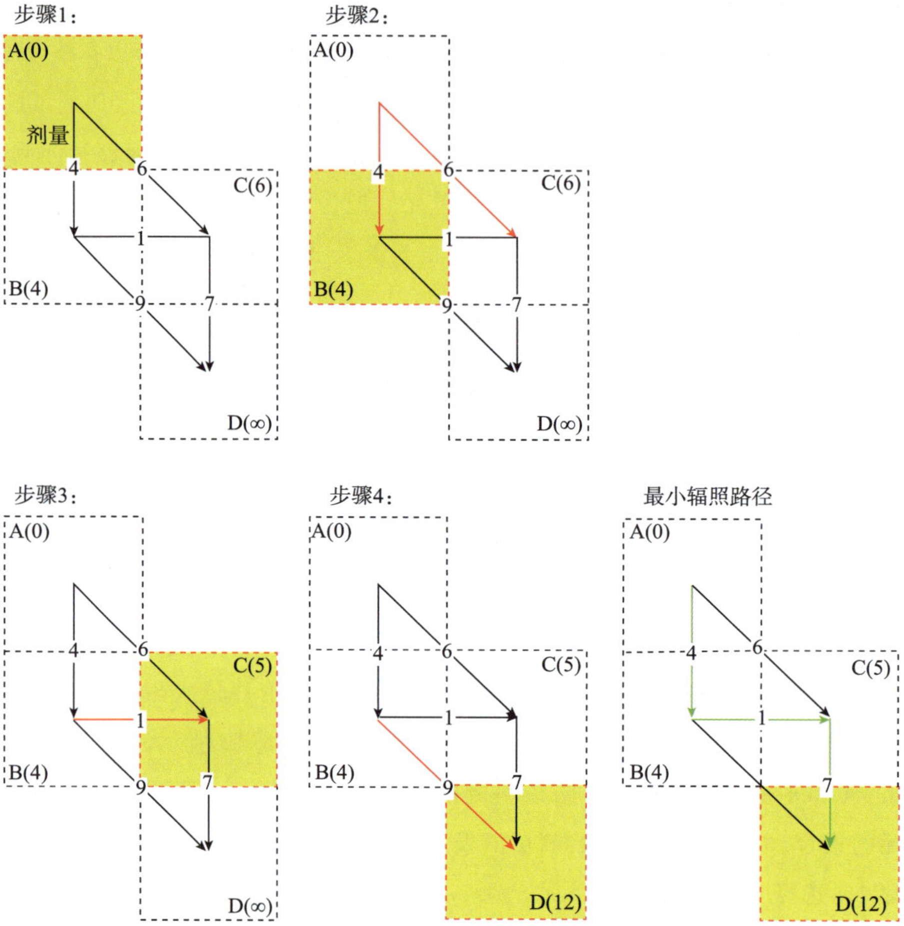

图 6.12　最小辐照路径搜索策略分析

（2）障碍规避策略

真实的环境都存在着各种障碍物体，它们阻挡了作业人员的直接通行，路径搜索算法需要避开这些障碍。障碍规避策略的关键在于对环境模型中障碍物的标记和识别。根据核辐射环境建模，三维的核设施环境转化为了二维环境，并且用 1 和 0 表示自由空间和障碍空间。在程序中，这些信息是以缓存数组的形式记录的。

假设当前网格单元有 8 个相邻的网格单元，可以按照顺时针方向遍历这 8 个相邻单元。如果相邻单元的标记是 0，则表示该单元是障碍空间。如果相邻单元的标记是 1，则表示该单元是自由空间。只有相邻单元是自由空间时，才可继续搜索最小辐照路径，如图 6.13 所示，红色箭头表示不可走路径，绿色箭头表示可走路径。当前单元有 4 个障碍空间和 4 个自由空间，障碍空间会直接被程序跳过，左上角的自由空间也会被跳过，因为当前单元到左上角的单元的路径不是连通的。所以当前单元只有 3 个可选择的方向。

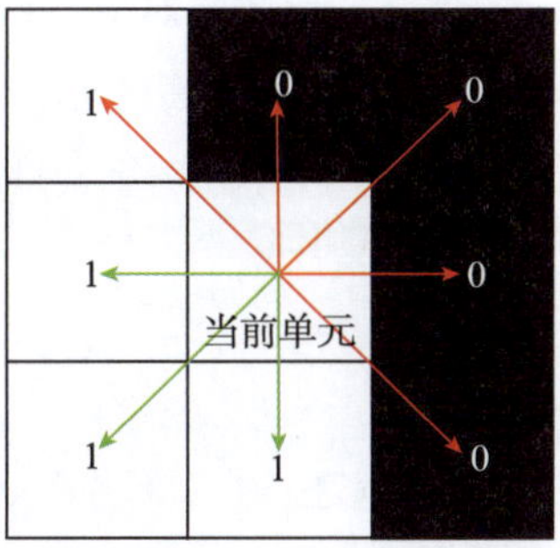

图 6.13 规避策略示意图

基于 A* 算法的最小辐照路径搜索方法的流程如图 6.14 所示。如果终点不存在或是在非连通区域，那么算法会跳出循环并终止。如果起始栅格和终点栅格之间是连通的，那么算法会得到最优路径。

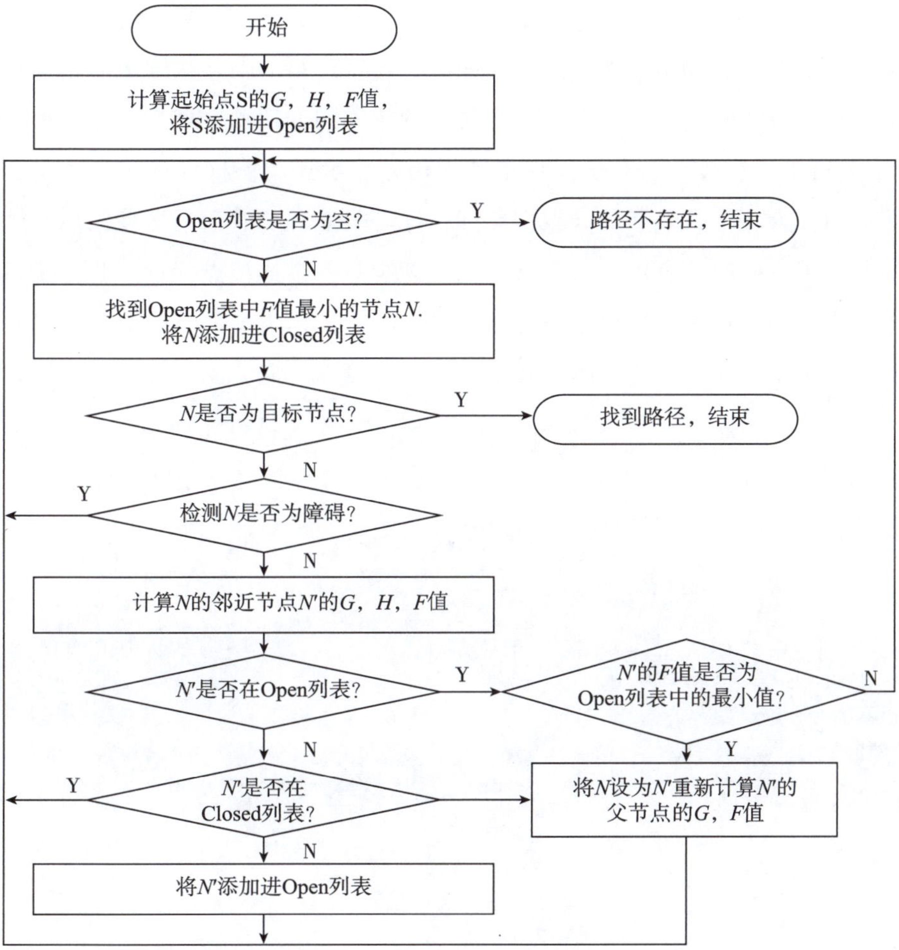

图 6.14 基于 A* 算法的最小辐照路径搜索方法

实时监测辐射场和场景的变化，及时更新环境模型，利用最小辐照路径规划方法搜索从当前位置到目标位置的最小辐照路径，这可以作为动态最小辐照路径规划的解决方法。

6.3.3 基于图方法的扩展和应用

（1）复杂环境模型

核设施内工作区域可能无法用一个完整的二维平面表示，而是由多个二维平面组合而成的。因此，将核设施场景转化为二维环境的方法并不适用于描述工作人员在这个复杂的环境中活动。复杂环境下核辐射路径规划方法就是用于解决这种问题而提出的。复杂环境指的是单一的二维环境无法描述的环境，将复杂的场景离散为多个有联系的二维环境，这可以将复杂的问题简单化。

复杂环境下核辐照路径规划方法需要考虑多个二维环境情况，避免单一的二维环境最优解的误导。在复杂环境建模的时候，主要用到活动区域、连接通道和连接点来描述。连接通道指的是连接相邻活动区域的路径。连接点指的是连接通道与活动区域的交点。一个连接通道有两个交点，它们分别位于两个不同的活动区域。

图 6.15 给出了复杂环境下核辐照路径优化方法示意图。核设施场景中工作人员的活动区域被划分为 4 个二维环境。根据实际情况，建立起所有活动区域的联系。活动区域之间的联系用双向箭头表示，每个活动区域至少有一个连接点标记。将活动区域的连接点连接起来就是完整的环境模型。在环境模型上，工作人员的行走路径是活动区域上的路径段和连接活动区域的连接路径按顺序组合而成的，可以表示为 $WholePath = S_1 + C_1 + S_2 + C_2 + S_3 + C_4 + S_4 + S_5 + C_3 + S_6$。工作人员可能受到的外照射为 1.5 + 0.5 + 0.5 + 0.2 + 1.1 + 0.2 + 0.5 + 1.2 + 0.4 + 1.5 =7.6 μSv。

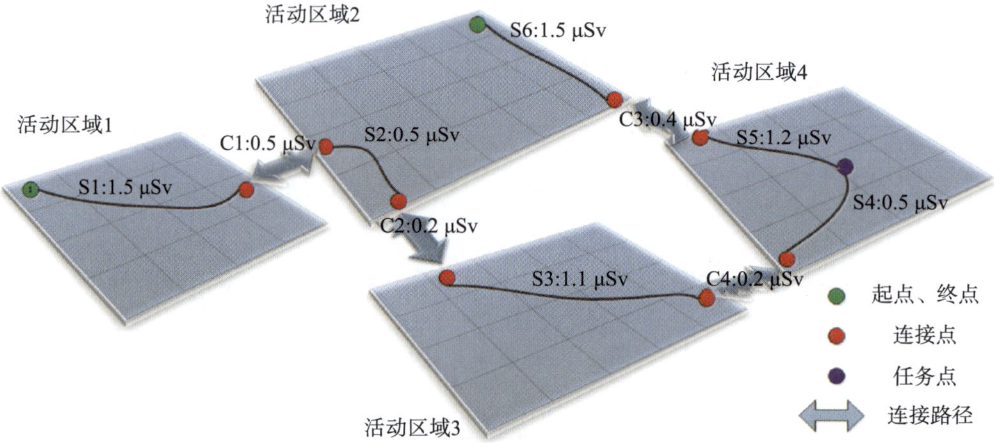

图 6.15 复杂环境下核辐照路径优化方法示意图

一个活动区域上可以有多个连接点，即一个活动区域有多个相邻活动区域。在一个活动区域上，工作人员可以有多个路径段。因此，最优路径就是多个路径段和多个连接路径的组合优化问题。

（2）路径组合优化方法

复杂环境下核辐照路径规划方法流程如图 6.16 所示。首先，在环境模型上确定工作人员的起点、终点、区域连接点、任务点。然后，从活动区域集合 S 中选择一个活动区域，作为当前活动区域。获取当前活动区域内所有的路径段，加入路径段集合 P 中，并且对该路径段进行评价。同时，将活动区域之间所有的连接路径也加入集合 P 中，进行评价。当集合 P 中包含了所有路径段和连接路径时，可以根据路径段的首尾坐标将路径段和连接路径进行连接，形成一个完整的路径。当完整路径的起点与终点是工作人员的起点和终点时，这个完整的路径就可以作为工作人员的行走路径，并且加入集合 Q。但是集合 Q 可能不止一个完整路径，因此，需要对 Q 中所有路径进行比较，确定出最优路径方案。

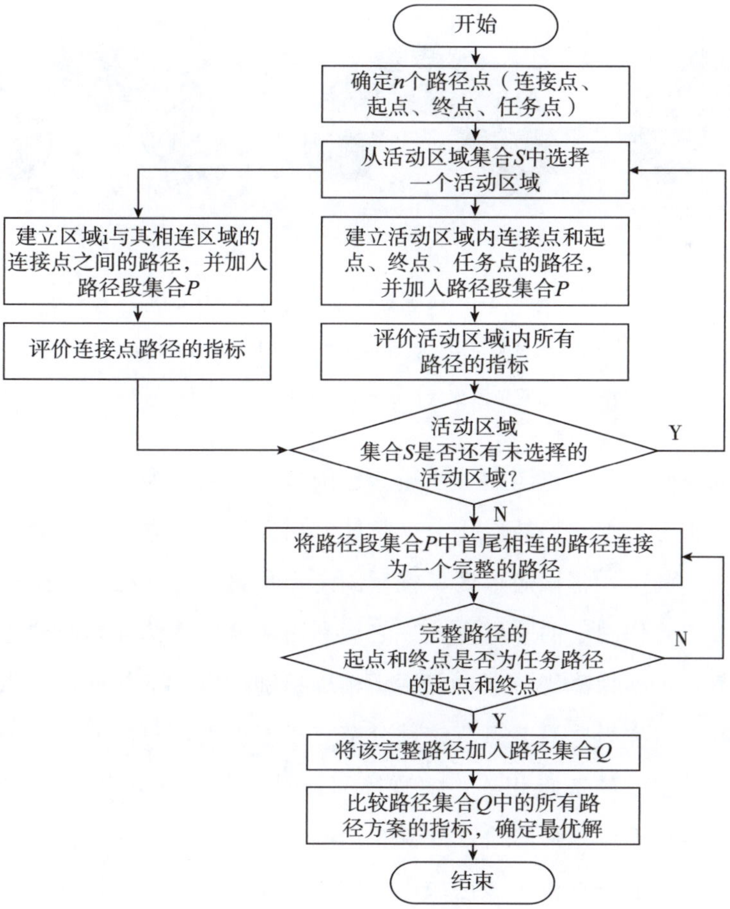

图 6.16　复杂环境下核辐照路径规划方法

最小辐照路径搜索算法主要应用在二维环境下，不能直接应用于复杂环境下。但是最小辐照路径搜索算法可以用于求得单一活动区域的最小辐照路径，并将它作为一个路径段使用。在一个活动区域可以制定不同的行走路径段，利用基于栅格的路径评估方法评估该路径段，但无法直接用于评估整个路径。复杂环境下核辐照路径优化方法是一种路径段的组合优化方法，不能保证最终的路径在每个活动区域都是最优的，但可以保证最终路径在整个核设施场景中是最优的。

6.3.4 杂乱与狭窄辐射环境路径规划方法

针对障碍杂乱与狭窄的辐射环境，本节介绍一种通过将网格与采样策略相结合而提出的最小辐照路径规划算法 GB-RRT*，其主要包括障碍网格节点表达和路径搜索。

(1) 障碍网格节点表达

在执行路径搜索之前，我们需要采用网格对障碍区域进行识别，如图 6.17 所示。

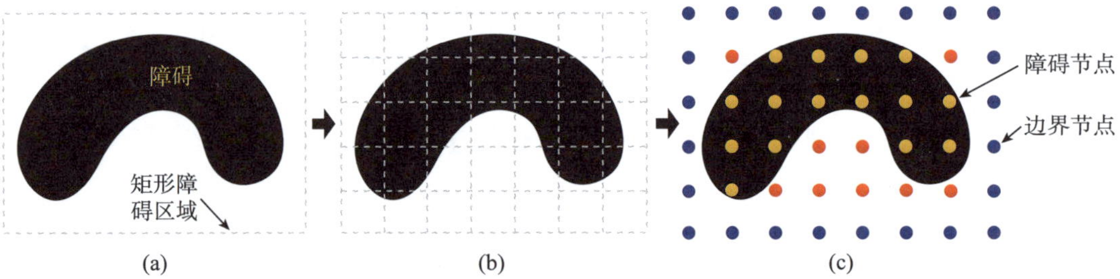

图 6.17 障碍网格节点表达示意图

(a) 矩形障碍区域是障碍的包围盒，如虚线所示；(b) 利用网格对障碍区域离散；
(c) 在网格节点处生成采样点，边界节点如蓝色所示，障碍内部节点如黄色所示，其他节点如红色所示。

首先，获取障碍的矩形包围盒，该矩形包围盒区域被称为障碍区域，如果多个障碍物的包围盒相互重叠，则它们被看作一个整体，用大的包围盒表示障碍区域，从而避免狭窄区域的形成。其次，将该矩形区域按照固定步长离散，并在每个网格节点处生成采样点，该过程可以看作固定的采样方式。之后利用碰撞检测精确判断位于障碍物内部的节点，该部分节点被称为障碍节点，仅用于精确识别障碍，不与任何节点相连；位于矩形网格边界处的节点称为边界节点，该部分节点用于识别障碍区域，并通过与障碍区域外部通过随机采样生成的节点相连，实现障碍区域与外部区域的连通和节点连接的优化。整个障碍区域被看作矩形障碍，外部自由空间内的节点不允许扩展入障碍区域，如果自由空间内新生成的节点位于该区域内，则放弃生成该节点，矩形区域附近的碰撞检测也简化为线与矩形的碰撞检测。

（2）路径搜索

一旦障碍区域利用网格节点识别之后，我们可以利用网格节点实现障碍的快速剔除和障碍区域内的路径快速生成，本部分描述该算法流程。GB-RRT* 的主循环如图 6.18 所示，算法包含两个主要部分：采样空间路径连接和网格路径连接。

初始时刻，障碍区域网格节点处于未连接状态，并且不能被节点邻域查询过程获取，所有障碍节点的代价为无穷大，障碍区域被标记为需要更新。GB-RRT* 生成节点方式如下：首先在自由空间采样，选取随机位置 q_{rand}，在节点树 T 中查找距离 q_{rand} 最近的节点 $q_{nearest}$，并从 $q_{nearest}$ 向 q_{rand} 扩展一步，生成新节点 q_{new}。之后获取距离 q_{new} 最近的障碍节点 $q_{boundary}$，从而获取距离 q_{new} 最近的障碍区域 $G_{nearest}$。如果 q_{new} 在 $G_{nearest}$ 内，舍弃 q_{new}，否则在 q_{new} 周围选取使其代价最小的无碰连接节点作为父节点，将 q_{new} 连接到节点树中。之后尝试以 q_{new} 为父节点来优化 q_{new} 邻域节点的连接，这一阶段称为采样点邻域优化阶段。

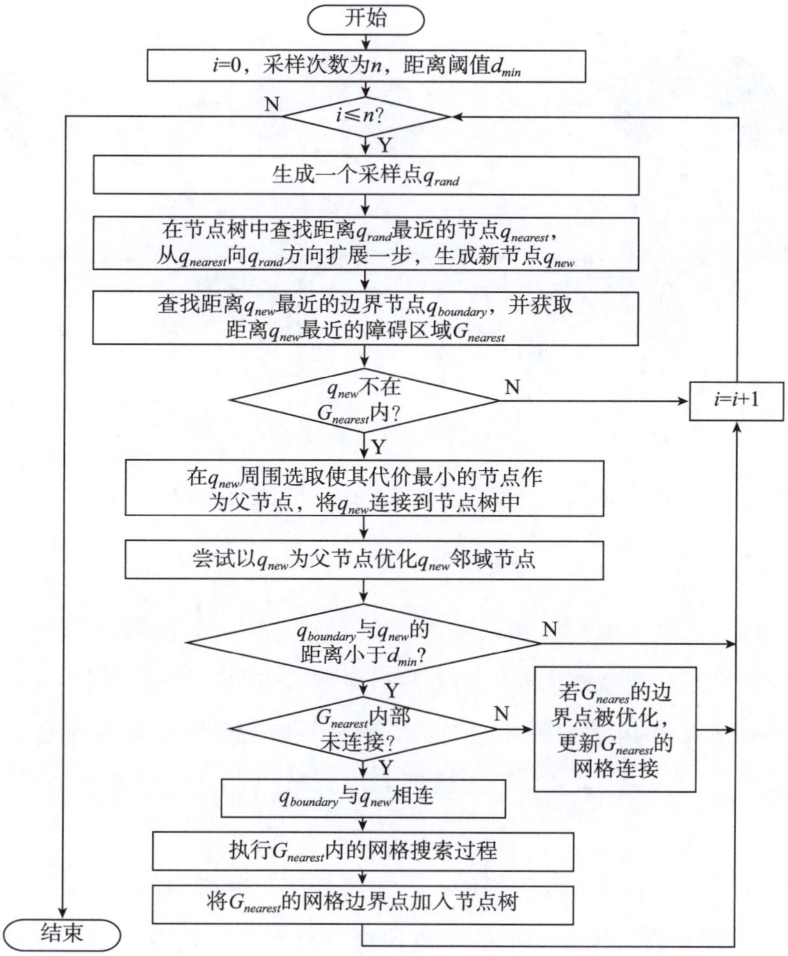

图 6.18　GB-RRT* 的主循环流程图

障碍区域节点加入节点树中的过程如图 6.19 所示。图中各部分含义如下：（a）$q_{boundary}$ 和 q_{new} 距离小于阈值 d_{min}；（b）连接网格节点，并将边界点加入节点树中；（c）获取 q_{new} 领域 Z_{near}（包含节点 A、B、C、D 和 E），其中节点 D 能够使 q_{new} 的代价最小；（d）通过 q_{new} 优化 Z_{near} 中的节点连接，边界点 A 和 B 被优化，红色边 $q_{new}\rightarrow A$ 和 $q_{new}\rightarrow B$ 为新生成的边，障碍区域被标记为需要更新；（e）重连网格节点，红色线表示新生成的边；（f）红色箭头代表八个转移方向，网格节点 F 的八个邻域节点显示为黑色。

一旦新生成的节点 q_{new} 与最近的障碍区域边界节点 $q_{boundary}$ 距离小于阈值 d_{min}，则 $q_{boundary}$ 以 q_{new} 为父节点被添加到节点树中，并更新代价，之后通过网格搜索，进行障碍区域网格连接，因此障碍区域的节点被连入节点树中。障碍区域网格节点的邻域节点为其相邻八个方向的网格节点，如图 6.19（f）所示。

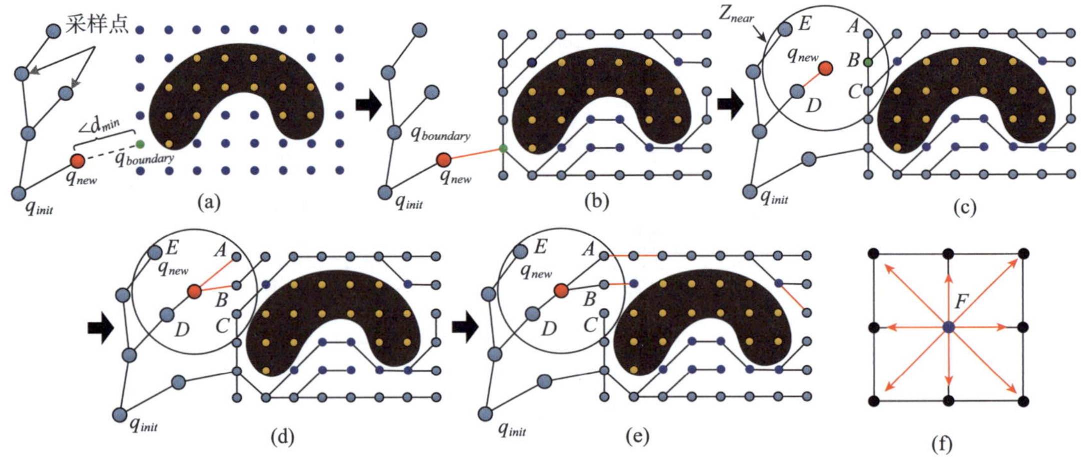

图 6.19　网格搜索策略的优化过程示意图

初始时，障碍区域节点处于离散状态，如图 6.19（a），障碍区域所有节点均不能被自由空间采样节点的邻域查询获取到。障碍区域节点执行网格搜索连接以后，只有边界节点被添加到节点树中，如图 6.19（b），因此只有边界点能够在采样点邻域优化阶段被优化，如图 6.19（c）和（d），障碍区域内部节点仅能通过网格搜索阶段来优化，如图 6.19（e）。

网格搜索过程与 Dijsktra 算法相似，不同之处在于网格内的某节点 z_{near} 被优化后，需要对以 z_{near} 为起点的路径分支上的节点代价进行更新，从而将路径优化结果传播到网格区域之外，进而保持整个路径分支代价的连续性。只有边界节点代价被优化以后，网格搜索过程才会执行，避免因在网格区域内执行大量重复搜索过程，而导致效率较低。

由以上描述可知，当不存在障碍时，GB-RRT* 与 RRT* 相同；当障碍区域过于密集并分布于整个空间时，GB-RRT* 节点扩展方式和 Dijsktra 算法相同。

6.3.5 动态辐射环境路径规划 DL-RRT*

现有核辐射环境下的路径规划方法大都针对静态环境，然而实际环境下，由于设备、管道以及放射源等的移动，辐射场随着施工过程不断变化，上一次规划的路径由于障碍或辐射场的变化而失效。基于采样的方法 RRT* 适用于连续空间，具有渐进最优性，但一旦重新规划就把旧的路径全部毁掉了，相当于丢掉了所有的环境信息，因此重新规划效率较差；基于图搜索方法 D* Lite 在较低分辨率的离散环境具有较快规划效率，但是路径较曲折，无法保证最终路径质量。本部分针对障碍和放射源移动引起的动态辐射环境，介绍一种在 RRT* 采样优化的基础上融合 D* Lite 网格搜索策略，而提出的路径规划算法 DL-RRT*。

DL-RRT* 的基本思想是利用 RRT* 采样优化克服网格搜索路径的曲折问题，利用 D* Lite 在网格空间搜索快速的优点，获取较高质量的初始路径连接和最优路径范围，提高 RRT* 采样点利用效率以及收敛速度，并且利用网格搜索发现路径连接趋势变化区域，充分利用上一次规划信息，避免全局重新规划，从而提高动态辐射环境下的路径重规划的效率。

DL-RRT* 的主循环如图 6.20 所示，包含两个主要部分：网格搜索和采样优化。由于人员行走过程中终点位置不变，而起始点位置不断变化，因此算法从终点向起始点规划路径，终点代价为“0”，起始点代价为最终的路径代价。

DL-RRT* 首先利用网格搜索策略在低分辨率网格上进行预规划，获取以终点为根的初始节点树。其次，按照 RRT* 算法原则，利用新生成采样点对节点树进行优化连接，获取初始的最优路径。当障碍与放射源变化时，对节点树进行修剪和代价更新。之后利用网格搜索，获取路径趋势变化的区域，并生成初始路径。由于节点树中的一些分支不可能形成最优路径，因此利用分支定界技术移除较差路径分支，最后利用采样优化，仅对路径连接趋势变化区域进行优化和延伸，避免全局重新规划，随着采样优化次数的增加，路径将逐渐趋近于最优解。

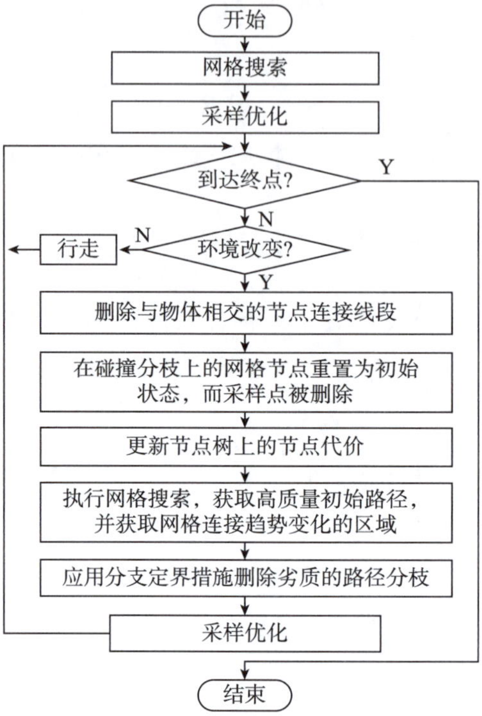

图 6.20　DL-RRT* 的主循环流程图

（1）网格搜索

网格搜索有三个作用：1）获得初始路径节点树连接，因此可以获取较高质量的初始解；2）获取最优路径区域所在的网格区域，从而限制采样空间，提高采样优化效率；3）对比环境变化前后路径连接趋势变化的区域，对这些区域内的路径进行重新连接。考虑到在障碍相同并且辐射场分布趋势相似的两个环境中，若起始点相同，两个环境内的路径连接趋势也是相似的。因此若两次网格搜索中，路径边连接变化，则说明该边附近区域的路径连接趋势发生变化，意味着该区域内的路径需要重新连接，而路径边连接不变的区域内的路径连接趋势不变，无须重新连接，从而利用上一次路径规划信息，避免重新全局规划，进而提高效率。网格搜索流程如图 6.21 所示。

节点 u 存在两个参数 old_grid_par、$grid\_par$ 分别代表上一次规划时的网格父节点和本次规划时的网格父节点。算法中定义节点 u 的参数 $cost$ 为终点 q_{goal} 到 u 的实际代价，$grid\_cost$ 为网格连接过程中 q_{goal} 到 u 的代价，rhs 值计算如下：

$$rhs(u)=\begin{cases}0 & u=q_{goal}\\ \min_{u'\in Near(u)}\left(cost(u')+cost(u',u)\right) & \text{otherwise}\end{cases} \tag{6-15}$$

初始状态下，u 的参数 $cost$、$grid\_cost$ 和 rhs 均为无穷大，old_grid_par、

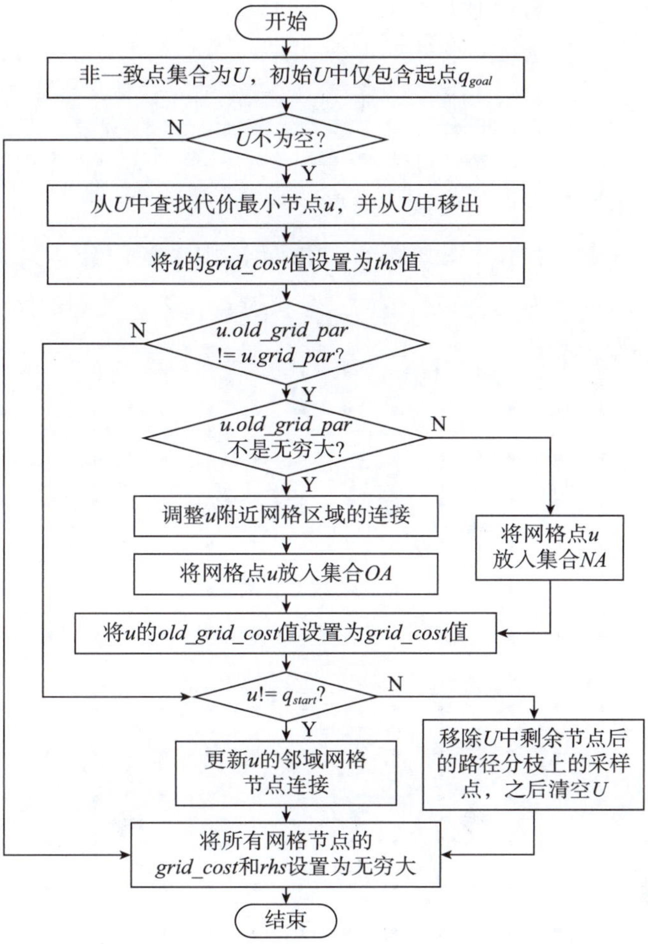

图 6.21　网格搜索流程图

grid _ *par* 均为空。网格搜索根据 D＊ Lite 原则，利用节点集合 *U* 存储 *grid* _ *cost* 与 *rhs* 值不相同的节点，因此 *U* 中的点为非一致点。初始时，*U* 中仅包含终点 q_{goal}。首先从 *U* 中选取实际代价 *cost* 最小的节点 *u* 作为待扩展节点，并从 *U* 中移除，将 *u* 的参数 *grid* _ *cost* 与 *rhs* 设为相同。如果 *u* 此时的网格父节点 *grid* _ *par* 与 *old* _ *grid* _ *par* 不同，意味着 *u* 附近的路径连接趋势与上一次规划不同，因此需对 *u* 附近的路径进行进一步调整。之后若 *u* 为起始点 q_{start}，意味着当前网格节点扩展至起始点，并且 *U* 中所有节点实际代价均大于 q_{start} 实际代价，因此无需进一步搜索，将以 *U* 中剩余节点为起点的路径分支从节点树中移除，仅保留网格节点并设置为初始状态和清空 *U*，之后结束网格预搜索。若 *u* 不为 q_{start}，意味着网格节点尚未搜索到起始点，因此将 *u* 附近的节点重新连接并扩展，该过程由节点更新过程完成。重复以上过程，直至 *U* 为空，完成网格搜索，最后将所有网格点的 *grid* _ *cost*、*rhs* 设为无穷大，准备下一次搜索。

变化的路径节点 u 包含两种情形：1）u 的参数 old_grid_par 为空；2）old_grid_par 不为空。事先设置两个节点集合 NA 与 OA。对于节点 u，若需要通过在 u 周围生成新采样点来优化路径，则将 u 放入 NA 中，此时 u 的参数 old_grid_par 为空；若 u 的参数 old_grid_par 不为空，意味着 u 周围已经存在一定密度的采样点，此时若需要对 u 周围的节点重新连接，则将 u 放入 OA。

障碍变化时，网格调整示意图如图 6.22 所示。图中各部分含义如下：蓝色点为集合 NA 中的节点，绿色点为集合 OA 中的点，黑色点为未扩展到的网格点，黄色点为第一次采样优化生成的采样点。

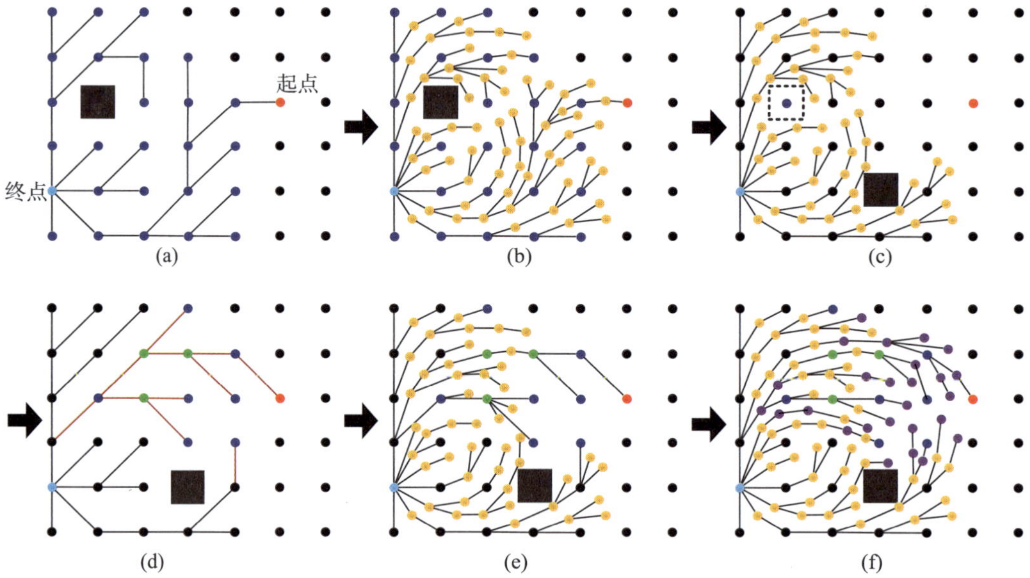

图 6.22　障碍变化区域路径更新示意图

（a）第一次网格搜索结果；（b）第一次采样优化结果，网格节点构成了以终点为根的节点树；（c）障碍变化后删减节点；（d）网格搜索获取路径趋势变化区域，红色边为连接发生变化的边；（e）第二次网格搜索结果；（f）第二次采样优化结果，紫色点为新生成的采样点

初始时，所有网格节点均未参与连接，因此 old_grid_par 均为空。因此第一次执行网格搜索时，用于扩展的节点均被加入 NA 中，第一次网格搜索后的路径示意图如图 6.22（a）所示。之后在 NA 内的点周围随机采样，按照 k-nearest 版本的 RRT* 连接方式优化节点树，采样优化的结果如图 6.22（b）所示，由于 NA 集合的点分布范围代表了最优路径可能存在的区域，因此可以避免全局采样，从而提高采样优化效率。

障碍变化后，与障碍相碰的路径分支均失效，失效路径分支上的所有采样点均被移除，仅保留网格点并设置为初始状态，如图 6.22（c）所示。若辐射环境变化，还需更新节点树的各个分支代价。之后利用网格搜索发现路径连接趋势发生变化的区域，如图6.22（d）。绿色点的连接发生变化，并且周围已经存在一定密度的采样点，因此需要对绿色点周围的节点重新连接，之后绿色点被加入集合 OA 中。第二次网格搜索后的结果如图6.22（e）所示。最后经过在 NA 内的点周围采样优化后的结果如图6.22（f）所示。可以看出，上一次规划的信息将得到有效利用，并且避免了全局重新规划。

节点更新流程如图6.23所示。如果节点 q 和节点 u 之间的直线连接没有与障碍相交，则称 q 为 u 的无碰节点；否则，q 被称为 u 的碰撞节点。首先，从待处理网格节点 u 的附近网格点中，选取使 u 的网格代价 $grid\_cost$ 最小的无碰网格节点 par，若 u 以 par 作为父节点获得的代价 $c_{\min}$ 比 u 原始代价 rhs 小，则更新 u 的参数 rhs 和 $grid\_par$，若新的 rhs 比 u 当前连接的实际代价 $cost$ 更小，说明 u 与 par 相连比 u 的当前连接更好，因此删除 u 与原父节点相连的边，并连接 par 与 u，更新以 u 为起点的分支代价。最后，如果 u 不在 U 中，并且 u 的 $grid\_cost$ 值不等于 u 的 rhs 值，则将 u 放入 U 中以待扩展。

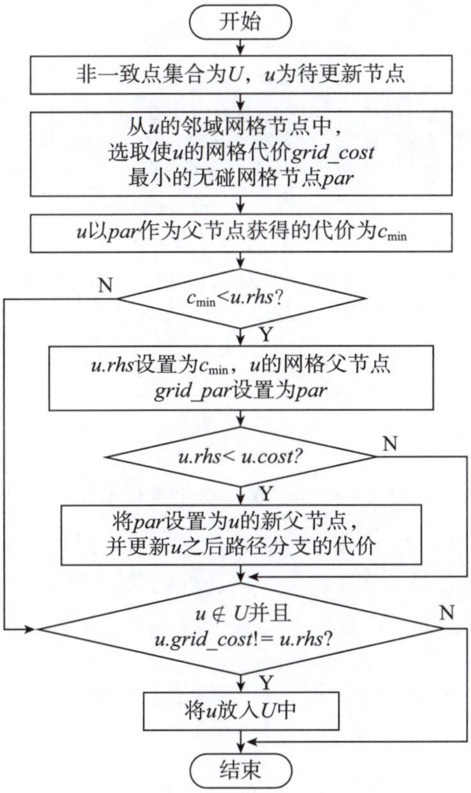

图6.23 节点更新流程图

（2）采样优化

采样优化流程如图 6.24 所示，包含 4 种优化过程：1）根据集合 NA，生成新采样点优化路径连接，用于对新扩展的空间进行搜索；2）根据集合 OA，生成采样位置 p，对距离 p 最近的节点重新连接，用于调整变化区域的节点连接；3）对当前最优路径节点集合 $Path$ 附近区域重新连接，用于优化当前最优路径并发现更优解；4）根据节点树所有节点，生成采样位置 p，对 p 附近区域重连，优化当前树连接。

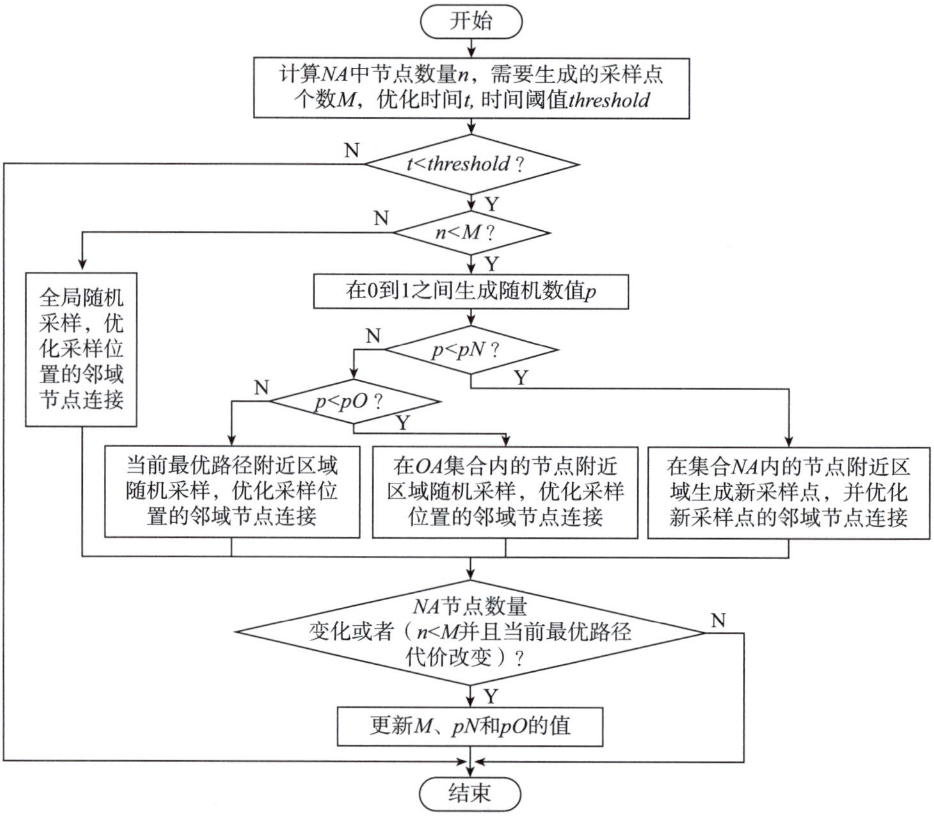

图 6.24　采样优化流程图

采样优化过程均利用 k 最近邻（即 k 个最近的邻居节点）优化原则。前三种优化过程通过轮盘赌进行切换。过程 1）和 2）的累积概率分别为 pN、pO，计算方式如下：

$$pN = N/(N + O + np) \tag{6-16}$$

$$pO = pN + O/(N + O + np) \tag{6-17}$$

式中，N 和 O 分别为 NA 和 OA 中的节点个数，np 为构成当前最优路径的节点个数。

首先生成一个随机数 $p \in (0, 1)$，若 $p < pN$，则选择过程 1)；若 $pN < p < pO$，

则选择过程 2)，否则选择过程 3)。重复以上步骤，直到新生成的采样点达到采样个数上限值 M，之后选择过程 4) 进行全局随机优化。

生成新采样点优化过程的示意图如图 6.25 所示，采样区域由网格搜索获取的 NA 集合确定，图中各部分含义如下：蓝色点为集合 NA 中允许在其周围采样的点，黄色点为采样点，黑色点为未扩展的网格节点；(a) 初始网格搜索结果；(b) 从 NA 中随机选取点 A，虚线矩形为采样范围；(c) 红色点 B 为新生成的采样点，并获取距离 B 最近的 k 个节点，其中 B 的无碰节点构成集合 Z_{near}，如绿色点所示；(d) 节点 B 通过红色边 CB 被连入树中；(e) 以 B 作为父节点使 E 的代价更小，删除边 DE，E 与 B 相连；(f) 更新 E 之后的路径分支代价。紫色点 F 被更新前的代价大于当前最优路径代价，被更新后的代价小于当前最优路径代价，因此需要扩展采样区域。

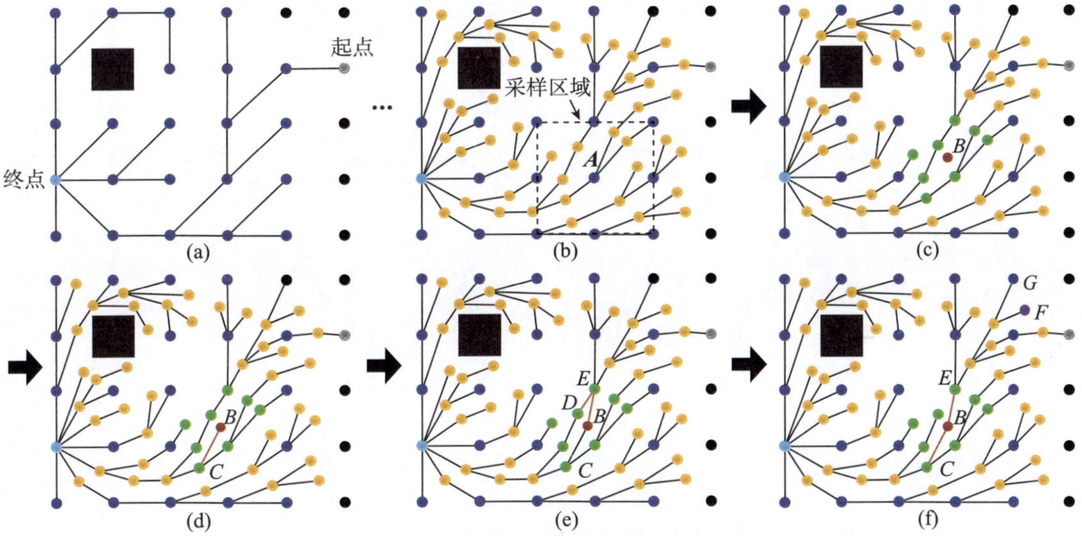

图 6.25 生成新采样点优化节点树示意图

在生成新采样点优化过程中，首先在 NA 中随机选择一个网格节点 A，之后选取以 A 为中心的矩形区域作为采样区域，随机生成一个新的非障碍区域采样点 B。其次，获取距离 B 最近的 k 个节点，并剔除连接碰撞的节点，构成无碰连接节点集合 Z_{near}，之后在 Z_{near} 中查找使 B 代价最小的节点 C 作为 B 的父节点，将节点 B 连入节点树。之后，尝试以 B 为父节点来优化 Z_{near} 中的节点。在该过程中，如果以 B 为父节点能使 Z_{near} 中某点 u 的代价更小，则删除 u 与原父节点的连接，添加新边 $B \rightarrow u$，之后更新 u 以后的路径分支，并扩展采样区域。

路径分支代价更新过程有两个作用：1) 更新路径代价；2) 扩展允许生成新采样点的区域，该作用可通过参数来控制是否执行节点扩展过程。若更新节点代价时，某个分

支末端节点 F 被更新前的代价比当前最优路径的代价大，被更新之后，F 的代价反而比当前最优路径的代价小，说明 F 的周围区域可能存在通向起始点的更好路径，因此需要将 F 周围不在 NA 中的网格节点加入 NA，意味着允许在 F 周围采样扩展，从而发现更优方案，当 F 为网格点时，仅将 F 加入 NA，否则将 F 左上角的网格点加入 NA，如图 6.25（f）所示，F 左上角的网格节点 G 被加入 NA 中。

随机采样连接优化方式如下：首先，在 OA 中任选一个节点 q，并在 q 附近生成采样点 $posrand$。其次，获取距离 $posrand$ 最近的 K_0 个节点，并剔除碰撞连接点，获取无碰连接节点集合 Z_{near}。之后在 Z_{near} 中获取距离 $posrand$ 最近的节点 $q_{nearest}$，在 Z_{near} 中选择使 $q_{nearest}$ 代价更小的节点作为父节点，并尝试以 $q_{nearest}$ 作为父节点，对 Z_{near} 中的节点重新连接，之后更新路径分支以及扩展新生成采样区域，最后完成采样位置附近区域的路径优化。

采样优化的 2)、3) 和 4) 过程均采用随机采样连接优化方式，唯一的区别是在 2) 中，采样位置 $posrand$ 是在节点集合 OA 内的节点附近生成；而在 3) 中，$posrand$ 是在构成当前最优路径的节点附近采样生成；而在 4) 中，$posrand$ 是从全局节点中选取一点，并在其附近生成，从而平衡全局与局部的优化过程。

6.4 仿真测试与验证

本节通过三个仿真测试来验证本章所介绍的路径规划方法的有效性。

6.4.1 环境建模与路径方案评估过程

为了验证核辐射场景中的人员行走路径规划方法的可行性，采用 3ds Max 建立了三维模型，构建了一个假设的场景。图 6.26 给出了假设案例的场景。根据环境建模方法，该场景可以分解为两个活动区域，即活动区域 1 和活动区域 2。活动区域 1 和活动区域 2 不在同一水平面上，二者垂直距离为 2 m，它们由两个楼梯连通。将空间栅格化，将这些活动区域和连接通道连接起来，构建复杂环境结构模型，如图 6.27 所示。初始的环境结构模型都是由自由空间组成的，需要标记出障碍空间。

假设案例的 γ 辐射场主要是由装有放射性物质的铁桶产生的，放射性铁桶的分布位置如图 6.26 所示。通过核辐射分布可视化方法，图 6.28 给出了活动区域 1 和区域 2 的二维辐射分布情况和连接通道的辐射分布侧视图。

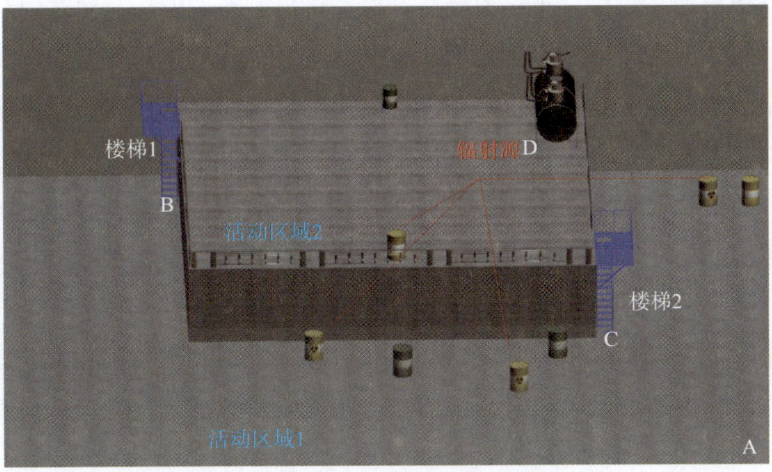

图 6.26 假设案例的三维场景

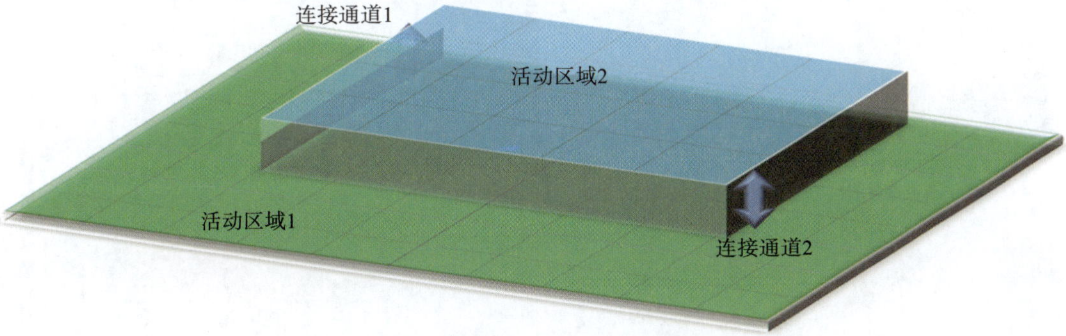

图 6.27 假设场景结构的环境模型

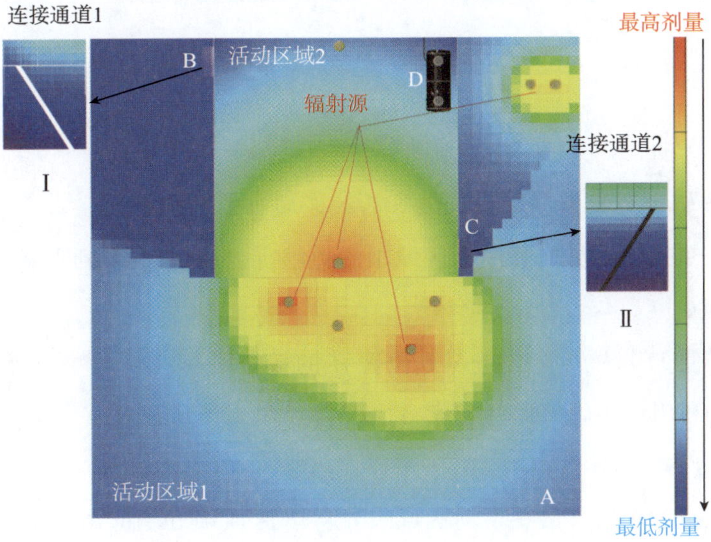

图 6.28 假设案例的辐射分布可视化

将场景结构模型和辐射分布模型合并，构成核辐射环境模型。此时的环境模型是由多个二维环境组成的，所以在一个二维环境中使用最小辐照路径搜索方法和路径评估方法。针对多个二维环境之间的优化问题，可以使用复杂环境下核辐照路径规划方法。

仿真实验需要确定一条工作人员从位置 A 到位置 D 的行走路径，该路径能够使工作人员受到的辐射照射尽量低或花费时间少。其中，位置 A 位于活动区域 1，位置 D 位于活动区域 2。

根据复杂环境下核辐照路径规划方法，工作人员从位置 A 到位置 D 的行走路径可以分解为三个部分：活动区域 1 中的路径段，连接通道，活动区域 2 中的路径段。对行走路径的三个部分分别进行设计，活动区域 1 和活动区域 2 中所设计的路径段如图 6.29 所示。

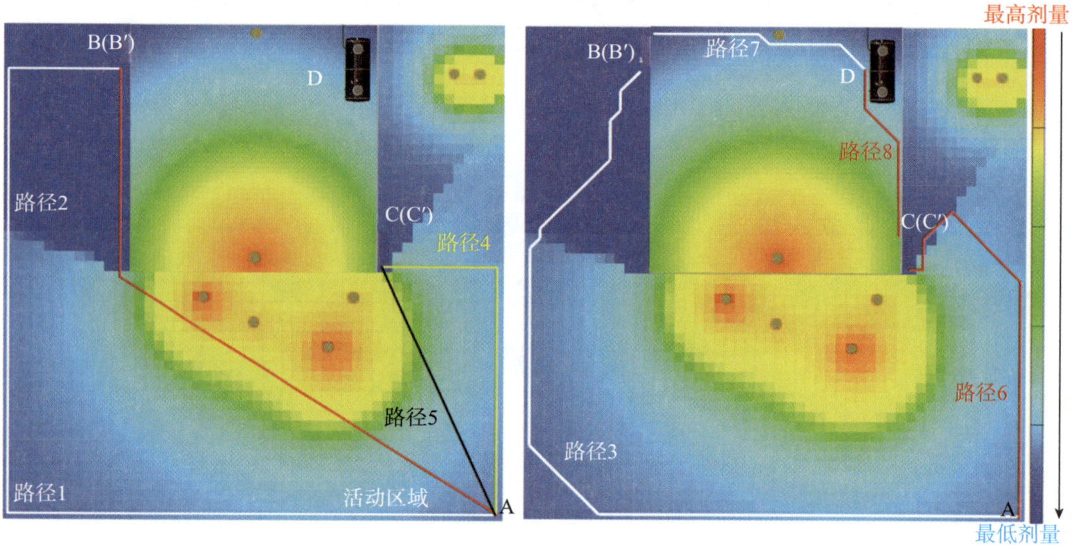

图 6.29　路径段效果图

（1）活动区域 1

通过观察核辐射分布情况，设计以下活动区域 1 中的路径：

路径段 1：使工作人员沿着活动区域 1 的边界行走从位置 A 到位置 B，尽量避开辐射强度高的区域；

路径段 2：使工作人员从位置 A 到位置 B 的最短路径；

路径段 3：利用最小辐照路径搜索方法使得工作人员从位置 A 到位置 B 的受照剂量最少；

路径段 4：使工作人员沿着活动区域边界从位置 A 到位置 C 行走，尽量避开辐射强度高的区域；

路径段 5：使其为工作人员从位置 A 到位置 C 的最短路径；

路径段 6：利用最小辐照路径搜索方法使得工作人员从位置 A 到位置 C 的受照剂量最少。

（2）活动区域 2

通过观察核辐射分布情况，设计以下活动区域 2 中的路径：

路径段 7：使工作人员沿着活动区域 2 的边界行走从位置 B' 到位置 D，尽量避开辐射强度高的区域；

路径段 8：使工作人员沿着活动区域 2 的边界行走从位置 C' 到位置 D，尽量避开辐射强度高的区域。

利用基于栅格的路径评估方法对所有活动区域内的路径段和连接通道的工作人员行走时间和受照剂量进行评估，其评估结果见表 6.1。

表 6.1　路径段的评估结果

	活动区域 1						活动区域 2		连接通道	
路径段描述	$A \to B$			$A \to C$			$B' \to D$	$C' \to D$	$B \to B'$	$C \to C'$
路径段编号	1	2	3	4	5	6	7	8	1	2
时间/s	27.73	17.36	25.12	9.6	7.28	11.2	5.97	5.71	4.00	4.00
剂量/mSv	3.17	22.46	3.11	2.62	4.08	2.36	2.97	5.31	0.08	1.2

在活动区域 1 中工作人员从位置 A 到位置 B 的所有路径方案中，路径段 3 的受照剂量是最小的。在活动区域 1 中工作人员从位置 A 到位置 C 的所有路径方案中，路径段 6 的受照剂量是最小的。仿真实验结果说明二维环境下最小辐照路径搜索方法是有效的，即它可以搜索到二维辐射场中工作人员累积剂量最小的行走路径。

确定单一活动区域的“可行”解，再确定多个活动区域的“最优”解。工作人员从位置 A 到位置 D 主要有两种方式：$A \to B \to B' \to D$ 和 $A \to C \to C' \to D$。利用组合优化方法，工作人员行走路径段的组合方式一共有 6 种，表 6.2 给出了 6 种组合的路径方案的评估结果。

表 6.2　路径方案的评估结果

路径编号	1	2	3	4	5	6
方案描述	路径段 1 + 连接通道 1 + 路径段 7	路径段 2 + 连接通道 1 + 路径段 7	路径段 3 + 连接通道 1 + 路径段 7	路径段 4 + 连接通道 2 + 路径段 8	路径段 5 + 连接通道 2 + 路径段 8	路径段 6 + 连接通道 2 + 路径段 8
时间/s	37.7	27.33	35.09	19.31	16.99	20.91
剂量/mSv	6.22	25.51	6.16	9.13	10.59	8.87

在所有路径方案中，路径方案 3 的辐照剂量是最小的，路径方案 5 的时间是最短的。在辐射安全方面，虽然路径方案 3 中路径段 3 的受照剂量不是活动区域 1 中所有路径段中最小的，但是路径方案 3 的受照剂量确实是最小的。虽然路径方案 5 的用时最少，但是工作人员可能的受照剂量却较高。

辐射屏蔽效应对辐射分布影响很大，理论上被屏蔽的区域辐射剂量率低，工作人员行走路径应该尽量设计在被屏蔽的区域。路径方案分析时应该综合权衡人员受照时间、人员与辐射源的距离，从而达到人员受照剂量的最小化。

仿真实验结果说明，复杂环境下核辐射路径优化方法成功地确定了最优方案（最高效率方案和最安全方案），避免了单一区域局部最优解的影响，减少了人为路径规划的片面性和盲目性。

6.4.2 GB-RRT* 与 RRT* 算法的对比

本部分用于测试 GB-RRT* 方法的性能，包括两部分：(A) 障碍杂乱情况；(B) 狭窄环境情况。

(A) 障碍杂乱情况

第一组测试用于描述 GB-RRT* 算法和 RRT* 算法在含有杂乱障碍的辐射环境下的路径规划性能，辐射环境如图 6.30 所示，图中黑色区域代表障碍，灰色点为起点，红色点为终点。

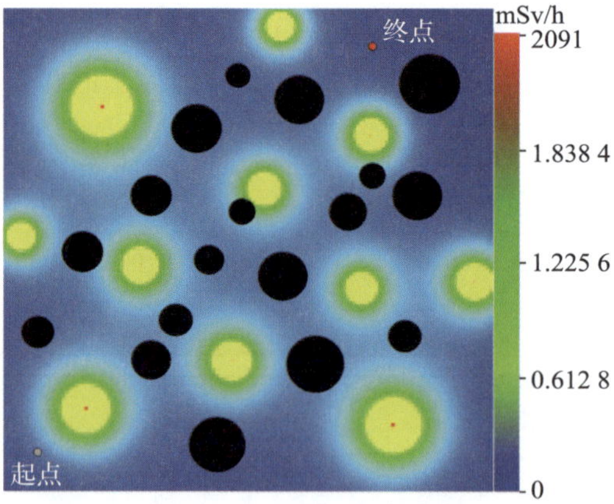

图 6.30　含有杂乱障碍的辐射环境图

两种算法在不同采样点数量阶段获取的节点树分布如图 6.31 所示。其中 RRT* 算法生成的路径连接如图 6.31 (a)、(b) 和 (c) 所示，GB-RRT* 算法生成的路径连接如图（d）、（e）和（f）所示，图 6.31（a）、（d）包含 3 000 个节点，（b）、（e）中 5 000 个节点，（c）、（f）中 8 000 个节点，GB-RRT* 算法中的障碍边界节点为绿色点。由图 6.31 可知，RRT* 算法的采样点分布均匀，随着采样点数量增加，最终收敛于最优路径。GB-RRT* 算法利用网格节点表示障碍区域，通过网格内节点的连接，以及网格边界节点与自由空间采样点的连接来规避障碍，最终获取的路径与 RRT* 算法的路径几乎相同，说明了 GB-RRT* 算法在含有杂乱障碍的辐射环境下的有效性。

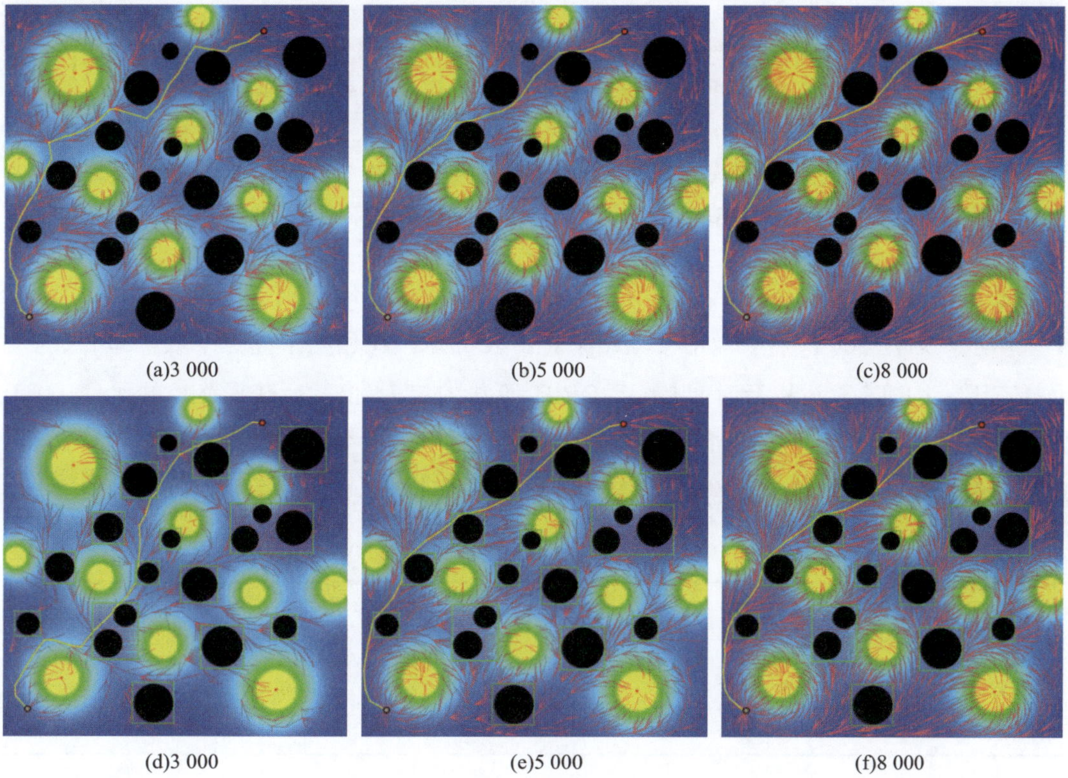

图 6.31 GB-RRT* 与 RRT* 算法在含有杂乱障碍的辐射环境下路径规划结果图

GB-RRT* 和 RRT* 算法在含有杂乱障碍的辐射环境下各自运行 100 次获取的平均最优路径结果如图 6.32 所示。由图可知，GB-RRT* 算法比 RRT* 算法具有更快的收敛速度。最终 GB-RRT* 算法约在 1 100 ms 收敛于最优路径，代价为 150.77 μSv，而 RRT* 算法约在 1 600 ms 收敛于最优路径，代价为 150.73 μSv。最终 RRT* 算法路径代价稍低于 GB-RRT* 算法，这种现象是因为 GB-RRT* 算法在障碍网格区域只有 8 个方向，导致网格路径曲折，使得行走时间较长，最终导致获取的路径代价较高。

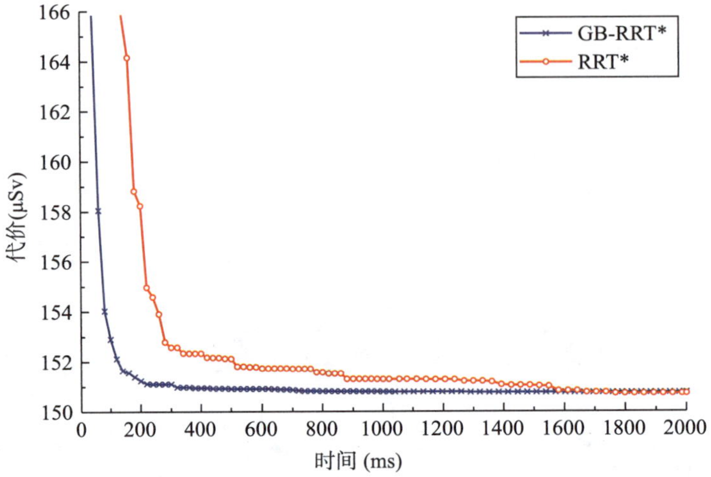

图 6.32　GB-RRT* 和 RRT* 算法在含有杂乱障碍的辐射环境下的最优结果收敛图

表 6.3 列出了 GB-RRT* 和 RRT* 算法在含有杂乱障碍的辐射环境下，利用 8 000 个采样点，运行 100 次后获取的平均结果。由表可知，在相同采样点个数，即 8 000 个采样点下，RRT* 算法运行时间是 GB-RRT* 算法的 3.14 倍，所获得路径的代价比 GB-RRT* 算法高 0.3%，同时路径长度、所需时间均高于 GB-RRT* 算法，说明 GB-RRT* 算法在杂乱障碍环境下具有更好的性能。

表 6.3　含有杂乱障碍的辐射环境下的路径结果

算法	长度/m	行走时间/s	剂量 E /μSv	运行时间 T /ms	剂量比 E/E_{min}	时间比 T/T_{min}
GB-RRT*	757.56	505.04	151.23	211	1	1
RRT*	762.62	508.41	151.73	662	1.003	3.14

(B) 狭窄环境情况

第二组测试用于描述 GB-RRT* 和 RRT* 算法在狭窄环境下的路径规划性能。辐射环境如图 6.33 所示，其中黑色代表障碍，灰色和红色点分别代表起点和终点。

两种算法在不同的采样点数量阶段的节点树分布如图 6.34 所示，其中 (a)、(b) 和 (c) 是 RRT* 算法的结果，(d)、(e) 和 (f) 是 GB-RRT* 算法的结果，(a)、(d) 含有 3 000 个节点，(b)、(e) 有 5 000 个节点，(c)、(f) 有 8 000 个节点，绿色点为 GB-RRT* 算法中的障碍区域边界点。由图 6.34 可知，RRT* 算法需要大量采样点才能在狭窄区域获得足够数量的采样点，导致路径收敛速度较慢，在有限时间内获取到局部最优路径。而 GB-RRT* 算法利用网格搜索策略在狭窄区域快速搜索的优势，具有很快的节点扩展速度，可以在短时间内收敛到最优路径，说明了 GB-RRT* 算法在含有狭窄区域的辐射环境下具有优越的性能。

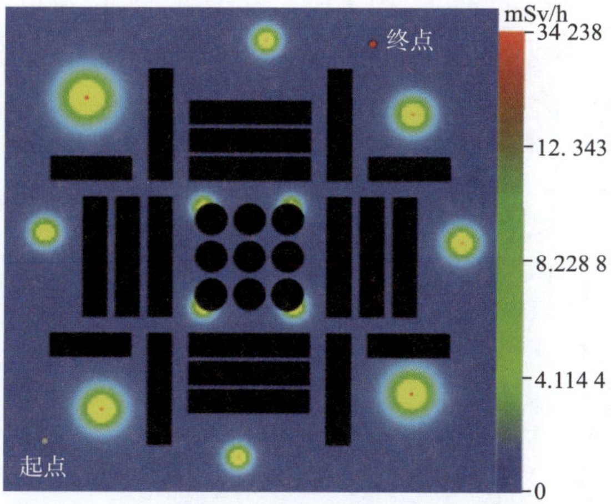

图 6.33 包含狭窄区域的辐射环境仿真测试图

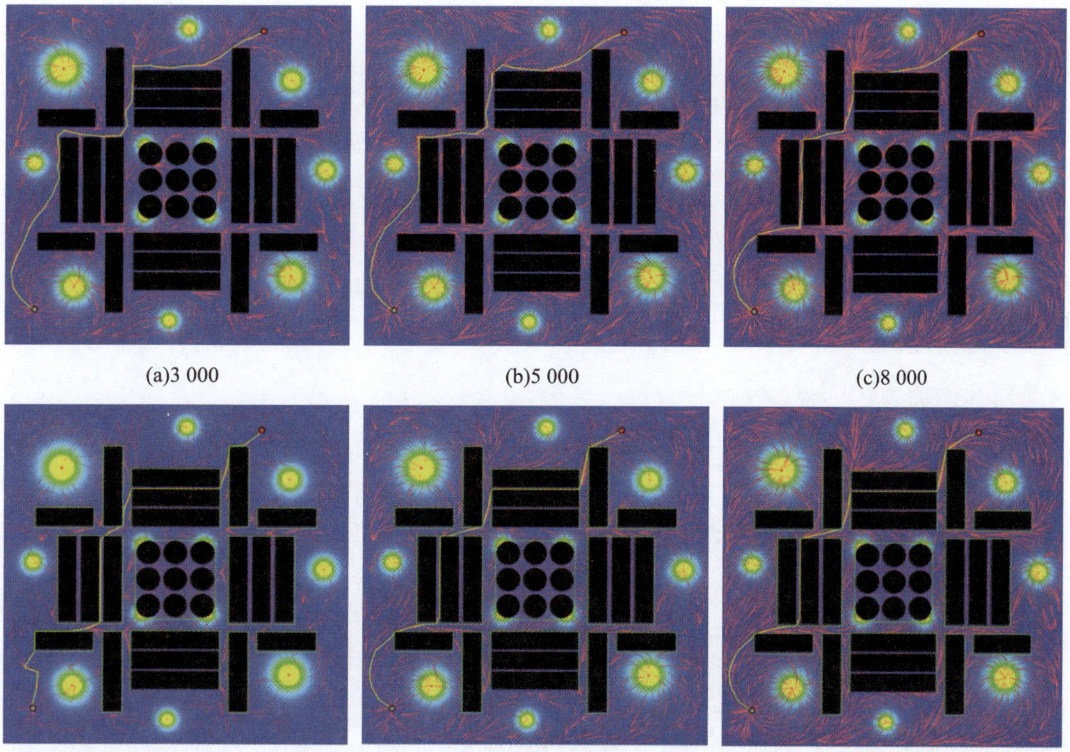

(a)3 000 (b)5 000 (c)8 000

(d)3 000 (e)5 000 (f)8 000

图 6.34 GB-RRT* 和 RRT* 算法在含有狭窄区域的辐射环境下的结果图

图 6.35 绘制了两种算法各自运行 100 次以上获取的平均最优路径代价随着时间的收敛图。由图 6.35 可知，GB-RRT* 算法比 RRT* 算法收敛速度快，并且 RRT* 算法收

敛于局部最优路径，代价为 325.75 μSv，而 GB-RRT* 算法可以快速收敛于最优路径，代价为 321.71 μSv。这一现象是由于 RRT* 算法需要大量时间才能在狭窄区域获得足够数量采样点，因此在有限时间内，RRT* 算法陷于局部最优。

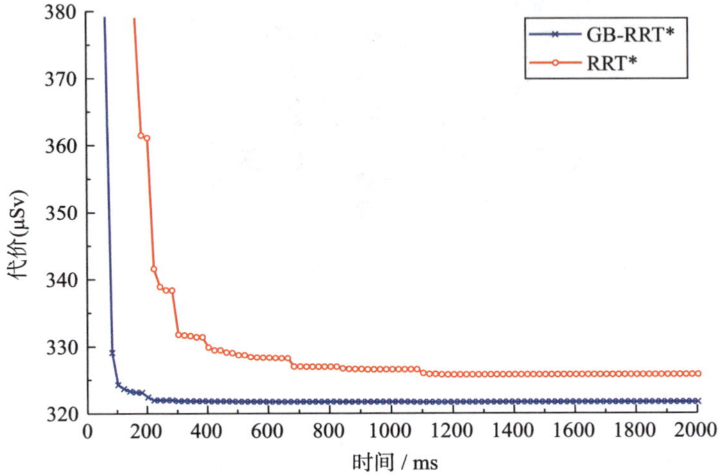

图 6.35　在含有狭窄区域的辐射环境下 GB-RRT* 和 RRT* 算法的最优代价随时间收敛图

表 6.4 列出了 GB-RRT* 和 RRT* 算法在含有狭窄区域的辐射环境下，利用 8 000 个采样点各自运行 100 次以上获取的平均最优路径结果。由表可知，测试中 RRT* 算法运行时间是 GB-RRT* 算法的 3.06 倍，并且路径代价比 GB-RRT* 算法高 1.7%，路径长度、时间均高于 GB-RRT* 算法，说明 GB-RRT* 算法在狭窄区域具有更好的获取高质量路径的能力。

表 6.4　含有狭窄区域的辐射环境路径结果

算法	长度/m	行走时间/s	剂量 E /μSv	运行时间 T /ms	剂量比 E/E_{min}	时间比 T/T_{min}
GB-RRT*	829.68	553.12	322.39	268	1	1
RRT*	830.54	553.69	327.83	819	1.0167	3.06

6.4.3　DL-RRT* 与 RRT* 算法的对比

本测试用于验证 DL-RRT* 算法的有效性，为了更方便地分析路径结果，路径起点和终点为固定点，只有环境在改变。DL-RRT* 算法采用 25 × 25 网格，DL-RRT* 和 RRT* 算法每次邻域查询 35 个点。

实验用于测试 DL-RRT* 算法在障碍变化环境下的性能。初始辐射环境如图 6.36

所示，其中灰色区域代表障碍，沿着箭头所示方向移动，矩形虚线框代表障碍 1、2 和 3 移动后的位置。障碍材料为铅，具有较强的辐射屏蔽能力，这些障碍移动时也导致了辐射环境的变化。

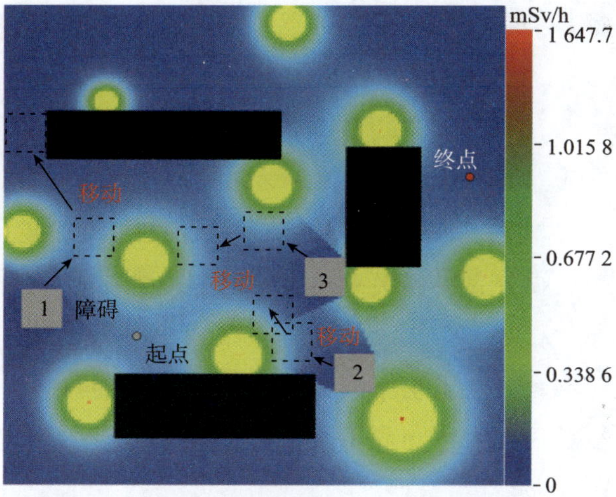

图 6.36　带有动态障碍的辐射环境仿真测试图

DL-RRT* 与 RRT* 搜索的节点树分布如图 6.37 所示，其中（a）、（b）和（c）为初始场景；（d）、（e）和（f）为变化后的场景 2；（g）、（h）和（i）为变化后的场景 3。为便于介绍，下文图 6.37 中利用红色线代表路径搜索过程形成的树状结构，黄色线代表最优路径。路径连接趋势变化的区域用黑色和黄色点表示，黄色点代表其周围需要新生成采样点的区域，黑色点代表其周围路径需要重新连接的区域。由图 6.37 可知，DL-RRT* 算法首先通过网格预搜索，可以粗略获得高质量路径存在的空间范围，并快速获得较高质量的初始路径和节点树连接。之后仅在已扩展的网格空间采样，进一步优化现有路径连接，如图 6.37（a）、（b）。当障碍变化后，通过网格搜索发现，仅有黑色和黄色节点区域内的路径连接发生了变化，大部分区域内的路径连接趋势不变，因此仅需调整黑色点附近区域的路径连接，以及对黄色节点附近区域，利用新增采样点来优化，从而利用历史信息，避免全局重新规划，来提高规划效率，如图 6.37（d）、（e）和（g）、（h）。优化过程中发现潜在最优路径区域，对允许网格采样空间进行扩展，如图 6.37（b）、（e）中黄色点所示，来避免获取局部最优解。相比之下，RRT* 算法采用全局范围内采样，往往需要较多采样点来获得较高质量路径，并且每次全局重新规划，如图 6.37（c）、（f）、（i），导致 RRT* 算法的效率较低。

两种算法在含有动态障碍的辐射环境下的路径代价收敛图如图 6.38 所示。由图 6.38 可知，三种场景下 DL-RRT* 与 RRT* 算法几乎收敛于相同的值，然而 DL-RRT*

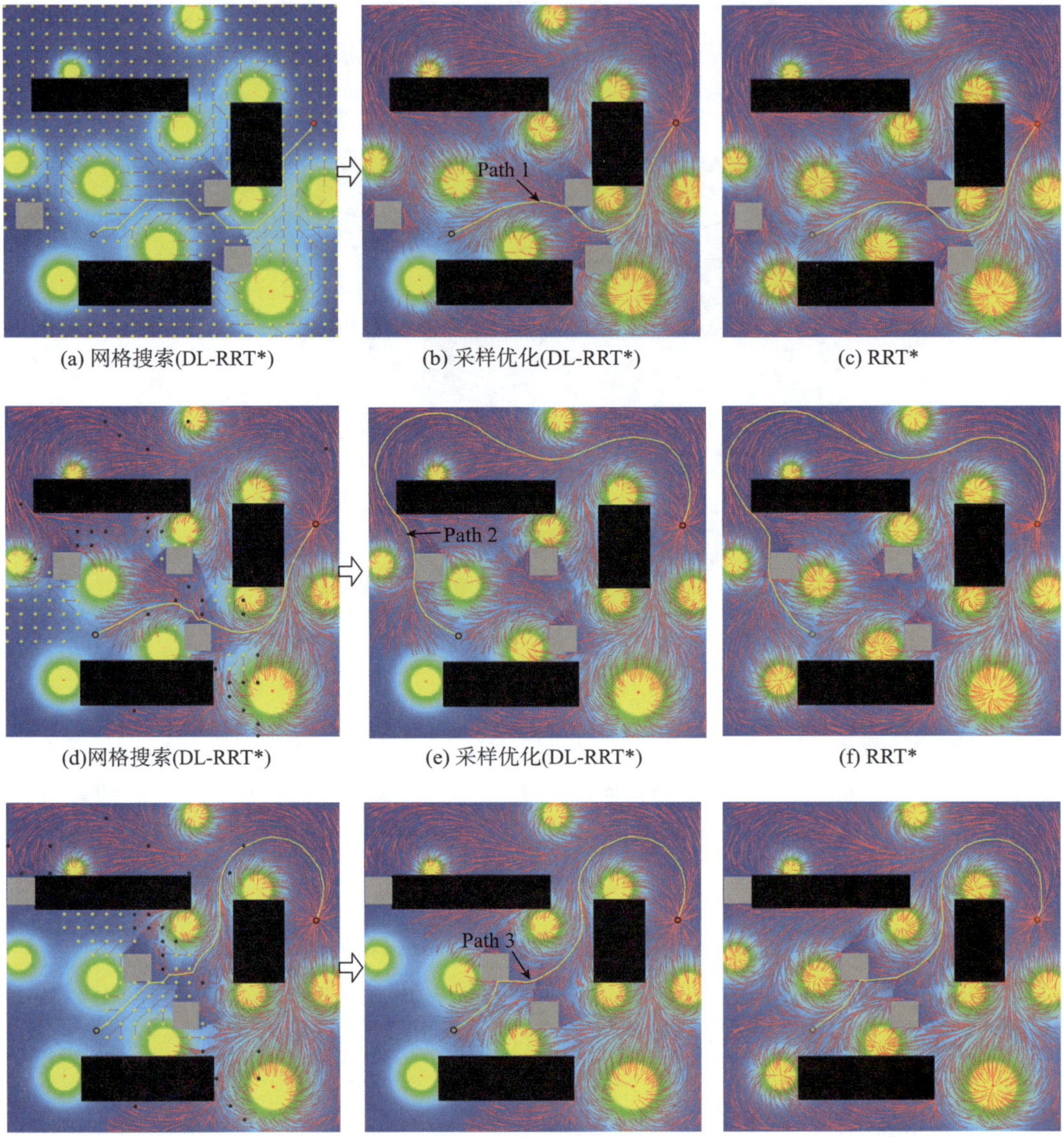

(a) 网格搜索(DL-RRT*)　(b) 采样优化(DL-RRT*)　(c) RRT*

(d)网格搜索(DL-RRT*)　(e) 采样优化(DL-RRT*)　(f) RRT*

(g) 网格搜索(DL-RRT*)　(h) 采样优化(DL-RRT*)　(i) RRT*

图 6.37　DL-RRT* 和 RRT* 算法在含有动态障碍的辐射环境下的对比图

算法在 25 × 25 情况下的收敛速度明显优于 RRT* 算法，尤其对于障碍变化后的情况，DL-RRT* 算法由于利用历史信息，避免全局重新规划，因此可以快速获取较高质量路径，而 RRT* 算法每次重新全局规划，导致其具有较低效率，说明 DL-RRT* 算法在障碍变化环境中具有优越的性能。此外，也可以看出，网格分辨率对 DL-RRT* 算法性能具有明显影响。DL-RRT* 算法采用 25 × 25 的网格情况下的收敛速度和路径质量均好于其他情况，测试中 60 × 60 和 12 × 12 情况在短时间内甚至不能收敛到好的结果。产生这一现象的原因是使用高分辨率网格时，需要利用新生成节点来优化的区域范围受限。如果在网格搜索过程得到较差的路径区域，例如图 6.37（d），DL-RRT* 算法很可能收敛到局部最优解；当网格分辨率较低时，不能保证获取高质量初始路径，并且需要改善的区域范围广，最终导致 DL-RRT* 算法收敛速度较慢。

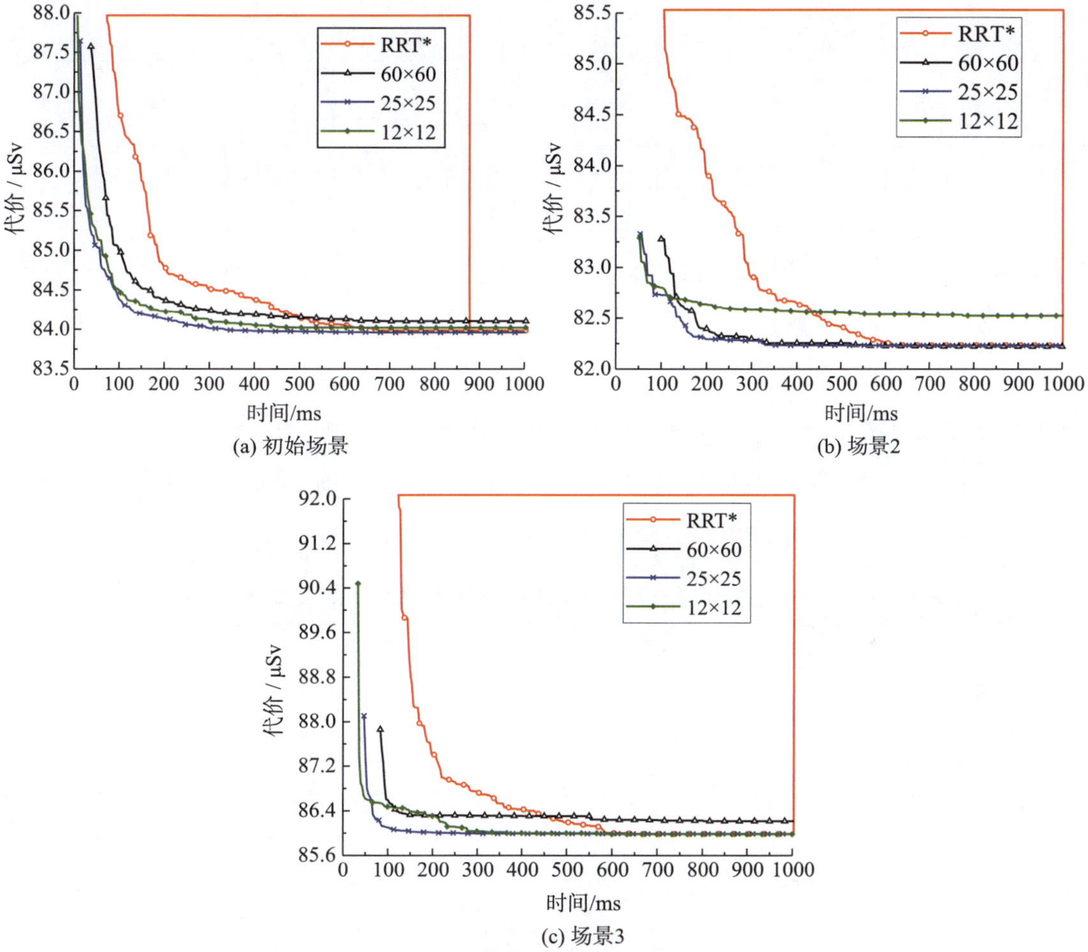

图 6.38　含有动态障碍的辐射环境下 RRT* 算法与不同网格尺寸下 DL-RRT* 算法路径代价随时间变化图

为了进一步分析 DL-RRT* 算法的性能，采用相同采样点数量，DL-RRT* 算法在 25×25 网格情况下与 RRT* 算法运行 100 次后获取的平均路径结果如表 6.5 所示。由表可知，DL-RRT* 与 RRT* 算法的路径长度、行走时间、路径剂量几乎相同，说明二者路径一致。然而 DL-RRT* 算法的时间明显优于 RRT* 算法，尤其在场景 3 中，RRT* 算法时间甚至是 DL-RRT* 算法的 3.38 倍。说明 DL-RRT* 算法在含有动态障碍的辐射环境下具有较高的效率和稳定性。

表 6.5 含有动态障碍的辐射环境下的路径结果

场景	采样数量	算法	长度/m	行走时间/s	剂量 E /μSv	运行时间 T/ms	运行时间标准差	剂量比率 E/E_{min}	时间比率 T/T_{min}
初始场景	7315	DL-RRT*	137.47	91.65	83.97	436.87	23.74	1.001	1.35
		RRT*	137.49	91.66	84.06	588.20	46.97		
场景 2	6700	DL-RRT*	277.70	185.13	82.24	323.83	19.00	1.000	1.89
		RRT*	277.52	185.01	82.23	613.50	50.46		
场景 3	5930	DL-RRT*	184.64	123.09	86.00	152.34	10.57	1.002	3.38
		RRT*	185.99	123.99	86.16	514.25	46.77		

为了对比相同环境下不同路径的结果，表 6.6 列出了图 6.37 所示的环境下 DL-RRT* 算法获得的 3 条路径的结果。由于存在障碍情况，一些路径是无效的，因此这些路径没有结果。由表 6.6 可以看出，路径 1、2 和 3 在初始场景、场景 1 和场景 2 中是最优路径，然而在环境变化后，这些路径不是最优的。在场景 2 中，尽管路径 1 长度更短，但路径 1 仍比路径 2 剂量高 4.5%，这也说明了长度短的路径未必剂量小。因此，当环境变化后，及时更新路径能够使人员接受更少的辐射剂量。

表 6.6 DL-RRT* 在图 5.37 所示的三种环境下获取的路径 1、2 和 3 的结果

场景	剂量 E/μSv			比率 E/E_{min}			长度/m		
	Path 1	Path 2	Path 3	Path 1	Path 2	Path 3	Path 1	Path 2	Path 3
初始场景	83.89	90.13	91.58	1	1.074	1.092	137.45	279.54	187.31
场景 2	85.94	82.22	—	1.045	1	—			
场景 3	88.40	—	85.87	1.029	—	1			

参考文献

[1] Liu Y K, Li M K, Xie C L, et al. Minimum dose method for walking-path planning of nuclear facilities [J]. Annals of Nuclear Energy, 2015, 83: 161-171.

[2] 杨淮清，肖兴贵，姚栋．一种基于可视图法的机器人全局路径规划算法 [J]．沈阳工业大学学报，2009，31 (2)：225-229.

[3] Janet J A. The essential visibility graph: an approach to global motion planning for autonomous mobile robots [C]. IEEE International Conference on Robotics and

Automation, 1995: 1958-1963.

[4] 戴光明．避障路径规划的算法研究［D］. 华中科技大学，2004：6-23.

[5] 卢晓军，李众，贺汉根．一种基于自由空间法的虚拟人行走规划方法［J］. 计算机工程与科学，2005，27（8）：60-62.

[6] Koren Y, Borenstein J. Potential field methods and their inherent limitations for mobile robot navigation [C]. In: Proceeddings of the 1991 IEEE International Conference on Robotics and Automation, Sacramento, California, 1991: 1398-1404.

[7] Weigl M, Siemiatkowska B, Sikorski K A. Grid based mapping for autonomous mobile robot [J]. Robotics and Autonomous Systems, 1993, 11: 13-21.

[8] 马兆青，袁曾任．基于栅格方法的移动机器人实时导航和避障［J］. 机器人，1996，18（6）：344-348.

[9] Barraquand J, Landlois B, Numerical J C. Potential field techniques for robot path planning [J]. IEEE Transactions on System Man and Cybernetics, 1992, 22 (2): 224-241.

[10] Dijkstra E. W. A note on two problems in connection with graphs [J]. Numer. Math., 1959, 1: 269-271.

[11] Karaman, S., Frazzoli, E. Sampling-based algorithms for optimal motion planning [J]. International Journal of Robotics Research, 2011, 30 (7): 846-894.

[12] Karaman S., Walter M., Perez A., Frazzoli E. Teller S. Anytime motion planning using the RRT* [J]. In Proc. IEEE ICRA, 2011b: 1478-1483.

第 7 章　多人协同作业任务分配与方案综合评价

近年来，世界各国陆续开展了核设施施工作业仿真优化方面的研究，并将核设施作业仿真平台向多人协同作业方向扩展，以期对核设施施工方案及过程进行符合实际的演示、评价及优化。然而，针对核设施退役施工方案整体制定的研究并不多见，多数仅停留在对作业中单一指标的优化，缺乏对核设施退役施工中作业人员的任务分配及生成方案综合评价方法的探讨。此外，由于核设施环境存在放射性这一特殊影响因素，这使得一些其他领域已有的协同作业模型无法直接应用于核领域作业过程。

在退役全过程中如何保证施工方案能够根据不同任务的特点选取合适人员实施作业，达到合理、科学配备人员，保证任务完成的可靠性；如何规划使得多名工作人员以较小的辐照代价、在较短的时间内到达各自的任务目标点，彼此配合完成任务，满足人员辐射防护的最优化；如何建立科学完善的评价指标体系，依托高效合理的算法评价多个施工方案的相对优劣，降低方案选取的盲目性。这些都将影响多人协同作业方案的施工代价、效率及工期乃至整个施工过程的可靠性、安全性及投资多少等。

7.1　核设施场景中的任务分配

7.1.1　任务分配

任务分配是根据既定目标，在满足约束条件的前提下，完成任务与执行体间的匹配，实现各项任务的合理分配，在顺利执行任务的基础上提高系统执行效率，优化系统整体效能，在工程应用以及运筹学中都具有很高的研究价值。

核设施退役活动主要包括：(1) 去污，设备、系统和厂房拆除；(2) 安全管理设施内的核燃料；(3) 安全管理放射性废物和其他废物；(4) 场址清污和修复。不难看出，核设施退役过程中多数施工任务均需多人配合完成。前期方案制定中，科学合理地配置作业人员，是安全高效开展作业的重要保障之一；同时，由于核设施退役过程中存在诸多安全因素，并且不同类型核设施的退役安全问题不同，多人协同作业的任务分配不仅要兼顾安全、效率，还要根据指定任务的作业要求及特点给出特定的任务分配指标及优先度。因此，为建立科学完善并具有良好扩展性的任务分配优化模型，弥补传统方案设计中存在的盲目分配或任务分配体系简单、指标单一、缺乏针对性等缺陷，本章内容介绍了相应的任务分配方法，其技术路线如图 7.1 所示。

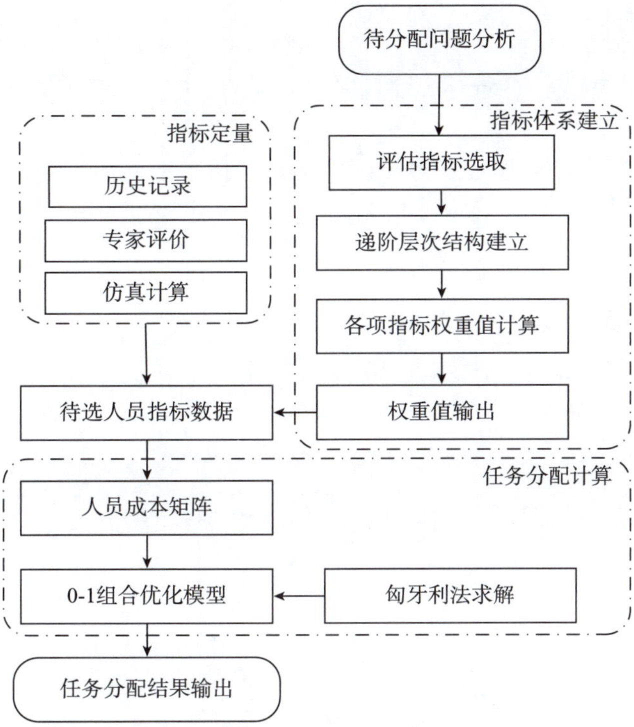

图 7.1　多人协同作业任务分配技术路线图

从图 7.1 可以看出，对任务分配的研究内容主要集中在指标定量与任务分配模型建立方法两部分。其中，对任务分配模型中指标的定量方法研究主要包含以下两个方面：

(1) 模型中指标定量方法科学性的研究，指标量值的差别是指派模型求解的重要影响因素，因此确保各量值间的可比性、精确度将是判断任务分配方法优劣的关键；

(2) 模型中指标定量方法效率的研究，计算效率是算法实际应用的重要保障，如何在确保指标量值准确度的基础上有效提高量化效率，是任务分配模型实用性的研究重点。

对核设施场景中多人协同作业任务分配模型的研究主要包含以下三个方面：

(1) 对所研究的具体问题进行合理的抽象与假设，使其能够与数学模型相互映射，这是准确建模的关键，而在实际的施工作业中，环境、人员及施工任务的复杂性往往致使数学模型繁复，难以简化；

（2）由于指标的选择差异（施工时间最短、施工安全性最高等），直接影响最终的分配结果，因此科学合理地反映任务分配的决策意图，对方案制定起到关键的引导性作用；

（3）指标体系的选择不仅能够体现任务分配的意图，还会直接决定问题研究的复杂程度，目前在核设施施工及相关领域的参考较少。

7.1.2 核设施场景中任务分配

核设施场景中多人协同作业任务分配问题，包括一系列任务空间元素，定义如下。

$P=\{P_1, P_2, \cdots, P_n\}$ 定义为人员变量集合，代表 n 名待分配的工作人员。

$T=\{T_1, T_2, \cdots, T_m\}$ 定义为任务条件集合，代表 m 项待分配的任务集合，任务条件集合用于描述待分配任务的总体需求，给出任务需求矩阵式（7-1），任意任务 T_i 在分配过程中的任务约束集合表示为 $T_i=\{T_{1i}, T_{2i}, T_{3i}, T_{4i}\}$，包含任务执行地点 T_{1i}、所需人数 T_{2i}、任务技能需求描述 T_{3i}、任务分配优先度 T_{4i}，任务约束集合 T_i 亦可根据实际需要进行修改。

$$T=\begin{bmatrix} T_{11} & \cdots & T_{1m} \\ T_{21} & \cdots & T_{2m} \\ T_{31} & \cdots & T_{3m} \\ T_{41} & \cdots & T_{4m} \end{bmatrix} \tag{7-1}$$

$Z=\{Z_1, Z_2, \cdots, Z_q\}$ 为评价指标总集，代表由任务条件集合描述及专家判断得出的待分配任务所需考虑的所有人员评价指标集合，其中 Z_q 表示需考虑的第 q 项特征指标，一般包含技能指标、剂量指标、路径指标等。

$Z^T=\{Z^1, Z^2, \cdots, Z^m\}$ 为各具体任务的指标集合，满足 $Z^1 \cup Z^2 \cdots \cup Z^m=Z$，其中 Z^j 表示第 j 项任务所需考虑指标的集合 $Z^j=\{Z_1^j, Z_2^j, \cdots, Z_u^j\}$，$Z_i^j$ 表示对于第 j 项任务需要评价的第 i 项指标。

$H_P^T=\{H^1, H^2, \cdots, H^m\}$ 为针对各项任务的人员指标数据集合，其中 $H^j=\{H_1^j, H_2^j, \cdots, H_n^j\}$ 表示对于第 j 项任务所需考虑的各项人员指标，经计算后得到的所有待分配人员指标数据集合，H_i^j 表示对于任务 j，人员 i 的指标数据值。

$F=\{F^1, F^2, \cdots, F^m\}$ 为人员分组结果集合，其中 F^j 表示被分配从事第 j 项任务的人员集合，且 $F^1 \cup F^2 \cdots \cup F^m \subseteq P$。

任务分配问题的数学描述凸显了核设施场景中的多人协同作业任务分配问题是一个多约束条件的组合优化问题，约束条件复杂、耦合性高，求解困难。根据对任务空间的简单划分可知，要实现人员与任务的匹配、分配，需根据任务分配目标对待选人员的各项条件进行系统梳理，选取能够表征系统特性和状态的主要因素及相关变量，并对待分配人员执行各项任务的情况进行预估，确保指标体系科学合理、层次完备，指标间独立可比，各指标项易于量化，避免任务分配结果盲目片面。

7.2 作业指标体系建立及量化

7.2.1 指标选取

定性选取指标项时，将任务分配的目标设置为：确保核设施退役工程高效安全实施，完成预期任务的同时尽可能地减小代价。因此指标选取原则应依据如下标准：

1）确保工作人员人身安全，尽可能降低人员所受各类风险；

2）人员具备作业所需技能，满足任务需求；

3）保障作业效率，在保证工程质量的前提下尽可能缩短施工时间。

在对任务分配指标进行选取时，需深入分析核辐射环境特点，对待选人员状态进行判断，明确系统范围、所包含变量指标、各指标之间的相互关系以及工程需要解决的问题和目标。判断各指标的相对重要程度、影响范围及限制条件，选择具有较大差异的指标，忽略方案中相互重叠及不重要的指标，完成对指标体系的筛选、归类。选取如下三类指标作为基础指标体系，在工程实际应用过程中，可根据实际对指标体系进行扩展或取舍。

（1）核安全类指标 E

为帮助操作人员避免作业中的辐射危害，需对所有待分配人员执行任务中涉及核安全风险的操作指标进行相应约束。人员核安全类指标 E 包含路径行走预估个人剂量 E_1 与剂量限值 E_2 两类。

（2）常规安全类指标 S

在保证核安全的同时也应关注人员作业过程中可能面临的常规作业伤害，根据任务作业需求，常规安全类指标 S 包含两类指标：S_1 表示操作熟练程度；S_2 表示历史误操作记录。

（3）其他情况指标 P

该项指标包含两项，1）P_1 表示人员路径行走时间，假设人员行走速度一致，指标差异主要由工作人员起始位置不同、路径行走过程中所需规避的障碍物及辐射场不同造成；2）P_2 表示人员健康情况，主要是对人员辐照耐受能力进行评价。

7.2.2 层次结构建立

由于任务分配过程中各项任务需求、指标体系复杂，缺乏条理，任务分配时难以对各项指标与任务联系的紧密性及指标间关系形成清晰的认识和判断，因此可以应用层次分析法（AHP）建立各指标间的层次结构关系，构造条理清晰的指标结构关系。AHP法是由 T. L. Satty 提出的一种多准则测度理论，基于给定的准则通过主观判断，构造矩阵来确定各指标的相对优先度，具体流程如图 7.2 所示。

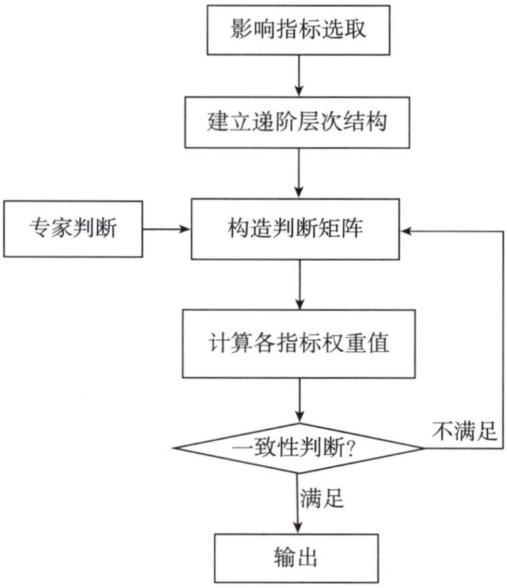

图 7.2　AHP 法流程图

AHP 法根据构造模型中不同的层次类别将指标分类，形成递阶层次结构，高层指标作为评估准则对紧邻且隶属于它的下层指标起到支配作用，层次结构通常分为目标层、准则层及评价对象层，常规 AHP 法层次结构如图 7.3 所示。目标层作为整个层次结构最高层，是待评价问题的预期实现目标，为准则层提供判断基础及指导，而评价对象层则是以准则层的具体元素为拟评判项目，判断评价对象层中各对象该项指标的相对好坏。利用这种逐层支配的思想建立递阶层次结构关系使指标体系形成清晰的条理，便于任务指派时，任务需求与人员条件的匹配。

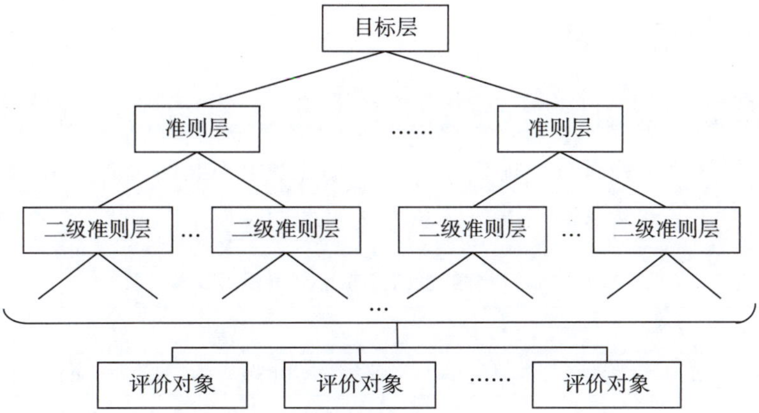

图 7.3　AHP 法层次结构示意图

在确定任务分配指标体系中指标相对重要性时，由于任务执行过程、任务需求等存在差异，各项任务执行时所考虑的各项指标相对重要度各不相同。以待分配的各项任务的具体需求作为评价目标层，从而指导准则层中各项指标相对重要性的判断，增强评价针对性，保证任务分配模型指标体系的合理性。准则层主要包含实现目标层的各项所需考虑的人员指标，以自身隶属关系作为层次结构建立标准和依据，达到判断相对重要性的目的。评价对象层则由待分配人员组成，以实现指标定量。以 7.1.1 节给出的指标为例，任务分配问题的具体递阶层次结构图如图 7.4 所示，在所给出的层次结构图中，目标层与准则层用于任务分配指标权重的确定，而准则层与对象层则用于指标定量。

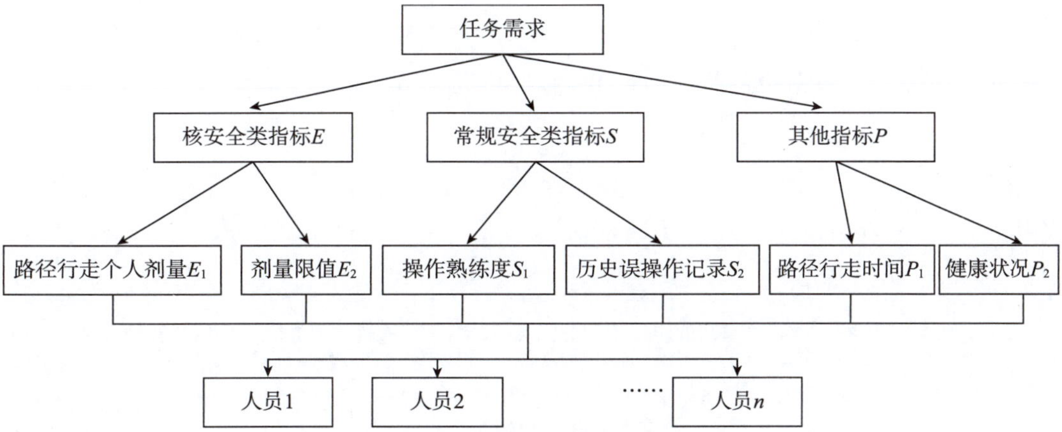

图 7.4　递阶层次结构示意图

7.2.3 指标权重求解

在对任务分配模型指标进行权重计算时，应用1～9标度法将定性评判的相对重要程度转化为具体数值，针对待分配任务特点，通过专家判断评价同一层次上的每一对指标的相对重要程度，判断矩阵标度值及其定义如表7.1所示。

表7.1 判断矩阵标度值及其定义（相对权重计算）

标度值/（ω_i/ω_j）	含义
1	两个指标相比较，具有相同的重要性
3	两个指标相比较，指标i比指标j稍微重要
5	两个指标相比较，指标i比指标j明显重要
7	两个指标相比较，指标i比指标j强烈重要
9	两个指标相比较，指标i比指标j极端重要
2，4，6，8	重要性程度在上述两相邻判断的中间值
$1/k$ $k\in\{1, 2, 3, \cdots, 9\}$	当$\omega_i/\omega_j=k$时

构建同一层次上各项指标的成对比较表，并将其转换为相应的判断矩阵A：

$$A=\begin{bmatrix} \omega_1/\omega_1 & \omega_1/\omega_2 & \cdots & \omega_1/\omega_n \\ \omega_2/\omega_1 & \omega_2/\omega_2 & \cdots & \omega_2/\omega_n \\ \vdots & \vdots & \cdots & \vdots \\ \omega_n/\omega_1 & \omega_n/\omega_2 & \cdots & \omega_n/\omega_n \end{bmatrix} \tag{7-2}$$

其中，ω_i/ω_j即为指标值i相对于j的重要程度根据表7.1转化成的相应数值。计算矩阵A的特征值λ及对应的特征向量W，对W进行归一化。

此时，引入一致性指标CI：

$$CI=(\lambda_{\max}-n)/(n-1) \tag{7-3}$$

式中：$\lambda_{\max}$——判断矩阵A的最大特征值；

n—矩阵A的阶数。

对于多阶判断矩阵，计算随机一致性比率CR，引入平均随机一致性指数RI，取值规则见表7.2：

$$CR=CI/RI \tag{7-4}$$

表7.2 平均随机一致性指标 ***RI***

序列	1	2	3	4	5	6	7	8	9	10
RI	0	0	0.52	0.89	1.11	1.25	1.35	1.40	1.45	1.49

*注：表中序列值为判断矩阵A的阶数n。

当 $CR<0.10$ 时，认为判断矩阵具有满意一致性，其特征矩阵对应的特征向量。以任务 u 所对应的人员评价指标相对重要度 W_u 为例，W_u 可表示为：

$$W_u=[w_i],\ i=1,\ 2,\ \cdots,\ n;\ u=1,\ 2,\ \cdots,\ t \tag{7-5}$$

其中，w_i 表示在对任务 u 进行分配时第 i 项评价指标的相对重要度。

如不满足 $CR<0.10$，要重新进行评价，直到判断矩阵满足一致性要求。

7.2.4 指标量化

根据影响因素的不同可将分配指标分为两类。一类是任务类指标 A，同一人员执行不同任务，均会使得该类指标产生数值差异，如操作熟练程度（S_1），需对各项任务进行分别计算评价，人员 j 的 A 类指标为矩阵形式：

$$A_j=[A_{ji}]_{1\times m} \tag{7-6}$$

式中：A_{ji}——人员 j 执行任务 i 时该指标数值；

m——待分配任务总数。

另一类是人员类指标 B，即同一人员执行任意任务该项指标均相同，如健康情况（P_2），同一人员仅需进行一次指标定量。

各项人员指标定量方法包括：档案记录、专家评价以及路径预估，具体定量方法的选择需根据实际情况确定：

(1) 档案记录：将历史档案的记录数据作为该指标量值，对于历史记录表述模糊或给出量值无法直接使用的情况，将档案记录与专家评价配合使用。

(2) 专家评价：由专家判断给出指标量值。专家根据掌握信息（包含档案信息、待分配任务需求等）结合 AHP 法评价各人员某一指标的相对好坏程度，求解得到各人员该项指标的相对优劣值，其递阶层次结构包含在图 7.4 所示的递阶层次结构关系中，由指标层与待选人员组成，在专家对各人员某一指标相对优劣进行判断矩阵构造时，标度值参照表 7.3。

表 7.3 判断矩阵标度值及其定义（指标量化）

标度值/（ω_i/ω_j）	含义
1	两人相比较，仅考虑指标 u，从事任务 m 两人具有相同的优势
3	两人相比较，仅考虑指标 u，从事任务 m 人员 i 比人员 j 略显优势
5	两人相比较，仅考虑指标 u，从事任务 m 人员 i 比人员 j 具有明显优势
7	两人相比较，仅考虑指标 u，从事任务 m 人员 i 比人员 j 具有强烈优势
9	两人相比较，仅考虑指标 u，从事任务 m 人员 i 比人员 j 具有极端优势

续表

标度值/（ω_i/ω_j）	含义
2，4，6，8	优势程度在上述两相邻判断的中间值
$1/k$ $k\in$ {1，2，3，…，9}	当 $\omega_i/\omega_j=k$ 时

由于 AHP 法得到的指标相对优劣数值均小于 1，因此对其进行式（7-7）的转化，结果值小数部分四舍五入，最终将指标量值转换为介于 0～10 之间的整数。

设有 m 项待评价指标，n 名待分配人员，则：

$$D_{ij}=10\times d_{ij}/d_{maxj},\ i=1,\ 2,\ \cdots,\ n;\ j=1,\ 2,\ \cdots,\ m \tag{7-7}$$

式中：D_{ij} ——指标 j 中人员 i 的专家评价最终得分；

d_{ij} —专家根据 AHP 法判断计算得到的指标 j 中人员 i 的原始得分；

d_{maxj} —根据 AHP 法判断得到的指标 j 的原始得分最高值。

将指标通过式（7-7）转化，可将不同数量范围内的指标进行统一，有助于任务分配模型计算。如涉及多名专家共同评价，则选取平均值作为最终分值，小数部分四舍五入。

(3) 路径预估：对于考虑路径行走时间及路径行走过程中个人剂量的任务分配模型，该部分指标量值由路径规划算法给出。

7.3 任务分配建模

由于在核设施场景施工过程中任务规划阶段对规划时间的要求不高、任务空间相对较小、人员规模与任务数量不大，可优先考虑用传统数值算法建模。这类方法便于找到最优解，且任务空间清晰，求解直观。核设施场景中的任务分配问题能够抽象为某人是否执行某项待分配任务，即一类二进制变量的数学规划问题，因此可利用 0-1 整数规划方法进行该问题的数学建模。

0-1 整数规划属于组合优化方法，是运筹学的重要分支，通过 0-1 变量及约束条件的引入对问题进行抽象、简化模型，从有限待选集合中选取一部分元素组成最优选择方案，被广泛应用于经济管理、工业工程、信息技术等领域。

7.3.1 成本矩阵构建

在基本 0-1 线性规划的基础上，结合各类任务需求及人员参数，给出符合核设施施工特殊性的任务分配模型。根据7.2节介绍的指标体系建立及指标量化，给出指标矩阵如式（7-8）：

$$A_u = [a_{ij}]_{n\times m} \tag{7-8}$$

矩阵 A_u 代表第 u 项任务的分配矩阵，行值 n 表示各项人员评价指标项，列值 m 表示待分配工作人员，a_{ij} 即为人员 j 执行任务 u 的指标项 i 的量值。

此外，指标体系往往包括收益指标和代价指标两类，在任务分配模型中需对它们进行区别。收益指标在任务执行中要尽可能使其数值最大化，即为正向指标；代价指标则相反，为负向指标。

在任务分配模型中，最终求解时只能保证优化结果最大化或最小化，因而需要对上述人员评价矩阵作进一步改进，提出相应的任务代价评价矩阵 $S_u=[s_{ij}]_{n\times m}$，令：

$$s_{ij}=\begin{cases}N_i-a_{ij}, & i\in \text{收益指标集合}\\ a_{ij}, & i\notin \text{收益指标集合}\end{cases},\ j=1,2,\cdots,m \tag{7-9}$$

式中：i——评价指标编号，共有 n 项评价指标；

j——人员编号，共有 m 名待分配人员；

N_i——待选人员中指标 i 量值的最大值，$N_i=\max\{a_j \mid j=1,2,\cdots,m\}$。

由于各类指标单位不同，数值间差距较大，不应直接累计权重，因此，需对各项人员指标进行均衡归一化处理，使其值均匀分布在0-1之间，转化成归一化的任务代价矩阵，对于任务 u 有：$B_u=[b_{ij}]_{n\times m}$。

$$b_{ij}=\frac{s_{ij}-s_i^{\min}}{s_i^{\max}-s_i^{\min}},\ i=1,2,\cdots,n;\ j=1,2,\cdots,m \tag{7-10}$$

式中：n—待评价指标总数；

m—待分配人员总数；

b_{ij}—第 j 位工作人员的第 i 项指标量值归一化后的数值表示；

$s_i^{\max}$—指标 i 项量值的最大值，即 $s_i^{\max}=\max\{s_{ij} \mid j=1,2,\cdots,m\}$；

$s_i^{\min}$—指标 i 项量值的最小值，即 $s_i^{\min}=\min\{s_{ij} \mid j=1,2,\cdots,m\}$。

将 B_u 与7.2.3节求得的各任务对应的权重矩阵 W_u 相乘，得：

$$H_u=W_u\times B_u \tag{7-11}$$

W_u 由式（7-7）给出，构建各人员对应任务 u 的成本矩阵 $H_u=\{h_{ju}\}_{1\times m}$，其中 h_{ju} 表示第 j 名待选工作人员完成第 u 项任务的预期代价，m 为待分配人员总数。

求得所有待分配人员针对不同任务的预期表现量值，组成成本矩阵 $H=\{H_u\}_{t\times 1}=\{h_{ju}\}_{t\times m}$，其中，$t$ 为所有待分配任务总项数。完成上述转化后得到的成本矩阵 H

可直接用于任务分配模型，求解人员任务分配方案。

7.3.2　任务分配模型

根据任务需求，对于需要 d_u 名人员合作完成的施工任务 u，设决策变量：

$$x_{ju}=\begin{cases}1,\text{若分配第 } j \text{ 个人执行任务 } u\\0,\text{否则}\end{cases} \tag{7-12}$$

其中，x_{ju} 表示人员 j 是否参与任务 u 的作业任务，$j=1,2,\cdots,m$；$u=1,2,\cdots,t$。每个作业点应满足人数要求 $\sum_{j=1}^{m}x_{ju}=d_u$，即分配到任务 u 的人员数满足任务所需人数。

由计算得到的人员综合评价矩阵，应用 0-1 整数规划方法对人员分组条件进行约束，提出对于任务 u 的人员分组分配的优化模型：

$$\begin{cases}\min Z_u=\sum_{j=1}^{m}h_{ju}x_{ju},\\ S.T.\begin{cases}\sum_{u=1}^{t}x_{ju}\leqslant 1,\\ \sum_{j=1}^{m}x_{ju}=d_u,\end{cases}\\ x_{ju}=0\text{ 或 }1,\ j=1,2,\cdots,m;\ u=1,2,\cdots,t\end{cases} \tag{7-13}$$

其中，$\min Z_u=\sum_{i=1}^{n}h_{ju}x_{ju}$ 表示任务 u 分配时应保证任务代价最小。

此时，引入任务 u 的相对重要度因子 ε_u，表示任务 u 的重要性程度，根据任务分配优先度判断得到。任务 u 的分配优先度越高，对应 ε_u 值越大，且 $0\leqslant\varepsilon_u\leqslant 1$，并保证其满足：

$$\sum_{u=1}^{t}\varepsilon_u=1 \tag{7-14}$$

将上述优化模型式（7-14）转化成单目标优化模型式（7-15），以便于一次完成多个任务分配的求解。

$$
\begin{cases}
\min Z = \sum_{u=1}^{t}\sum_{j=1}^{m}\frac{h_{ju}x_{ju}}{\varepsilon_u} \\
S.T.\begin{cases}\sum_{j=1}^{m}x_{ju}\leqslant 1, \\ \sum_{u=1}^{t}x_{ju}=d_u,\end{cases} \\
x_{ju}=0 \text{ 或 } 1,\ j=1,\ 2,\ \cdots,\ m;\ u=1,\ 2,\ \cdots,\ t
\end{cases} \tag{7-15}
$$

7.3.3 模型求解方法

匈牙利算法是目前公认的求解指派问题最简便有效的算法。它的基本原理是：假设有 m 项任务，分配给 n 个人完成，首先根据效率矩阵及优化目标将同行或同列的各元素减去或加上同一个常数 k，得到同解矩阵，反复迭代，当矩阵中独立零元素个数等于矩阵阶数 n 时，得出分配问题的最优解。

但匈牙利算法一般仅适用于任务所需人员数量与待分配人员数量一致且分配无限制的情况，不利于实现。因此针对模型需求及实际情况，分析讨论待选人员数 r 与任务需求人员数 t 的大小关系，对求解过程进行预处理，使其满足匈牙利算法的求解要求，具体讨论如下：

(1) $r=t$ 时，任务成本矩阵为 $B=[b_{ij}]_{t\times t}$ 的 t 阶效率方阵，可以直接求解。

(2) $r>t$ 时，在分配模型中引入虚拟任务，假设 $(r-t)$ 项任务，构造 $B=[b_{ij}]_{r\times r}$ 的 r 阶效率方阵，并令虚拟任务所对应人员的预期表现评价值 b_{ij} 为 1。

(3) $r<t$ 时，首先使用分配模型对 r 项任务进行分配，构造 $B=[b_{ij}]_{r\times r}$ 的 r 阶效率方阵，再重复使用分配模型对剩余 $(t-r)$ 项任务进行分配，构造 r 阶方阵，直至全部 t 项任务分配完毕。采用这种循环分配方法可以尽量保证任务分配均匀，避免出现某一人员任务较重的现象。

此外，在实际任务指派过程中，常存在某人不能够承担某项特定任务的情况，该种情况在任务分配时根据专家判断，将该人员指标量值设置为无限大，以确保该人员不参与此项任务的分配。将上述指派矩阵处理思想与匈牙利算法结合，得到整体求解流程如图 7.5 所示。

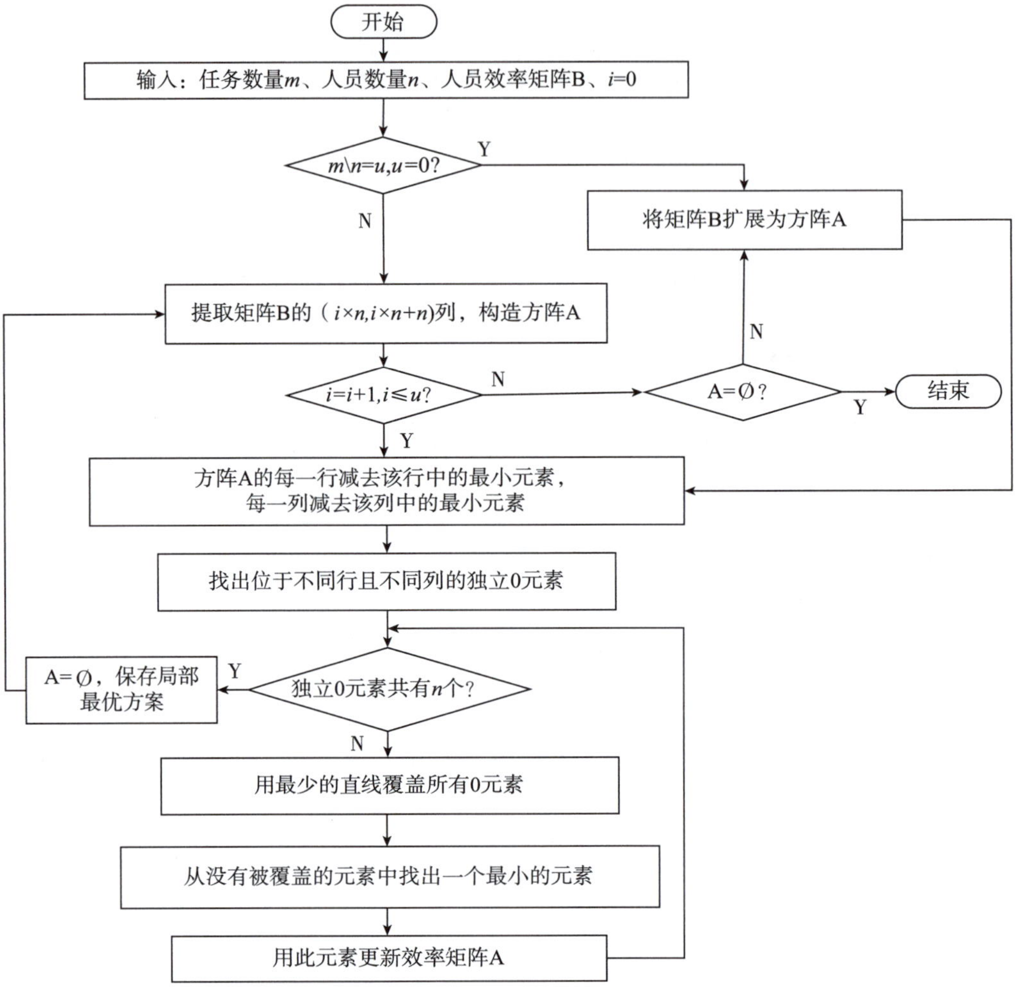

图 7.5　改进匈牙利算法流程图

7.4　方案综合评价

7.4.1　方案综合评价简介

根据前序章节对任务分配及人员行走路径规划，能够得到一个完整的任务方案，但上述过程只是对于单个任务环节的规划，并不能对整体任务方案的优劣好坏进行评价，尤其是某些任务操作会影响环境辐射场分布，操作顺序以及各工种间的协作配合都可能造成施工结果的差异，这就需要通过对具体的施工任务制定不同的方案，并结合数学模型对方案进行综合分析评价，实现方案择优。

由于传统的方案择优往往是根据专家的主观判断进行决策，缺乏科学性，因此本章结合核设施施工作业特点及目标，综合分析后给出恰当的评价指标体系。运用AHP法通过专家判断确定指标权重引入主观偏好、简化模型，结合交叉DEA方法为综合评价提供客观数学模型，达到科学评价决策的目的，同时采取编程求解简化综合评价过程，便于工程应用。具体流程如图7.6。

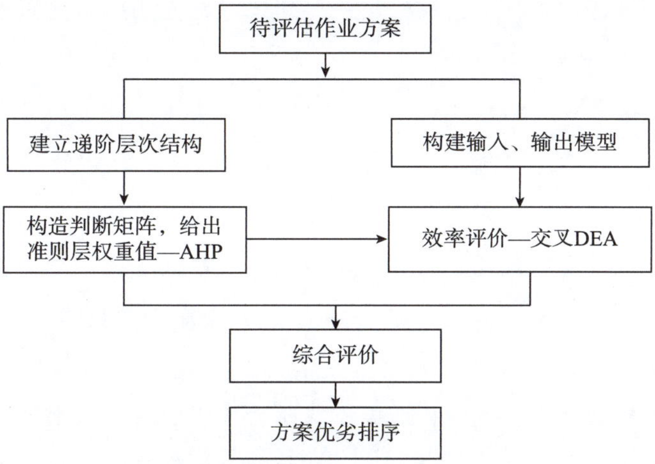

图7.6 方案综合评价技术路线

上述内容介绍了多人协同作业方案综合评估方法的整体思路，首先对待评价问题进行了描述并根据核设施退役标准及具体需求制定了可扩展的评价指标体系，并利用AHP法求解指标权重；基于交叉DEA方法构建方案综合评价数学模型；最后，进行模型的求解。

7.4.2 综合评价指标体系建立及量化

在方案综合评价阶段从方案整体出发，侧重于评价方案流程合理性及协同作业配合度，对于核设施退役方案综合评价中所涉及到的各项指标，应参照国家政策规定、行业标准并考虑公众意见给出，对待评价方案进行客观、公正、合理的全面考虑，从以下几方面对其进行分析：

(1) 设施最终关闭后的实际条件和放射性条件以及随后的发展；

(2) 核安全与工业安全的要求；

(3) 与废物管理相关的问题（如处理、运输、处置条件等）；

(4) 设备组件、厂房厂址重新使用的可能性以及工具、材料循环利用的可能性；

(5) 经验丰富人员的使用有效性以及技术方法的合理性；

(6) 费用估算，资金管理；

(7) 拟定活动的社会、环境影响。

在保证评价指标可比性、全面性及均衡性的前提下，考虑到虚拟仿真平台的局限性(无法对核设施周围环境进行环境评价等)，评价指标的选取应侧重施工人员的安全保障、合理安排施工任务以及提高作业质量方面。

下面对方案综合评估指标的选取给出一些建议，在应用中也可以根据具体方案及实际需求设置其他指标类型。

(1) 工程类指标

施工时间（T）：从第一名施工人员进入核设施场景中开始计时，直至完成指定操作的最后一名施工人员撤离辐射场为止，由往返行走时间及作业时间两部分组成。施工时间不仅会影响施工进度快慢，还与人员所受辐照剂量大小密切相关。

常规作业安全等级（S）：考虑作业环境及施工操作中可能存在的各类非放射性安全隐患，主要反映非放射性因素对施工安全的影响程度，如与化学处理相关活动（强酸、易燃、易爆物质）安全、高空作业安全、土方工程安全、供电安全等。

结果满意度（G）：以仿真演示与施工方案预期效果的匹配程度及作业产生废物量为评判标准，主要用于反映方案的施工结果是否能够满足预期要求以及方案整体结果的优劣。

技术手段合理性（J）：从作业方案中所使用的各类技术手段的经济性、效率、安全性三个方面综合判断其使用的合理性。

(2) 剂量类指标

平均有效剂量（E）：由整个作业时间段内，或所考虑的操作期间内全部个人有效剂量累积之和与人数作比得到，用于评价方案中所有参与人员的平均个人剂量值，反映方案执行过程中人员整体的辐照剂量情况。

个人最高剂量（E_{max}）：以作业人员群体中个人剂量最高值为指标量值，是对平均有效剂量的补充，避免评价模型无法反映操作过程中个别作业人员个人剂量过高的现象，谨慎、全面地对整体作业方案的放射性安全进行评价。

威胁区域累积工时（T_{d}）：即工作人员在完成作业任务过程中在威胁区域的累积工作时间，威胁区域可在方案综合评价时指定。对于多人施工情况，由各工作人员的威胁区域累积工作时间累加得到。该指标能够侧面反映出方案操作过程中人员所受的放射性危险程度，对施工放射性危险起到补充评价作用。

辐射安全（R）：用来评价退役方案对辐射安全的考虑是否周全，包括是否使用恰当的放射性防护屏蔽设备、是否配备一定数量熟悉辐射安全的人员参与作业、作业过程中是否保持退役现场清洁三方面进行评价。

指标的定量方法可分为两大类：一是直接计量，即各项指标通过仿真系统对方案进行相应演示后，由系统给出各参数数值作为方案效能评估依据；二是间接计量，该计量方法与专家评价方法类似，仅需将层次结构中的评价对象由待分配人员更改为待评价方案即可，在对各方案中某一指标相对优劣进行判断矩阵构造时，标度值的选取参照表7.1，指标相对优劣的计算与相对重要性的计算流程相同，得到的指标相对优劣数值按照式（7-16）进行归一化处理，数值小数部分四舍五入，转化为介于0～10之间的整数。

设有 m 项待评价指标，t 个待评价方案，则：

$$N_{ij}=10\times n_{ij}/n_{\max j}\ ,\ i=1,\ 2,\ \cdots,\ t;\ j=1,\ 2,\ \cdots,\ m \tag{7-16}$$

式中：N_{ij} ——指标 j 中方案 i 的专家评价最终得分；

n_{ij} ——专家根据 AHP 法判断计算得到的指标 j 中方案 i 的原始得分；

$n_{\max j}$ ——各方案按照 AHP 法判断得到的指标 j 的原始得分最高值。

如涉及多名专家共同评价，则选取平均值作为最终分值，小数部分四舍五入。

7.5 综合评价数学模型建立

7.5.1 DEA 法基本原理

数据包络分析法（DEA）是 A. Charnes、W. W. Cooper 和 E. Rhodes 于 1978 年提出的，作为一种依靠数学规划模型对社会生产活动中同类部门或单元进行评价的理论方法，被评价单元称为决策单元（DMU），每一决策单元由代表投入的多个输入指标及代表产出的多个输出指标数据组成，以此分析评价每一决策单元的相对优劣程度。目前，DEA 法已形成较完善的理论体系，广泛用于技术生产、资源分配等多个领域，成为管理者评价和决策的有力工具。

最常见的 DEA 模型为 C^2R 模型，假设有 n 个决策单元，第 j 个决策单元的输入指标 x_j 、输出指标 y_j 分别表示为：

$x_j=(x_{1j}, x_{2j}, \cdots, x_{ij})^T>0$，$y_j=(y_{1j}, y_{2j}, \cdots, y_{tj})^T>0$，$j=1, \cdots, n$；

各输入、输出指标的权系数表示为：

$$v=(v_1, v_2, \cdots, v_i)^T, \mu=(\mu_1, \mu_2, \cdots, \mu_t)^T;$$

决策单元 j 的效率评价指标数值为：

$$h_j=\frac{\mu^T y_j}{v^T x_j} \tag{7-17}$$

总有适当的权系数 v 和 μ，使 $h_j \leqslant 1$，$j=1, 2, \cdots, n$。对第 j_0 个决策单元进行评价，h_{j0} 越大，则说明 DMU_{j0} 能够用较少输入获得较大输出。评价 $DMUj_0$ 相对有效性的 C^2R 模型如式（7-18）：

$$\begin{cases} \max \dfrac{\sum\limits_{k=1}^{t}\mu_k y_{kj_0}}{\sum\limits_{s=1}^{i}v_s x_{sj_0}}=V_{\bar{P}} \\ S.T. \dfrac{\sum\limits_{k=1}^{t}\mu_k y_{kj}}{\sum\limits_{s=1}^{i}v_s x_{sj}} \leqslant 1, j=1, 2, \cdots, n \\ \mu_k \geqslant 0, k=1, 2, \cdots, t \\ v_s \geqslant 0, s=1, 2, \cdots, i \end{cases} \tag{7-18}$$

经典的 C^2R 模型基于自评思想计算，每个决策单元的权重各不相同，因而各决策单元间缺乏可比性；同时，自评体系往往具有自利性，会夸大输入、输出指标的长处，规避其缺陷，从而导致不符合客观实际的评价结果；此外，C^2R 模型只能将待评价单元区分为有效单元与非有效单元，而有效单元间不能够充分排序，无法得出令人满意的决策结果。因此，在 C^2R 的基础上，Sexton 等定义了交叉概率的概念。决策单元 DMU_j 相对于 DMU_d 的交叉效率 h_{dj} 表示为：

$$h_{dj}=\frac{\sum\limits_{k=1}^{t}\mu_{kd} y_{kj}}{\sum\limits_{s=1}^{i}v_{sd} x_{sj}}, d=1, 2, \cdots, n, j \neq d \tag{7-19}$$

式中：y_{kj}、x_{sj}——分别对应 DMU_j 的输出指标 k 和输入指标 s；

μ_{kd}、v_{sd}——分别对应 C^2R 模型以决策单元 DMU_d 为待评价对象时的输出指标 k 和输入指标 s 的权系数，称为 DMU_j 的他评体系。

由式（7-19）即可计算得到决策单元 DMU_j 相对于所有其他决策单元的交叉效率

h_{dj}（$d=1, 2, \cdots, n$），求其平均值作为最终所求的决策单元 DMU_j 的效率：

$$\bar{h}_J = \frac{1}{n}\sum_{d=1}^{n} h_{dj} \tag{7-20}$$

对比式（7-17）、式（7-19）可知，在交叉 DEA 模型中的效率评价指标数值不是以自身的权系数作为评价体系指标，而是借助他评体系实现各单元间的交叉评价，从而弥补了上述自评体系的缺陷。

7.5.2 方案综合评价数学模型

本节将 AHP 法与交叉 DEA 法结合构建方案综合评价数学模型，由 AHP 法对各决策单元指标预先进行相对重要性评价，而后采用交叉 DEA 数学模型计算方案进行相对优劣排序。不仅能够将主观偏好引入模型，实现主、客观评价相结合，进一步增强综合评价模型的针对性，并可以将模型简化为只由一项输入指标、一项输出指标组成，降低决策单元的指标维度，简化求解计算。

根据对各项指标定义及 DEA 法建模要求，将指标分为输入指标和输出指标，其中输入指标为负向指标，即指标数值越小，相应决策单元效率越高，输出指标相反，保证所得最优决策单元是小投入、大产出的方案。对于提出的方案评价指标体系，其输入输出指标分类见表 7.4。

表 7.4 输入输出指标分类表

输入指标 X	输出指标 Y
平均有效剂量 E；个人最高剂量 E_{max}； 施工时间 T；威胁区域累积工时 T_d；	常规作业安全性 S；结果满意度 G； 辐射安全 R；技术手段合理性 J；

对于决策单元 j，将输入指标 $X_j=\{X_{1j}, X_{2j}, \cdots, X_{nj}\}$ 与输出指标 $Y_j=\{Y_{1j}, Y_{2j}, \cdots, Y_{mj}\}$ 进行归一化，以输入指标为例：

$$\bar{x}_{ij} = \frac{X_{ij}-X_i^{\min}}{X_i^{\max}-X_i^{\min}},\ j=1, 2, \cdots, m,\ i=1, 2, \cdots, n \tag{7-21}$$

式中：$\bar{x}_{ij}$ ——第 j 个方案的第 i 项指标量值归一化后的数值；

X_{ij} ——第 j 个方案的第 i 项指标原始量值；

$X_i^{\max}$——各方案中指标 i 项量值的最大值，即 $X_i^{\max}=\max\{X_{ij} \mid j=1, 2, \cdots, m\}$；

$X_i^{\min}$ ——指标 i 项量值的最小值，即 $X_i^{\min}=\min\{X_{ij} \mid j=1, 2, \cdots, m\}$。

输出指标归一化同理。得到方案 j 的输入、输出指标归一化矩阵：$\bar{X}_j=$

$\{\bar{x}_{1j}, \bar{x}_{2j}, \cdots, \bar{x}_{nj}\}$；$Y_j = \{\bar{y}_{1j}, \bar{y}_{2j}, \cdots, \bar{y}_{nj}\}$。

由 AHP 法构建所有评价指标的递阶层次结构，以 7.5.1 节给出的指标体系为例，对于输入、输出指标建立递阶层次结构，如图 7.7 所示。参照 7.2 节任务分配过程中分配指标权重的计算流程，以方案综合评价总体目标为依据，由专家判断构建判断矩阵，对输入、输出指标分别计算其相对重要程度，计算各指标权重值 Λ_x^T，Λ_y^T。

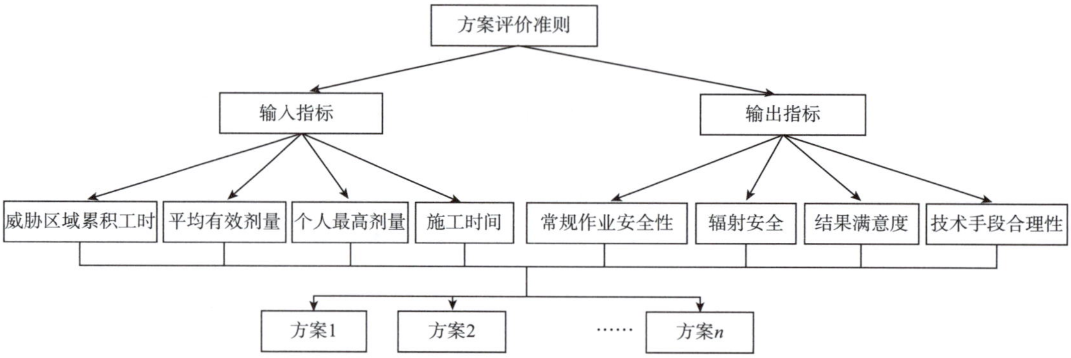

图 7.7　层次结构示意图

AHP 法计算得到的指标权重反映了评价体系中指标的相对重要性，将归一化后的各项指标矩阵与相应指标权重矩阵相乘，将结果分别累加，如式（7-22）、式（7-23）所示，得到简化后的输入指标 X_j^*、输出指标 Y_j^*。

$$X_j^* = \bar{X}_j \times \Lambda_x^T \tag{7-22}$$

$$Y_j^* = \bar{Y}_j \times \Lambda_y^T \tag{7-23}$$

其中，Λ_x^T 表示输入指标权重矩阵，Λ_y^T 表示输出指标权重矩阵。

此时，引入交叉 DEA 法模型，假设有 n 个待评价单元和 $\tilde{n}$ 个样本单元（评价标准）。选择其中一个待评价单元作为样本单元，计算得到的该样本单元最优权重作为其他决策单元指标的对应权重，所得效率值即为该待评价决策单元对于作为样本单元的交叉效率值，对于决策单元 j，其评估模型为：

$$\begin{cases} \max\ (\mu^T y_j^*) = E_{kk} \\ S.T.\ \omega^T \widetilde{x_k} - \mu^T \widetilde{y_k} \geqslant 0,\ j = 1, 2, \cdots, \bar{n} \\ \omega^T x_j^* = 1 \\ \mu \geqslant 0,\ \omega \geqslant 0 \end{cases} \tag{7-24}$$

其中，第 j 个待评价单元的输入输出指标向量分别为 x_j^*、y_j^*；样本单元 k 的输入输出指标向量分别为：$\widetilde{x_k}$、$\widetilde{y_k}$。

以 k 为样本单元，对任意决策单元 i（$1 \leqslant i \leqslant n$）有：

$$E_{ki} = \frac{\mu_k^0 y_i^*}{\omega_k^0 x_i^*} \tag{7-25}$$

其中，ω_k^0，μ_k^0 是上述模型计算所得的最优解对应的 ω、μ 值。

变换（x_i^*，y_i^*）（$i=1$，2，…，n），即可得到以样本单元 k 为标准各决策单元对应的效率值，即：

$$E_{ki} = \{E_{k1}, E_{k2}, \cdots, E_{kn}\} \tag{7-26}$$

取不同评价单元作为样本单元，即可得到广义交叉效率矩阵 E：

$$\mathrm{E} = \begin{bmatrix} E_{11} & \cdots & E_{1n} \\ \vdots & \ddots & \vdots \\ E_{n1} & \cdots & E_{nn} \end{bmatrix} \tag{7-27}$$

交叉效率矩阵的行平均值即为决策单元 j 的 DEA 交叉效率值：

$$E_j^{cross} = \frac{1}{n}\sum_{k=1}^{n} E_{ki} \tag{7-28}$$

7.5.3 模型求解方法

本节借助交互式线性和通用优化求解器（LINGO）求解上述模型。LINGO 软件由美国芝加哥大学教授 Linus Schrage 开发，可用于求解线性、非线性规划，二次优化以及某些线性、非线性方程组问题。其最大特色是允许整数形式的决策变量，模型编写直观简单，能够较好满足求解需求，但 LINGO 本身缺少完善的循环控制语言，因此在实际求解过程中通过混合编程，由 LINGO 软件编写上文提出的数学模型并进行计算，通过 C++直接运行 LINGO 的命令脚本语言，达到快速求解 DEA 模型的目的，C++与 LINGO 软件的接口主要通过以下过程实现：

(1) LINGO 与 C++的连接：添加 LINGO 头文件（.h）及动态链接库（.lib）；创建一个 LINGO 对象调用 LScreateEnvLng（）函数，返回一个 pLSenvLINGO 类型的 LINGO 句柄；调用 LSopenLogFileLng（）函数创建 .log 文件存储计算结果，保存后调用 LScloseLogFileLng（）函数关闭 .log 文件。

(2) LINGO 与 C++的数据传递：主要由 LINGO 中的@POINTER（n）函数与 C++中的 LSsetPointerLng（pLSenvLingo pL，double* pdPointer，int* pnPointersNow）实现数据传递，其中，LSsetPointerLng（）第一个参数为之前创建的 LINGO 句柄，第二个参数为 C++传递给 LINGO 的数据，最后一个参数与@POINTER（n）

中的 n 对应，保证数据传递给对应的变量。

(3) C++控制脚本语言：由 LINGO 动态链接库提供的 LSexecuteScriptLng () 函数实现 C++对 LINGO 的控制。

7.6 仿真测试

7.6.1 任务分配测试

以放射性拆卸组件从控制区搬运至非控制区的运输作业任务为背景，通过算例分析讨论，验证本部分介绍的任务分配方法的合理性。待分配任务描述如下。

(1) 组件搬运 (T_1)：该任务主要内容是工作人员将已拆卸的设备组件搬运出辐射场，在任务执行过程中应尽量避开组件周围环境辐射场，提高工作效率，减少在辐射场中工作的时长，且由于设备组件大多较重，需多人配合完成，人数需求：4 人。

(2) 辐射剂量监测 (T_2)：该任务主要负责环境辐射及人员剂量的监测工作，需要工作人员在保证自身安全及工作效率的同时，全面掌握核安全专业知识，熟练操作各种辐射监测仪器，人数需求：2 人。

(3) 现场监督 (T_3)：负责现场任务的监督监管工作，要求人员在确保自身安全的前提下对突发事件有较好的应变能力，具备较完善的专业知识储备并熟悉作业方案及质保体系，人数需求：1 人。

现有 9 名待分配人员可参与本次施工作业的任务分配，要求三项任务的相对重要度因子取 $\varepsilon_1=\varepsilon_2=1/4$，$\varepsilon_3=1/2$，即现场监督任务具有最高任务分配优先度。根据上述各项任务的分析，对 7.2 节中默认给出的指标体系进行扩展：

辐射防护培训情况 Q：该类指标是根据施工作业中的辐射剂量监测任务为导向设置的，其评价内容包括辐射仪器操作能力 Q_1，辐射防护知识掌握情况 Q_2。

监督能力 L：该类指标是根据施工作业中的现场监督为导向设置的，评价包含人员面对突发事件的应变能力及应对技巧 L_1、核安全常识 L_2、施工方案掌握情况 L_3 三个方面，有效避免监管不力导致的施工问题发现不及时或由于缺乏突发事故应急处理经验技巧而引发大规模事故的发生。

利用 AHP 法构建各指标间的相互关系并求解各项权重，递阶层次结构见图 7.8 所示。

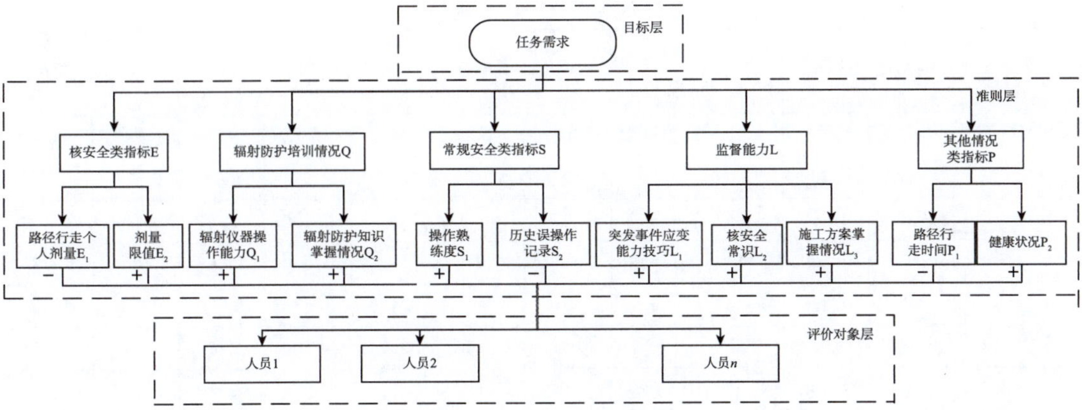

图 7.8 AHP 层次关系图

注：+—代表收益指标；-—代表代价指标

各项指标的定量方法选取见表 7.5，其中，对于指标 L_2 及 P_2 由专家依据历史记录数据评价给出。

表 7.5 指标定量方法列表

定量方法	专家评价	历史记录	路径预估
指标	Q_1、Q_2、S_1、L_1、L_2、L_3、P_2	E_2、S_2、L_2、P_2	E_1、P_1

根据给定仿真情景，待选人员各项评价指标原始数据见表 7.6。

表 7.6 候选人各项指标初始数据列表

候选人	核安全指标 E		辐射防护培训情况 Q		常规安全指标 S		监督能力 L			其他指标 P	
	E_1/μSv	E_2/mSv	Q_1	Q_2	S_1	S_2	L_1	L_2	L_3	P_1 (s)	P_2
1	38.6	60	10	8	5	3	7	10	10	35.7	7
2	28.3	50	6	7	7	2	10	8	6	49.1	4
3	44.8	80	4	6	6	0	10	6	6	27.5	5
4	47.3	70	8	10	10	1	7	7	5	35.5	5
5	21.9	90	6	10	6	3	6	6	7	52.8	8
6	43.5	70	7	7	1	4	3	5	8	33.5	7
7	33.1	40	8	4	4	0	7	2	4	40.2	10
8	22.7	80	9	8	5	1	8	5	6	33.4	7
9	19.0	60	7	6	8	2	4	6	8	36.3	6

根据上述对代价指标和收益指标的判断方法，结合式（7-9）、式（7-10）将人员指标中的收益类指标转换为代价类指标，并归一化，转换后指标单位可省略，数值见表 7.7。

表 7.7 候选人各项指标值代价矩阵

候选人	核安全指标 E		辐射防护培训情况 Q		常规安全指标 S		监督能力 L			其他指标 P	
	E_1	E_2	Q_1	Q_2	S_1	S_2	L_1	L_2	L_3	P_1	P_2
1	0.693	0.600	0	0.333	0.556	0.750	0.429	0	0	0.324	0.500
2	0.329	0.800	0.667	0.500	0.333	0.500	0	0.250	0.667	0.854	1
3	0.912	0.200	1	0.667	0.444	0	0	0.500	0.667	0	0.833
4	1	0.400	0.333	0	0	0.250	0.429	0.375	0.833	0.316	0.833
5	0.102	0	0.667	0	0.444	0.750	0.571	0.500	0.500	1	0.333
6	0.860	0.400	0.500	0.500	1	1	1	0.625	0.333	0.237	0.500
7	0.498	1	0.333	1	0.667	0	0.429	1	1	0.502	0
8	0.131	0.200	0.167	0.333	0.556	0.250	0.286	0.625	0.667	0.233	0.500
9	0	0.600	0.500	0.667	0.222	0.500	0.857	0.500	0.333	0.348	0.667

各项任务分配时，根据各自的不同需求选择需评价的各项指标组合，分别以完成各任务为目标，通过 AHP 法，由式（7-2）～式（7-5）计算得出各指标权重，见表 7.8。

表 7.8 第一层准则层指标权重列表

	核安全类指标	辐射防护培训情况	常规安全类指标	监督能力	其他指标
组件搬运（T_1）	0.6483	—	0.122	—	0.2297
辐射监测（T_2）	0.1603	0.6908	—	—	0.1488
现场监督（T_3）	0.2385	—	—	0.6250	0.1365

同理，以第一层准则层的各项指标为目标层，计算得到第二层准则层的指标权重，见表 7.9。

表 7.9 第二层准则层指标权重列表

目标	指标矩阵	权重矩阵
核安全	{路径行走个人剂量、剂量限值}	{0.833，0.167}
辐射	{辐射仪器操作能力、辐射防护知识掌握}	{0.500，0.500}
常规安全	{操作熟练度、历史误操作}	{0.750，0.250}
监督	{突发事件应变，核安全常识、施工方案掌握}	{0.547，0.345，0.108}
其他	{路径行走时间、健康状况}	{0.333，0.667}

对应相乘得出每项任务的各人员指标权重值，结果见表 7.10。

表 7.10 各项任务对应指标权重值

任务 \ 指标	E_1	E_2	Q_1	Q_2	S_1	S_2	L_1	L_2	L_3	P_1	P_2
组件搬运（T_1）	0.540	0.108	—	—	0.092	0.030	—	—	—	0.076	0.153
辐射监测（T_2）	0.134	0.027	0.345	0.345	—	—	—	—	—	0.050	0.100
现场监督（T_3）	0.199	0.040	—	—	—	—	0.342	0.216	0.068	0.045	0.091

利用式（7-10）将任务与人员指标进行匹配，同时由式（7-11）对指标进行归一化，求得成本矩阵 H：

$$H=\begin{bmatrix} 0.614 & 0.614 & 0.614 & 0.614 & 0.290 & 0.290 & 0.368 \\ 0.527 & 0.527 & 0.527 & 0.527 & 0.611 & 0.611 & 0.326 \\ 0.682 & 0.682 & 0.682 & 0.682 & 0.786 & 0.786 & 0.418 \\ 0.742 & 0.742 & 0.742 & 0.742 & 0.359 & 0.359 & 0.589 \\ 0.246 & 0.246 & 0.246 & 0.246 & 0.327 & 0.327 & 0.433 \\ 0.727 & 0.727 & 0.727 & 0.727 & 0.534 & 0.534 & 0.744 \\ 0.476 & 0.476 & 0.476 & 0.476 & 0.579 & 0.579 & 0.592 \\ 0.245 & 0.245 & 0.245 & 0.245 & 0.257 & 0.257 & 0.368 \\ 0.229 & 0.229 & 0.229 & 0.229 & 0.503 & 0.503 & 0.524 \end{bmatrix}$$

最后利用 0-1 整数法结合人员分配的约束条件，引入虚拟任务，构造 9 阶成本方阵 $\widetilde{H}$：

$$\widetilde{H}=\begin{bmatrix} 2.454 & 2.454 & 2.454 & 2.454 & 1.161 & 1.161 & 0.737 & 3.333 & 3.333 \\ 2.110 & 2.110 & 2.110 & 2.110 & 2.443 & 2.443 & 0.652 & 3.333 & 3.333 \\ 2.729 & 2.729 & 2.729 & 2.729 & 3.143 & 3.143 & 0.837 & 3.333 & 3.333 \\ 2.969 & 2.969 & 2.969 & 2.969 & 1.436 & 1.436 & 1.179 & 3.333 & 3.333 \\ 0.983 & 0.983 & 0.983 & 0.983 & 1.308 & 1.308 & 0.866 & 3.333 & 3.333 \\ 2.909 & 2.909 & 2.909 & 2.909 & 2.135 & 2.135 & 1.488 & 3.333 & 3.333 \\ 1.906 & 1.906 & 1.906 & 1.906 & 2.315 & 2.315 & 1.185 & 3.333 & 3.333 \\ 0.980 & 0.980 & 0.980 & 0.980 & 1.028 & 1.028 & 0.736 & 3.333 & 3.333 \\ 0.915 & 0.915 & 0.915 & 0.915 & 2.011 & 2.011 & 1.048 & 3.333 & 3.333 \end{bmatrix}$$

根据式（7-14）给出的组合优化数学模型，应用匈牙利算法求解，得到优化后解矩阵 Y：

$$Y=\begin{bmatrix}0&0&0&0&1&0&0&0&0\\0&0&0&0&0&0&1&0&0\\0&0&0&0&0&0&0&0&1\\0&0&0&0&0&1&0&0&0\\0&0&0&1&0&0&0&0&0\\0&0&0&0&0&0&0&1&0\\0&0&1&0&0&0&0&0&0\\0&1&0&0&0&0&0&0&0\\1&0&0&0&0&0&0&0&0\end{bmatrix}$$

由此可知，最终人员分组结果为人员 P_5、P_7、P_8、P_9 承担组件搬运任务，人员 P_1、P_4 承担辐射监测任务，人员 P_2 承担现场监督任务，而 P_3、P_6 暂时没有被分配任何任务。

通过分析人员原始数据表 7.6 及各项任务对应的指标权重表 7.10 可知，采取以上的人员分配方式主要是因为在任务分配过程中 T_3 具有最高优先度，经模型转化后，在任务分配方阵 $\widetilde{H}$ 中，T_3 具有较小的代价值，根据匈牙利算法特征，T_3 优先分配。该任务主要考查人员监督能力的高低，从人员指标原始数据表格可以看出人员 P_1、P_2、P_3 监督能力较其他人员出色，但由方阵 $\widetilde{H}$ 数据可见，完成 T_3 过程中代价最小的人员为 P_2、P_5、P_9，这是因为在对 T_3 进行任务分配时，还需兼顾人员的核安全指标，而人员 P_1、P_3 的核安全指标均远差于 P_2、P_5、P_9，此外，虽然 P_2 的路径行走时间最长，然而在 T_3 分配时，该项指标并不作重点考虑，因此经综合考量，优先选择 P_2 作为现场监督人员。

组件搬运任务与现场辐射监测任务具备相同的优先度，求解时同时考虑。T_2 需要人员具备良好的辐射防护培训情况，从原始表格中可以看出人员 P_1、P_4、P_5、P_8 该项指标较突出，而考虑到在组件搬运分配过程中对核安全指标（尤其是行走剂量）要求较高，因此将核安全类指标更好的人员 P_5、P_8 分配去执行 T_1 是对任务分配要求的合理体现，此外人员 P_7、P_9 也具有较低的个人剂量，被分配到执行任务 T_1。

未被分配执行任何任务的人员 P_3、P_6 虽然整体没有极差的指标，但由于其对于各待分配任务的需求都没有明显优势而被淘汰，也进一步突出了在任务分配过程中应根据任务需求进行分析、综合考虑，而不能盲目地认为整体指标无明显劣势的人员更适合从事某项工作。

从上述分析可以看出，由于人员指标数据繁杂，不同任务分配时标准不一致，仅根据人员的原始数据表格很难做出前后一致且清晰可靠的任务分配方案。因此，通过数学模型对分配标准进行量化能够很好地解决以上问题，从上述案例分析可以看出，本章所介绍的模型能够根据不同的任务需求给出科学合理的分配结果，且能够根据具体任务调整相应的指标权重值以满足实际需求，具有实际使用价值。

7.6.2 综合评价测试

现有待选方案共三种，各方案任务均为两名作业人员将两个不同剂量的拆卸组件从位置 A 搬运到位置 B，并从位置 B 撤离辐射场。在搬运工程中，方案一、二均由两人分两次搬运，但行走路线不同；方案三使用推车类运输工具，一次性搬运。三种方案中借助工具情况差异，且各方案行走路线不同，都将导致三种方案中作业过程人员所受辐照剂量、施工时间等指标存在差异，无法直观选择最优方案。

方案模拟及各方案搬运线路如图 7.9 所示，图 7.9（a）为工作场景环境，图 7.9（b）为辐射源项组件，图 7.9（c）为工作人员使用推车搬运组件，图 7.9（d）为场景平面地图以及人员行走路线，方案 1～3 人员行走路径分别对应路线 R1～R3，图 7.9（a）、（d）中辐射场强度由各颜色差异表示，红色区域辐射强度最强，依次递减，蓝色最弱，路径编号与方案编号相对应，三个方案人员均沿原路返回。由本章默认给出的方案综合评价指标体系结合综合评价数学模型，依托虚拟仿真技术对核设施退役过程中拆卸组件搬运过程进行模拟、择优。综合评价各项指标的递阶层次结构如图 7.7 所示。计算得到各类指标权重如表 7.11 所示。

表 7.11 指标权重值列表

指标	输入指标 X				输出指标 Y			
	E	E_{max}	T	T_d	S	G	R	J
权重值	0.569	0.110	0.255	0.066	0.269	0.465	0.125	0.141

由表 7.11 可以看出，在输入指标体系中，E 权重值最高，而 T_d 权重最低，这是由于 E 能够直接突出全体作业人员的整体照射情况，反映方案整体的人员核安全指标优劣，另外 T_d 仅从侧面间接的体现作业方案在避免人员高剂量照射方面的优势，然而由于威胁区域在不同方案中选取标准不同，使得该项指标局限性较强，并不能作为判断方案优劣的直接证据；在输出指标体系中，G 的权重值最高体现了方案评价时对施工结果的关注程度，R 权重值最低是由于上述方案中涉及辐射安全性指标考虑范围的操作较少，而剂量类指标已进行单独考虑，因此指标 R 不再列为重点评价指标。

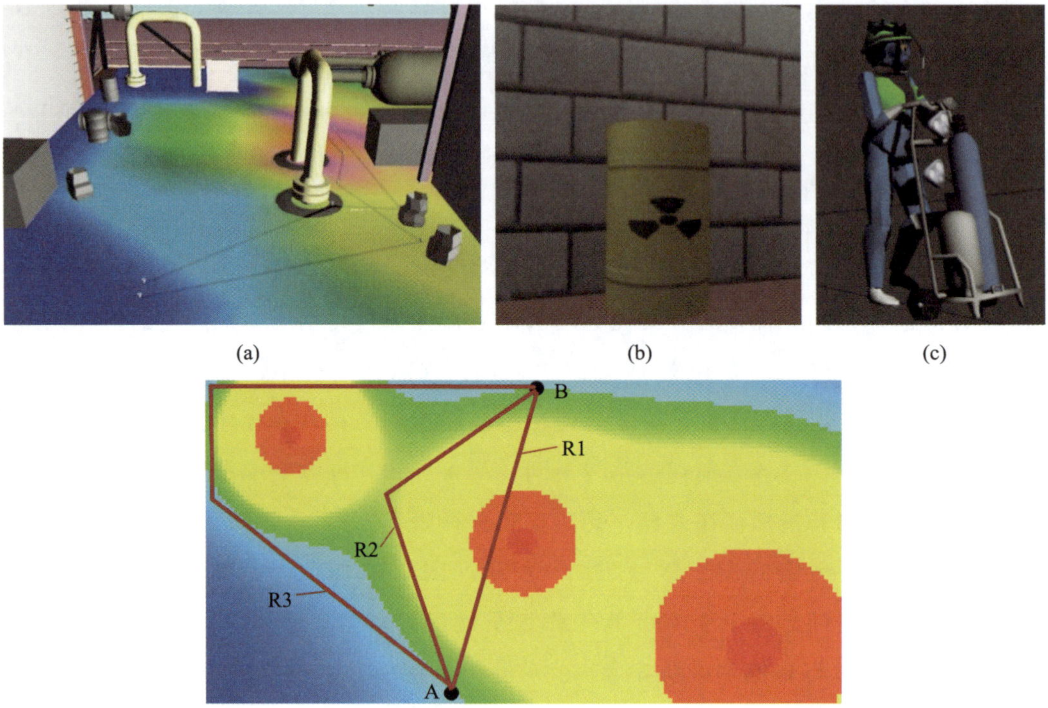

图 7.9　方案模拟效果图

(a) 作业仿真环境示意图；(b) 辐射源项组件；(c) 待搬运组件；(d) 行走路径

指标 T、T_d、E、E_{max} 量值由仿真平台计算给出；指标 S、G、J、R 定量由专家评价给出，流程参见 7.4.2 节所示。各方案具体数据见表 7.12。

表 7.12　方案初始数据列表

方案	输入指标				输出指标			
	平均有效剂量/μSv	个人最高剂量/μSv	施工时间/s	威胁区域累积工时/s	常规作业安全性	结果满意度	辐射安全	技术手段合理性
方案一	69.4	71.9	112.7	87.2	10	10	5	7
方案二	57.3	58.3	136.9	94.6	7	10	10	7
方案三	62.7	64.6	87.9	66.8	5	10	8	10

按照式 (7-21) 将表 7.12 中原始数据归一化处理，并将表 7.11 中给出的指标权重值按照式 (7-22)、式 (7-23) 分别对输入、输出指标量值进行加权，得到最终数据见表 7.13：

表 7.13　处理后数据表格

方案	方案一	方案二	方案三
输入指标	0.856 5	0.321 0	0.306 8
输出指标	0.781 0	0.744 6	0.656 0

根据交叉 DEA 输入输出模型，由式（7-24）～式（7-27）计算各方案的相对效率，计算结果见表 7.14。

表 7.14　方案工程指标相对效率值

方案	方案一	方案二	方案三
方案一	1	2.543 9	2.304 1
方案二	0.393 1	1	0.902 8
方案三	0.412 6	1.049 5	1

最后由式（7-28）得到各方案的最终评价值，见表 7.15 所示：

表 7.15　方案综合评价结果

方案	方案一	方案二	方案三
综合评分	0.601 9	1.531 2	1.402 3

由表 7.15 中各方案的评价结果排序为：方案二＞方案三＞方案一，结合表 7.13 的各方案原始数据及表 7.11 指标权重作如下粗略分析：由于本案例中三个方案人员行走过程中所经区域辐照强度不高，使得路径行走剂量对整体人员个人剂量贡献不大，因此方案二的施工时间虽然最长，但人员所受剂量较低；而方案一的行进路线虽然最短，但由于穿越高辐射场区域导致人员平均有效剂量指标是备选方案中最高的，不符合安全高效的评价目标；方案三借助工具往返一次即完成作业，所用施工时间最短，但需将组件搬运到推车上，且由于使用推车导致行进路线受其限制，方案三只能选择较远的路径 R3 行走，增加了人员在任务目标区域的作业时间，人员平均有效剂量值指标增大；而各项方案的输出指标量值相差不大，均能达到满意的施工效果，其中方案二、三均能以较小的输入获得较大的输出，借助交叉 DEA 评价后，给出方案二的相对效率更高，从综合评价的整体思想来看，方案二与其他方案相比，具有更大的优势，因此方案二是最优方案。

（2）对比分析

将本章介绍的综合评价数学模型与单独使用 AHP 方法的仿真案例进行对比分析，其原始数据见表 7.16，指标权重值见表 7.17。将权重值按照输入、输出指标归类后归一化处理，得到相应权重，转化后的权重值见表 7.18。

表 7.16　方案初始数据列表

方案	工程指标		人员指标		放射性指标	
	安全等级	施工时间/s	工作熟练度	健康状况	个人剂量/mSv	剂量限值/mSv
方案一	3	52.1	80	90	47.7	100
方案二	6	28.3	70	90	75.5	80
方案三	7	16.3	60	70	98.4	60
方案四	1	54.2	60	60	78.5	50

表 7.17　指标权重值列表（AHP 法）

指标	施工时间	个人剂量	安全等级	工作熟练度	健康状况	剂量限值
权重值	0.065 3	0.130 5	0.246 7	0.207 2	0.103 6	0.246 7

表 7.18　指标权重值列表（AHP-交叉 DEA 法）

指标	输入指标 X		输出指标 Y			
	施工时间	个人剂量	安全等级	工作熟练度	健康状况	剂量限值
权重值	0.333 4	0.666 6	0.306 8	0.257 6	0.128 8	0.306 8

基于本章节模型与单独使用 AHP 方法进行评价的评价最终结果排序见表 7.19。

表 7.19　方案综合评价结果对比表

方案	方案一	方案二	方案三	方案四
AHP	0.338 5	0.275 7	0.263 4	0.122 4
AHP-交叉 DEA	1.400 2	1.274 8	1.117 7	0.601 3

由表 7.19 中的各方案综合评价结果可以看出：单独使用 AHP 方法进行方案评价时，各方案分值相近，且都集中在 0.4 以下，最优方案不突出，这主要是因为使用 AHP 方法对具体方案进行比较，构造比较矩阵时各方案差异不大，比较值多集中在较小值区间，导致方案评分相近；而使用 AHP-交叉 DEA 方法进行方案评价时，交叉 DEA 法求解各方案的相对效率以评价标准方案为基准计算相对有效性，通过方案间交叉互评，避免了各方案分值集中在较小数值附近，增大了方案综合评价分差，最优方案突出。

由案例分析及对比可见：利用综合评价数学模型以数值评分形式对各方案进行优劣排序，能够直观有效地辅助决策者对多个方案进行评价优选，解决了依靠原始数据难以对方案做出清晰评价的问题，避免了方案优劣相近而难以做出选择的情况；数学模型将专家主观偏好与客观计算相结合，确保方案评价的科学性；方案综合评价分值分布更加合理，最优方案评价分值突出；同时，本章介绍的指标体系可根据不同作业方案需求进行适当扩展，能够适用于不同方案评价的实际需要。

参考文献

[1] 赵世信．反应堆工程退役简介 [J]. 核动力工程，1991，12 (4)：333-335.

[2] Burkard R，Dell' amico M，Martello S. Assignment Problems [M]. Phikadelphia：Society for Industrial and Applied Mathematics. 2009.

[3] Lim J K，Kim K H，Yoshimoto K，et al. A Dispatching Method for Automated Guided Vehicles by Using a Bidding Concept [J]. OR Spectrum，2003，25 (1)：25-44.

[4] 龙涛．多 UCAV 协同任务控制中分布式任务分配与任务协调技术研究 [D]. 国防科技大学，2006.

[5] 晁素娜．人群疏散仿真中路径规划及碰撞检测方法研究 [D]. 山东师范大学，2015.

[6] 胡中华，赵敏，刘世豪，等．基于自适应蚁群算法的无人飞行棋航迹规划 [J]. 计算机集成制造系统，2012，18 (3)：560-565.

[7] 李炜，张伟．基于粒子群算法的多无人机任务分配方法 [J]. 控制与决策，2010，25 (9)：1359-1368.

[8] 约翰杜威．评价理论 [M]. 冯平，余译娜，译．上海：上海译文出版社，2007.

[9] 谭劲松．关于中国管理学科定位的讨论 [J]. 管理世界，2006 (2)：71-79.

[10] Basle M，Huaulme M. Comparing Outcomes Profiles of Public Programmes with ELECTRE Assistance Instead of Observing Evolution of a Synthetic Impact Index：Illustration of the Benefits of a Multictiteria Evalustion Approach [J]. International Journal of Multicriteria Decision Making，2011，1 (4)：394-406.

[11] 苏航．DEA 交叉效率评价模型研究 [D]. 吉林大学，2013.

[12] 苏为华．多指标综合评价理论与方法问题研究 [D]. 厦门大学，2000.

[13] Mól A C A，Jorge C A F，et al. Virtual Environments Simulation for Dose Assessment in Nuclear Plants [J]. Progress in Nuclear Energy，2009，51 (2)：382-387.

[14] 宋之杰，高晓红．一种多指标综合评价中确定指标权重的方法 [J]. 燕山大学学报，2002，26 (1)：20-22，26.

[15] 张炳江．层次分析法及其应用案例 [M]. 北京：电子工业出版社，2014.

[16] Li M K，Liu Y K，Peng M J，et al. The Decision Making Method of Task Ar-

rangement Based on Analytic Hierarchy Process for Nuclear Safety in Radiation Field [J]. Progress in Nuclear Energy, 2016, (93): 318-326.

附　录

说明：附录 A、附录 B 及附录 C 中数据均引自 ANS-6.4.3 标准参考数据。

附录 A　照射量累积因子

表 A.1　铝照射量累积因子

	E/MeV								
R/mfp	15	10	8	6	5	4	3	2	1.5
0.5	1.15E+00	1.19E+00	1.22E+00	1.26E+00	1.28E+00	1.32E+00	1.33E+00	1.37E+00	1.40E+00
1.0	1.26E+00	1.35E+00	1.41E+00	1.49E+00	1.54E+00	1.62E+00	1.68E+00	1.78E+00	1.85E+00
2.0	1.45E+00	1.64E+00	1.76E+00	1.94E+00	2.04E+00	2.19E+00	2.38E+00	2.66E+00	2.88E+00
3.0	1.65E+00	1.93E+00	2.11E+00	2.37E+00	2.54E+00	2.78E+00	3.11E+00	3.62E+00	4.02E+00
4.0	1.86E+00	2.22E+00	2.46E+00	2.81E+00	3.04E+00	3.38E+00	3.86E+00	4.64E+00	5.28E+00
5.0	2.07E+00	2.52E+00	2.82E+00	3.26E+00	3.55E+00	3.99E+00	4.64E+00	5.72E+00	6.64E+00
6.0	2.28E+00	2.83E+00	3.18E+00	3.72E+00	4.08E+00	4.61E+00	5.44E+00	6.86E+00	8.10E+00
7.0	2.51E+00	3.14E+00	3.55E+00	4.19E+00	4.61E+00	5.24E+00	6.26E+00	8.05E+00	9.64E+00
8.0	2.74E+00	3.46E+00	3.92E+00	4.66E+00	5.14E+00	5.88E+00	7.10E+00	9.28E+00	1.13E+01
10.0	3.21E+00	4.12E+00	4.68E+00	5.61E+00	6.23E+00	7.18E+00	8.83E+00	1.19E+01	1.47E+01
15.0	4.49E+00	5.87E+00	6.64E+00	8.09E+00	9.03E+00	1.05E+01	1.34E+01	1.89E+01	2.44E+01
20.0	5.90E+00	7.74E+00	8.68E+00	1.07E+01	1.19E+01	1.40E+01	1.81E+01	2.66E+01	3.53E+01
25.0	7.42E+00	9.74E+00	1.08E+01	1.33E+01	1.49E+01	1.75E+01	2.30E+01	3.49E+01	4.72E+01
30.0	9.02E+00	1.18E+01	1.30E+01	1.60E+01	1.80E+01	2.10E+01	2.81E+01	4.36E+01	6.00E+01
35.0	1.07E+01	1.41E+01	1.52E+01	1.89E+01	2.15E+01	2.47E+01	3.33E+01	5.27E+01	7.35E+01
40.0	1.24E+01	1.66E+01	1.74E+01	2.21E+01	2.55E+01	2.86E+01	3.85E+01	6.20E+01	8.77E+01

续表

	E/MeV								
R/mfp	1	0.8	0.6	0.5	0.4	0.3	0.2	0.15	0.1
0.5	1.45E+00	1.48E+00	1.53E+00	1.57E+00	1.62E+00	1.68E+00	1.79E+00	1.86E+00	1.91E+00
1.0	1.99E+00	2.07E+00	2.19E+00	2.28E+00	2.39E+00	2.54E+00	2.75E+00	2.88E+00	2.86E+00
2.0	3.26E+00	3.50E+00	3.84E+00	4.07E+00	4.37E+00	4.74E+00	5.18E+00	5.32E+00	4.87E+00
3.0	4.76E+00	5.23E+00	5.89E+00	6.35E+00	6.92E+00	7.60E+00	8.29E+00	8.30E+00	7.07E+00
4.0	6.48E+00	7.26E+00	8.36E+00	9.14E+00	1.01E+01	1.12E+01	1.21E+01	1.18E+01	9.47E+00
5.0	8.41E+00	9.59E+00	1.13E+01	1.24E+01	1.39E+01	1.55E+01	1.67E+01	1.60E+01	1.21E+01
6.0	1.05E+01	1.22E+01	1.46E+01	1.63E+01	1.83E+01	2.06E+01	2.21E+01	2.07E+01	1.49E+01
7.0	1.29E+01	1.51E+01	1.83E+01	2.07E+01	2.35E+01	2.66E+01	2.84E+01	2.62E+01	1.80E+01
8.0	1.54E+01	1.83E+01	2.26E+01	2.57E+01	2.95E+01	3.35E+01	3.57E+01	3.23E+01	2.13E+01
10.0	2.10E+01	2.56E+01	3.24E+01	3.76E+01	4.38E+01	5.04E+01	5.34E+01	4.69E+01	2.87E+01
15.0	3.77E+01	4.84E+01	6.48E+01	7.86E+01	9.51E+01	1.13E+02	1.19E+02	9.81E+01	5.17E+01
20.0	5.79E+01	7.75E+01	1.09E+02	1.37E+02	1.71E+02	2.10E+02	2.23E+02	1.74E+02	8.11E+01
25.0	8.13E+01	1.13E+02	1.64E+02	2.13E+02	2.75E+02	3.48E+02	3.73E+02	2.78E+02	1.17E+02
30.0	1.07E+02	1.53E+02	2.29E+02	3.07E+02	4.09E+02	5.32E+02	5.77E+02	4.15E+02	1.59E+02
35.0	1.36E+02	1.99E+02	3.06E+02	4.21E+02	5.74E+02	7.68E+02	8.44E+02	5.87E+02	2.08E+02
40.0	1.67E+02	2.50E+02	3.94E+02	5.54E+02	7.73E+02	1.06E+03	1.18E+03	7.98E+02	2.65E+02

	E/MeV						
R/mfp	0.08	0.06	0.05	0.04	0.03	0.02	0.015
0.5	1.87E+00	1.71E+00	1.41E+00	1.31E+00	1.16E+00	1.05E+00	1.02E+00
1.0	2.66E+00	2.22E+00	1.77E+00	1.48E+00	1.22E+00	1.07E+00	1.03E+00
2.0	4.17E+00	3.04E+00	2.36E+00	1.74E+00	1.32E+00	1.09E+00	1.04E+00
3.0	5.68E+00	3.77E+00	2.77E+00	1.93E+00	1.39E+00	1.11E+00	1.05E+00
4.0	7.22E+00	4.47E+00	3.12E+00	2.08E+00	1.45E+00	1.13E+00	1.06E+00
5.0	8.80E+00	5.15E+00	3.45E+00	2.22E+00	1.49E+00	1.14E+00	1.06E+00
6.0	1.04E+01	5.81E+00	3.77E+00	2.34E+00	1.53E+00	1.15E+00	1.06E+00
7.0	1.21E+01	6.45E+00	4.06E+00	2.45E+00	1.57E+00	1.16E+00	1.07E+00
8.0	1.39E+01	7.08E+00	4.34E+00	2.55E+00	1.60E+00	1.17E+00	1.07E+00
10.0	1.75E+01	8.33E+00	4.88E+00	2.74E+00	1.66E+00	1.18E+00	1.08E+00
15.0	2.77E+01	1.14E+01	6.10E+00	3.14E+00	1.77E+00	1.21E+00	1.09E+00
20.0	3.93E+01	1.45E+01	7.20E+00	3.46E+00	1.86E+00	1.23E+00	1.10E+00
25.0	5.21E+01	1.75E+01	8.22E+00	3.74E+00	1.94E+00	1.25E+00	1.10E+00
30.0	6.60E+01	2.09E+01	9.16E+00	3.98E+00	2.00E+00	1.26E+00	1.11E+00
35.0	8.07E+01	2.47E+01	1.00E+01	4.18E+00	2.05E+00	1.27E+00	1.11E+00
40.0	9.99E+01	2.90E+01	1.07E+01	4.32E+00	2.08E+00	1.28E+00	1.11E+00

表 A.2　铁照射量累积因子

R/mfp	E/MeV								
	15	10	8	6	5	4	3	2	1.5
0.5	1.14E+00	1.19E+00	1.22E+00	1.25E+00	1.27E+00	1.30E+00	1.32E+00	1.35E+00	1.37E+00
1.0	1.24E+00	1.33E+00	1.39E+00	1.47E+00	1.51E+00	1.57E+00	1.64E+00	1.71E+00	1.76E+00
2.0	1.41E+00	1.59E+00	1.71E+00	1.87E+00	1.97E+00	2.12E+00	2.28E+00	2.49E+00	2.62E+00
3.0	1.59E+00	1.86E+00	2.04E+00	2.30E+00	2.46E+00	2.68E+00	2.96E+00	3.34E+00	3.59E+00
4.0	1.80E+00	2.16E+00	2.41E+00	2.76E+00	2.98E+00	3.29E+00	3.68E+00	4.25E+00	4.65E+00
5.0	2.04E+00	2.50E+00	2.81E+00	3.25E+00	3.53E+00	3.93E+00	4.45E+00	5.22E+00	5.79E+00
6.0	2.31E+00	2.87E+00	3.24E+00	3.78E+00	4.11E+00	4.60E+00	5.25E+00	6.25E+00	7.01E+00
7.0	2.61E+00	3.27E+00	3.71E+00	4.33E+00	4.73E+00	5.31E+00	6.09E+00	7.33E+00	8.30E+00
8.0	2.95E+00	3.71E+00	4.20E+00	4.92E+00	5.38E+00	6.05E+00	6.96E+00	8.45E+00	9.65E+00
10.0	3.77E+00	4.69E+00	5.30E+00	6.18E+00	6.75E+00	7.60E+00	8.80E+00	1.08E+01	1.25E+01
15.0	6.80E+00	7.88E+00	8.64E+00	9.85E+00	1.07E+01	1.19E+01	1.38E+01	1.74E+01	2.06E+01
20.0	1.18E+01	1.23E+01	1.29E+01	1.42E+01	1.52E+01	1.68E+01	1.94E+01	2.46E+01	2.97E+01
25.0	2.00E+01	1.81E+01	1.82E+01	1.93E+01	2.03E+01	2.21E+01	2.54E+01	3.25E+01	3.97E+01
30.0	3.28E+01	2.57E+01	2.45E+01	2.51E+01	2.59E+01	2.79E+01	3.17E+01	4.09E+01	5.04E+01
35.0	5.26E+01	3.53E+01	3.20E+01	3.15E+01	3.20E+01	3.40E+01	3.84E+01	4.98E+01	6.18E+01
40.0	8.28E+01	4.76E+01	4.09E+01	3.88E+01	3.88E+01	4.06E+01	4.55E+01	5.91E+01	7.38E+01

R/mfp	E/MeV								
	1	0.8	0.6	0.5	0.4	0.3	0.2	0.15	0.1
0.5	1.41E+00	1.43E+00	1.46E+00	1.48E+00	1.50E+00	1.51E+00	1.47E+00	1.40E+00	1.26E+00
1.0	1.85E+00	1.90E+00	1.96E+00	1.99E+00	2.01E+00	1.99E+00	1.86E+00	1.68E+00	1.40E+00
2.0	2.85E+00	2.96E+00	3.07E+00	3.12E+00	3.12E+00	3.00E+00	2.59E+00	2.15E+00	1.61E+00
3.0	4.00E+00	4.20E+00	4.39E+00	4.44E+00	4.40E+00	4.12E+00	3.33E+00	2.59E+00	1.78E+00
4.0	5.30E+00	5.62E+00	5.90E+00	5.96E+00	5.86E+00	5.34E+00	4.08E+00	3.00E+00	1.94E+00
5.0	6.74E+00	7.21E+00	7.61E+00	7.68E+00	7.48E+00	6.66E+00	4.85E+00	3.39E+00	2.07E+00
6.0	8.31E+00	8.96E+00	9.51E+00	9.58E+00	9.27E+00	8.08E+00	5.64E+00	3.77E+00	2.20E+00
7.0	1.00E+01	1.09E+01	1.16E+01	1.17E+01	1.12E+01	9.59E+00	6.44E+00	4.13E+00	2.31E+00
8.0	1.18E+01	1.30E+01	1.39E+01	1.40E+01	1.33E+01	1.12E+01	7.25E+00	4.49E+00	2.41E+00
10.0	1.58E+01	1.75E+01	1.90E+01	1.91E+01	1.81E+01	1.47E+01	8.90E+00	5.17E+00	2.61E+00
15.0	2.75E+01	3.14E+01	3.48E+01	3.51E+01	3.26E+01	2.47E+01	1.32E+01	6.75E+00	3.01E+00
20.0	4.13E+01	4.85E+01	5.48E+01	5.54E+01	5.08E+01	3.64E+01	1.76E+01	8.21E+00	3.33E+00
25.0	5.70E+01	6.84E+01	7.88E+01	7.99E+01	7.25E+01	4.96E+01	2.22E+01	9.58E+00	3.61E+00
30.0	7.45E+01	9.10E+01	1.07E+02	1.08E+02	9.77E+01	6.43E+01	2.69E+01	1.09E+01	3.86E+00
35.0	9.35E+01	1.16E+02	1.38E+02	1.41E+02	1.26E+02	8.03E+01	3.17E+01	1.21E+01	4.07E+00
40.0	1.14E+02	1.44E+02	1.73E+02	1.77E+02	1.58E+02	9.74E+01	3.64E+01	1.32E+01	4.23E+00

续表

	E/MeV						
R/mfp	0.08	0.06	0.05	0.04	0.03	0.02	0.015
0.5	1.19E+00	1.11E+00	1.07E+00	1.04E+00	1.02E+00	1.01E+00	1.00E+00
1.0	1.27E+00	1.15E+00	1.10E+00	1.06E+00	1.03E+00	1.01E+00	1.00E+00
2.0	1.39E+00	1.21E+00	1.14E+00	1.08E+00	1.04E+00	1.01E+00	1.01E+00
3.0	1.49E+00	1.25E+00	1.16E+00	1.09E+00	1.04E+00	1.02E+00	1.01E+00
4.0	1.57E+00	1.29E+00	1.18E+00	1.10E+00	1.05E+00	1.02E+00	1.01E+00
5.0	1.64E+00	1.32E+00	1.20E+00	1.11E+00	1.05E+00	1.02E+00	1.01E+00
6.0	1.70E+00	1.34E+00	1.22E+00	1.12E+00	1.06E+00	1.02E+00	1.01E+00
7.0	1.75E+00	1.37E+00	1.23E+00	1.13E+00	1.06E+00	1.02E+00	1.01E+00
8.0	1.81E+00	1.39E+00	1.24E+00	1.13E+00	1.06E+00	1.02E+00	1.01E+00
10.0	1.90E+00	1.42E+00	1.26E+00	1.14E+00	1.07E+00	1.02E+00	1.01E+00
15.0	2.08E+00	1.49E+00	1.30E+00	1.16E+00	1.07E+00	1.03E+00	1.01E+00
20.0	2.22E+00	1.54E+00	1.33E+00	1.17E+00	1.08E+00	1.03E+00	1.01E+00
25.0	2.34E+00	1.58E+00	1.35E+00	1.18E+00	1.08E+00	1.01E+00	1.01E+00
30.0	2.45E+00	1.62E+00	1.37E+00	1.19E+00	1.09E+00	1.03E+00	1.01E+00
35.0	2.53E+00	1.64E+00	1.38E+00	1.20E+00	1.09E+00	1.03E+00	1.01E+00
40.0	2.59E+00	1.66E+00	1.39E+00	1.21E+00	1.09E+00	1.04E+00	1.01E+00

表 A.3 铅照射量累积因子

R/mfp	E/MeV 15	10	8	6	5	4	3	2	1.5
0.5	1.32E+00	1.29E+00	1.27E+00	1.26E+00	1.25E+00	1.25E+00	1.24E+00	1.21E+00	1.19E+00
1.0	1.62E+00	1.51E+00	1.46E+00	1.42E+00	1.40E+00	1.41E+00	1.41E+00	1.39E+00	1.37E+00
2.0	2.26E+00	1.97E+00	1.82E+00	1.74E+00	1.71E+00	1.74E+00	1.77E+00	1.76E+00	1.73E+00
3.0	3.16E+00	2.54E+00	2.26E+00	2.10E+00	2.06E+00	2.11E+00	2.13E+00	2.12E+00	2.05E+00
4.0	4.43E+00	3.26E+00	2.78E+00	2.51E+00	2.45E+00	2.49E+00	2.51E+00	2.47E+00	2.34E+00
5.0	6.21E+00	4.17E+00	3.40E+00	2.98E+00	2.89E+00	2.92E+00	2.91E+00	2.83E+00	2.63E+00
6.0	8.69E+00	5.32E+00	4.15E+00	3.52E+00	3.39E+00	3.40E+00	3.34E+00	3.20E+00	2.92E+00
7.0	1.21E+01	6.78E+00	5.05E+00	4.14E+00	3.96E+00	3.92E+00	3.81E+00	3.58E+00	3.21E+00
8.0	1.69E+01	8.60E+00	6.13E+00	4.86E+00	4.61E+00	4.50E+00	4.30E+00	3.97E+00	3.50E+00
10.0	3.28E+01	1.38E+01	8.97E+00	6.64E+00	6.14E+00	5.80E+00	5.37E+00	4.76E+00	4.05E+00
15.0	1.64E+02	4.28E+01	2.24E+01	1.37E+01	1.18E+01	1.01E+01	8.43E+00	6.80E+00	5.35E+00
20.0	7.83E+02	1.28E+02	5.36E+01	2.66E+01	2.10E+01	1.61E+01	1.20E+01	8.89E+00	6.56E+00
25.0	3.61E+03	3.69E+02	1.24E+02	4.94E+01	3.53E+01	2.42E+01	1.61E+01	1.10E+01	7.70E+00
30.0	1.61E+04	1.03E+03	2.78E+02	8.83E+01	5.70E+01	3.46E+01	2.06E+01	1.31E+01	8.78E+00
35.0	7.03E+04	2.82E+03	6.10E+02	1.53E+02	8.89E+01	4.77E+01	2.56E+01	1.52E+01	9.81E+00
40.0	3.00E+05	7.51E+03	1.31E+03	2.59E+02	1.35E+02	6.37E+01	3.10E+01	1.73E+01	1.08E+01

R/mfp	E/MeV 1	0.8	0.6	0.5	0.4	0.3	0.2	0.15	0.1
0.5	1.16E+00	1.14E+00	1.12E+00	1.09E+00	1.07E+00	1.08E+00	1.14E+00	1.25E+00	1.52E+00
1.0	1.31E+00	1.28E+00	1.22E+00	1.18E+00	1.13E+00	1.12E+00	1.19E+00	1.41E+00	2.05E+00
2.0	1.61E+00	1.53E+00	1.41E+00	1.32E+00	1.23E+00	1.19E+00	1.23E+00	1.60E+00	3.44E+00
3.0	1.87E+00	1.74E+00	1.57E+00	1.44E+00	1.31E+00	1.24E+00	1.25E+00	1.72E+00	5.72E+00
4.0	2.10E+00	1.91E+00	1.69E+00	1.53E+00	1.37E+00	1.28E+00	1.26E+00	1.82E+00	9.90E+00
5.0	2.32E+00	2.08E+00	1.80E+00	1.61E+00	1.42E+00	1.31E+00	1.28E+00	1.90E+00	1.77E+01
6.0	2.54E+00	2.24E+00	1.90E+00	1.69E+00	1.47E+00	1.34E+00	1.29E+00	1.96E+00	3.22E+01
7.0	2.75E+00	2.39E+00	2.00E+00	1.77E+00	1.52E+00	1.37E+00	1.31E+00	2.03E+00	5.83E+01
8.0	2.96E+00	2.54E+00	2.10E+00	1.85E+00	1.56E+00	1.39E+00	1.31E+00	2.11E+00	1.02E+02
10.0	3.37E+00	2.83E+00	2.28E+00	1.98E+00	1.64E+00	1.43E+00	1.34E+00	2.27E+00	3.20E+02
15.0	4.30E+00	3.44E+00	2.65E+00	2.27E+00	1.79E+00	1.51E+00	1.37E+00	2.77E+00	6.55E+03
20.0	5.17E+00	4.00E+00	2.97E+00	2.52E+00	1.92E+00	1.57E+00	1.40E+00	3.36E+00	1.55E+05
25.0	6.00E+00	4.49E+00	3.24E+00	2.74E+00	2.04E+00	1.62E+00	1.42E+00	4.26E+00	4.01E+06
30.0	6.80E+00	4.94E+00	3.50E+00	2.94E+00	2.15E+00	1.65E+00	1.44E+00	5.71E+00	1.09E+08
35.0	7.53E+00	5.35E+00	3.74E+00	3.13E+00	2.25E+00	1.69E+00	1.45E+00	8.13E+00	3.02E+09
40.0	8.21E+00	5.74E+00	3.97E+00	3.31E+00	2.33E+00	1.72E+00	1.47E+00	1.22E+01	8.51E+10

续表

	E/MeV						
R/mfp	0.08	0.06	0.05	0.04	0.03	0.02	0.015
0.5	1.02E+00	1.01E+00	1.01E+00	1.01E+00	1.00E+00	—	—
1.0	1.03E+00	1.02E+00	1.01E+00	1.01E+00	1.00E+00	—	—
2.0	1.05E+00	1.03E+00	1.02E+00	1.01E+00	1.00E+00	—	—
3.0	1.06E+00	1.03E+00	1.02E+00	1.01E+00	1.01E+00	—	—
4.0	1.08E+00	1.04E+00	1.02E+00	1.01E+00	1.01E+00	—	—
5.0	1.09E+00	1.04E+00	1.03E+00	1.02E+00	1.01E+00	—	—
6.0	1.09E+00	1.05E+00	1.03E+00	1.02E+00	1.01E+00	—	—
7.0	1.10E+00	1.05E+00	1.03E+00	1.02E+00	1.01E+00	—	—
8.0	1.11E+00	1.06E+00	1.04E+00	1.02E+00	1.01E+00	—	—
10.0	1.12E+00	1.06E+00	1.04E+00	1.02E+00	1.01E+00	—	—
15.0	1.15E+00	1.08E+00	1.05E+00	1.03E+02	1.01E+00	—	—
20.0	1.17E+00	1.09E+00	1.06E+00	1.03E+00	1.02E+00	—	—
25.0	1.18E+00	1.10E+00	1.07E+00	1.04E+00	1.02E+00	—	—
30.0	1.20E+00	1.10E+00	1.08E+00	1.04E+00	1.02E+00	—	—
35.0	1.21E+00	1.11E+00	1.08E+00	1.04E+00	1.02E+00	—	—
40.0	1.22E+00	1.12E+00	1.09E+00	1.04E+00	1.02E+00	—	—

表 A.4　水照射量累积因子

	E/MeV								
R/mfp	15	10	8	6	5	4	3	2	1.5
0.5	1.15E+00	1.20E+00	1.23E+00	1.27E+00	1.28E+00	1.31E+00	1.34E+00	1.38E+00	1.41E+00
1.0	1.28E+00	1.37E+00	1.43E+00	1.51E+00	1.56E+00	1.63E+00	1.71E+00	1.83E+00	1.92E+00
2.0	1.49E+00	1.68E+00	1.80E+00	1.97E+00	2.08E+00	2.24E+00	2.46E+00	2.81E+00	3.10E+00
3.0	1.70E+00	1.97E+00	2.15E+00	2.41E+00	2.58E+00	2.85E+00	3.23E+00	3.87E+00	4.43E+00
4.0	1.90E+00	2.25E+00	2.49E+00	2.84E+00	3.08E+00	3.46E+00	4.00E+00	4.98E+00	5.88E+00
5.0	2.10E+00	2.53E+00	2.82E+00	3.27E+00	3.58E+00	4.07E+00	4.80E+00	6.15E+00	7.44E+00
6.0	2.30E+00	2.80E+00	3.15E+00	3.70E+00	4.08E+00	4.68E+00	5.61E+00	7.38E+00	9.11E+00
7.0	2.49E+00	3.07E+00	3.48E+00	4.12E+00	4.58E+00	5.30E+00	6.43E+00	8.65E+00	1.09E+01
8.0	2.68E+00	3.34E+00	3.80E+00	4.54E+00	5.07E+00	5.92E+00	7.27E+00	9.97E+00	1.27E+01
10.0	3.05E+00	3.86E+00	4.44E+00	5.37E+00	6.05E+00	7.16E+00	8.97E+00	1.27E+01	1.67E+01
15.0	3.96E+00	5.14E+00	5.99E+00	7.41E+00	8.49E+00	1.03E+01	1.33E+01	2.01E+01	2.78E+01
20.0	4.84E+00	6.38E+00	7.49E+00	9.42E+00	1.09E+01	1.34E+01	1.78E+01	2.80E+01	4.04E+01
25.0	5.69E+00	7.59E+00	8.96E+00	1.14E+01	1.33E+01	1.65E+01	2.24E+01	3.65E+01	5.40E+01
30.0	6.51E+00	8.78E+00	1.04E+01	1.33E+01	1.57E+01	1.97E+01	2.71E+01	4.52E+01	6.87E+01
35.0	7.26E+00	9.96E+00	1.19E+01	1.50E+01	1.80E+01	2.28E+01	3.18E+01	5.44E+01	8.43E+01
40.0	7.91E+00	1.12E+01	1.34E+01	1.64E+01	2.04E+01	2.59E+01	3.65E+01	6.37E+01	1.01E+02

	E/MeV								
R/mfp	1	0.8	0.6	0.5	0.4	0.3	0.2	0.15	0.1
0.5	1.47E+00	1.50E+00	1.56E+00	1.60E+00	1.66E+00	1.75E+00	1.92E+00	2.07E+00	2.37E+00
1.0	2.08E+00	2.17E+00	2.33E+00	2.44E+00	2.61E+00	2.85E+00	3.42E+00	3.89E+00	4.55E+00
2.0	3.62E+00	3.96E+00	4.49E+00	4.88E+00	5.44E+00	6.30E+00	8.31E+00	9.49E+00	1.18E+01
3.0	5.50E+00	6.26E+00	7.44E+00	8.35E+00	9.66E+00	1.17E+01	1.60E+01	1.90E+01	2.38E+01
4.0	7.68E+00	9.00E+00	1.12E+01	1.28E+01	1.53E+01	1.93E+01	2.70E+01	3.33E+01	4.13E+01
5.0	1.01E+01	1.22E+01	1.56E+01	1.84E+01	2.25E+01	2.94E+01	4.22E+01	5.34E+01	6.52E+01
6.0	1.28E+01	1.58E+01	2.08E+01	2.50E+01	3.14E+01	4.21E+01	6.25E+01	8.01E+01	9.67E+01
7.0	1.58E+01	1.98E+01	2.67E+01	3.27E+01	4.19E+01	5.78E+01	8.85E+01	1.15E+02	1.37E+02
8.0	1.90E+01	2.42E+01	3.35E+01	4.15E+01	5.43E+01	7.68E+01	1.21E+02	1.58E+02	1.87E+02
10.0	2.61E+01	3.42E+01	4.93E+01	6.29E+01	8.50E+01	1.26E+02	2.08E+02	2.77E+02	3.21E+02
15.0	4.77E+01	6.63E+01	1.04E+02	1.39E+02	2.02E+02	3.27E+02	6.00E+02	8.34E+02	9.38E+02
20.0	7.40E+01	1.08E+02	1.79E+02	2.52E+02	3.87E+02	6.76E+02	1.35E+03	1.96E+03	2.17E+03
25.0	1.04E+02	1.57E+02	2.76E+02	4.03E+02	6.49E+02	1.22E+03	2.67E+03	3.98E+03	4.36E+03
30.0	1.39E+02	2.15E+02	3.95E+02	5.94E+02	9.99E+02	1.99E+03	4.81E+03	7.32E+03	7.97E+03
35.0	1.77E+02	2.81E+02	5.34E+02	8.28E+02	1.44E+03	3.04E+03	8.17E+03	1.25E+04	1.35E+04
40.0	2.18E+02	3.53E+02	6.95E+02	1.11E+03	1.99E+03	4.41E+03	1.33E+04	2.03E+04	2.11E+04

续表

	E/MeV						
R/mfp	0.08	0.06	0.05	0.04	0.03	0.02	0.015
0.5	2.55E+00	2.62E+00	2.52E+00	2.22E+00	1.77E+00	1.28E+00	1.13E+00
1.0	4.95E+00	4.90E+00	4.42E+00	3.47E+00	2.35E+00	1.43E+00	1.18E+00
2.0	1.26E+01	1.14E+01	9.25E+00	6.18E+00	3.32E+00	1.67E+00	1.27E+00
3.0	2.45E+01	2.04E+01	1.53E+01	9.14E+00	4.21E+00	1.86E+00	1.33E+00
4.0	4.11E+01	3.20E+01	2.26E+01	1.23E+01	5.07E+00	2.02E+00	1.38E+00
5.0	6.33E+01	4.64E+01	3.10E+01	1.57E+01	5.89E+00	2.16E+00	1.43E+00
6.0	9.14E+01	6.36E+01	4.05E+01	1.92E+01	6.68E+00	2.28E+00	1.46E+00
7.0	1.26E+02	8.39E+01	5.13E+01	2.29E+01	7.45E+00	2.39E+00	1.50E+00
8.0	1.69E+02	1.07E+02	6.32E+01	2.68E+01	8.20E+00	2.50E+00	1.53E+00
10.0	2.81E+02	1.65E+02	9.09E+01	3.51E+01	9.69E+00	2.68E+00	1.58E+00
15.0	7.62E+02	3.86E+02	1.85E+02	5.92E+01	1.35E+01	3.08E+00	1.68E+00
20.0	1.66E+03	7.51E+02	3.23E+02	8.85E+01	1.72E+01	3.42E+00	1.75E+00
25.0	3.20E+03	1.31E+03	5.11E+02	1.23E+02	2.12E+01	3.71E+00	1.82E+00
30.0	5.63E+03	2.11E+03	7.59E+02	1.63E+02	2.57E+01	3.97E+00	1.87E+00
35.0	9.30E+03	3.24E+03	1.08E+03	2.08E+02	3.07E+01	4.19E+00	1.91E+00
40.0	1.46E+04	4.74E+03	1.47E+03	2.59E+02	3.63E+01	4.36E+00	1.94E+00

表 A.5　空气照射量累积因子

R/mfp	E/MeV 15	10	8	6	5	4	3	2	1.5
0.5	1.15E+00	1.20E+00	1.23E+00	1.27E+00	1.29E+00	1.31E+00	1.34E+00	1.38E+00	1.42E+00
1.0	1.28E+00	1.37E+00	1.43E+00	1.52E+00	1.57E+00	1.63E+00	1.71E+00	1.83E+00	1.92E+00
2.0	1.49E+00	1.68E+00	1.80E+00	1.97E+00	2.09E+00	2.25E+00	2.46E+00	2.81E+00	3.09E+00
3.0	1.70E+00	1.97E+00	2.15E+00	2.41E+00	2.60E+00	2.85E+00	3.22E+00	3.86E+00	4.42E+00
4.0	1.90E+00	2.26E+00	2.50E+00	2.85E+00	3.11E+00	3.46E+00	4.00E+00	4.96E+00	5.86E+00
5.0	2.11E+00	2.54E+00	2.84E+00	3.28E+00	3.61E+00	4.07E+00	4.79E+00	6.13E+00	7.42E+00
6.0	2.30E+00	2.82E+00	3.17E+00	3.71E+00	4.12E+00	4.69E+00	5.60E+00	7.35E+00	9.08E+00
7.0	2.50E+00	3.10E+00	3.51E+00	4.14E+00	4.62E+00	5.31E+00	6.43E+00	8.61E+00	1.08E+01
8.0	2.70E+00	3.37E+00	3.84E+00	4.57E+00	5.12E+00	5.94E+00	7.26E+00	9.92E+00	1.27E+01
10.0	3.08E+00	3.92E+00	4.49E+00	5.42E+00	6.13E+00	7.19E+00	8.97E+00	1.26E+01	1.67E+01
15.0	4.03E+00	5.25E+00	6.08E+00	7.51E+00	8.63E+00	1.03E+01	1.34E+01	2.00E+01	2.77E+01
20.0	4.96E+00	6.55E+00	7.64E+00	9.58E+00	1.11E+01	1.35E+01	1.79E+01	2.79E+01	4.02E+01
25.0	5.87E+00	7.84E+00	9.17E+00	1.16E+01	1.36E+01	1.67E+01	2.25E+01	3.62E+01	5.39E+01
30.0	6.75E+00	9.11E+00	1.07E+01	1.36E+01	1.61E+01	1.99E+01	2.72E+01	4.50E+01	6.85E+01
35.0	7.58E+00	1.04E+01	1.23E+01	1.54E+01	1.85E+01	2.31E+01	3.20E+01	5.40E+01	8.40E+01
40.0	8.31E+00	1.16E+01	1.41E+01	1.69E+01	2.10E+01	2.63E+01	3.67E+01	6.32E+01	1.00E+02

R/mfp	E/MeV 1	0.8	0.6	0.5	0.4	0.3	0.2	0.15	0.1
0.5	1.47E+00	1.50E+00	1.56E+00	1.60E+00	1.66E+00	1.75E+00	1.90E+00	2.16E+00	2.35E+00
1.0	2.08E+00	2.17E+00	2.33E+00	2.44E+00	2.59E+00	2.83E+00	3.28E+00	3.83E+00	4.46E+00
2.0	3.60E+00	3.94E+00	4.46E+00	4.84E+00	5.37E+00	6.20E+00	7.74E+00	9.21E+00	1.14E+01
3.0	5.46E+00	6.19E+00	7.34E+00	8.21E+00	9.45E+00	1.14E+01	1.50E+01	1.82E+01	2.25E+01
4.0	7.60E+00	8.88E+00	1.09E+01	1.26E+01	1.49E+01	1.87E+01	2.56E+01	3.15E+01	3.84E+01
5.0	1.00E+01	1.20E+01	1.53E+01	1.79E+01	2.18E+01	2.82E+01	4.00E+01	4.99E+01	5.99E+01
6.0	1.27E+01	1.55E+01	2.03E+01	2.42E+01	3.02E+01	4.02E+01	5.89E+01	7.42E+01	8.78E+01
7.0	1.56E+01	1.94E+01	2.60E+01	3.16E+01	4.02E+01	5.49E+01	8.28E+01	1.05E+02	1.23E+02
8.0	1.88E+01	2.37E+01	3.25E+01	4.01E+01	5.20E+01	7.27E+01	1.12E+02	1.44E+02	1.66E+02
10.0	2.58E+01	3.35E+01	4.79E+01	6.06E+01	8.11E+01	1.18E+02	1.92E+02	2.49E+02	2.82E+02
15.0	4.70E+01	6.49E+01	1.00E+02	1.34E+02	1.91E+02	3.04E+02	5.45E+02	7.35E+02	8.00E+02
20.0	7.28E+01	1.05E+02	1.73E+02	2.41E+02	3.65E+02	6.24E+02	1.22E+03	1.70E+03	1.81E+03
25.0	1.03E+02	1.54E+02	2.66E+02	3.85E+02	6.11E+02	1.12E+01	2.36E+03	3.41E+03	3.57E+03
30.0	1.36E+02	2.10E+02	3.79E+02	5.67E+02	9.38E+02	1.82E+03	4.15E+03	6.21E+03	6.43E+03
35.0	1.73E+02	2.74E+02	5.12E+02	7.88E+02	1.35E+03	2.77E+03	6.77E+03	1.05E+04	1.06E+04
40.0	2.12E+02	3.45E+02	6.65E+02	1.05E+03	1.87E+03	4.01E+03	1.05E+04	1.70E+04	1.57E+04

续表

R/mfp	E/MeV						
	0.08	0.06	0.05	0.04	0.03	0.02	0.015
0.5	2.52E+00	2.58E+00	2.48E+00	2.20E+00	1.76E+00	1.27E+00	1.12E+00
1.0	4.83E+00	4.76E+00	4.28E+00	3.38E+00	2.31E+00	1.41E+00	1.17E+00
2.0	1.20E+01	1.08E+01	8.72E+00	5.85E+00	3.19E+00	1.62E+00	1.25E+00
3.0	2.29E+01	1.89E+01	1.41E+01	8.47E+00	3.99E+00	1.79E+00	1.31E+00
4.0	3.79E+01	2.91E+01	2.05E+01	1.12E+01	4.75E+00	1.93E+00	1.36E+00
5.0	5.74E+01	4.15E+01	2.76E+01	1.41E+01	5.46E+00	2.04E+00	1.39E+00
6.0	8.20E+01	5.61E+01	3.57E+01	1.70E+01	6.14E+00	2.15E+00	1.43E+00
7.0	1.12E+02	7.32E+01	4.46E+01	2.01E+01	6.79E+00	2.25E+00	1.46E+00
8.0	1.48E+02	9.27E+01	5.44E+01	2.33E+01	7.43E+00	2.34E+00	1.48E+00
10.0	2.42E+02	1.40E+02	7.68E+01	3.00E+01	8.69E+00	2.50E+00	1.53E+00
15.0	6.36E+02	3.16E+02	1.51E+02	4.90E+01	1.18E+01	2.83E+00	1.62E+00
20.0	1.35E+03	5.96E+02	2.56E+02	7.14E+01	1.48E+01	3.11E+00	1.68E+00
25.0	2.54E+03	1.01E+03	3.95E+02	9.72E+01	1.80E+01	3.35E+00	1.74E+00
30.0	4.39E+03	1.60E+03	5.74E+02	1.26E+02	2.15E+01	3.56E+00	1.78E+00
35.0	7.14E+03	2.41E+03	7.98E+02	1.59E+02	2.54E+01	3.74E+00	1.82E+00
40.0	1.11E+04	3.48E+03	1.07E+03	1.95E+02	2.97E+01	3.88E+00	1.85E+00

表 A.6　NBS 混凝土照射量累积因子

R/mfp	E/MeV 15	10	8	6	5	4	3	2	1.5
0.5	1.15E+00	1.19E+00	1.22E+00	1.26E+00	1.27E+00	1.31E+00	1.33E+00	1.37E+00	1.39E+00
1.0	1.26E+00	1.35E+00	1.41E+00	1.49E+00	1.53E+00	1.61E+00	1.67E+00	1.77E+00	1.85E+00
2.0	1.46E+00	1.64E+00	1.76E+00	1.93E+00	2.04E+00	2.18E+00	2.38E+00	2.65E+00	2.86E+00
3.0	1.66E+00	1.93E+00	2.11E+00	2.37E+00	2.53E+00	2.77E+00	3.09E+00	3.60E+00	4.00E+00
4.0	1.86E+00	2.22E+00	2.45E+00	2.80E+00	3.03E+00	3.37E+00	3.84E+00	4.61E+00	5.25E+00
5.0	2.07E+00	2.51E+00	2.81E+00	3.25E+00	3.54E+00	3.98E+00	4.61E+00	5.68E+00	6.60E+00
6.0	2.28E+00	2.80E+00	3.16E+00	3.69E+00	4.05E+00	4.60E+00	5.40E+00	6.80E+00	8.05E+00
7.0	2.50E+00	3.10E+00	3.51E+00	4.14E+00	4.57E+00	5.23E+00	6.20E+00	7.97E+00	9.58E+00
8.0	2.71E+00	3.40E+00	3.87E+00	4.60E+00	5.09E+00	5.86E+00	7.03E+00	9.18E+00	1.12E+01
10.0	3.16E+00	4.01E+00	4.59E+00	5.52E+00	6.15E+00	7.15E+00	8.71E+00	1.17E+01	1.46E+01
15.0	4.34E+00	5.57E+00	6.43E+00	7.86E+00	8.85E+00	1.05E+01	1.31E+01	1.86E+01	2.42E+01
20.0	5.59E+00	7.19E+00	8.31E+00	1.02E+01	1.16E+01	1.39E+01	1.77E+01	2.60E+01	3.50E+01
25.0	6.91E+00	8.86E+00	1.02E+01	1.27E+01	1.44E+01	1.74E+01	2.25E+01	3.39E+01	4.69E+01
30.0	8.27E+00	1.06E+01	1.22E+01	1.52E+01	1.73E+01	2.09E+01	2.74E+01	4.22E+01	5.96E+01
35.0	9.63E+00	1.23E+01	1.41E+01	1.78E+01	2.05E+01	2.46E+01	3.24E+01	5.09E+01	7.30E+01
40.0	1.09E+01	1.45E+01	1.62E+01	2.05E+01	2.48E+01	2.84E+01	3.74E+01	5.98E+01	8.71E+01

R/mfp	E/MeV 1	0.8	0.6	0.5	0.4	0.3	0.2	0.15	0.1
0.5	1.45E+00	1.48E+00	1.53E+00	1.57E+00	1.61E+00	1.68E+00	1.78E+00	1.84E+00	1.89E+00
1.0	1.98E+00	2.06E+00	2.18E+00	2.27E+00	2.37E+00	2.52E+00	2.72E+00	2.82E+00	2.78E+00
2.0	3.24E+00	3.47E+00	3.80E+00	4.03E+00	4.31E+00	4.66E+00	5.05E+00	5.13E+00	4.63E+00
3.0	4.72E+00	5.18E+00	5.82E+00	6.26E+00	6.80E+00	7.42E+00	8.00E+00	7.92E+00	6.63E+00
4.0	6.42E+00	7.18E+00	8.25E+00	8.97E+00	9.85E+00	1.08E+01	1.16E+01	1.12E+01	8.80E+00
5.0	8.33E+00	9.47E+00	1.11E+01	1.22E+01	1.35E+01	1.50E+01	1.59E+01	1.50E+01	1.11E+01
6.0	1.04E+01	1.20E+01	1.43E+01	1.59E+01	1.78E+01	1.99E+01	2.09E+01	1.93E+01	1.36E+01
7.0	1.27E+01	1.49E+01	1.80E+01	2.02E+01	2.28E+01	2.56E+01	2.67E+01	2.42E+01	1.63E+01
8.0	1.52E+01	1.81E+01	2.22E+01	2.50E+01	2.85E+01	3.22E+01	3.34E+01	2.97E+01	1.92E+01
10.0	2.07E+01	2.51E+01	3.18E+01	3.64E+01	4.21E+01	4.82E+01	4.96E+01	4.27E+01	2.56E+01
15.0	3.72E+01	4.74E+01	6.36E+01	7.56E+01	9.07E+01	1.07E+02	1.09E+02	8.76E+01	4.49E+01
20.0	5.71E+01	7.57E+01	1.07E+02	1.31E+02	1.62E+02	1.98E+02	2.01E+02	1.53E+02	6.91E+01
25.0	8.01E+01	1.10E+02	1.61E+02	2.03E+02	2.59E+02	3.26E+02	3.31E+02	2.40E+02	9.19E+01
30.0	1.06E+02	1.49E+02	2.26E+02	2.92E+02	3.83E+02	4.97E+02	5.07E+02	3.53E+02	1.31E+02
35.0	1.34E+02	1.93E+02	3.02E+02	3.99E+02	5.36E+02	7.16E+02	7.34E+02	4.94E+02	1.70E+02
40.0	1.64E+02	2.42E+02	3.89E+02	5.23E+02	7.19E+02	9.85E+02	1.02E+03	6.64E+02	2.14E+02

续表

R/mfp	E/MeV						
	0.08	0.06	0.05	0.04	0.03	0.02	0.015
0.5	1.84E+00	1.68E+00	1.42E+00	1.30E+00	1.15E+00	1.05E+00	1.02E+00
1.0	2.58E+00	2.15E+00	1.74E+00	1.46E+00	1.21E+00	1.07E+00	1.03E+00
2.0	3.96E+00	2.89E+00	2.26E+00	1.69E+00	1.30E+00	1.09E+00	1.04E+00
3.0	5.31E+00	3.54E+00	2.63E+00	1.87E+00	1.37E+00	1.11E+00	1.05E+00
4.0	6.69E+00	4.17E+00	2.95E+00	2.01E+00	1.43E+00	1.13E+00	1.05E+00
5.0	8.09E+00	4.77E+00	3.25E+00	2.14E+00	1.47E+00	1.14E+00	1.06E+00
6.0	9.52E+00	5.34E+00	3.53E+00	2.25E+00	1.51E+00	1.15E+00	1.06E+00
7.0	1.10E+01	5.90E+00	3.79E+00	2.35E+00	1.54E+00	1.16E+00	1.07E+00
8.0	1.25E+01	6.44E+00	4.04E+00	2.45E+00	1.57E+00	1.17E+00	1.07E+00
10.0	1.57E+01	7.52E+00	4.51E+00	2.62E+00	1.63E+00	1.18E+00	1.08E+00
15.0	2.43E+01	1.02E+01	5.57E+00	2.98E+00	1.74E+00	1.21E+00	1.09E+00
20.0	3.38E+01	1.27E+01	6.52E+00	3.27E+00	1.82E+00	1.22E+00	1.10E+00
25.0	4.43E+01	1.52E+01	7.38E+00	3.51E+00	1.89E+00	1.24E+00	1.10E+00
30.0	5.54E+01	1.82E+01	8.18E+00	3.73E+00	1.94E+00	1.25E+00	1.11E+00
35.0	6.68E+01	2.19E+01	8.87E+00	3.91E+00	1.99E+00	1.26E+00	1.11E+00
40.0	7.81E+01	2.65E+01	9.44E+00	4.03E+00	2.02E+00	1.27E+00	1.11E+00

附录B　吸收剂量累积因子

表 B.1　铝吸收剂量累积因子

	E/MeV								
R/mfp	15	10	8	6	5	4	3	2	1.5
0.5	1.13E+00	1.18E+00	1.21E+00	1.25E+00	1.28E+00	1.31E+00	1.34E+00	1.39E+00	1.42E+00
1.0	1.23E+00	1.32E+00	1.39E+00	1.48E+00	1.57E+00	1.62E+00	1.70E+00	1.83E+00	1.93E+00
2.0	1.41E+00	1.59E+00	1.72E+00	1.91E+00	2.03E+00	2.21E+00	2.43E+00	2.79E+00	3.09E+00
3.0	1.58E+00	1.85E+00	2.05E+00	2.33E+00	2.53E+00	2.80E+00	3.18E+00	3.82E+00	4.37E+00
4.0	1.76E+00	2.12E+00	2.37E+00	2.75E+00	3.03E+00	3.40E+00	3.95E+00	4.92E+00	5.78E+00
5.0	1.95E+00	2.40E+00	2.71E+00	3.18E+00	3.53E+00	4.02E+00	4.75E+00	6.08E+00	7.30E+00
6.0	2.15E+00	2.68E+00	3.04E+00	3.62E+00	4.04E+00	4.64E+00	5.57E+00	7.30E+00	8.92E+00
7.0	2.35E+00	2.97E+00	3.39E+00	4.06E+00	4.56E+00	5.28E+00	6.42E+00	8.57E+00	1.06E+01
8.0	2.55E+00	3.26E+00	3.74E+00	4.51E+00	5.09E+00	5.92E+00	7.28E+00	9.90E+00	1.25E+01
10.0	2.97E+00	3.86E+00	4.44E+00	5.43E+00	6.16E+00	7.22E+00	9.05E+00	1.27E+01	1.63E+01
15.0	4.11E+00	5.45E+00	6.27E+00	7.79E+00	8.91E+00	1.06E+01	1.37E+01	2.03E+01	2.72E+01
20.0	5.36E+00	7.15E+00	8.18E+00	1.03E+01	1.18E+01	1.40E+01	1.86E+01	2.85E+01	3.94E+01
25.0	6.71E+00	8.96E+00	1.01E+01	1.28E+01	1.47E+01	1.75E+01	2.36E+01	3.74E+01	5.27E+01
30.0	8.15E+00	1.09E+01	1.22E+01	1.52E+01	1.76E+01	2.11E+01	2.88E+01	4.68E+01	6.71E+01
35.0	9.63E+00	1.28E+01	1.42E+01	1.75E+01	2.06E+01	2.48E+01	3.41E+01	5.66E+01	8.23E+01
40.0	1.11E+01	1.48E+01	1.62E+01	1.95E+01	2.33E+01	2.84E+01	3.94E+01	6.66E+01	9.82E+01

	E/MeV								
R/mfp	1	0.8	0.6	0.5	0.4	0.3	0.2	0.15	0.1
0.5	1.49E+00	1.53E+00	1.60E+00	1.75E+00	1.76E+00	1.85E+00	2.10E+00	2.36E+00	2.43E+00
1.0	2.10E+00	2.22E+00	2.41E+00	2.57E+00	2.77E+00	3.06E+00	3.64E+00	4.12E+00	4.00E+00
2.0	3.59E+00	3.94E+00	4.49E+00	4.87E+00	5.46E+00	6.35E+00	7.76E+00	8.50E+00	7.44E+00
3.0	5.35E+00	6.04E+00	7.14E+00	7.91E+00	9.06E+00	1.08E+01	1.32E+01	1.40E+01	1.12E+01
4.0	7.37E+00	8.51E+00	1.03E+01	1.16E+01	1.35E+01	1.63E+01	1.98E+01	2.05E+01	1.52E+01
5.0	9.64E+00	1.13E+01	1.41E+01	1.61E+01	1.90E+01	2.30E+01	2.79E+01	2.82E+01	1.96E+01
6.0	1.21E+01	1.46E+01	1.84E+01	2.13E+01	2.54E+01	3.11E+01	3.75E+01	3.71E+01	2.44E+01
7.0	1.49E+01	1.81E+01	2.33E+01	2.73E+01	3.29E+01	4.06E+01	4.88E+01	4.73E+01	2.96E+01
8.0	1.79E+01	2.21E+01	2.89E+01	3.42E+01	4.15E+01	5.17E+01	6.18E+01	5.88E+01	3.52E+01

续表

	E/MeV								
R/mfp	1	0. 8	0. 6	0. 5	0. 4	0. 3	0. 2	0. 15	0. 1
10. 0	2. 45E+01	3. 10E+01	4. 18E+01	5. 05E+01	6. 25E+01	7. 88E+01	9. 39E+01	8. 63E+01	4. 77E+01
15. 0	4. 43E+01	5. 92E+01	8. 49E+01	1. 07E+02	1. 39E+02	1. 81E+02	2. 15E+02	1. 84E+02	8. 67E+01
20. 0	6. 84E+01	9. 54E+01	1. 43E+02	1. 89E+02	2. 53E+02	3. 42E+02	4. 07E+02	3. 31E+02	1. 37E+02
25. 0	9. 62E+01	1. 39E+02	2. 17E+02	2. 96E+02	4. 10E+02	5. 72E+02	6. 88E+02	5. 34E+02	1. 98E+02
30. 0	1. 27E+02	1. 90E+02	3. 06E+02	4. 30E+02	6. 14E+02	8. 82E+02	1. 07E+03	8. 01E+02	2. 71E+02
35. 0	1. 62E+02	2. 47E+02	4. 10E+02	5. 91E+02	8. 67E+02	1. 28E+03	1. 58E+03	1. 14E+03	3. 56E+02
40. 0	1. 99E+02	3. 10E+02	5. 29E+02	7. 80E+02	1. 17E+03	1. 78E+03	2. 22E+03	1. 56E+03	4. 51E+02

	E/MeV						
R/mfp	0. 08	0. 06	0. 05	0. 04	0. 03	0. 02	0. 015
0. 5	2. 24E+00	1. 85E+00	1. 61E+00	1. 33E+00	1. 16E+00	1. 05E+00	1. 02E+00
1. 0	3. 41E+00	2. 46E+00	1. 90E+00	1. 50E+00	1. 23E+00	1. 07E+00	1. 03E+00
2. 0	5. 66E+00	3. 44E+00	2. 52E+00	1. 77E+00	1. 32E+00	1. 10E+00	1. 04E+00
3. 0	7. 87E+00	4. 31E+00	2. 94E+00	1. 97E+00	1. 39E+00	1. 12E+00	1. 05E+00
4. 0	1. 01E+01	5. 13E+00	3. 32E+00	2. 12E+00	1. 45E+00	1. 13E+00	1. 05E+00
5. 0	1. 24E+01	5. 91E+00	3. 68E+00	2. 26E+00	1. 50E+00	1. 14E+00	1. 06E+00
6. 0	1. 47E+01	6. 67E+00	4. 01E+00	2. 38E+00	1. 54E+00	1. 15E+00	1. 06E+00
7. 0	1. 71E+01	7. 41E+00	4. 33E+00	2. 50E+00	1. 57E+00	1. 16E+00	1. 07E+00
8. 0	1. 96E+01	8. 14E+00	4. 63E+00	2. 60E+00	1. 61E+00	1. 17E+00	1. 07E+00
10. 0	2. 49E+01	9. 59E+00	5. 20E+00	2. 79E+00	1. 67E+00	1. 18E+00	1. 08E+00
15. 0	3. 96E+01	1. 32E+01	6. 50E+00	3. 20E+00	1. 78E+00	1. 21E+00	1. 09E+00
20. 0	5. 62E+01	1. 67E+01	7. 67E+00	3. 53E+00	1. 87E+00	1. 23E+00	1. 10E+00
25. 0	7. 47E+01	2. 02E+01	8. 75E+00	3. 81E+00	1. 94E+00	1. 25E+00	1. 10E+00
30. 0	9. 48E+01	2. 35E+01	9. 76E+00	4. 06E+00	2. 00E+00	1. 26E+00	1. 11E+00
35. 0	1. 17E+02	2. 65E+01	1. 06E+01	4. 25E+00	2. 05E+00	1. 27E+00	1. 11E+00
40. 0	1. 40E+02	2. 89E+01	1. 13E+01	4. 39E+00	2. 08E+00	1. 28E+00	1. 11E+00

表 B.2　铁吸收剂量累积因子

	E/MeV								
R/mfp	15	10	8	6	5	4	3	2	1.5
0.5	1.10E+00	1.15E+00	1.18E+00	1.22E+00	1.26E+00	1.31E+00	1.35E+00	1.40E+00	1.45E+00
1.0	1.18E+00	1.27E+00	1.33E+00	1.42E+00	1.49E+00	1.59E+00	1.70E+00	1.84E+00	1.95E+00
2.0	1.31E+00	1.48E+00	1.60E+00	1.79E+00	1.93E+00	2.12E+00	2.39E+00	2.76E+00	3.03E+00
3.0	1.44E+00	1.69E+00	1.88E+00	2.17E+00	2.39E+00	2.68E+00	3.10E+00	3.74E+00	4.23E+00
4.0	1.59E+00	1.93E+00	2.17E+00	2.57E+00	2.86E+00	3.27E+00	3.86E+00	4.80E+00	5.54E+00
5.0	1.76E+00	2.19E+00	2.50E+00	2.99E+00	3.37E+00	3.89E+00	4.66E+00	5.93E+00	6.95E+00
6.0	1.96E+00	2.47E+00	2.85E+00	3.45E+00	3.91E+00	4.55E+00	5.51E+00	7.12E+00	8.47E+00
7.0	2.17E+00	2.78E+00	3.22E+00	3.93E+00	4.47E+00	5.23E+00	6.39E+00	8.37E+00	1.01E+01
8.0	2.42E+00	3.12E+00	3.62E+00	4.44E+00	5.07E+00	5.95E+00	7.30E+00	9.67E+00	1.18E+01
10.0	2.99E+00	3.87E+00	4.50E+00	5.54E+00	6.33E+00	7.46E+00	9.23E+00	1.24E+01	1.53E+01
15.0	5.06E+00	6.29E+00	7.18E+00	8.72E+00	9.92E+00	1.17E+01	1.45E+01	2.00E+01	2.54E+01
20.0	8.44E+00	9.59E+00	1.06E+01	1.25E+01	1.41E+01	1.64E+01	2.04E+01	2.85E+01	3.68E+01
25.0	1.38E+01	1.40E+01	1.48E+01	1.69E+01	1.87E+01	2.16E+01	2.67E+01	3.77E+01	4.92E+01
30.0	2.22E+01	1.96E+01	1.98E+01	2.17E+01	2.37E+01	2.70E+01	3.33E+01	4.74E+01	6.26E+01
35.0	3.50E+01	2.67E+01	2.56E+01	2.68E+01	2.89E+01	3.25E+01	4.04E+01	5.77E+01	7.63E+01
40.0	5.41E+01	3.54E+01	3.24E+01	3.21E+01	3.40E+01	3.79E+01	4.78E+01	6.84E+01	9.16E+01
	E/MeV								
R/mfp	1	0.8	0.6	0.5	0.4	0.3	0.2	0.15	0.1
0.5	1.53E+00	1.60E+00	1.71E+00	1.79E+00	1.91E+00	2.07E+00	2.13E+00	1.93E+00	1.38E+00
1.0	2.14E+00	2.28E+00	2.50E+00	2.66E+00	2.86E+00	3.08E+00	2.94E+00	2.46E+00	1.60E+00
2.0	3.50E+00	3.81E+00	4.27E+00	4.57E+00	4.90E+00	5.09E+00	4.34E+00	3.22E+00	1.94E+00
3.0	5.04E+00	5.57E+00	6.30E+00	6.75E+00	7.17E+00	7.23E+00	5.72E+00	3.93E+00	2.13E+00
4.0	6.79E+00	7.60E+00	8.65E+00	9.25E+00	9.75E+00	9.58E+00	7.14E+00	4.60E+00	2.31E+00
5.0	8.74E+00	9.88E+00	1.13E+01	1.21E+01	1.27E+01	1.21E+01	8.58E+00	5.23E+00	2.48E+00
6.0	1.09E+01	1.24E+01	1.43E+01	1.53E+01	1.59E+01	1.49E+01	1.00E+01	5.84E+00	2.63E+00
7.0	1.32E+01	1.52E+01	1.77E+01	1.88E+01	1.94E+01	1.79E+01	1.15E+01	6.42E+00	2.77E+00
8.0	1.57E+01	1.82E+01	2.13E+01	2.27E+01	2.33E+01	2.10E+01	1.31E+01	6.98E+00	2.90E+00
10.0	2.11E+01	2.49E+01	2.94E+01	3.14E+01	3.19E+01	2.78E+01	1.61E+01	8.07E+00	3.13E+00
15.0	3.71E+01	4.53E+01	5.50E+01	5.88E+01	5.86E+01	4.76E+01	2.42E+01	1.06E+01	3.61E+00
20.0	5.62E+01	7.04E+01	8.74E+01	9.39E+01	9.23E+01	7.08E+01	3.25E+01	1.29E+01	4.00E+00
25.0	7.79E+01	9.98E+01	1.27E+02	1.36E+02	1.33E+02	9.72E+01	4.10E+01	1.50E+01	4.34E+00
30.0	1.02E+02	1.33E+02	1.72E+02	1.86E+02	1.80E+02	1.26E+02	4.98E+01	1.69E+01	4.63E+00
35.0	1.28E+02	1.70E+02	2.23E+02	2.42E+02	2.33E+02	1.58E+02	5.88E+01	1.94E+01	4.85E+00
40.0	1.56E+02	2.11E+02	2.80E+02	3.05E+02	2.92E+02	1.92E+02	6.81E+01	2.17E+01	4.98E+00

续表

	E/MeV						
R/mfp	0.08	0.06	0.05	0.04	0.03	0.02	0.015
0.5	1.23E+00	1.12E+00	1.08E+00	1.04E+00	1.02E+00	1.01E+00	1.00E+00
1.0	1.34E+00	1.17E+00	1.10E+00	1.06E+00	1.03E+00	1.01E+00	1.00E+00
2.0	1.51E+00	1.23E+00	1.14E+00	1.08E+00	1.03E+00	1.01E+00	1.01E+00
3.0	1.61E+00	1.28E+00	1.17E+00	1.09E+00	1.04E+00	1.01E+00	1.01E+00
4.0	1.70E+00	1.31E+00	1.19E+00	1.10E+00	1.05E+00	1.02E+00	1.01E+00
5.0	1.78E+00	1.34E+00	1.21E+00	1.11E+00	1.05E+00	1.02E+00	1.01E+00
6.0	1.84E+00	1.37E+00	1.22E+00	1.12E+00	1.05E+00	1.02E+00	1.01E+00
7.0	1.91E+00	1.39E+00	1.23E+00	1.12E+00	1.06E+00	1.02E+00	1.01E+00
8.0	1.96E+00	1.41E+00	1.24E+00	1.13E+00	1.06E+00	1.02E+00	1.01E+00
10.0	2.06E+00	1.45E+00	1.26E+00	1.14E+00	1.06E+00	1.02E+00	1.01E+00
15.0	2.26E+00	1.52E+00	1.30E+00	1.16E+00	1.07E+00	1.02E+00	1.01E+00
20.0	2.41E+00	1.57E+00	1.33E+00	1.17E+00	1.08E+00	1.03E+00	1.01E+00
25.0	2.54E+00	1.61E+00	1.35E+00	1.18E+00	1.08E+00	1.03E+00	1.01E+00
30.0	2.65E+00	1.65E+00	1.37E+00	1.19E+00	1.09E+00	1.03E+00	1.01E+00
35.0	2.73E+00	1.67E+00	1.38E+00	1.20E+00	1.09E+00	1.03E+00	1.01E+00
40.0	2.77E+00	1.68E+00	1.39E+00	1.20E+00	1.09E+00	1.03E+00	1.01E+00

表 B.3 铅吸收剂量累积因子

	E/MeV								
R/mfp	15	10	8	6	5	4	3	2	1.5
0.5	1.32E+00	1.36E+00	1.39E+00	1.44E+00	1.47E+00	1.51E+00	1.43E+00	1.42E+00	1.37E+00
1.0	1.53E+00	1.54E+00	1.55E+00	1.59E+00	1.62E+00	1.69E+00	1.63E+00	1.69E+00	1.66E+00
2.0	1.91E+00	1.86E+00	1.83E+00	1.87E+00	1.92E+00	2.03E+00	2.01E+00	2.20E+00	2.19E+00
3.0	2.43E+00	2.26E+00	2.16E+00	2.19E+00	2.26E+00	2.42E+00	2.43E+00	2.70E+00	2.67E+00
4.0	3.16E+00	2.77E+00	2.56E+00	2.55E+00	2.64E+00	2.84E+00	2.85E+00	3.17E+00	3.08E+00
5.0	4.17E+00	3.41E+00	3.04E+00	2.97E+00	3.07E+00	3.30E+00	3.31E+00	3.64E+00	3.49E+00
6.0	5.56E+00	4.20E+00	3.61E+00	3.45E+00	3.56E+00	3.81E+00	3.80E+00	4.13E+00	3.89E+00
7.0	7.48E+00	5.21E+00	4.30E+00	4.00E+00	4.12E+00	4.37E+00	4.33E+00	4.65E+00	4.31E+00
8.0	1.01E+01	6.45E+00	5.12E+00	4.64E+00	4.75E+00	4.99E+00	4.89E+00	5.17E+00	4.72E+00
10.0	1.89E+01	9.95E+00	7.25E+00	6.19E+00	6.24E+00	6.40E+00	6.11E+00	6.23E+00	5.50E+00
15.0	9.01E+01	2.94E+01	1.72E+01	1.23E+01	1.17E+01	1.10E+01	9.69E+00	9.00E+00	7.36E+00
20.0	4.23E+02	8.59E+01	4.02E+01	2.35E+01	2.06E+01	1.75E+01	1.39E+01	1.18E+01	9.06E+00
25.0	1.94E+03	2.45E+02	9.17E+01	4.32E+01	3.44E+01	2.61E+01	1.86E+01	1.46E+01	1.07E+00
30.0	8.63E+01	6.82E+02	2.04E+02	7.66E+01	5.52E+01	3.73E+01	2.38E+01	1.75E+01	1.22E+01
35.0	3.75E+04	1.85E+03	4.45E+02	1.32E+02	8.58E+01	5.13E+01	2.95E+01	2.03E+01	1.36E+01
40.0	1.60E+05	4.94E+03	9.52E+02	2.22E+02	1.30E+02	6.84E+01	3.54E+01	2.31E+01	1.50E+01

	E/MeV								
R/mfp	1	0.8	0.6	0.5	0.4	0.3	0.2	0.15	0.1
0.5	1.32E+00	1.30E+00	1.25E+00	1.20E+00	1.15E+00	1.40E+00	1.46E+00	1.48E+00	1.48E+00
1.0	1.58E+00	1.52E+00	1.42E+00	1.32E+00	1.23E+00	1.48E+00	1.60E+00	1.78E+00	1.98E+00
2.0	2.06E+00	1.93E+00	1.71E+00	1.55E+00	1.38E+00	1.58E+00	1.67E+00	2.13E+00	3.28E+00
3.0	2.47E+00	2.26E+00	1.94E+00	1.72E+00	1.49E+00	1.66E+00	1.69E+00	2.33E+00	5.38E+00
4.0	2.80E+00	2.51E+00	2.11E+00	1.84E+00	1.57E+00	1.72E+00	1.71E+00	2.48E+00	9.19E+00
5.0	3.12E+00	2.75E+00	2.27E+00	1.95E+00	1.63E+00	1.77E+00	1.73E+00	2.60E+00	1.62E+01
6.0	3.43E+00	2.97E+00	2.41E+00	2.05E+00	1.69E+00	1.81E+00	1.75E+00	2.70E+00	2.91E+01
7.0	3.74E+00	3.20E+00	2.55E+00	2.16E+00	1.75E+00	1.85E+00	1.76E+00	2.80E+00	5.22E+01
8.0	4.05E+00	3.42E+00	2.68E+00	2.26E+00	1.81E+00	1.89E+00	1.78E+00	2.91E+00	8.98E+01
10.0	4.64E+00	3.83E+00	2.93E+00	2.44E+00	1.90E+00	1.94E+00	1.80E+00	3.14E+00	2.77E+02
15.0	5.99E+00	4.70E+00	3.44E+00	2.81E+00	2.10E+00	2.06E+00	1.85E+00	3.89E+00	5.35E+03
20.0	7.24E+00	5.49E+00	3.87E+00	3.14E+00	2.26E+00	2.14E+00	1.89E+00	4.78E+00	1.22E+05
25.0	8.44E+00	6.19E+00	4.23E+00	3.43E+00	2.40E+00	2.20E+00	1.92E+00	6.13E+00	3.06E+06
30.0	9.57E+00	6.82E+00	4.57E+00	3.69E+00	2.54E+00	2.26E+00	1.95E+00	8.32E+00	8.17E+07
35.0	1.06E+01	7.40E+00	4.89E+00	3.93E+00	2.66E+00	2.31E+00	1.97E+00	1.19E+01	2.25E+09
40.0	1.16E+01	7.95E+00	5.20E+00	4.15E+00	2.76E+00	2.36E+00	1.99E+00	1.81E+01	6.30E+10

续表

	E/MeV						
R/mfp	0.08	0.06	0.05	0.04	0.03	0.02	0.015
0.5	1.03E+00	1.02E+00	1.01E+00	1.01E+00	1.00E+00	—	—
1.0	1.04E+00	1.02E+00	1.01E+00	1.01E+00	1.00E+00	—	—
2.0	1.06E+00	1.03E+00	1.02E+00	1.01E+00	1.01E+00	—	—
3.0	1.08E+00	1.04E+00	1.02E+00	1.01E+00	1.01E+00	—	—
4.0	1.09E+00	1.04E+00	1.03E+00	1.01E+00	1.01E+00	—	—
5.0	1.10E+00	1.04E+00	1.03E+00	1.02E+00	1.01E+00	—	—
6.0	1.11E+00	1.05E+00	1.03E+00	1.02E+00	1.01E+00	—	—
7.0	1.11E+00	1.05E+00	1.03E+00	1.02E+00	1.01E+00	—	—
8.0	1.12E+00	1.06E+00	1.04E+00	1.02E+00	1.01E+00	—	—
10.0	1.14E+00	1.06E+00	1.04E+00	1.02E+00	1.01E+00	—	—
15.0	1.16E+00	1.08E+00	1.05E+00	1.03E+00	1.01E+00	—	—
20.0	1.18E+00	1.09E+00	1.06E+00	1.03E+00	1.02E+00	—	—
25.0	1.20E+00	1.10E+00	1.07E+00	1.04E+00	1.02E+00	—	—
30.0	1.21E+00	1.11E+00	1.08E+00	1.04E+00	1.02E+00	—	—
35.0	1.22E+00	1.11E+00	1.08E+00	1.04E+00	1.02E+00	—	—
40.0	1.24E+00	1.12E+00	1.09E+00	1.04E+00	1.02E+00	—	—

表 B.4　水吸收剂量累积因子

R/mfp	E/MeV 15	10	8	6	5	4	3	2	1.5
0.5	1.16E+00	1.21E+00	1.23E+00	1.27E+00	1.29E+00	1.31E+00	1.34E+00	1.38E+00	1.42E+00
1.0	1.29E+00	1.38E+00	1.44E+00	1.55E+00	1.57E+00	1.63E+00	1.71E+00	1.83E+00	1.93E+00
2.0	1.51E+00	1.70E+00	1.82E+00	1.98E+00	2.10E+00	2.26E+00	2.47E+00	2.82E+00	3.11E+00
3.0	1.72E+00	2.00E+00	2.17E+00	2.43E+00	2.62E+00	2.87E+00	3.24E+00	3.87E+00	4.44E+00
4.0	1.93E+00	2.29E+00	2.52E+00	2.87E+00	3.12E+00	3.48E+00	4.01E+00	4.99E+00	5.90E+00
5.0	2.14E+00	2.57E+00	2.86E+00	3.31E+00	3.63E+00	4.09E+00	4.81E+00	6.16E+00	7.47E+00
6.0	2.34E+00	2.85E+00	3.20E+00	3.74E+00	4.14E+00	4.71E+00	5.62E+00	7.38E+00	9.14E+00
7.0	2.53E+00	3.13E+00	3.53E+00	4.16E+00	4.64E+00	5.33E+00	6.45E+00	8.66E+00	1.09E+01
8.0	2.73E+00	3.40E+00	3.86E+00	4.59E+00	5.14E+00	5.95E+00	7.28E+00	9.97E+00	1.28E+01
10.0	3.11E+00	3.94E+00	4.51E+00	5.43E+00	6.14E+00	7.20E+00	8.98E+00	1.27E+01	1.68E+01
15.0	4.04E+00	5.24E+00	6.08E+00	7.49E+00	8.62E+00	1.03E+01	1.34E+01	2.01E+01	2.79E+01
20.0	4.93E+00	6.51E+00	7.61E+00	9.52E+00	1.11E+01	1.35E+01	1.78E+01	2.80E+01	4.04E+01
25.0	5.81E+00	7.75E+00	9.10E+00	1.15E+01	1.35E+01	1.66E+01	2.24E+01	3.64E+01	5.41E+01
30.0	6.64E+00	8.97E+00	1.06E+01	1.35E+01	1.59E+01	1.98E+01	2.71E+01	4.52E+01	6.88E+01
35.0	7.42E+00	1.02E+01	1.22E+01	1.55E+01	1.83E+01	2.30E+01	3.18E+01	5.43E+01	8.44E+01
40.0	8.09E+00	1.13E+01	1.41E+01	1.79E+01	2.07E+01	2.61E+01	3.65E+01	6.36E+01	1.01E+02

R/mfp	E/MeV 1	0.8	0.6	0.5	0.4	0.3	0.2	0.15	0.1
0.5	1.47E+00	1.51E+00	1.56E+00	1.61E+00	1.66E+00	1.75E+00	1.92E+00	2.07E+00	2.36E+00
1.0	2.08E+00	2.18E+00	2.34E+00	2.45E+00	2.60E+00	2.84E+00	3.42E+00	3.91E+00	4.52E+00
2.0	3.62E+00	3.96E+00	4.48E+00	4.87E+00	5.42E+00	6.25E+00	8.22E+00	9.36E+00	1.17E+01
3.0	5.50E+00	6.24E+00	7.40E+00	8.29E+00	9.56E+00	1.15E+01	1.57E+01	1.86E+01	2.35E+01
4.0	7.66E+00	8.96E+00	1.11E+01	1.27E+01	1.51E+01	1.90E+01	2.64E+01	3.25E+01	4.06E+01
5.0	1.01E+01	1.21E+01	1.54E+01	1.81E+01	2.22E+01	2.88E+01	4.13E+01	5.20E+01	6.40E+01
6.0	1.28E+01	1.56E+01	2.06E+01	2.46E+01	3.08E+01	4.12E+01	6.10E+01	7.79E+01	9.48E+01
7.0	1.57E+01	1.96E+01	2.64E+01	3.22E+01	4.11E+01	5.65E+01	8.62E+01	1.11E+02	1.34E+02
8.0	1.89E+01	2.40E+01	3.30E+01	4.08E+01	5.32E+01	7.50E+01	1.18E+02	1.53E+02	1.83E+02
10.0	2.60E+01	3.39E+01	4.87E+01	6.18E+01	8.32E+01	1.22E+02	2.02E+02	2.68E+02	3.14E+02
15.0	4.74E+01	6.56E+01	1.02E+02	1.37E+02	1.97E+02	3.18E+02	5.82E+02	8.05E+02	9.17E+02
20.0	7.35E+01	1.06E+02	1.76E+02	2.47E+02	3.77E+02	6.56E+02	1.31E+03	1.89E+03	2.12E+03
25.0	1.04E+02	1.56E+02	2.72E+02	3.95E+02	6.32E+02	1.18E+03	2.58E+03	3.84E+03	4.26E+03
30.0	1.38E+02	2.13E+02	3.88E+02	5.82E+02	9.72E+02	1.93E+03	4.64E+03	7.05E+03	7.78E+03
35.0	1.75E+02	2.77E+02	5.25E+02	8.09E+02	1.40E+03	2.95E+03	7.89E+03	1.21E+04	1.31E+04
40.0	2.14E+02	3.49E+02	6.83E+02	1.08E+03	1.94E+03	4.28E+03	1.28E+04	1.96E+04	2.03E+04

续表

R/mfp	E/MeV						
	0.08	0.06	0.05	0.04	0.03	0.02	0.015
0.5	2.54E+00	2.63E+00	2.55E+00	2.27E+00	1.81E+00	1.29E+00	1.13E+00
1.0	4.93E+00	4.94E+00	4.51E+00	3.58E+00	2.43E+00	1.45E+00	1.19E+00
2.0	1.25E+01	1.15E+01	9.49E+00	6.41E+00	3.46E+00	1.70E+00	1.28E+00
3.0	2.43E+01	2.06E+01	1.57E+01	9.50E+00	4.41E+00	1.89E+00	1.34E+00
4.0	4.08E+01	3.24E+01	2.32E+01	1.28E+01	5.32E+00	2.05E+00	1.40E+00
5.0	6.27E+01	4.69E+01	3.18E+01	1.63E+01	6.18E+00	2.19E+00	1.44E+00
6.0	9.06E+01	6.43E+01	4.16E+01	1.99E+01	7.01E+00	2.31E+00	1.48E+00
7.0	1.25E+02	8.48E+01	5.26E+01	2.38E+01	7.81E+00	2.43E+00	1.51E+00
8.0	1.67E+02	1.09E+02	6.49E+01	2.78E+01	8.61E+00	2.53E+00	1.54E+00
10.0	2.78E+02	1.67E+02	9.33E+01	3.65E+01	1.02E+01	2.72E+00	1.59E+00
15.0	7.54E+02	3.90E+02	1.90E+02	6.16E+01	1.41E+01	3.13E+00	1.69E+00
20.0	1.65E+03	7.58E+02	3.31E+02	9.21E+01	1.81E+01	3.47E+00	1.77E+00
25.0	3.16E+03	1.32E+03	5.25E+02	1.28E+02	2.23E+01	3.76E+00	1.83E+00
30.0	5.56E+03	2.14E+03	7.79E+02	1.69E+02	2.67E+01	4.03E+00	1.88E+00
35.0	9.19E+03	3.27E+03	1.10E+03	2.16E+02	3.13E+01	4.25E+00	1.93E+00
40.0	1.45E+04	4.82E+03	1.51E+03	2.69E+02	3.59E+01	4.43E+00	1.96E+00

表 B.5　空气吸收剂量累积因子

R/mfp	E/MeV 15	10	8	6	5	4	3	2	1.5
0.5	1.15E+00	1.20E+00	1.23E+00	1.27E+00	1.29E+00	1.31E+00	1.34E+00	1.38E+00	1.42E+00
1.0	1.28E+00	1.37E+00	1.43E+00	1.52E+00	1.57E+00	1.63E+00	1.71E+00	1.83E+00	1.92E+00
2.0	1.49E+00	1.68E+00	1.80E+00	1.97E+00	2.09E+00	2.25E+00	2.46E+00	2.81E+00	3.09E+00
3.0	1.70E+00	1.97E+00	2.15E+00	2.41E+00	2.60E+00	2.85E+00	3.22E+00	3.86E+00	4.42E+00
4.0	1.90E+00	2.26E+00	2.50E+00	2.85E+00	3.11E+00	3.46E+00	4.00E+00	4.96E+00	5.86E+00
5.0	2.11E+00	2.54E+00	2.84E+00	3.28E+00	3.61E+00	4.07E+00	4.79E+00	6.13E+00	7.42E+00
6.0	2.30E+00	2.82E+00	3.17E+00	3.71E+00	4.12E+00	4.69E+00	5.60E+00	7.35E+00	9.08E+00
7.0	2.50E+00	3.10E+00	3.51E+00	4.14E+00	4.62E+00	5.31E+00	6.43E+00	8.61E+00	1.08E+01
8.0	2.70E+00	3.37E+00	3.84E+00	4.57E+00	5.12E+00	5.94E+00	7.26E+00	9.92E+00	1.27E+01
10.0	3.08E+00	3.92E+00	4.49E+00	5.42E+00	6.13E+00	7.19E+00	8.97E+00	1.26E+01	1.67E+01
15.0	4.03E+00	5.25E+00	6.08E+00	7.51E+00	8.63E+00	1.03E+01	1.34E+01	2.00E+01	2.77E+01
20.0	4.96E+00	6.55E+00	7.64E+00	9.58E+00	1.11E+01	1.35E+01	1.79E+01	2.79E+01	4.02E+01
25.0	5.87E+00	7.84E+00	9.17E+00	1.16E+01	1.36E+01	1.67E+01	2.25E+01	3.62E+01	5.39E+01
30.0	6.75E+00	9.11E+00	1.07E+01	1.36E+01	1.61E+01	1.99E+01	2.72E+01	4.50E+01	6.85E+01
35.0	7.58E+00	1.04E+01	1.23E+01	1.54E+01	1.85E+01	2.31E+01	3.20E+01	5.40E+01	8.40E+01
40.0	8.31E+00	1.16E+01	1.41E+01	1.69E+01	2.10E+01	2.63E+01	3.67E+01	6.32E+01	1.00E+02

R/mfp	E/MeV 1	0.8	0.6	0.5	0.4	0.3	0.2	0.15	0.1
0.5	1.47E+00	1.50E+00	1.56E+00	1.60E+00	1.66E+00	1.75E+00	1.90E+00	2.16E+00	2.35E+00
1.0	2.08E+00	2.17E+00	2.33E+00	2.44E+00	2.59E+00	2.83E+00	3.28E+00	3.83E+00	4.46E+00
2.0	3.60E+00	3.94E+00	4.46E+00	4.84E+00	5.37E+00	6.20E+00	7.74E+00	9.21E+00	1.14E+01
3.0	5.46E+00	6.19E+00	7.34E+00	8.21E+00	9.45E+00	1.14E+01	1.50E+01	1.82E+01	2.25E+01
4.0	7.60E+00	8.88E+00	1.09E+01	1.26E+01	1.49E+01	1.87E+01	2.56E+01	3.15E+01	3.84E+01
5.0	1.00E+01	1.20E+01	1.53E+01	1.79E+01	2.18E+01	2.82E+01	4.00E+01	4.99E+01	5.99E+01
6.0	1.27E+01	1.55E+01	2.03E+01	2.42E+01	3.02E+01	4.02E+01	5.89E+01	7.42E+01	8.78E+01
7.0	1.56E+01	1.94E+01	2.60E+01	3.16E+01	4.02E+01	5.49E+01	8.28E+01	1.05E+02	1.23E+02
8.0	1.88E+01	2.37E+01	3.25E+01	4.01E+01	5.20E+01	7.27E+01	1.12E+02	1.44E+02	1.66E+02
10.0	2.58E+01	3.35E+01	4.79E+01	6.06E+01	8.11E+01	1.18E+02	1.92E+02	2.49E+02	2.82E+02
15.0	4.70E+01	6.49E+01	1.00E+02	1.34E+02	1.91E+02	3.04E+02	5.45E+02	7.35E+02	8.00E+02
20.0	7.28E+01	1.05E+02	1.73E+02	2.41E+02	3.65E+02	6.24E+02	1.22E+03	1.70E+03	1.81E+03
25.0	1.03E+02	1.54E+02	2.66E+02	3.85E+02	6.11E+02	1.12E+03	2.36E+03	3.41E+01	3.57E+03
30.0	1.36E+02	2.10E+02	3.79E+02	5.67E+02	9.38E+02	1.82E+03	4.15E+03	6.21E+03	6.43E+03
35.0	1.73E+02	2.74E+02	5.12E+02	7.88E+02	1.35E+03	2.77E+03	6.77E+03	1.05E+04	1.06E+04
40.0	2.12E+02	3.45E+02	6.65E+02	1.05E+03	1.87E+03	4.01E+03	1.05E+04	1.70E+04	1.57E+04

续表

	E/MeV						
R/mfp	0.08	0.06	0.05	0.04	0.03	0.02	0.015
0.5	2.52E+00	2.58E+00	2.48E+00	2.20E+00	1.76E+00	1.27E+00	1.12E+00
1.0	4.83E+00	4.76E+00	4.28E+00	3.38E+00	2.31E+00	1.41E+00	1.17E+00
2.0	1.20E+01	1.08E+01	8.72E+00	5.85E+00	3.19E+00	1.62E+00	1.25E+00
3.0	2.29E+01	1.89E+01	1.41E+01	8.47E+00	3.99E+00	1.79E+00	1.31E+00
4.0	3.79E+01	2.91E+01	2.05E+01	1.12E+01	4.75E+00	1.93E+00	1.36E+00
5.0	5.74E+01	4.15E+01	2.76E+01	1.41E+01	5.46E+00	2.04E+00	1.39E+00
6.0	8.20E+01	5.61E+01	3.57E+01	1.70E+01	6.14E+00	2.15E+00	1.43E+00
7.0	1.12E+02	7.32E+01	4.46E+01	2.01E+01	6.79E+00	2.25E+00	1.46E+00
8.0	1.48E+02	9.27E+01	5.44E+01	2.33E+01	7.43E+00	2.34E+00	1.48E+00
10.0	2.42E+02	1.40E+02	7.68E+01	3.00E+01	8.69E+00	2.50E+00	1.53E+00
15.0	6.36E+02	3.16E+02	1.51E+02	4.90E+01	1.18E+01	2.83E+00	1.62E+00
20.0	1.35E+03	5.96E+02	2.56E+02	7.14E+01	1.48E+01	3.11E+00	1.68E+00
25.0	2.54E+03	1.01E+03	3.95E+02	9.72E+01	1.80E+01	3.35E+00	1.74E+00
30.0	4.39E+03	1.60E+03	5.74E+02	1.26E+02	2.15E+01	3.56E+00	1.78E+00
35.0	7.14E+03	2.41E+03	7.98E+02	1.59E+02	2.54E+01	3.74E+00	1.82E+00
40.0	1.11E+04	3.48E+03	1.07E+03	1.95E+02	2.97E+01	3.88E+00	1.85E+00

表 B.6　NBS 混凝土吸收剂量累积因子

	E/MeV								
R/mfp	15	10	8	6	5	4	3	2	1.5
0.5	1.13E+00	1.18E+00	1.21E+00	1.25E+00	1.32E+00	1.31E+00	1.34E+00	1.39E+00	1.42E+00
1.0	1.24E+00	1.34E+00	1.40E+00	1.48E+00	1.57E+00	1.62E+00	1.70E+00	1.83E+00	1.93E+00
2.0	1.42E+00	1.61E+00	1.74E+00	1.92E+00	2.05E+00	2.22E+00	2.44E+00	2.80E+00	3.08E+00
3.0	1.61E+00	1.88E+00	2.07E+00	2.35E+00	2.54E+00	2.81E+00	3.19E+00	3.82E+00	4.36E+00
4.0	1.80E+00	2.16E+00	2.40E+00	2.77E+00	3.04E+00	3.41E+00	3.96E+00	4.92E+00	5.77E+00
5.0	1.99E+00	2.43E+00	2.73E+00	3.20E+00	3.55E+00	4.03E+00	4.76E+00	6.07E+00	7.28E+00
6.0	2.18E+00	2.71E+00	3.07E+00	3.64E+00	4.06E+00	4.66E+00	5.58E+00	7.28E+00	8.90E+00
7.0	2.38E+00	2.99E+00	3.41E+00	4.08E+00	4.58E+00	5.29E+00	6.42E+00	8.55E+00	1.06E+01
8.0	2.58E+00	3.28E+00	3.76E+00	4.52E+00	5.10E+00	5.94E+00	7.27E+00	9.86E+00	1.24E+01
10.0	3.00E+00	3.85E+00	4.45E+00	5.42E+00	6.16E+00	7.24E+00	9.02E+00	1.26E+01	1.63E+01
15.0	4.08E+00	5.33E+00	6.21E+00	7.70E+00	8.86E+00	1.06E+01	1.36E+01	2.00E+01	2.71E+01
20.0	5.23E+00	6.86E+00	8.00E+00	1.00E+01	1.16E+01	1.41E+01	1.84E+01	2.81E+01	3.93E+01
25.0	6.45E+00	8.45E+00	9.83E+00	1.24E+01	1.44E+01	1.76E+01	2.33E+01	3.67E+01	5.26E+01
30.0	7.71E+00	1.01E+01	1.17E+01	1.47E+01	1.73E+01	2.12E+01	2.84E+01	4.57E+01	6.70E+01
35.0	8.97E+00	1.17E+01	1.37E+01	1.68E+01	2.02E+01	2.48E+01	3.36E+01	5.50E+01	8.21E+01
40.0	1.02E+01	1.34E+01	1.60E+01	1.86E+01	2.39E+01	2.85E+01	3.88E+01	6.46E+01	9.80E+01

	E/MeV								
R/mfp	1	0.8	0.6	0.5	0.4	0.3	0.2	0.15	0.1
0.5	1.49E+00	1.53E+00	1.60E+00	1.66E+00	1.73E+00	1.86E+00	2.11E+00	2.32E+00	2.39E+00
1.0	2.11E+00	2.22E+00	2.41E+00	2.55E+00	2.74E+00	3.06E+00	3.65E+00	4.04E+00	3.89E+00
2.0	3.59E+00	3.94E+00	4.48E+00	4.89E+00	5.46E+00	6.32E+00	7.69E+00	8.29E+00	7.06E+00
3.0	5.35E+00	6.03E+00	7.10E+00	7.89E+00	9.00E+00	1.06E+01	1.29E+01	1.35E+01	1.04E+01
4.0	7.35E+00	8.48E+00	1.03E+01	1.16E+01	1.34E+01	1.60E+01	1.93E+01	1.96E+01	1.41E+01
5.0	9.61E+00	1.13E+01	1.40E+01	1.60E+01	1.87E+01	2.25E+01	2.70E+01	2.67E+01	1.79E+01
6.0	1.21E+01	1.45E+01	1.82E+01	2.11E+01	2.50E+01	3.03E+01	3.60E+01	3.48E+01	2.21E+01
7.0	1.48E+01	1.80E+01	2.31E+01	2.70E+01	3.23E+01	3.95E+01	4.66E+01	4.40E+01	2.66E+01
8.0	1.78E+01	2.19E+01	2.86E+01	3.37E+01	4.07E+01	5.01E+01	5.88E+01	5.45E+01	3.15E+01
10.0	2.43E+01	3.07E+01	4.13E+01	4.96E+01	6.09E+01	7.62E+01	8.85E+01	7.91E+01	4.21E+01
15.0	4.40E+01	5.85E+01	8.40E+01	1.05E+02	1.34E+02	1.74E+02	1.99E+02	1.65E+02	7.47E+01
20.0	6.79E+01	9.41E+01	1.42E+02	1.83E+02	2.43E+02	3.26E+02	3.72E+02	2.92E+02	1.16E+02
25.0	9.55E+01	1.37E+02	2.16E+02	2.86E+02	3.92E+02	5.43E+02	6.20E+02	4.63E+02	1.65E+02
30.0	1.26E+02	1.86E+02	3.05E+02	4.14E+02	5.83E+02	8.34E+02	9.58E+02	6.86E+02	2.22E+02
35.0	1.60E+02	2.42E+02	4.08E+02	5.67E+02	8.20E+02	1.21E+03	1.40E+03	9.63E+02	2.86E+02
40.0	1.97E+02	3.03E+02	5.27E+02	7.47E+02	1.10E+03	1.67E+03	1.94E+03	1.30E+03	3.58E+02

续表

	E/MeV						
R/mfp	0.08	0.06	0.05	0.04	0.03	0.02	0.015
0.5	2.19E+00	1.68E+00	1.48E+00	1.31E+00	1.15E+00	1.05E+00	1.02E+00
1.0	3.27E+00	2.25E+00	1.83E+00	1.47E+00	1.22E+00	1.07E+00	1.03E+00
2.0	5.30E+00	3.25E+00	2.40E+00	1.72E+00	1.31E+00	1.09E+00	1.04E+00
3.0	7.26E+00	4.02E+00	2.78E+00	1.90E+00	1.38E+00	1.11E+00	1.05E+00
4.0	9.21E+00	4.74E+00	3.12E+00	2.04E+00	1.43E+00	1.13E+00	1.05E+00
5.0	1.12E+01	5.43E+00	3.43E+00	2.17E+00	1.47E+00	1.14E+00	1.06E+00
6.0	1.32E+01	6.08E+00	3.73E+00	2.28E+00	1.51E+00	1.15E+00	1.06E+00
7.0	1.53E+01	6.72E+00	4.01E+00	2.39E+00	1.55E+00	1.16E+00	1.07E+00
8.0	1.74E+01	7.35E+00	4.27E+00	2.48E+00	1.58E+00	1.17E+00	1.07E+00
10.0	2.19E+01	8.59E+00	4.77E+00	2.66E+00	1.63E+00	1.18E+00	1.08E+00
15.0	3.41E+01	1.16E+01	5.89E+00	3.02E+00	1.74E+00	1.21E+00	1.09E+00
20.0	4.76E+01	1.45E+01	6.88E+00	3.31E+00	1.82E+00	1.22E+00	1.09E+00
25.0	6.24E+01	1.74E+01	7.80E+00	3.57E+00	1.89E+00	1.24E+00	1.10E+00
30.0	7.83E+01	2.00E+01	8.64E+00	3.79E+00	1.95E+00	1.25E+00	1.11E+00
35.0	9.53E+01	2.23E+01	9.36E+00	3.96E+00	1.99E+00	1.27E+00	1.11E+00
40.0	1.13E+02	2.39E+01	9.93E+00	4.08E+00	2.02E+00	1.27E+00	1.11E+00

附录 C　G-P 公式参数

表 C.1　吸收剂量累积因子 G-P 公式参数

铝

E/MeV	b	C	a	Xk	d	Max. Dev.	Xmax	St. Dev.
0.015	1.029	0.364	0.240	14.12	−0.1704	0.46%	25.0	0.236%
0.020	1.072	0.349	0.241	14.25	−0.1280	0.33%	8.0	0.168%
0.030	1.226	0.415	0.206	14.06	−0.1131	1.61%	0.5	0.690%
0.040	1.504	0.492	0.172	14.83	−0.0948	1.99%	0.5	0.750%
0.050	1.935	0.570	0.148	14.64	−0.0888	4.07%	0.5	1.411%
0.060	2.436	0.683	0.109	14.74	−0.0784	2.72%	0.5	1.314%
0.080	3.399	0.926	0.033	14.11	−0.0328	0.89%	35.0	0.541%
0.100	3.991	1.148	−0.020	13.53	−0.0085	0.84%	2.0	0.401%
0.150	4.141	1.441	−0.076	14.24	0.0185	1.99%	0.5	0.779%
0.200	3.690	1.585	−0.100	14.16	0.0316	3.23%	0.5	1.309%
0.300	3.101	1.636	−0.109	14.26	0.0349	2.83%	0.5	1.263%
0.400	2.791	1.593	−0.103	14.76	0.0306	1.05%	3.0	0.656%
0.500	2.609	1.528	−0.093	15.47	0.0249	2.47%	0.5	0.832%
0.600	2.428	1.521	−0.096	14.79	0.0322	1.73%	0.5	0.750%
0.800	2.237	1.439	−0.084	14.68	0.0284	1.53%	0.5	0.642%
1.000	2.119	1.368	−0.073	15.07	0.0287	1.26%	0.5	0.531%
1.500	1.940	1.245	−0.052	14.72	0.0196	1.41%	0.5	0.527%
2.000	1.835	1.160	−0.034	14.89	0.0107	0.69%	0.5	0.237%
3.000	1.694	1.059	−0.011	10.74	−0.0011	0.35%	1.0	0.179%
4.000	1.605	0.992	0.006	12.74	−0.0087	0.93%	1.0	0.444%
5.000	1.533	0.945	0.021	14.17	−0.0223	2.36%	1.0	0.782%
6.000	1.464	0.936	0.024	15.05	−0.0290	1.08%	1.0	0.525%
8.000	1.374	0.913	0.031	14.15	−0.0269	1.47%	0.5	0.721%
10.000	1.308	0.904	0.036	14.30	−0.0322	1.79%	0.5	1.186%
15.000	1.228	0.833	0.064	14.20	−0.0587	2.12%	3.0	1.186%

表 C.2 照射量累积因子 G-P 公式参数

铝

E/MeV	b	C	a	Xk	d	Max. Dev.	Xmax	St. Dev.
0.015	1.029	0.394	0.206	15.51	−0.1388	0.45%	6.0	0.223%
0.020	1.067	0.384	0.220	13.81	−0.1204	0.71%	0.5	0.312%
0.030	1.223	0.422	0.198	15.10	−0.1042	1.83%	0.5	0.635%
0.040	1.480	0.503	0.166	14.78	−0.0893	1.72%	0.5	0.697%
0.050	1.765	0.666	0.099	16.34	−0.0493	2.10%	2.0	0.722%
0.060	2.189	0.697	0.104	12.90	−0.0580	3.00%	0.5	1.356%
0.080	2.640	0.924	0.035	12.99	−0.0351	1.54%	0.5	0.666%
0.100	2.847	1.110	−0.009	12.98	−0.0187	0.63%	0.5	0.413%
0.150	2.877	1.357	−0.058	21.73	0.0071	0.48%	4.0	0.243%
0.200	2.762	1.455	−0.074	17.02	0.0114	0.44%	1.0	0.196%
0.300	2.546	1.510	−0.085	16.22	0.0172	0.48%	4.0	0.215%
0.400	2.403	1.498	−0.085	16.45	0.0189	0.54%	1.0	0.237%
0.500	2.287	1.474	−0.083	16.41	0.0194	0.31%	1.0	0.181%
0.600	2.197	1.448	−0.081	17.03	0.0227	0.67%	15.0	0.293%
0.800	2.080	1.384	−0.072	16.24	0.0202	0.64%	0.5	0.283%
1.000	1.994	1.336	−0.066	15.85	0.0215	0.60%	6.0	0.282%
1.500	1.855	1.230	−0.048	16.01	0.0171	0.45%	15.0	0.226%
2.000	1.781	1.153	−0.032	15.32	0.0091	0.32%	0.5	0.142%
3.000	1.673	1.057	−0.010	10.79	−0.0025	0.42%	1.0	0.202%
4.000	1.607	0.974	0.013	12.22	−0.0164	1.05%	0.5	0.498%
5.000	1.529	0.957	0.018	10.90	−0.0157	0.92%	0.5	0.413%
6.000	1.481	0.933	0.026	12.33	−0.0239	1.13%	0.5	0.524%
8.000	1.396	0.917	0.030	13.88	−0.0262	1.37%	0.5	0.677%
10.000	1.334	0.902	0.038	13.03	−0.0332	1.48%	0.5	0.719%
15.000	1.244	0.869	0.050	14.91	−0.0476	1.97%	0.5	1.098%

表 C.3 吸收剂量累积因子 G-P 公式参数

铁

E/MeV	b	C	a	Xk	d	Max. Dev.	Xmax	St. Dev.
0.015	1.004	1.561	−0.554	5.60	0.3524	0.40%	1.0	0.129%
0.020	1.010	0.258	0.319	18.22	−0.2950	0.49%	3.0	0.247%
0.030	1.027	0.318	0.252	18.88	−0.1913	0.70%	2.0	0.291%
0.040	1.058	0.331	0.248	13.93	−0.1315	0.38%	35.0	0.249%
0.050	1.105	0.344	0.243	14.40	−0.1356	1.09%	0.5	0.383%
0.060	1.167	0.372	0.229	14.70	−0.1365	1.18%	0.5	0.530%
0.080	1.340	0.442	0.191	15.11	−0.1085	1.66%	0.5	0.685%
0.100	1.600	0.484	0.178	15.00	−0.1050	1.40%	3.0	0.880%
0.150	2.422	0.584	0.151	14.99	−0.1187	5.48%	0.5	2.542%
0.200	2.887	0.788	0.080	13.12	−0.0720	5.51%	0.5	2.306%
0.300	3.035	1.034	0.010	12.47	−0.0359	2.86%	0.5	1.456%
0.400	2.823	1.164	−0.020	11.68	−0.0210	1.90%	0.5	0.962%
0.500	2.626	1.225	−0.034	10.32	−0.0132	1.28%	0.5	0.635%
0.600	2.486	1.241	−0.038	10.26	−0.0113	1.01%	20.0	0.612%
0.800	2.277	1.241	−0.039	8.31	−0.0126	0.63%	40.0	0.404%
1.000	2.130	1.256	−0.049	18.40	0.0121	0.73%	4.0	0.343%
1.500	1.938	1.193	−0.039	15.35	0.0096	0.62%	1.0	0.280%
2.000	1.827	1.135	−0.026	25.39	0.0074	0.71%	1.0	0.238%
3.000	1.684	1.035	0.002	12.45	−0.0184	0.94%	1.0	0.587%
4.000	1.565	0.996	0.014	13.95	−0.0296	2.03%	0.5	0.976%
5.000	1.476	0.969	0.024	14.14	−0.0384	1.66%	4.0	0.981%
6.000	1.394	0.977	0.023	14.33	−0.0380	1.83%	1.0	0.919%
8.000	1.299	0.958	0.033	14.00	−0.0446	2.38%	0.5	1.123%
10.000	1.235	0.958	0.037	14.27	−0.0483	2.76%	1.0	1.262%
15.000	1.148	0.955	0.047	14.63	−0.0535	2.71%	1.0	1.268%

表 C.4 照射量累积因子 G-P 公式参数

铁

E/MeV	b	C	a	Xk	d	Max. Dev.	Xmax	St. Dev.
0.015	1.004	1.561	−0.554	5.60	0.3524	0.40%	1.0	0.129%
0.020	1.012	0.130	0.620	11.39	−0.6162	0.43%	2.0	0.219%
0.030	1.028	0.374	0.190	29.34	−0.3170	0.65%	3.0	0.281%
0.040	1.058	0.336	0.248	11.65	−0.1188	0.50%	7.0	0.238%
0.050	1.099	0.366	0.232	14.01	−0.1354	0.65%	3.0	0.343%
0.060	1.148	0.405	0.208	14.17	−0.1142	1.53%	0.5	0.577%
0.080	1.267	0.470	0.180	14.48	−0.0974	2.32%	0.5	0.892%
0.100	1.389	0.557	0.144	14.11	−0.0791	2.58%	0.5	1.040%
0.150	1.660	0.743	0.079	14.12	−0.0476	2.93%	0.5	1.143%
0.200	1.839	0.911	0.034	13.23	−0.0334	2.60%	0.5	1.169%
0.300	1.973	1.095	−0.009	11.86	−0.0183	2.34%	0.5	0.955%
0.400	1.992	1.187	−0.027	10.72	−0.0140	1.84%	0.5	0.777%
0.500	1.967	1.240	−0.039	8.34	−0.0074	1.74%	0.5	0.660%
0.600	1.947	1.247	−0.040	8.20	−0.0096	1.09%	0.5	0.512%
0.800	1.906	1.233	−0.038	7.93	−0.0110	1.15%	2.0	0.516%
1.000	1.841	1.250	−0.048	19.49	0.0140	1.16%	0.5	0.400%
1.500	1.750	1.197	−0.040	15.90	0.0110	1.05%	0.5	0.318%
2.000	1.712	1.123	−0.021	7.97	−0.0057	0.42%	0.5	0.250%
3.000	1.627	1.059	−0.005	11.99	−0.0132	0.85%	0.5	0.507%
4.000	1.553	1.026	0.005	12.93	−0.0191	1.93%	0.5	0.791%
5.000	1.483	1.009	0.012	13.12	−0.0258	2.24%	0.5	0.939%
6.000	1.442	0.980	0.023	13.37	−0.0355	2.16%	0.5	1.120%
8.000	1.354	0.974	0.029	13.65	−0.0424	3.36%	0.5	1.370%
10.000	1.297	0.949	0.042	13.91	−0.0561	3.23%	0.5	1.500%
15.000	1.199	0.957	0.049	14.37	−0.0594	3.38%	0.5	1.553%

表 C.5 吸收剂量累积因子 G-P 公式参数

铅

E/MeV	b	C	a	Xk	d	Max. Dev.	Xmax	St. Dev.
0.015	—	—	—	—	—	—	—	—
0.020	—	—	—	—	—	—	—	—
0.030	1.003	0.506	0.167	14.21	−0.0950	0.10%	0.5	0.040%
0.040	1.007	0.414	0.227	13.71	−0.1370	0.10%	5.0	0.050%
0.050	1.013	0.368	0.273	13.99	−0.1844	0.20%	0.5	0.070%
0.060	1.020	0.413	0.226	13.73	−0.1353	0.20%	0.5	0.100%
0.080	1.044	0.403	0.227	13.24	−0.1318	0.60%	0.5	0.250%
0.100	2.014	1.393	0.083	20.93	−0.0912	10.00%	3.0	5.320%
0.150	1.783	0.318	0.310	26.45	−0.1233	2.80%	0.5	1.290%
0.200	1.588	0.097	0.441	14.49	−0.1076	0.80%	1.0	0.270%
0.300	1.494	0.183	0.421	12.80	−0.2485	2.40%	0.5	1.200%
0.400	1.237	0.552	0.134	15.25	−0.0504	1.00%	0.5	0.430%
0.500	1.332	0.590	0.127	14.62	−0.0572	0.90%	1.0	0.520%
0.600	1.424	0.621	0.113	13.77	−0.0478	0.70%	0.5	0.420%
0.800	1.533	0.682	0.094	14.43	−0.0455	0.90%	10.0	0.530%
1.000	1.589	0.744	0.076	14.76	−0.0406	0.80%	10.0	0.530%
1.500	1.656	0.778	0.069	13.61	−0.0452	1.40%	0.5	0.730%
2.000	1.670	0.785	0.079	13.58	−0.0696	4.20%	0.5	1.660%
3.000	1.575	0.778	0.096	13.78	−0.1032	8.40%	0.5	3.060%
4.000	1.612	0.706	0.137	14.11	−0.1471	11.30%	0.5	4.140%
5.000	1.530	0.722	0.139	14.19	−0.1526	12.10%	0.5	4.360%
6.000	1.497	0.721	0.145	14.37	−0.1578	11.50%	0.5	4.260%
8.000	1.443	0.808	0.123	14.30	−0.1385	10.90%	0.5	4.150%
10.000	1.424	0.940	0.090	14.20	−0.1121	10.40%	0.5	3.920%
15.000	1.404	1.124	0.065	13.91	−0.0991	9.20%	0.5	3.790%

表 C.6　照射量累积因子 G-P 公式参数

铅

E/MeV	b	C	a	Xk	d	Max. Dev.	Xmax	St. Dev.
0.015	—	—	—	—	—	—	—	—
0.020	—	—	—	—	—	—	—	—
0.030	1.003	0.396	0.248	14.56	−0.1696	0.10%	5.0	0.040%
0.040	1.007	0.438	0.204	14.26	−0.1093	0.10%	3.0	0.050%
0.050	1.012	0.405	0.244	14.18	−0.1624	0.10%	0.5	0.000%
0.060	1.017	0.487	0.180	13.37	−0.1037	0.30%	0.5	0.110%
0.080	1.033	0.523	0.153	13.30	−0.0777	0.40%	0.5	0.170%
0.100	2.037	1.432	0.079	18.37	−0.0935	10.50%	40.0	5.970%
0.150	1.408	0.362	0.281	21.46	−0.0964	1.20%	0.5	0.660%
0.200	1.184	0.190	0.381	13.27	−0.1868	0.50%	3.0	0.260%
0.300	1.122	0.533	0.137	13.69	−0.0612	0.80%	0.5	0.320%
0.400	1.135	0.670	0.085	19.56	−0.0325	0.50%	0.5	0.260%
0.500	1.179	0.725	0.072	14.89	−0.0244	0.70%	3.0	0.360%
0.600	1.228	0.744	0.064	14.47	−0.0184	0.90%	3.0	0.400%
0.800	1.283	0.800	0.050	15.20	−0.0191	0.90%	0.5	0.430%
1.000	1.318	0.860	0.035	16.49	−0.0154	0.70%	3.0	0.380%
1.500	1.375	0.891	0.029	13.29	−0.0168	0.50%	2.0	0.350%
2.000	1.388	0.939	0.024	13.33	−0.0266	1.00%	0.5	0.510%
3.000	1.385	0.960	0.029	13.48	−0.0421	3.60%	0.5	1.310%
4.000	1.378	0.954	0.042	14.04	−0.0603	4.60%	0.5	1.720%
5.000	1.361	0.956	0.051	13.95	−0.0709	5.30%	0.5	2.060%
6.000	1.377	0.941	0.062	14.14	−0.0795	5.30%	0.5	2.150%
8.000	1.424	0.968	0.068	13.98	−0.0874	4.20%	0.5	2.350%
10.000	1.448	1.121	0.036	13.98	−0.0599	5.50%	0.5	2.200%
15.000	1.548	1.287	0.024	13.50	−0.0571	4.70%	0.5	2.210%

表 C.7 吸收剂量累积因子 G-P 公式参数

水

E/MeV	b	C	a	Xk	d	Max. Dev.	Xmax	St. Dev.
0.015	1.188	0.464	0.172	14.00	−0.0829	1.37%	0.5	0.508%
0.020	1.449	0.532	0.152	14.61	−0.0764	1.91%	0.5	0.730%
0.030	2.411	0.741	0.084	14.62	−0.0452	2.29%	0.5	1.065%
0.040	3.587	1.114	−0.018	12.48	0.0013	0.68%	0.5	0.248%
0.050	4.554	1.457	−0.084	13.69	0.0341	1.47%	35.0	0.977%
0.060	5.018	1.735	−0.127	13.70	0.0676	2.37%	35.0	1.564%
0.080	5.030	2.054	−0.167	13.84	0.0763	3.00%	35.0	1.982%
0.100	4.627	2.207	−0.184	13.27	0.0799	2.98%	10.0	1.885%
0.150	3.888	2.206	−0.180	14.27	0.0738	2.37%	0.5	1.478%
0.200	3.462	2.132	−0.173	14.51	0.0750	2.36%	0.5	1.335%
0.300	2.897	2.008	−0.162	14.18	0.0641	2.40%	35.0	1.412%
0.400	2.646	1.874	−0.148	14.16	0.0591	2.41%	35.0	1.377%
0.500	2.499	1.749	−0.132	14.36	0.0517	2.00%	1.0	1.195%
0.600	2.383	1.662	−0.121	14.19	0.0482	1.97%	35.0	1.224%
0.800	2.223	1.524	−0.101	14.31	0.0403	1.97%	1.0	1.078%
1.000	2.106	1.436	−0.088	14.19	0.0367	1.68%	0.5	0.970%
1.500	1.948	1.265	−0.057	14.98	0.0245	1.51%	0.5	0.616%
2.000	1.843	1.169	−0.038	14.22	0.0157	1.61%	0.5	0.551%
3.000	1.716	1.050	−0.011	13.63	0.0027	0.97%	0.5	0.314%
4.000	1.633	0.979	0.007	14.23	−0.0060	0.65%	0.5	0.252%
5.000	1.571	0.928	0.022	13.20	−0.0157	0.62%	4.0	0.336%
6.000	1.521	0.893	0.033	11.92	−0.0208	1.87%	1.0	0.636%
8.000	1.432	0.873	0.038	11.56	−0.0204	0.59%	3.0	0.355%
10.000	1.378	0.849	0.045	14.34	−0.0280	0.98%	0.5	0.574%
15.000	1.280	0.829	0.052	14.85	−0.0367	1.23%	3.0	0.688%

表 C.8　照射量累积因子 G-P 公式参数

水

E/MeV	b	C	a	Xk	d	Max. Dev.	Xmax	St. Dev.
0.015	1.182	0.463	0.175	14.23	−0.0908	1.69%	0.5	0.634%
0.020	1.427	0.549	0.143	14.86	−0.0707	2.31%	0.5	0.780%
0.030	2.335	0.736	0.087	13.28	−0.0419	2.34%	0.5	1.180%
0.040	3.477	1.117	−0.019	11.67	0.0026	0.89%	0.5	0.298%
0.050	4.461	1.457	−0.084	13.62	0.0341	1.26%	10.0	0.850%
0.060	4.983	1.730	−0.126	13.64	0.0561	2.22%	10.0	1.563%
0.080	5.059	2.059	−0.168	13.67	0.0770	2.94%	35.0	1.946%
0.100	4.663	2.221	−0.186	13.33	0.0826	3.02%	10.0	1.925%
0.150	3.897	2.242	−0.185	14.19	0.0777	2.55%	15.0	1.584%
0.200	3.478	2.154	−0.176	14.50	0.0774	2.50%	0.5	1.492%
0.300	2.920	2.022	−0.164	14.21	0.0655	2.46%	1.0	1.471%
0.400	2.660	1.882	−0.149	14.24	0.0595	2.17%	35.0	1.372%
0.500	2.500	1.766	−0.135	14.33	0.0546	2.46%	1.0	1.380%
0.600	2.377	1.679	−0.124	14.23	0.0503	2.02%	1.0	1.265%
0.800	2.212	1.544	−0.105	14.36	0.0437	1.97%	0.5	1.186%
1.000	2.103	1.441	−0.089	14.22	0.0378	1.55%	0.5	0.895%
1.500	1.939	1.269	−0.058	14.52	0.0246	1.91%	0.5	0.757%
2.000	1.839	1.173	−0.039	14.07	0.0161	1.45%	0.5	0.522%
3.000	1.710	1.056	−0.013	11.82	0.0047	0.70%	0.5	0.239%
4.000	1.621	0.989	0.004	13.45	−0.0041	0.55%	1.0	0.211%
5.000	1.554	0.939	0.018	13.55	−0.0122	0.51%	30.0	0.333%
6.000	1.507	0.903	0.029	16.13	−0.0272	0.85%	25.0	0.475%
8.000	1.422	0.879	0.035	13.36	−0.0191	0.89%	0.5	0.445%
10.000	1.362	0.859	0.042	13.37	−0.0247	0.90%	0.5	0.453%
15.000	1.267	0.843	0.047	15.08	−0.0336	1.02%	1.0	0.604%

表 C. 9 吸收剂量累积因子 G-P 公式参数

空气

E/MeV	b	C	a	Xk	d	Max. Dev.	Xmax	St. Dev.
0.015	1.170	0.459	0.175	13.73	−0.0862	1.45%	0.5	0.512%
0.020	1.407	0.512	0.161	14.40	−0.0819	2.15%	0.5	0.830%
0.030	2.292	0.693	0.102	13.34	−0.0484	2.48%	0.5	1.240%
0.040	3.390	1.052	−0.004	19.76	−0.0068	0.95%	0.5	0.383%
0.050	4.322	1.383	−0.071	13.51	0.0270	1.19%	4.0	0.782%
0.060	4.837	1.653	−0.115	13.66	0.0511	2.37%	0.5	1.422%
0.080	4.929	1.983	−0.159	13.74	0.0730	2.73%	10.0	1.909%
0.100	4.580	2.146	−0.178	12.83	0.0759	2.69%	1.0	1.733%
0.150	3.894	2.148	−0.173	14.46	0.0698	2.51%	35.0	1.506%
0.200	3.345	2.147	−0.176	14.08	0.0719	2.51%	35.0	1.540%
0.300	2.887	1.990	−0.160	14.13	0.0633	2.29%	25.0	1.450%
0.400	2.635	1.860	−0.146	14.24	0.0583	2.17%	35.0	1.377%
0.500	2.496	1.736	−0.130	14.32	0.0505	2.30%	1.0	1.267%
0.600	2.371	1.656	−0.120	14.27	0.0472	1.80%	25.0	1.198%
0.800	2.207	1.532	−0.103	14.12	0.0425	1.92%	0.5	1.131%
1.000	2.102	1.428	−0.086	14.35	0.0344	1.63%	0.5	0.858%
1.500	1.939	1.265	−0.057	14.24	0.0232	1.22%	0.5	0.610%
2.000	1.835	1.173	−0.039	14.07	0.0161	1.31%	0.5	0.534%
3.000	1.712	1.051	−0.011	13.67	0.0024	0.81%	0.5	0.254%
4.000	1.627	0.983	0.006	13.51	−0.0051	0.44%	5.0	0.257%
5.000	1.558	0.943	0.017	13.82	−0.0117	0.76%	1.0	0.371%
6.000	1.505	0.915	0.025	16.37	−0.0231	0.99%	1.0	0.513%
8.000	1.418	0.891	0.032	12.06	−0.0167	1.12%	0.5	0.418%
10.000	1.358	0.875	0.037	14.01	−0.0226	1.16%	0.5	0.547%
15.000	1.267	0.844	0.048	14.55	−0.0344	1.08%	4.0	0.651%

表 C.10 照射量累积因子 G-P 公式参数

空气

E/MeV	b	C	a	Xk	d	Max. Dev.	Xmax	St. Dev.
0.015	1.170	0.459	0.175	13.73	−0.0862	1.45%	0.5	0.512%
0.020	1.407	0.512	0.161	14.40	−0.0819	2.15%	0.5	0.830%
0.030	2.292	0.693	0.102	13.34	−0.0484	2.48%	0.5	1.240%
0.040	3.390	1.052	−0.004	19.76	−0.0068	0.95%	0.5	0.383%
0.050	4.322	1.383	−0.071	13.51	0.0270	1.19%	4.0	0.782%
0.060	4.837	1.653	−0.115	13.66	0.0511	2.37%	0.5	1.422%
0.080	4.929	1.983	−0.159	13.74	0.0730	2.73%	10.0	1.909%
0.100	4.580	2.146	−0.178	12.83	0.0759	2.69%	1.0	1.733%
0.150	3.894	2.148	−0.173	14.46	0.0698	2.51%	35.0	1.506%
0.200	3.345	2.147	−0.176	14.08	0.0719	2.51%	35.0	1.540%
0.300	2.887	1.990	−0.160	14.13	0.0633	2.29%	25.0	1.450%
0.400	2.635	1.860	−0.146	14.24	0.0583	2.17%	35.0	1.377%
0.500	2.496	1.736	−0.130	14.32	0.0505	2.30%	1.0	1.267%
0.600	2.371	1.656	−0.120	14.27	0.0472	1.80%	25.0	1.198%
0.800	2.207	1.532	−0.103	14.12	0.0425	1.92%	0.5	1.131%
1.000	2.102	1.428	−0.086	14.35	0.0344	1.63%	0.5	0.858%
1.500	1.939	1.265	−0.057	14.24	0.0232	1.22%	0.5	0.610%
2.000	1.835	1.173	−0.039	14.07	0.0161	1.31%	0.5	0.534%
3.000	1.712	1.051	−0.011	13.67	0.0024	0.81%	0.5	0.254%
4.000	1.627	0.983	0.006	13.51	−0.0051	0.44%	5.0	0.257%
5.000	1.558	0.943	0.017	13.82	−0.0117	0.76%	1.0	0.371%
6.000	1.505	0.915	0.025	16.37	−0.0231	0.99%	1.0	0.513%
8.000	1.418	0.891	0.032	12.06	−0.0167	1.12%	0.5	0.418%
10.000	1.358	0.875	0.037	14.01	−0.0226	1.16%	0.5	0.547%
15.000	1.267	0.844	0.048	14.55	−0.0344	1.08%	4.0	0.651%

表 C.11　吸收剂量累积因子 G-P 公式参数

NBS 混凝土

E/MeV	b	C	a	Xk	d	Max. Dev.	Xmax	St. Dev.
0.015	1.028	0.429	0.174	27.56	−0.2976	0.58%	4.0	0.282%
0.020	1.067	0.396	0.204	13.32	−0.0960	0.74%	0.5	0.414%
0.030	1.220	0.403	0.212	14.44	−0.1160	1.01%	0.5	0.558%
0.040	1.472	0.489	0.172	14.92	−0.0943	1.94%	0.5	0.766%
0.050	1.826	0.602	0.127	15.51	−0.0687	1.30%	2.0	0.638%
0.060	2.249	0.723	0.087	16.62	−0.0622	1.30%	2.0	0.563%
0.080	3.263	0.885	0.045	14.03	−0.0402	1.15%	10.0	0.700%
0.100	3.867	1.101	−0.009	13.91	−0.0161	0.80%	2.0	0.367%
0.150	4.066	1.413	−0.072	13.89	0.0174	2.67%	0.5	1.007%
0.200	3.682	1.552	−0.095	13.73	0.0285	2.96%	0.5	1.182%
0.300	3.090	1.617	−0.106	14.23	0.0331	2.21%	0.5	1.085%
0.400	2.774	1.593	−0.104	14.36	0.0323	2.22%	0.5	1.000%
0.500	2.572	1.552	−0.099	14.76	0.0315	1.61%	0.5	0.799%
0.600	2.433	1.507	−0.093	14.78	0.0296	1.99%	0.5	0.833%
0.800	2.243	1.429	−0.082	14.85	0.0270	1.79%	0.5	0.687%
1.000	2.124	1.359	−0.071	15.31	0.0243	1.48%	0.5	0.563%
1.500	1.934	1.249	−0.053	14.53	0.0201	1.18%	0.5	0.497%
2.000	1.834	1.161	−0.035	13.88	0.0117	0.75%	2.0	0.332%
3.000	1.701	1.051	−0.009	10.11	−0.0021	0.42%	0.5	0.180%
4.000	1.613	0.981	0.010	12.99	−0.0133	0.64%	4.0	0.331%
5.000	1.551	0.919	0.030	11.99	−0.0263	2.82%	0.5	0.979%
6.000	1.475	0.930	0.024	15.87	−0.0273	0.80%	10.0	0.475%
8.000	1.383	0.909	0.031	12.43	−0.0218	1.21%	1.0	0.573%
10.000	1.320	0.902	0.033	14.83	−0.0258	1.49%	1.0	0.710%
15.000	1.229	0.866	0.048	15.03	−0.0426	1.25%	10.0	0.806%

表 C.12　照射量累积因子 G-P 公式参数

NBS 混凝土

E/MeV	b	C	a	Xk	d	Max. Dev.	Xmax	St. Dev.
0.015	1.029	0.364	0.240	14.12	−0.1704	0.46%	25.0	0.236%
0.020	1.067	0.389	0.214	12.68	−0.1126	0.72%	0.5	0.359%
0.030	1.212	0.421	0.201	14.12	−0.1079	1.56%	0.5	0.610%
0.040	1.455	0.493	0.171	14.53	−0.0925	2.01%	0.5	0.831%
0.050	1.737	0.628	0.115	15.82	−0.0600	0.97%	2.0	0.499%
0.060	2.125	0.664	0.118	11.90	−0.0615	2.90%	0.5	1.389%
0.080	2.557	0.895	0.042	14.37	−0.0413	1.86%	0.5	0.958%
0.100	2.766	1.069	0.001	12.64	−0.0251	1.14%	35.0	0.623%
0.150	2.824	1.315	−0.049	8.66	−0.0048	0.36%	30.0	0.175%
0.200	2.716	1.430	−0.070	18.52	0.0108	0.50%	0.5	0.164%
0.300	2.522	1.492	−0.082	16.59	0.0161	0.49%	40.0	0.246%
0.400	2.372	1.494	−0.085	15.96	0.0194	0.40%	25.0	0.195%
0.500	2.271	1.466	−0.082	16.25	0.0195	0.28%	15.0	0.163%
0.600	2.192	1.434	−0.078	17.02	0.0199	0.55%	1.0	0.242%
0.800	2.066	1.386	−0.073	15.07	0.0202	0.68%	35.0	0.296%
1.000	1.982	1.332	−0.065	15.38	0.0193	0.46%	35.0	0.189%
1.500	1.848	1.227	−0.047	16.41	0.0160	0.64%	0.5	0.317%
2.000	1.775	1.154	−0.033	15.35	0.0100	0.64%	40.0	0.194%
3.000	1.671	1.054	−0.010	10.47	−0.0008	0.31%	3.0	0.152%
4.000	1.597	0.988	0.008	12.53	−0.0115	0.81%	1.0	0.433%
5.000	1.527	0.951	0.020	9.99	−0.0184	0.71%	40.0	0.352%
6.000	1.478	0.940	0.021	13.11	−0.0163	1.30%	0.5	0.560%
8.000	1.395	0.917	0.028	13.45	−0.0213	1.42%	0.5	0.604%
10.000	1.334	0.901	0.035	12.56	−0.0267	1.48%	0.5	0.623%
15.000	1.260	0.823	0.065	14.28	−0.0581	1.96%	3.0	1.151%

附录D 用于光子外照射放射防护的剂量转换系数

表 D.1 单能光子自由空气比释动能 *Ka*、光子注量 *Φ* 和照射量 *X* 之间的转换系数[1)]

光子能量/MeV	Ka/Φ pGy·cm^2	X/Φ nR·cm^2 [2)]	Ka/X mGy·R^{-1}	1-g
0.01	7.43	0.848	8.76	1
0.015	3.12	0.357	8.76	1
0.02	1.68	0.192	8.76	1
0.03	0.721	0.0823	8.76	1
0.04	0.429	0.0489	8.76	1
0.05	0.323	0.0369	8.76	1
0.06	0.289	0.033	8.76	1
0.08	0.307	0.035	8.76	1
0.1	0.371	0.0424	8.76	1
0.15	0.599	0.069	8.76	1
0.2	0.856	0.098	8.76	1
0.3	1.38	0.157	8.76	1
0.4	1.89	0.216	8.76	1
0.5	2.38	0.271	8.76	1
0.6	2.84	0.324	8.76	1
0.8	3.69	0.422	8.76	1
1	4.47	0.509	8.76	1
1.5	6.14	0.699	8.76	0.996
2	7.54	0.857	8.83	0.995
3	9.96	1.127	8.85	0.991
4	12.1	[3)]	[3)]	0.988
5	14.1			0.984
6	16.1			0.98
8	20.1			0.972
10	24			0.964

1) 此表数据引自ICRU 47号报告

2) $1R = 2.58\times10^{-4} C\cdot kg^{-1}$

3) 由于3MeV以上空气中电子平衡不再成立，所以不再使用照射量。